U0379914

工程造价系列丛书（根据"2013版规范"编写）

装饰工程工程量清单计价

（第2版）

卜龙章　周　欣　编著
李　蓉　徐丽敏

东南大学出版社
SOUTHEAST UNIVERSITY PRESS

南京·2016

内容提要

本书以现行的《建设工程工程量清单计价规范》(GB 50500—2013)、《房屋建筑与装饰工程工程量计算规范》(GB 50854—2013)、《江苏省建筑与装饰工程计价定额》(2014年)及《江苏省建设工程费用定额》(2014年)为主要依据,系统地介绍了装饰工程工程量清单计价和计算规范的主要组成内容、编制要求和方法,结合大量工程实例介绍了江苏省装饰工程计价定额的具体应用,同时对清单计价模式下装饰工程的招标投标、合同管理、风险管理及索赔等内容也做了简单的介绍。本书列举了大量的典型实例并列举了一个完整的装饰工程工程招标控制价的编制实例。

本书通俗易懂,简明实用,可作为造价专业系列教材之一,也可作为装饰企业造价人员或各部门基建管理人员培训教材或参考用书。

图书在版编目(CIP)数据

装饰工程工程量清单计价/卜龙章等编著. —2版.—南京:东南大学出版社,2016.1(2017.7重印)
ISBN 978-7-5641-6349-5

Ⅰ.①装… Ⅱ.①卜… Ⅲ.①建筑装饰—工程造价—教材 Ⅳ.①TU723.3

中国版本图书馆 CIP 数据核字(2016)第 025971 号

书　　名:装饰工程工程量清单计价(第2版)
编　　著:卜龙章　等
责任编辑:徐步政　　　　　　　　　编辑邮箱:xubzh@seu.edu.cn
文字编辑:徐步政　李　倩
出版发行:东南大学出版社
社　　址:南京市四牌楼 2 号　　　　邮　　编:210096
网　　址:http://www.seupress.com
出 版 人:江建中
印　　刷:虎彩印艺股份有限公司
排　　版:南京新翰博图文制作有限公司
开　　本:787 mm×1092 mm　1/16　印张:20　字数:512 千
版　　次:2016 年 1 月第 2 版　　2017 年 7 月第 3 次印刷
书　　号:ISBN 978-7-5641-6349-5
定　　价:49.00 元

经　　销:全国各地新华书店
发行热线:025-83790519　83791830

丛书编委会

丛 书 主 编:刘钟莹　卜龙章

丛书副主编:(以姓氏笔画为序)

朱永恒　李　泉　余璠璟　赵庆华

丛书编写人员:(以姓氏笔画为序)

卜龙章	卜宏马	王国云	朱永恒
仲玲钰	刘钟莹	孙子恒	严　斌
李　泉	李　俊	李婉润	李　蓉
余璠璟	张晶晶	陈冬梅	陈红秋
陈　艳	陈　萍	茅　剑	周　欣
孟家松	赵庆华	徐太朝	徐西宁
徐丽敏	郭仙君	陶运河	董荣伟
韩　苗			

前言

为规范工程造价计价行为，统一建设工程工程量清单的编制和计价方法，适应工程建设招投标市场的深入发展，在总结工程量清单计价改革经验的基础上，住房和城乡建设部标准定额司对《建设工程工程量清单计价规范》(GB 50500—2008)进行修订，形成了新的国家标准《建设工程工程量清单计价规范》(GB 50500—2013)。如何进一步规范、准确地确定建筑装饰工程造价，实行装饰工程工程量清单计价，在市场竞争激烈的今天，显得尤为重要，它直接影响着建筑装饰企业的经济效益和社会效益。为了适应市场经济发展的客观要求，我们及时组织编写了《装饰工程工程量清单计价》一书，期望读者能更快更好地掌握装饰工程工程量清单计价的基本理论和方法。

为了更好地学习和应用国家2013年版《建设工程工程量清单计价规范》和江苏省2014年《江苏省建筑与装饰工程计价定额》，本书在编写过程中，力求将装饰工程工程量清单计价基础理论和实际应用相结合，系统地讲述了装饰工程工程量清单计价方法、江苏省建筑与装饰工程计价定额的基本理论、装饰工程工程量清单费用组成和装饰工程预决算编制方法及编制程序。同时对清单计价方法下装饰工程的招投标、合同管理、索赔等内容也作了简单的介绍。为了适应教学和实际应用的需要，本书以《江苏省建筑与装饰工程计价定额》为例，详细介绍了装饰工程量的计算规则和投标报价的应用要点，其中，列举了大量的典型例题，以帮助读者熟悉和应用《建设工程工程量清单计价规范》和《江苏省建筑与装饰工程计价定额》。

本书第1—2章由扬州市建筑安全监察站周欣编写。第3—7章由扬州大学建筑科学与工程学院卜龙章、扬州中鑫建设咨询管理有限公司李蓉、江苏华发装饰有限公司徐丽敏编写。另外，本书在编写过程中，参考了国家和江苏省颁发的有关清单计价方法和江苏省计价定额交底材料等资料，并得到了同行和扬州市建设工程定额站有关专家的大力支持，在此一并致谢！

由于编写时间仓促和水平有限，书中难免存在缺点和错误，恳请读者批评指正，以便再版时修改完善。

编者
2015 年 10 月

目录

前言

1 概述 ·· 1
  1.1 国外及我国工程造价管理概况 ················ 1
  1.2 我国传统工程造价管理体制存在的问题 ········ 15
  1.3 我国工程造价改革的状况 ···················· 17
  1.4 我国实行工程造价改革的配套措施 ············ 27

2 工程量清单下的价格构成 ······················ 32
  2.1 建筑安装工程费用项目组成 ·················· 32
  2.2 国外建设工程项目的价格构成 ················ 37
  2.3 《江苏省建设工程费用定额》 ················ 43

3 江苏省建筑与装饰工程计价定额 ·············· 53
  3.1 楼地面工程 ································ 53
  3.2 墙柱面工程 ································ 55
  3.3 天棚工程 ·································· 57
  3.4 门窗工程 ·································· 59
  3.5 油漆、涂料、裱糊工程 ······················ 60
  3.6 其他零星工程 ······························ 62
  3.7 建筑物超高增加费用 ························ 63
  3.8 装饰脚手架工程 ···························· 64
  3.9 垂直运输机械费 ···························· 66
  3.10 场内二次搬运费 ···························· 66

4 装饰工程工程量清单计价 ······················ 68
  4.1 概述 ······································ 68
  4.2 工程量清单的编制 ·························· 71
  4.3 装饰工程工程量清单计价 ···················· 82

5 投标报价与施工合同管理 ······················ 88
  5.1 投标报价 ·································· 88
  5.2 施工合同管理 ······························ 104

6 装饰工程工程量清单计价实例 ·· 124

  6.1 分部分项工程清单计价实例 ··· 124

  6.2 单位工程清单计价实例 ··· 202

附录 1 招标工程量清单 ·· 224

附录 2 招标控制价 ·· 237

附录 3 建筑工程施工发包与承包计价管理办法 ··························· 260

附录 4 装饰装修工程工程量清单项目及计算规则 ······················· 263

附录 5 江苏省装饰工程计价定额说明及计算规则 ······················· 296

主要参考文献 ·· 311

6 装饰工程工程量清单计价实例 ··· 124

   6.1 分部分项工程清单计价实例 ·· 124

   6.2 单位工程清单计价实例 ·· 202

附录1 招标工程量清单 ··· 224

附录2 招标控制价 ··· 237

附录3 建筑工程施工发包与承包计价管理办法 ······················ 260

附录4 装饰装修工程工程量清单项目及计算规则 ·················· 263

附录5 江苏省装饰工程计价定额说明及计算规则 ·················· 296

主要参考文献 ·· 311

1 概述

1.1 国外及我国工程造价管理概况

1.1.1 工程造价的产生与发展

1）工程造价的产生

在生产规模小、技术水平低的生产条件下，生产者在长期劳动中积累了生产某种产品所需的知识和技能，也获得了生产一件产品需要投入的劳动时间和材料的经验。这种生产管理的经验常运用于组织规模宏大的生产活动之中，在古代的土木建筑工程中尤为多见。如埃及的金字塔，我国的长城、都江堰和赵州桥等，不但在技术上令人为之叹服，就是在管理上也不乏科学方法的采用。北宋时期丁渭在修复皇宫工程中所采用的挖沟取土、以沟运料、废料填沟的办法，所取得的"一举三得"的显效，可谓古代工程管理的范例。其中也包括算工算料方面的方法和经验。著名的古代土木建筑家北宋李诫编修的《营造法式》，成书于公元1100年，它不仅是土木建筑工程技术的巨著，也是工料计算方面的巨著。《营造法式》共有34卷，分为释名、各作制度、功限、料例和图样五个部分。其中第16—25卷是各工种计算用工量的规定，第26—28卷是各工程计算用料的规定，这些规定，我们也可看作是古代的工料定额。由此也可以看到，那时已有了工程造价。

清工部《工程做法则例》主要是一部算工算料的著作。梁思成先生在《清式营造则例》一书的序中曾说："《工程做法则例》是一部名不副实的书，因为只是27种建筑物的各部尺寸单和瓦工油漆等做的算工算料算账法。"古代和近代，在算工算料方面流传许多秘传抄本，其中失传很多。梁思成先生根据所搜集到的秘传抄本编著的《营造算例》中写到："在标列尺寸方面的确是一部原则的书，在权衡比例上则有计算的程式……其主要目的在算料。"这都说明，在中国古代工程中，是很重视材料消耗的计算的，并已形成了许多则例，也形成了一些计算工程工料消耗的方法和计算工程费用的方法。

国外工程造价的起源可以追溯到16世纪以前，当时的手工艺人受到当地行会的控制。行会负责监督管理手工艺人的工作、维护行会的工作质量和价格水准，那时建筑师尚未成为一种独立的职业。大多数的建筑除了宗教、军队建筑以外都比较小，且设计简单。业主一般请当地的工匠来负责房屋的设计和建造，而对于那些重要的建筑，业主则直接购买材料，雇佣工匠或者雇佣一个主要的工匠，通常是石匠来代表其利益负责监督项目的建造，工程完成后按双方事先协商好的总价支付，或者先确定一个单位单价，然后乘以实际完成的工程量。

现代意义上的工程造价产生于资本主义社会化大生产的出现，最先是产生在现代工业发展最早的英国。16—18世纪，技术发展促使大批工业厂房的兴建；许多农民在失去土地后向城市集中，需要大量住房，从而使建筑业逐渐得到发展，设计和施工逐步分离为独立的专业。工程数量和工程规模的扩大要求有专人对已完成工程量进行测量、计算工料和进行估价，从事这些工作的人员逐步专门化，并被称为工料测量师。他们以工匠小组的名义与工程委托人和建筑师洽商,估算和确定工程价款。工程造价由此产生。

2) 工程造价的发展

历时23年之久的英法战争(1793—1815年)几乎耗尽了英国的财力,国家负债严重,货币贬值,价格飞涨。当时英国军队需要大量的军营,为了节约成本,特别成立了军营筹建办公室。由于工程数量多,又要满足建造速度快、价格便宜的要求,军营筹建办公室决定每一个工程由一个承包商负责,由该承包商负责统筹工程中各个工种的工作,并且通过竞争报价的方式来选择承包商。这种承包方式有效地控制了费用的支出。这样,竞争性的招标方式开始被认为是达到物有所值的最佳方法。

竞争性招标需要每个承包商在工程开始前根据图纸进行工程量的测算,然后根据工程情况做出估价。开始时,每个参与投标的承包商各自雇佣造价师来计算工程量,后来,为了避免重复地对同一工程进行工程量计算,参与投标的承包商联合起来雇佣一个造价师。建筑师为了保护业主和自己的利益再另行雇佣造价师。

这样在估价领域里有了两种类型的造价师,一种受雇于业主或业主的代表建筑师;另一种则受雇于承包商。到了19世纪30年代,计算工程量、提供工程量清单发展成为业主造价师的职责,所有的投标都以业主提供的工程量清单为基础,从而使得最后的投标结果具有可比性。从此,工程造价逐渐形成为独立的专业。1881年英国皇家测量师学会成立,这个时期完成了工程造价的第一次飞跃。至此,工程委托人能够做到在工程开工之前,预先了解到需要支付的投资额,但是他还不能做到在设计阶段就对工程项目所需的投资进行准确预计,并对设计进行有效的监督、控制。因此,往往在招标时或招标后才发现,根据当时完成的设计,费用过高,投资不足,不得不中途停工或修改设计。业主为了使投资花得明智和恰当,为了使各种资源得到最有效的利用,迫切要求在设计的早期阶段以至在做投资决策时,就开始进行投资估算,并对设计进行控制。

1950年,英国的教育部为了控制大型教育设施的成本,采用了分部工程成本规划法(Elemental Cost Planning),随后英国皇家特许测量师协会(RICS)的成本研究小组(RICS Cost Research Panel)也提出了其他的成本分析和规划的方法,例如比较成本规划法等。成本规划法的提出大大改变了估价工作的意义,使估价工作从原来被动的工作状况转变成主动,从原来的设计结束后做估价转变成与设计工作同时进行。甚至在设计之前即可做出估算,并可根据工程委托人的要求使工程造价控制在限额以内。这样,从20世纪50年代开始,一个“投资计划和控制制度”就在英国等经济发达的国家应运而生,完成了工程造价的第二次飞跃。承包商为适应市场的需要,也强化了自身的造价管理和成本控制。

1964年,RICS成本信息服务部门(RICS Building Cost Information Service,简称BCIS),又在造价领域跨出了一大步。BCIS颁布了划分建筑工程的标准方法,这样使得每个工程的成本可以以相同的方法分摊到各分部中,从而方便了不同工程的成本比较和成本信息资料的贮存。

到了20世纪70年代末,建筑业有了一种普遍的认识,认为在对各种可选方案进行估价时仅仅考虑初始成本是不够的,还应考虑到工程交付使用后的维修和运行成本。这种“使用成本”或“总成本”论进一步地拓展了造价工作的含义,从而使造价工作贯穿了项目的全过程。

从上述工程造价发展简史中不难看出,工程造价是随着工程建设的发展和商品经济的发展而产生并日臻完善的。这个发展过程归纳起来有以下特点：

（1）从事后算账发展到事先算账。即从最初只是消极地反映已完成工程量的价格，逐步发展到在开工前进行工程量的计算和估价，进而发展到在初步设计时提出概算，在可行性研究时提出投资估算，成为业主做出投资决策的重要依据。

（2）从被动地反映设计和施工发展到能动地影响设计和施工。最初负责施工阶段工程造价的确定和结算，以后逐步发展到在设计阶段、投资决策阶段对工程造价做出预测，并对设计和施工过程投资的支出进行监督和控制，进行工程建设全过程的造价控制和管理。

（3）从依附于施工者或建筑师发展成一个独立的专业。如在英国，有专业学会，有统一的业务职称评定和职业守则；不少高等院校也开设了工程造价专业，培养专门人才。

3）我国工程造价发展概况

（1）新中国成立以前我国现代意义上的工程造价的产生，应追溯到19世纪末至20世纪上半叶。当时在外国资本侵入的一些口岸和沿海城市，工程投资的规模有所扩大，出现了招投标承包方式，建筑市场开始形成。为适应这一形势，国外工程造价方法和经验逐步传入。但是，由于受历史条件的限制，特别是受到经济发展水平的限制，工程造价及招投标只能在狭小的地区和少量的工程建设中采用。

（2）概预算制度的建立时期。1949年新中国成立后，三年经济恢复时期和第一个五年计划时期，全国面临着大规模的恢复重建工作，为合理确定工程造价，用好有限的基本建设资金，引进了前苏联的一套概预算定额管理制度，同时也为新组建的国营建筑施工企业建立了企业管理制度。

（3）概预算制度的削弱时期。1958—1966年，概预算定额管理逐渐被削弱。各级基建管理机构的概算部门被精简，设计单位概预算人员减少，只算政治账，不讲经济账，概预算控制投资作用被削弱，投资大撒手之风逐渐滋长。尽管在短时期内也有过重整定额管理迹象，但总的趋势并未改变。

（4）概预算制度的破坏时期。1966—1976年，概预算定额管理遭到严重破坏。概预算和定额管理机构被撤销，预算人员改行，大量基础资料被销毁。定额被说成是"管、卡、压"的工具。1967年，原国家建设部直属企业实行经常费制度，工程完工后向建设单位实报实销，从而使施工企业变成了行政事业单位。这一制度实行了六年，于1973年1月1日被迫停止，恢复建设单位与施工单位施工图预算结算制度。

（5）概预算制度的恢复和发展时期。1977—1992年，这一阶段是概预算制度的恢复和发展时期。1977年，国家恢复重建造价管理机构。1978年，国家计委、国家建委和财政部颁发《关于加强基本建设概、预、决算管理工作的几项规定》，强调了加强"三算"在基本建设管理中的作用和意义。1983年，国家计委、中国建设银行又颁发了《关于改进工程建设概预算工作的若干规定》。此外，《中华人民共和国经济合同法》明确了设计单位在施工图设计阶段的编制预算，也就是恢复了设计单位编制施工图预算。

1988年建设部成立标准定额司，各省市、各部委建立了定额管理站，全国颁布一系列推动概预算管理和定额管理发展的文件，以及大量的预算定额、概算定额、估算指标。20世纪80年代后期，中国建设工程造价管理协会成立，全过程造价管理概念逐渐为广大造价管理人员所接受，对推动建筑业改革起到了促进作用。

（6）市场经济条件下工程造价管理体制的建立时期。1993—2001年在总结10年改革开放经验的基础上,党的十四大明确提出我国经济体制改革的目标是建立社会主义市场经济体制。广大工程造价管理人员也逐渐认识到,传统的概预算定额管理必须改革,不改革就没有出路,而改革又是一个长期的艰难的过程,不可能一蹴而就,只能是先易后难,循序渐进,重点突破。与过渡时期相适应的"统一量、指导价、竞争费"工程造价管理模式被越来越多的工程造价管理人员所接受,改革的步伐正在加快。

(7) 与国际惯例接轨。2001 年,我国顺利加入世界贸易组织(WTO),工程造价工作的首要任务是与国际惯例接轨。

(8) 工程量清单计价方式深入推进。2003 年 2 月 17 日,建设部 119 号令颁布《建设工程工程量清单计价规范》(GB 50500—2003),并于 2003 年 7 月 1 日正式实施。2008 年 7 月 9 日,住房和城乡建设部以第 63 号公告发布《建设工程工程量清单计价规范》(GB 50500—2008),自 2008 年 12 月 1 日起实施。2012 年 12 月 25 日,住房和城乡建设部公布《建设工程工程量清单计价规范》(GB 50500—2013)(以下简称《计价规范》)和九部专业工程工程量计算规范,自 2013 年 7 月 1 日起实施。这是我国工程造价计价方式适应社会主义市场经济发展的一次重大变革,也是我国工程造价计价工作逐步实现向"政府宏观调控、企业自主报价、市场形成价格"的目标迈出坚实的一步。

1.1.2 工程造价计价模式

1) 国际工程造价计价模式

目前国际上通用的工程造价的计价模式大致有三种:英联邦制的计价模式、日本的计价模式、美国的计价模式。

(1) 英联邦制的计价模式

英国是英联邦国家中开展工程造价管理最早、体系最完整的一个国家,其他英联邦国家(地区)以英国的计价模式为基础,结合本国(地区)的特点制定相应的法规,因此以英国为代表。

英国只有统一的工程量计算规则,没有计价的定额或标准,充分体现了市场经济的特点,工程造价由承包商依据统一的工程量计算规则,参照政府和各类咨询机构发布的造价指数自由报价,通过竞争,合同定价。

英国的计价模式,有其深厚的社会基础:一是有着统一的工程量计算规则。1922 年英国首次在全国范围内制定一套工程量计算规则,现名为《建筑工程量标准计算方法(SMM)》,该方法详细规定了项目划分、计量单位和工程量计算规则。二是有一大批高智能的咨询机构和高素质的测量师(以英国皇家测量师学会会员为核心),为业主和承包商提供造价指数、价格信息指数以及全过程的咨询服务。三是有严格的法律体系规范市场行为,对政府项目和私人投资项目实行分类管理,政府项目实行公开招标,并对工程结算、承包商资格实行系统管理。而对私人项目可采用邀请议标等多种方式确定承包商,政府采取不干预的政策;四是有通用合同文本,一切按合同办事。

(2) 日本的计价模式

日本的工程计价被称为建筑工程积算。其计价有以下几个特点:

① 有统一的积算基准。为了使承发包双方有一个统一的、科学的工程计价标准,日本建设省发布了一整套工程积算基准(即工程计价标准),如《建筑工程积算基准》、《土木工程

积算基准》等。对于公共建筑工程(主要指政府的房屋建筑工程),日本建设省还发布了《建筑工程预算编制要领》、《建筑工程标准定额》、《建筑工程量计算基准》三个文件。

② 量、价分开的定额制度。日本也有定额,但量与价分开,量是公开的,价是保密的。劳务单价通过银行进行调查取得。材料、设备价格由"建设物价调查会"和"经济调查会"(均为财团法人)两所专门机构负责定期采集、整理和编辑出版。政府和建筑企业利用这些价格制定内部的工程复合单价,类似我们以前的单位估价表。

③ 政府项目与私人投资项目实施不同的管理。对政府投资项目的工程造价从调查(规划)开始直至引渡(交工)、保全(维修服务)实行全过程管理。为把造价严格控制在批准的投资额度内,各级政府都掌握有自己的劳务、材料、机械单价,或利用出版的物价指数编制内部掌握的工程复合单价。对私人投资项目,政府通过对建筑市场的管理,用招标办法加以确认。

④ 重视和扶植咨询业的发展。形成完整的概预算活动概要,规范咨询机构的行为;制定《建设咨询人员注册章程》,确保咨询业务质量。

(3) 美国的计价模式

美国没有统一的计价依据和标准,是典型的市场化价格。工程造价计价由各地区的咨询机构根据地区的特点,制定出单位建筑面积消耗量、基价和费用估算格式。造价师综合考虑具体项目的多种因素提出估价意见,并由承发包双方通过一定的市场交易行为确定工程造价。

美国工程造价计价方法的确立有着深厚的社会基础,即社会咨询业的高度发达。大多数咨询公司为了准确地估算和控制工程造价,均十分注意历史资料的积累和分析整理,广泛运用电脑,建立起完整的信息数据库,形成信息反馈、分析、判断、预测等一整套科学管理体系,为政府、业主和承包商确定工程造价、控制造价提供服务,在某种意义上充当了代理人或顾问。咨询业的发展又有赖于人才的培养,美国高度重视工程造价人才的培养,推行咨询工程师注册制度。

美国除了咨询公司制定发布本公司的计价办法之外,地方政府为控制政府投资项目的造价也提供计价要求和造价指南,如华盛顿综合开发局制定的《小时人工单价》、《人工设备组合价目表》、《人工材料单价表》;加利福尼亚州政府发行的《建设成本指南》等。但对私人投资项目,这些计价要求和造价指南均与各类咨询机构提供的估价信息一样,仅为一种信息服务。

总结上述计价模式,可以将国际上通行的工程造价计价方法概括为以下三种:

(1) 根据设计图纸和工程量计算规则划分分项工程并计算工程量。

(2) 根据拟建工程所在地的市场材料价格和劳工工资水平以及其他价格信息,由工程造价人员编制分项工程单价。分项工程单价的内容不仅包括人工、材料、机械使用费,还包括应分摊的其他直接费、间接费、利润和税金,在计算材料价格和人工费用时,不仅要考虑当时的市场情况,而且还要考虑到以后价格浮动的因素。

(3) 用单位工程中各分项工程的工程量分别乘以相应的分项工程单价,计算出各分项工程的价格。汇总所有分项工程价格,即得单位工程的造价。

2) 我国传统的工程造价计价模式

我国传统的工程造价计价模式可以概括为以下四种:

（1）根据设计图纸和预算定额划分分项工程并计算工程量。

（2）根据地区单位估价表和分项工程量计算分项工程直接费，汇总单位工程直接费后，根据有关规定计算其他直接费。

（3）根据规定计算材料差价、间接费、利润、税金。

（4）汇总各项费用得单位工程造价。

我国的造价计价模式与国际惯例对比，尽管在计算程序上有所不同，即国际惯例将各项费用按分项工程分别计算，我国按单位工程计算各项费用。但是计算方法的核心同样是用单位工程的分项工程量乘以相应的单位估价，再在此基础上逐步计算出单位工程的价格。我国有不少行业、不少地方已经采用"综合单价法"，即按各分项工程计算出包括人工、材料、机械费以及间接费、利润、税金等在内的"综合单价"。因此，我国的工程造价计价程序与国际惯例已经非常接近。

3）中外工程造价计价模式比较

（1）分项工程量计算

我国及国际惯例均按照一定的工程量计算规则计算工程量。但是我国各专业部制定的定额中，工程量计算规则的口径不同，有的步距大、项目粗，有的步距小、项目细；同一部门，例如建设部，在全国各地又有不尽相同的工程量计算规则，这给工程造价带来许多不便。因此，应对各专业部及各地区的预算定额中的工程量计算规则及定额项目划分进行系统的设计与整合，制定出一套与国际惯例接近的全国统一的工程量计算规则。

（2）消耗量的确定

英美没有消耗量定额，日本有消耗量定额，我国积累了庞大的消耗量定额体系，对此，我们需认真分析。虽然有的国家没有统一的消耗量定额，但在实际工作中，他们的咨询部门根据各地的特点，制定出了务实的消耗量标准。消耗量是确定工程造价的重要依据，所以我们不能片面地否认我国现行的消耗量定额，但是也不能简单地继承。我国的消耗量定额存在以下弊端：

① 各专业部制定的概预算定额都包括了消耗量定额，这些定额有许多相同的工程内容，但它们的消耗量数额有很大的不同，同样的工作内容，隶属于不同的专业部，计算出的造价有很大的差异，这说明定额消耗量的测算精度不够。我们需要对相近的定额进行比较分析，得出更科学合理的消耗量标准。

② 实物消耗量与施工手段消耗量不分。我国的消耗量定额包含实物消耗量和施工手段消耗量，并将这些消耗量统统作为"控制量"的标准。其中的施工手段消耗量不应作为统一控制的内容，不同的承包商有不同的工艺水平和管理方法，施工手段消耗量有很大的差异，这是构成承包商竞争力的重要因素，应由承包商根据自己的经验确定。实物消耗量在一定范围内是相对不变的，但严格地讲，实物消耗量也会因不同的承包商而有差异。例如，水泥的消耗量，相同强度等级的水泥用量，会因承包商采用的不同工艺及不同质量控制水平而变化。因此我国现行的消耗量定额可以作为编制概预算时的依据，但在承包商报价时只能作为参考资料。

1.1.3 工程造价的管理

工程造价管理包括两个层面。一是站在投资者或业主的角度，关注工程建设总投资，称为工程建设投资管理,即在拟定的规划、设计方案条件下预测、计算、确定和监控工程造价及其变动的系统活动。工程建设投资管理又分为宏观投资管理和微观投资管理。宏观投资管理的任务是合理地确定投资的规模和方向,提高宏观投资的经济效益;微观投资管理包含国家对投资项目的管理和投资者对自己投资的管理两个方面。国家对企事业单位及个人的投资,通过产业政策和经济杠杆,将分散的资金引导到符合社会需要的建设项目中。投资者对自己投资的项目应做好计划、组织和监督工作。二是对建筑市场建设产品交易价格的管理,称为工程价格管理,属于价格管理范畴,包括宏观和微观两个层次。在宏观层次上,政府根据社会经济发展的要求,利用法律、经济、行政等手段,建立并规范市场主体的价格行为;在微观层次上,市场交易主体各方在遵守交易规则的前提下,对建设产品的价格进行能动的计划、预测、监控和调整,并接受价格对生产的调节。

建设投资管理和工程价格管理既有联系又有区别。在建设投资管理中,投资者进行项目决策和项目实施时,完善项目功能,提高工程质量,降低投资费,按期或提前交付使用,是投资者始终关注的问题,降低工程造价是投资者始终如一的追求。工程价格管理是投资者或业主与承包商双方共同关注的问题,投资者希望质量好、成本低、工期短,而承包商追求的是尽可能高的利润。

1) 国外工程造价管理

(1) 英联邦国家(地区)工程造价管理

英联邦成员遍布世界各大洲,虽然他们所处地域不同,经济、社会、政治发展状态各异,但他们的工程造价管理制度有着千丝万缕的联系。英国是英联邦的核心,其工程造价管理体系最完整,许多英联邦国家(地区)的工程造价管理制度以此为基础,再融合各自实际情况而形成。我国的香港特别行政区仍沿袭着英联邦的工程造价管理方式,且与大陆情况较为接近,其做法也较为成功,现将香港的工程造价管理归纳如下:

① 政府间接调控

在香港,建设项目划分为政府工程和私人工程两类。政府工程由政府专业部门以类似业主的身份组织实施,统一管理,统一建设;而对于占工程总量大约70%的私人工程的具体实施过程采取"不干预"政策。

香港政府对工程造价的间接调控主要表现为以下三点:

a. 建立完善的法律体系,以此制约建筑市场主体的价格行为。香港目前制定有100多项有关城市规划、建设与管理的法规,如《建筑条例》、《香港建筑管理法规》、《标准合同》、《标书范本》,等等,一项建筑工程从设计、征地、筹资、标底制定、招标到施工结算、竣工验收、管理维修等环节都有具体的法规制度可以遵循,各政府部门依法照章办事,防止了办事人员的随意性,因而相互推诿、扯皮的事很少发生;业主、建筑师、工程师、测量师的责任在法律中都有明确规定,违法者将负民事、刑事责任。健全的法规,严密的机构,为建筑业的发展提供了有力保障。

b. 制定与发布各种工程造价信息,对私营建筑业施加间接影响。政府有关部门制定的各种应用于公营工程计价与结算的造价指数以及其他信息,虽然对私人工程的业主与承包商不存在行政上的约束力,但由于这些信息在建筑行业具有较高的权威性和广泛的代表性,因而能为业主与承包商所共同接受,实际上起到了指导价格的作用。

c. 政府与测量师学会及各测量师行保持密切联系,间接影响测量师的估价。在香港,工料测量师受雇于业主,是进行工程造价管理的主要力量。政府在对其进行行政监督的同时,主要通过测量师学会的作用,如进行操守评定、资历与业绩考核等,以达到间接控制的目的。这种学会历来与政府有着密切关系,它们在保护行业利益与推行政府决策方面起着重要作用,体现了政府与行业之间的对话,起到了政府与行业之间桥梁的作用。

② 动态估价,市场定价

在香港,无论是政府工程还是私人工程,均被视为商品,在工程招标报价中一般都采用自由竞争,按市场经济规律的要求进行动态估价。香港政府和咨询机构虽然也有一些投资估算和概算指标,但只作为定价时的参考,并没有统一的定额和消耗指标。然而香港的工程造价并不是无章可循。英国皇家测量师学会香港分会编译的《香港建筑工程标准量度法》是香港建筑工程的工程量计算法规,该法规统一了全香港的工程量计算规则和工程项目划分标准,无论政府工程还是私人工程都必须严格遵守。

在香港,业主对工程的估价一般要委托工料测量师行来完成。测量师行的估价大体上是按比较法和系数法进行,经过长期的估价实践,他们都拥有极为丰富的工程造价实例资料,甚至建立了工程估价数据库。承包商在投标时的估价一般要凭自己的经验来完成,他们往往把投标工程划分为若干个分部工程,根据本企业定额计算出所需人工、材料、机械等的耗用量,而人工单价主要根据报价确定,材料单价主要根据各材料供应商的报价加以比较确定,承包商根据建筑市场供求情况随行就市,自行确定管理费率,最后做出体现当时当地实际价格的工程报价。总之,工程任何一方的估价,都是以市场状况为重要依据,是完全意义上的动态估价。

③ 发育健全的咨询服务业

伴随着建筑工程规模的日趋扩大和建筑生产的高度专业化,香港各类社会服务机构迅速发展起来,他们承担着各建设项目的管理和服务工作,是政府摆脱对微观经济活动直接控制和参与的保证,是承发包双方的顾问和代言人。

在这些社会咨询服务机构中,工料测量师行是直接参与工程造价管理的咨询部门。从20世纪60年代开始,香港的工程建设造价师已从以往的编制工程概算、预算,按施工完成的实物工程量编制竣工结算和竣工决算,发展成为对工程建设全过程进行成本控制;造价师从以往的服务于建筑师、工程师的被动地位,发展到与建筑师和工程师并列,并相互制约、相互影响的主动地位,在工程建设的过程中发挥出积极作用。

④ 多渠道的工程造价信息发布体系

在香港这个市场经济社会中,能否及时、准确地捕捉建筑市场价格信息是业主和承包商保持竞争优势和取得盈利的关键。它是建筑产品估价和结算的重要依据,是建筑市场价格变化的指示灯。

工程造价信息的发布往往采取价格指数的形式。按照指数内涵划分,香港地区发布的主要工程造价指数可分为三类,即投入品价格指数、成本指数和价格指数,分别是依据投入品价格、建造成本和建造价格的变化趋势编制而成。在香港建筑工程诸多投入品中,劳工工资和材料价格是经常变动的因素,因而有必要定期发布指数信息,供估算及价格调整之用。建造成本(Construction Cost)是指承包商为建造一项工程所付出的代价。建造价格(Construction Price)是承包商为业主建造一项工程所收取的费用,除了包括建造成本外,还包括承建商所赚取的利润。

（2）日本建设工程造价管理

日本建设工程造价管理（建筑积算）起步较晚，主要是在明治时代实行文明开放政策之后，伴随西方建筑技术的引进，借鉴英国工料测量制度发展起来的，这对于我国如何结合本国实际，借鉴西方成功经验具有较高参考价值。

日本建设工程造价管理的特点归纳起来有三点，即行业化、系统化、规范化。

① 行业化

日本工程造价管理作为一个行业经历了较长的历史过程。早期的积算管理方法源于英国，早在 1877 年，受英国的影响而懂得建筑积算在工程建设中的作用，并由设计部门在实际工作中应用建筑积算；到了大正时代，出版了《建筑工程工序及积算法》等书。1945 年，民间咨询机构开始出现；1967 年，成立了民间建筑积算事务所协会；1975 年，日本建筑积算协会成为社团法人，从此建筑积算成为一个独立的行业活跃于日本各地。日本建设省于 1990 年正式承认日本建筑积算协会组织的全国统考，并授予通过考试者"国家建筑积算士"资格，使建筑积算得以职业化。

② 系统化

日本的建设工程造价管理在 20 世纪 50 年代后通过借鉴国外经验逐步形成了一套科学体系。

日本对国家投资工程的管理分部门进行。在建设省内设置了管厅营缮部、建设经济局、河川局、道路局、住宅局，分别负责国家机关建筑物的修建与维修、房地产开发、河川整治与水资源开发、道路建设和住宅建设等，基本上做到分工明确。此外设有 8 个地方建设局，每个局设 15—30 个工程事务所，每个工程事务所下设若干个派出机构"出张所"。建设省负责制定计价规定、办法和依据，地方建设局和工程事务所负责对具体投标厂商的指名、招标、定标和签订合同以及政府统计计价依据的调查研究、工程项目的结算和决算等工作。出张所直接面对各具体工程，对造价实行监督、控制、检查。

日本政府对建设工程造价实行全过程管理。日本建筑工程的建设程序大致如下：

调查（规划）—计划（设计任务书）—设计（基本设计及实施设计）—积算（概预算）—契约（合同）—监理检查—引渡（交工）—保全（维修服务）。

在立项阶段，对规划设计做出切合实际的投资估算（包括工程费、设计费和土地购置费等），并根据审批权限进行审批。

立项后，政府主管部门依照批准的规划和投资估算，委托设计单位在估算限额内进行设计。一旦做出了设计，则要对不同阶段设计的工程造价进行详细计算和确认，检查其是否突破批准的估算。如未突破即以实施设计的预算作为施工发包的标底也就是预定价格；如突破了，则要求设计单位修改设计，缩小建设规模或降低建设标准。

在承发包和施工阶段，政府与项目主管部门以控制工程造价在预定价格内为中心，将管理贯穿于选择投标单位、组织招投标、确定中标单位和签订工程承发包合同，并对质量、工期、造价进行严格的监控。

③ 规范化

日本工程造价管理在 20 世纪 50 年代前大多凭经验进行，随着建筑业的发展，学习国外经验，制定各种规章，逐步形成了比较完整的法规体系。

日本政府各部门根据基本法准则，制定了一系列有关确定工程造价的规定和依据，如

《新营预算单价》(估算指标)、《建筑工事积算基准》、《土木工事积算基准》、《建筑数量积算基准——解说》(工程量计算规则)、《建筑工事内识书标准书式》(预算书标准格式)等。

日本的预算定额的量和价分开:量是公开的,价是保密的。对于政府投资的工程,各级政府都掌握有自己的劳务、机械、材料单价。以建设省为例,它的劳务单价是先选定83个工种调查,再按社会平均劳务价格确定。这项调查以地方建设局为主,通过各建筑企业进行,一般每半年调查一次。对于材料、设备价格变化情况的调查,日本由"建设物价调查会"和"经济调查会"两个专门机构负责,定期进行收集、整理和编辑出版工作。

日本的法规既有指令性的又有指导性的。指令性的要求有令必行、违令必究,维护其严肃性;而指导性的则提供丰富、真实且具有权威性的信息,真正做到其指导性。

(3) 美国建设工程造价管理

① 美国政府对工程造价的管理

美国政府对工程造价的管理包括对政府工程的管理和对私人投资工程的管理,对建设工程造价的管理,主要采用的是间接手段。

a. 美国政府对政府工程的造价管理

美国政府对于政府工程造价管理一般采用两种形式:一是由政府设专门机构对政府工程进行直接管理。二是将一些政府工程通过公开招标的形式,委托私营企业设计、估价,或委托专业公司按照该部门的规定进行管理。

对于政府委托给私营承包商的政府工程的管理,各级政府都十分重视严把招标投标这一关,以确保合理的工程成本和良好的工程质量。最后定标的标准并不是报价越低越好,而是综合考虑投标者的信誉、施工技术、施工经验以及过去对同类工程建设的历史记录,综合确定中标者。当政府工程被委托给私营承包商建设之后,各级政府还要对这些项目进行监督检查。

b. 美国政府对私营工程的造价管理

在美国的建设工程总量中,私营工程占较大的比重。美国政府对私营工程项目的管理更加突出使用间接管理的手段,各级政府对于造价管理的具体事项,如计价标准、项目实施过程的造价控制手段等基本不予干预,而只是在宏观上协调全社会的投资项目。总之,各级政府对私营工程项目进行管理的中心思想是尊重市场调节的作用,提供服务引导型管理。美国政府对私人投资项目的管理体现在私人投资方向的诱导和对私人投资项目规模的管理两个方面。

② 美国工程造价编制

在美国,建设工程造价被称为建设工程成本。美国工程造价协会(AACE)统一将工程成本划分为两部分费用,其一是与工程设计直接有关的工程本身的建设费用,称为造价估算,主要包括:设备费、材料费、人工费、机械使用费、勘测设计费等。其二是由业主掌握的一些费用,称为工程预算,主要包括:场地使用费、生产准备费、执照费、保险费和资金筹措费等。在上述费用的基础上,还将按一定比例提取的管理费和利润也计入工程成本。

a. 工程造价计价标准和要求

在美国,对确定工程造价的依据和标准并没有统一的规定。确定工程造价的依据基本上可分为两大类:一类是由政府部门制定的造价计价标准,另一类是由专业公司制定的造价计价标准。

美国各级政府都分别对各自管辖的工程项目制定计价标准,但这些政府发布的计价标准只适用于政府投资工程,对其他工程并不要求强制执行,仅供参考。对于非政府工程主要由各地工程咨询公司根据本地区的特点,为所辖项目规定计价标准。这种做法可使计价标准更接近项目所在地区的具体实际。

b. 工程造价的具体编制

在美国,工程造价主要由设计部门或专业估价公司来承担。造价师在编制工程造价时,除了考虑工程项目本身的特征因素外,还包括项目拟采用的独特工艺和新技术、项目管理方式、现有场地条件以及资源获得的难易程度等,一般还对项目进行较为详细的风险评估,对于风险性较大的项目,预备费的比例较高,否则则较小。造价师是通过掌握不同的预备费率来调节工程造价的总体水平。

美国工程估价中的人工费由基本工资和工资附加两部分组成,其中,工资附加项目包括管理费、保险金、劳动保护金、税金等。

③ 美国工程造价的动态控制

a. 项目实施过程中的造价控制

美国建设工程造价管理十分重视工程项目具体实施过程中的造价控制和管理。他们对工程预算执行情况的检查和分析工作做得非常细致,对于建设工程的各分部分项工程都有详细的成本计划,美国的建筑承包商以各分部分项工程的成本详细计划为根据来检查工程造价计划的执行情况。对于不同类型的工程变更,如合同变更、工程内部调整和正式重新规划等都详细规定了执行工程变更的基本程序,而且建立了较为详细的工程变更记录制度。

b. 工程造价的反馈控制

美国工程造价的动态控制还体现在造价信息的反馈系统。就单一的微观造价管理单位而言,他们十分注意收集在造价管理各个阶段上的造价资料,微观组织向有关行业提供造价信息资料,几乎成为一种制度,微观组织也把提供造价信息视为一种应尽的义务,这就使得一些专业咨询公司能够及时将造价信息公布于众,便于全社会实施造价的动态管理。

④ 美国工程造价的职能化管理及其社会基础

在美国,大多数的工程项目都是由专业公司来管理的。这些专业公司包括设计部门、专业估价公司、专业工程公司和咨询服务公司。这些专业公司脱离于业主之外,无论是政府工程还是私营工程,都需要到社会中、到市场上去寻找自己信得过的专业公司来承担工程项目的全方位管理。

a. 工程造价职能化管理

实施工程造价的全过程管理,是美国工程造价管理的一个主要特点。即对工程项目从方案选择、编制估算,到优化设计、编制概预算,再到项目实施阶段的造价控制,一般都是由业主委托同一个专业公司全面负责。专业公司在实施其造价管理的职能过程中,有相当大的自主权。在工程各个设计阶段的造价估算、标底的编制、承发包价格的制定、工程进度及造价控制、合同管理、工程款支付的认可、索赔处理以及造价控制紧急应变措施的采取方面,只要不违反业主或有关部门的要求和规定,便可自行决策。这种职责对等的造价管理,有利于专业公司发挥造价管理的主动性和创造性,提高了他们对造价控制的责任心。

b. 工程造价职能化管理的社会基础

美国实行的是市场经济体制,体系较为完善、发育比较健全的市场经济机制是美国建设工程造价职能化管理的重要基础。特别是规模庞大的社会咨询服务业,在美国的工程造价管理中起着不可低估的作用。众多的咨询服务机构在政府与私人承包商之间起到了中介作用,在对政府投资工程的管理方面,咨询服务机构的活动使得政府不必对项目进行直接管理,而主要依靠间接管理手段即可达到其目的。因此,规模庞大、信誉良好的社会咨询服务机构可以充当业主和承包商的代理人。同时,这也是美国建设工程造价实施专业化职能管理的必要前提。

c. 工程造价职能化的手段

在美国,社会咨询服务业在造价管理中作用的发挥,还得益于发达的计算机信息网络系统。各种造价资料及其变化通过计算机联网系统,可及时提供到全美各地,各地的造价信息也通过社会化的计算机网络互通有无,及时交流,这不仅便于对造价实施动态管理,而且保证了造价信息的及时性、准确性和科学性。

2) 我国工程造价管理现状

(1) 政府对工程造价的管理

政府在工程造价管理中既是宏观管理主体,也是政府投资项目的微观管理主体。从宏观管理的角度,政府对工程造价的管理有一个严密的组织系统,设置了多层管理机构,规定了管理权限和职责范围。现在国家住房和城乡建设部标准定额司是归口领导机构,各专业部如交通部、水利部等也设置了相应的造价管理机构。住房和城乡建设部标准定额司负责制定工程造价管理的法规制度;制定全国统一经济定额和部管行业经济定额;负责咨询单位资质管理和工程造价专业人员的执业资格管理。各省、市、自治区和行业主管部门,在其管辖范围内行使管理职能;省辖市和地区的造价管理部门在所辖地区内行使管理职能。地方造价管理机构的职责和国家建设部的工程造价管理机构相对应。

(2) 工程造价微观管理

设计单位和工程造价咨询单位,按照业主或委托方的意图,在可行性研究和规划设计阶段合理确定和有效控制建设项目的工程造价,通过限额设计等手段实现造价管理目标;在招标工作中编制标底,参加评标、议标;在项目实施阶段,对设计变更、工期、索赔和结算等项管理进行造价控制。设计单位和造价咨询单位,通过在全过程造价管理中的业绩,赢得自己的信誉,提高市场竞争力。承包商的工程造价管理是企业管理中的重要组成部分,设有专门的职能机构参与企业的投标决策,并通过对市场的调查研究,利用过去积累的经验,科学估价,研究报价策略,提出报价;在施工过程中,进行工程造价的动态管理,注意各种调价因素的发生和工程价款的结算,避免收益的流失,以促进企业盈利目标的实现。承包商在加强工程造价管理的同时,还要加强企业内部的各项管理,特别要加强成本控制,才能切实保证企业有较高的利润水平。

(3) 中国建设工程造价管理协会

中国建设工程造价管理协会目前挂靠在住房和城乡建设部,协会成立于1990年7月。它的前身是1985年成立的"中国工程建设概预算委员会"。

协会的性质是:由工程造价咨询企业、工程造价管理单位、注册造价工程师及工程造价领域的资深专家、学者自愿结成的行业性的全国性的非营利性的社会组织。

协会的业务范围包括:

① 研究工程造价咨询与管理改革和发展的理论、方针、政策,参与相关法律法规、行业

政策及行业标准规范的研究制订。

② 制订并组织实施工程造价咨询行业的规章制度、职业道德准则、咨询业务操作规程等行规行约,推动工程造价行业诚信建设,开展工程造价咨询、成果文件质量检查等活动,建立和完善工程造价行业自律机制。

③ 研究和探讨工程造价行业改革与发展中的热点、难点问题,开展行业的调查研究工作,倾听会员的呼声,向政府有关部门反映行业和会员的建议和诉求,维护会员的合法权益,发挥联系政府与企业间的桥梁和纽带作用。

④ 接受政府部门委托和批准开展以下工作:协助开展工程造价咨询行业的日常管理工作;开展注册造价工程师考试、注册及继续教育、造价员队伍建设等具体工作;组织行业培训,开展业务交流,推广工程造价咨询与管理方面的先进经验;依照有关规定经批准开展工程造价先进单位会员、优秀个人会员及优秀工程造价咨询成果评选和推介等活动;代表中国工程造价咨询行业和中国注册造价工程师与国际组织及各国同行建立联系,履行相关国际组织成员应尽的职责和义务,为会员开展国际交流与合作提供服务。

⑤ 依照有关规定办好协会的网站,出版《工程造价管理》期刊,组织出版有关工程造价专业和教育培训等书籍,开展行业宣传和信息咨询服务。

⑥ 维护行业的社会形象和会员的合法权益,协调会员和行业内外关系,受理工程造价咨询行业中执业违规的投诉,对违规者实行行业惩戒或提请政府主管部门进行行政处罚。

⑦ 完成政府及其部门委托或授权开展的其他工作。

从国外的经验来看,协会的作用还需要更好地发挥,其职责范围还需要拓展。在政府机构改革、职能转换过程中,协会的职能应得到强化。由政府剥离出来的一些工作应该更多地由协会承担。

(4) 我国工程造价管理改革的主要任务

2014 年 9 月,住房和城乡建设部出台《关于进一步推进工程造价管理改革的指导意见》(建标〔2014〕142 号),明确进一步推进工程造价管理改革的主要任务是以下八个方面:

① 健全市场决定工程造价制度

加强市场决定工程造价的法规制度建设,加快推进工程造价管理立法,依法规范市场主体计价行为,落实各方权利义务和法律责任。全面推行工程量清单计价,完善配套管理制度,为"企业自主报价,竞争形成价格"提供制度保障。细化招投标、合同订立阶段有关工程造价条款,为严格按照合同履约工程结算与合同价款支付夯实基础。

按照市场决定工程造价原则,全面清理现有工程造价管理制度和计价依据,消除对市场主体计价行为的干扰。大力培育造价咨询市场,充分发挥造价咨询企业在造价形成过程中的第三方专业服务的作用。

② 构建科学合理的工程计价依据体系

逐步统一各行业、各地区的工程计价规则,以工程量清单为核心,构建科学合理的工程计价依据体系,为打破行业、地区分割,服务统一开放、竞争有序的工程建设市场提供保障。

完善工程项目划分,建立多层级工程量清单,形成以清单计价规范和各专(行)业工程量计算规范配套使用的清单规范体系,满足不同设计深度、不同复杂程度、不同承包方式及不同管理需求下工程计价的需要。推行工程量清单全费用综合单价,鼓励有条件的行业和地区编制全费用定额。完善清单计价配套措施,推广适合工程量清单计价的要素价格指数调价法。

研究制定工程定额编制规则,统一全国工程定额编码、子目设置、工作内容等编制要求,并与工程量清单规范衔接。厘清全国统一、行业、地区定额专业划分和管理归属,补充完善各类工程定额,形成服务于从工程建设到维修养护全过程的工程定额体系。

③ 建立与市场相适应的工程定额管理制度

明确工程定额定位,对国有资金投资工程,作为其编制估算、概算、最高投标限价的依据;对其他工程则仅供参考。通过购买服务等多种方式,充分发挥企业、科研单位、社团组织等社会力量在工程定额编制中的基础作用,提高工程定额编制水平。鼓励企业编制企业定额。

建立工程定额全面修订和局部修订相结合的动态调整机制,及时修订不符合市场实际的内容,提高定额时效性。编制有关建筑产业现代化、建筑节能与绿色建筑等工程定额,发挥定额在新技术、新工艺、新材料、新设备推广应用中的引导约束作用,支持建筑业转型升级。

④ 改革工程造价信息服务方式

明晰政府与市场的服务边界,明确政府提供的工程造价信息服务清单,鼓励社会力量开展工程造价信息服务,探索政府购买服务,构建多元化的工程造价信息服务方式。

建立工程造价信息化标准体系。编制工程造价数据交换标准,打破信息孤岛,奠定造价信息数据共享的基础。建立国家工程造价数据库,开展工程造价数据积累工作,提升公共服务能力。制定工程造价指标指数编制标准,抓好造价指标指数测算发布工作。

⑤ 完善工程全过程造价服务和计价活动监管机制

建立健全工程造价全过程管理制度,实现工程项目投资估算、概算与最高投标限价、合同价、结算价的政策衔接。注重工程造价与招投标、合同的管理制度协调,形成制度合力,保障工程造价的合理确定和有效控制。

完善建设工程价款结算办法,转变结算方式,推行过程结算,简化竣工结算。建筑工程在交付竣工验收时,必须具备完整的技术经济资料,鼓励将竣工结算书作为竣工验收备案的文件,引导工程竣工结算按约定及时办理,遏制工程款拖欠。创新工程造价纠纷的调解机制,鼓励联合行业协会成立专家委员会进行造价纠纷的专业调解。

推行工程全过程造价咨询服务,更加注重工程项目前期和设计的造价确定。充分发挥造价工程师的作用,从工程立项、设计、发包、施工到竣工全过程,实现对造价的动态控制。发挥造价管理机构的专业作用,加强对工程计价活动及参与计价活动的工程建设各方主体、从业人员的监督检查,规范计价行为。

⑥ 推进工程造价咨询的行政审批制度改革

研究深化行政审批制度改革路线图,做好配套准备工作,稳步推进改革。探索造价工程师交由行业协会管理。将甲级工程造价咨询企业资质认定中的延续、变更等事项交由省级住房城乡建设主管部门负责。

放宽行业准入条件,完善资质标准,调整乙级企业承接业务的范围,加强资质动态监管,强化执业责任,健全清出制度。推广合伙制企业,鼓励造价咨询企业多元化发展。

加强造价咨询企业跨省设立分支机构的管理,打击分支机构和造价工程师的挂靠现象。

简化跨省承揽业务备案手续,清除地方、行业壁垒。简化申请资质资格的材料要求,推行电子化评审,加大公开公示力度。

⑦ 推进造价咨询诚信体系建设

加快造价咨询企业职业道德守则和执业标准建设,加强执业质量监管。整合资质资格管理系统与信用信息系统,搭建统一的信息平台。依托统一信息平台,建立信用档案,及时公开信用信息,形成有效的社会监督机制。加强信息资源整合,逐步建立与工商、税务、社保等部门的信用信息共享机制。

探索开展以企业和从业人员执业行为和执业质量为主要内容的评价,并与资质资格管理联动,营造"褒扬守信、惩戒失信"的环境。鼓励行业协会开展社会信用评价。

⑧ 促进造价专业人才水平提升

研究制定工程造价专业人才发展战略,提升专业人才素质。注重造价工程师考试和继续教育的实务操作和专业需求。加强与大专院校联系,指导工程造价专业学科建设,保证专业人才的培养质量。

研究造价员从业行为监管办法。支持行业协会完善造价员全国统一自律管理制度,逐步统一各地、各行业造价员的专业划分和级别设置。

1.2 我国传统工程造价管理体制存在的问题

我国的建设工程概、预算定额产生于 20 世纪 50 年代,当时的大背景是学习前苏联的经验,因此定额的主要形式还是仿前苏联的定额,到 60 年代"文革"时被废止,变成了无定额的实报实销制度。"文革"以后拨乱反正,于 20 世纪 80 年代初又恢复了定额。可以看出在相当长的一段时期内,工程预算定额都是我国建设工程承发包计价、定价的法定依据。在当时,全国各省市都有自己独立实行的工程概、预算定额,作为编制施工图设计预算、编制建设工程招标标底、投标报价以及签订工程承包合同等的依据,任何单位、任何个人在使用中必须严格执行,不能违背定额所规定的原则。应当说,定额是计划经济时代的产物,这种量价合一的工程造价静态管理的模式,在特定的历史条件下起到了确定和衡量建筑安装造价标准的作用,规范了建筑市场,使专业人士有所依据、有所凭借,其历史功绩是不可磨灭的。

到 20 世纪 90 年代初,随着市场经济体制的建立,我国在工程施工发包与承包中开始初步实行招投标制度,但无论是业主编制标底,还是施工企业投标报价,在计价的规则上也还都没有超出定额规定的范畴。招投标制度本来引入的是竞争机制,可是因为定额的限制,因此也谈不上竞争,而且当时人们的思想也习惯于四平八稳,按定额计价,并没有什么竞争意识。

近年来,我国市场经济日趋成熟,建设工程投资多元化趋势明显。企业作为市场的主体,必须是价格决策的主体,并应根据其自身的生产经营状况和市场供求关系来决定其产品价格。这就要求企业必须具有充分的定价自主权,再用过去那种单一的、僵化的、一成不变的定额计价方式已显然不适应市场化经济发展的需要了。

传统定额模式对于招投标工作的影响也十分明显。工程造价管理方式还不能完全适应招投标的要求,工程造价计价方式及管理模式上存在的问题主要有以下九个方面：

（1）定额的指令性过强、指导性不足，反映在具体表现形式上主要是施工手段消耗部分统得过死，把企业的技术装备、施工手段、管理水平等本属竞争内容的活跃因素固定化了，不利于竞争机制的发挥。

（2）组成工程总造价的定额单价虽然能够反映社会平均先进水平，但它是静态的单价，很难反映具体工程中千差万别的动态变化，无法在施工企业中实现有效竞争。

（3）量、价合一的定额表现形式不适应市场经济对工程造价实施动态管理的要求，难以就人工、材料、机械等价格的变化适时调整工程造价。

（4）各种取费计算繁琐，取费基础也不统一。

（5）缺乏全国统一的基础定额和计价办法，地区和部门自成体系，且地区间、部门相同项目的定额水平悬殊，不利于全国统一市场的形成。

（6）适应编制标底和报价要求的基础定额尚待制定。一直使用的概算指标和预算定额都有其自身适用范围。对于概算指标，其项目划分比较粗，只适用于初步设计阶段编制设计概算；对于预算定额，其子目和各种系数过多，目前用它来编制标底和报价反映出来的问题是工作量大、进度迟缓。

（7）现行的费用定额其计划经济的色彩非常浓厚，施工企业的管理费与利润等费率是固定不变的。每一个单位工程，施工单位报价都是采用相同的间接费率，这违背了市场的规律，不利于企业在提高自身管理水平上下工夫，也使施工企业难以发挥各自的优势，无法展开良性的竞争。

（8）现行的造价管理及招投标管理模式跟不上市场经济发展的要求，目前工程招投标都以主管部门的指令为依据，发包方与投标方共用一本定额制定报价，施工企业不能根据自身的劳动生产率以及经济灵活的施工方案合理制定报价，因此往往使预算人员的业务水平成为是否能中标的关键因素，也导致施工企业之间互相盲目压价，从而产生恶性竞争。

（9）建筑市场的不断更新发展，使得更多新技术、新工艺、新机具、新材料不断出现，相应的工、料、机水平也处于相对的变化之中，现行的预算定额水平和更新速度肯定赶不上建筑市场的发展，因此全面以预算定额来确定工程造价很难解决一些现实的复杂问题。

长期以来，我国发承包计价、定价都以工程预算定额作为主要依据。1992年，为了适应建设市场改革的要求，针对工程预算定额编制和使用中存在的问题，建设部提出"控制量、指导价、竞争费"的改革措施，将工程预算定额中的人工、材料、机械台班的消耗量和相应的单价分离，这一措施在我国实行市场经济初期起到了积极的作用。但随着建设市场化进程的发展，这种做法难以改变工程预算定额中国家指令性的状况，不能准确地反映各个企业的实际消耗量，不能全面地体现企业技术装备水平、管理水平和劳动生产率。为了适应工程招投标竞争由市场形成工程造价的需要，特别是我国已经加入WTO，建设工程造价行业与国际接轨已是势在必行。而工程量清单计价方式在国际上通行已有上百年历史，规章完备，体系成熟。2003年以来，我国先后三次出台办法，推行工程量清单计价方式，这给我国工程造价领域带来了一场深刻的革命，进一步推进工程计价依据的改革，与国际惯例接轨，通过市场形成价格，以顺应我国加入WTO的挑战。

1.3 我国工程造价改革的状况

1.3.1 国家造价改革的整体思想

建设工程造价，是指某项工程建设自开始直至竣工，到形成固定资产为止的全部费用。平时我们所说的建安费用，是指某单项工程的建筑及设备安装费用。一般采用定额管理计价方式所计算确定的费用就是指建安费用。建筑工程计价是整个建设工程程序中非常重要的一环，计价方式的科学与否，从小处讲，关系到一个企业的兴衰；从大处讲，则关系到整个建筑工程行业的发展。因此，建设工程计价一直是建筑工程各方最为重视的工作之一。

在改革开放前，我国在经济上施行的是计划经济制度，因此与之相适应的建设工程计价方法就是定额计价法。定额计价法是由政府有关部门颁发各种工程预算定额，实际工作中以定额为基础计算工程建安造价。

我国加入 WTO 之后，全球经济一体化的趋势将使我国的经济更多地融入世界经济中，我国必须进一步改革开放。从工程建筑市场来观察，更多的国际资本将进入我国的工程建筑市场，从而使我国的工程建筑市场的竞争更加激烈。我国的建筑企业也必然更多地走向世界，在世界建筑市场的激烈竞争中占据我们应有的份额。在这种形势下，我国的工程造价管理制度，不仅要适应社会主义市场经济的需求，还必须与国际惯例接轨。

基于以上认识，我国的工程造价计算方法应该适应社会主义市场经济和全球经济一体化的需求，要进行重大的改革。长期以来，我国的工程造价计算方法，一直采用定额加取费的模式，即使经过 30 多年的改革开放，这一模式也没有根本改变。中国加入 WTO 后，这一计价模式应该进行重大的改革。为了进行计价模式的改革，必须首先进行工程造价依据的改革。

我国加入 WTO 后，其自由贸易准则促使我国纳入全球经济一体化轨道，放开我国的建筑市场，大量国外建筑承包企业进入我国市场后，将以其采用的先进计价模式与我国企业竞争。这样，我们被迫引进并遵循工程造价管理的国际惯例，所以我国工程造价管理改革的最终目标是建立适应市场经济的计价模式。

那么，市场经济的计价模式是什么？简言之，就是全国制定统一的工程量计算规则，在招标时，由招标方提供工程量清单，各投标单位（承包商）根据自己的实力，按照竞争策略的要求自主报价，业主择优定标，以工程合同使报价法定化，施工中出现与招标文件或合同规定不符合的情况或工程量发生变化时据实索赔，调整支付。

这种模式其实是一种国际惯例，广东省顺德市于 2000 年 3 月起实施这种计价模式，它的具体内容是："控制量，放开价，由企业自主报价，最终由市场形成价格。"

市场化、国际化，使工程量清单计价法势在必行。工程量清单计价法有两股最强的催生力量，即市场化和国际化。在国内，建筑工程的计价过去是政出多门。各省、市都有自己的定额管理部门，都有自己独立执行的预算定额。各省市定额在工程项目划分、工程量计算规则、工程量计算单位上都有很大差别。甚至在同一省内，不同地区都有不同的执行标准。这样在各省市之间，定额根本无法通用，也很难进行交流。可是现在的市场经济，又打破了地区和行业的界限,在工程施工招投标过程中,按规定不允许搞地区及行业的垄断、不允许排斥潜在投标人。国内经济的发展,也促进了建筑行业跨省市的互相交流、互相渗透和互相竞争,在工程计价方式上也亟须有一个全国通用和便于操作的标准,这就是工程量清单计价法。

在国际上,工程量清单计价法是通用的原则,是大多数国家所采用的工程计价方式。为了适应在建筑行业方面的国际交流,我国在加入 WTO 谈判的过程中,在建设领域做出了多项承诺,并拟定废止部门规章、规范性文件 12 项,拟修订部门规章、规范性文件 6 项。并在适当的时期,允许设立外商投资建筑企业,其一经成立,便有权在中国境内承包建筑工程。这种竞争是国际性的,假如我们不进行计价方式的改革,不采用工程量清单计价法,在建筑领域将无法和国际接轨,与外企也无法进行交流。

在国外,许多国家在工程招投标中采用工程量清单计价,不少国家还为此制定了统一的规则。我国加入 WTO 以来,建设市场将进一步对外开放,国外的企业以及投资的项目越来越多地进入国内市场,我国企业走出国门在海外投资的项目也会增加。为了适应这种对外开放建设市场的形势,在我国工程建设中推行工程量清单计价,逐步与国际惯例接轨已十分必要。

因此,一场国家取消定价,把定价权交还给企业和市场,实行量价分离,由市场形成价格的造价改革势在必行。其主导原则就是"确定量、市场价、竞争费",具体改革措施就是在工程施工发承包过程中采用工程量清单计价法。

工程量清单计价,从名称来看,只表现出这种计价方式与传统计价方式在形式上的区别。但实质上,工程量清单计价模式是一种与市场经济相适应的、允许承包单位自主报价的、通过市场竞争确定价格的、与国际惯例接轨的计价模式。因此,推行工程量清单计价是我国工程造价管理体制的一项重要改革措施,必将引起我国工程造价管理体制的重大变革。

1.3.2 工程量清单的定义

工程量清单是指在工程量清单计价中载明建设工程分部分项工程项目、措施项目、其他项目的名称和相应数量以及规费、税金项目等内容的明细清单。在建设工程发承包及实施过程的不同阶段,又可分别称之为"招标工程量清单"和"已标价工程量清单"。

招标工程量清单是指招标人依据国家标准、招标文件、设计文件以及施工现场实际情况编制的,随招标文件发布供投标人投标报价的工程量清单,包括其说明和表格。招标工程量清单应以单位(项)工程为单位编制,应由分部分项工程项目清单、措施项目清单、其他项目清单、规费和税金项目清单组成。

已标价工程量清单是指构成合同文件组成部分的投标文件中已标明价格,经算术性错误修正(如有)且承包人已确认的工程量清单,包括其说明和表格。

工程量清单的作用是:(1)工程量清单是编制工程预算或招标人编制招标控制价的依据。(2)工程量清单是供投标者报价的依据。(3)工程量清单是确定和调整合同价款的依据。(4)工程量清单是计算工程量以及支付工程款的依据。(5)工程量清单是办理工程结算和工程索赔的依据。

工程量清单编制的一般规定包括:

(1)招标工程量清单的编制人:招标工程量清单应由具有编制能力的招标人或受其委

托、具有相应资质的工程造价咨询人编制。（2）招标工程量清单的编制责任：采用工程量清单计价方式，招标工程量清单必须作为招标文件的组成部分，其准确性和完整性应由招标人负责，投标人依据工程量清单进行投标报价，对工程量清单不负有核实的义务，更不具有修改和调整的权力。（3）编制招标工程量清单的依据：《计价规范》和相关工程的国家计算规范；国家或省级、行业建设主管部门颁发的计价定额和办法；建设工程设计文件及相关资料；与建设工程有关的标准、规范、技术资料；拟定的招标文件；施工现场情况、地质勘探水文资料、工程特点及常规施工方案；其他相关资料。

1.3.3 工程量清单计价的定义

工程量清单计价是指投标人完成由招标人提供的工程量清单所需的全部费用，包括分部分项工程费、措施项目费、其他项目费和规费、税金。工程量清单计价的基本原理就是以招标人提供的工程量清单为依据，投标人根据自身的技术、财务、管理能力进行投标报价，招标人根据具体的评标细则进行优选。这种计价方式是市场定价体系的具体表现形式。工程量清单计价采取综合单价计价。

工程量清单计价的基本过程可以描述为：在统一的工程量计算规则的基础上，制定工程量清单项目设置规则，根据具体工程的施工图纸计算出各个清单项目的工程量，再根据各种渠道所获得的工程造价信息和经验数据计算得到工程造价。其编制过程可以分为两个阶段：工程量清单格式的编制和利用工程量清单来编制招标控制价或投标报价。投标报价是在业主提供的工程量计算结果的基础上，根据企业自身所掌握的各种信息、资料，结合企业定额编制出来的。

在工程施工阶段发承包双方都面临许多的计价风险，但不是所有的风险都应由某一方承担，而是应按风险共担的原则对风险进行合理分摊。具体体现在招标文件、合同中对计价风险内容及其范围进行界定和明确。明确计价中的风险内容及其范围时，不得采用无限风险、所有风险或类似语句规定计价中的风险内容及范围。根据我国工程建设特点，投标人应完全承担技术风险和管理风险，如管理费和利润；应有限承担市场风险，如材料价格、施工机械使用费等；应完全不承担法律、法规、规章和政策变化的风险。

应由发包人承担的风险有：国家法律、法规、规章和政策发生变化；省级或行业建设主管部门发布的人工费调整，但承包人对人工费或人工单价的报价高于发布的除外；由政府定价或政府指导价管理的原材料等价格进行的调整。

由于市场物价波动影响合同价款的，应由发承包双方合理分摊。

由于承包人所使用机械设备、施工技术以及组织管理水平等自身原因造成施工费用增加的，应由承包人全部承担。

因不可抗力事件导致的人员伤亡、财产损失及其费用增加，发承包双方应按以下原则分别承担并调整合同价款和工期：

（1）合同工程本身的损害、因工程损害导致第三方人员伤亡和财产损失以及运至施工场地用于施工的材料和待安装的设备的损害，应由发包人承担。

（2）发包人、承包人人员伤亡应由其所在单位负责，并应承担相应费用。

（3）承包人的施工机械设备损坏及停工损失，应由承包人承担。

（4）停工期间，承包人应发包人要求留在施工场地的必要的管理人员及保卫人员的费用应由发包人承担。

（5）工程所需清理、修复费用,应由发包人承担。

1.3.4 《计价规范》的性质及特点

1）强制性

《计价规范》国家标准包含了一部分必须严格执行的强制性条文,例如,全部使用国有资金投资或国有资金为主的工程建设项目,必须采用工程量清单计价;采用工程量清单方式招标,工程量清单必须作为招标文件的组成部分,其准确性和完整性由招标人负责;分部分项工程量清单应根据附录规定的项目编码、项目名称、项目特征、计量单位和工程量计算规则进行编制;分部分项工程量清单应采用综合单价计价;招标文件中的工程量清单所标明的工程量是投标人投标报价的共同基础,竣工结算的工程量应按承发包双方事先约定应予计量且实际完成的工程量确定;措施项目清单中的安全文明施工措施费应按照国家或省级、行业建设主管部门的规定计价,不得作为竞争性费用;投标人应按招标人提供的工程量清单填报价格,填写的项目编码、项目名称、项目特征、计量单位和工程量必须与招标人提供的一致。

2）实用性

实用性主要表现在《计价规范》的附录中,工程量清单及其计算规则的项目名称表现的是工程实体项目,项目名称明确清晰,工程量计算规则简洁明了。同时还列有项目特征和工作内容,易于编制工程量清单时确定具体项目名称和投标报价。

3）竞争性

一方面,竞争性表现在《计价规范》中从政策性规定到一般内容的具体规定,充分体现了工程造价由市场竞争形成价格的原则。《计价规范》中的措施项目,在工程量清单中只列"措施项目"一项,具体采用什么措施由投标企业的施工组织进行设计。另一方面,《计价规范》中人工、材料和施工机械没有具体的消耗量,投标企业可以依据企业定额、市场价格或参照建设主管部门发布的社会平均消耗量定额、价格信息进行报价,为企业报价提供了自主的空间。

4）通用性

通用性表现在我国工程量清单计价是与国际惯例接轨的,符合工程量计算方法标准化、工程量清单计算规则统一化,工程造价确定市场化的要求。

工程量清单计价的特点具体体现在以下几个方面:

统一计价规则——通过制定统一的建设工程工程量清单计价方法、统一的工程量计量规则、统一的工程量清单项目设置规则,达到规范计价行为的目的。这些规则和办法是强制性的,建设各方面都应该遵守,这是工程造价管理部门首次在文件中明确政府应管什么,不应管什么。

有效控制消耗量——通过由政府发布统一的社会平均消耗量指导标准,为企业提供一个社会平均尺度,避免企业盲目或随意大幅度减少或扩大消耗量,从而达到保证工程质量的目的。

彻底放开价格——将工程消耗量定额中的工、料、机价格和利润、管理费全面放开,由市场的供求关系自行确定价格。

企业自主报价——投标企业根据自身的技术专长、材料采购渠道和管理水平等,制定企业自己的报价定额,自主报价。企业尚无报价定额的,可参考使用造价管理部门颁布的《建设工程消耗量定额》。

市场有序竞争形成价格——通过建立与国际惯例接轨的工程量清单计价模式,引入充分竞争形成价格的机制,制定衡量投标报价合理性的基础标准,在投标过程中,有效引入竞争机制,淡化标底的作用,在保证质量、工期的前提下,按《中华人民共和国招标投标法》有关条款规定,最终以"不低于成本"的合理低价者中标。

1.3.5 《计价规范》的主要内容和相关术语

1) 2013版《计价规范》的主要内容

2013版《计价规范》主要内容包括总则、术语、一般规定、工程量清单编制、招标控制价、投标报价、合同价款约定、工程计量、合同价款调整、合同价款中期支付、竣工结算与支付、合同解除的价款结算与支付、合同价款争议的解决、工程造价鉴定、工程计价资料与档案、计价表格等。

计算规范是在2008版《计价规范》附录A、B、C、D、E、F的基础上制定的,内容包括房屋建筑与装饰工程、仿古建筑工程、通用安装工程、市政工程、园林绿化工程、矿山工程、构筑物工程、城市轨道交通工程、爆破工程等九个专业。各专业工程量计算规范包括总则、术语、工程计量、工程量清单编制、附录等。

2) 2013版《计价规范》的相关术语

① 工程量清单:载明建设工程分部分项工程项目、措施项目、其他项目的名称和相应数量以及规费、税金项目等内容的明细清单。

② 招标工程量清单:招标人依据国家标准、招标文件、设计文件以及施工现场实际情况编制的,随招标文件发布供投标报价的工程量清单,包括说明和表格。

③ 已标价工程量清单:构成合同文件组成部分的投标文件中已标明价格,经算术性错误修正(如有)且承包人已确认的工程量清单,包括对其的说明和相关表格。

④ 分部分项工程:分部工程是单项或单位工程的组成部分,是按结构部位、路段长度及施工特点或施工任务将单项或单位工程划分为若干分部的工程;分项工程是分部工程的组成部分,是按不同施工方法、材料、工序及路段长度等将分部工程划分为若干个分项或项目的工程。

⑤ 措施项目:为完成工程项目施工,发生于该工程施工准备和施工过程中的技术、生活、安全、环境保护等方面的项目。

⑥ 项目编码:分部分项工程和措施项目清单名称的阿拉伯数字标志。

⑦ 项目特征:构成分部分项工程项目、措施项目自身价值的本质特征。

⑧ 综合单价:完成一个规定清单项目所需的人工费、材料和工程设备费、施工机具使用费和企业管理费、利润以及一定范围内的风险费用。

⑨ 风险费用:隐含于已标价工程量清单综合单价中,用于化解发承包双方在工程合同中约定内容和范围内的市场价格波动风险的费用。

⑩ 工程成本:承包人为实施合同工程并达到质量标准,在确保安全施工的前提下,必须消耗或使用的人工、材料、工程设备、施工机械台班及其管理等方面发生的费用和按规定缴

纳的规费和税金。

⑪ 单价合同:发承包双方约定以工程量清单及其综合单价进行合同价款计算、调整和确认的建设工程施工合同。

⑫ 总价合同:发承包双方约定以施工图及其预算和有关条件进行合同价款计算、调整和确认的建设工程施工合同。

⑬ 成本加酬金合同:发承包双方约定以施工工程成本再加合同约定酬金进行合同价款计算、调整和确认的建设工程施工合同。

⑭ 工程造价信息:工程造价管理机构根据调查和测算发布的建设工程人工、材料、工程设备、施工机械台班的价格信息,以及各类工程的造价指数、指标。

⑮ 工程造价指数:反映一定时期的工程造价相对于某一固定时期的工程造价变化程度的比值或比率。包括按单位或单项工程划分的造价指数,按工程造价构成要素划分的人工、材料、机械等价格指数。

工程造价指数是反映一定时期价格变化对工程造价影响程度的一种指标,是调整工程造价差的依据之一。工程造价指数反映了一定时期相对于某一固定时期的价格变动趋势,在工程发承包及实施阶段,主要有单位或单项工程项目造价指数,人工、材料、机械要素价格指数等。

⑯ 工程变更:合同工程实施过程中由发包人提出或由承包人提出经发包人批准的合同工程中,任何一项工作的增、减、取消或施工工艺、顺序、时间的改变;设计图纸的修改;施工条件的改变;招标工程量清单的错、漏从而引起合同条件的改变或工程量的增减变化。

⑰ 工程量偏差:承包人按照合同工程的图纸(含经发包人批准由承包人提供的图纸)实施,按照现行国家计量规范规定的工程量计算规则计算得到的完成合同工程项目应予计量的工程量与相应招标工程量清单项目列出的工程量之间出现的偏差。

⑱ 暂列金额:招标人在工程量清单中暂定并包括在合同价款中的一笔款项。用于工程合同签订时尚未确定或者不可预见的所需材料、工程设备、服务的采购,施工中可能发生的工程变更、合同约定调整因素出现时的合同价款调整以及发生的索赔、现场签证确认等的费用。

⑲ 暂估价:招标人在工程量清单中提供的用于支付必然发生但暂时不能确定价格的材料、工程设备的单价以及专业工程的金额。

⑳ 计日工:在施工过程中,承包人完成发包人提出的工程合同范围以外的零星项目或工作,按合同中约定的单价计价的一种方式。

㉑ 总承包服务费:总承包人为配合协调发包人进行的专业工程发包,对发包人自行采购的材料、工程设备等进行保管以及施工现场管理、竣工资料汇总整理等服务所需的费用。

㉒ 安全文明施工费:在合同履行过程中,承包人按照国家法律、法规、标准等规定,为保证安全施工、文明施工,保护现场内外环境和搭、拆临时设施等所采用的措施发生的费用。

㉓ 索赔:在工程合同履行过程中,合同当事人一方因非己方的原因而遭受损失,按合同约定或法规规定应由对方承担责任,从而向对方提出补偿的要求。

㉔ 现场签证：发包人现场代表（或其授权的监理人、工程造价咨询人）与承包人现场代表就施工过程中涉及的责任事件所做的签证证明。

㉕ 提前竣工（赶工）费：承包人应发包人的要求而采取加快工程进度措施，使合同工程工期缩短，由此产生的应由发包人支付的费用。

㉖ 误期赔偿费：承包人未按照合同工程的计划进度施工，导致实际工期超过合同工期（包括经发包人批准的延长工期），承包人应向发包人赔偿损失的费用。

㉗ 不可抗力：发承包双方在工程合同签订时不能预见的，对其发生的后果不能避免，并且不能克服的自然灾害和社会性突发事件。

㉘ 工程设备：指构成或计划构成永久工程一部分的机电设备、金属结构设备、仪器装置及其他类似的设备和装置。

㉙ 缺陷责任期：指承包人对已交付使用的合同工程承担合同约定的缺陷修复责任的期限。

㉚ 质量保证金：发承包双方在工程合同中约定，从应付合同价款中预留，用以保证承包人在缺陷责任期内履行缺陷修复义务的金额。

㉛ 费用：承包人为履行合同所发生或将要发生的所有合理开支，包括管理费和应分摊的其他费用，但不包括利润。

㉜ 利润：承包人完成合同工程获得的盈利。

㉝ 企业定额：施工企业根据本企业的施工技术、机械装备和管理水平而编制的人工、材料和施工机械台班等的消耗标准。

㉞ 规费：根据国家法律、法规规定，由省级政府或省级有关权力部门规定施工企业必须缴纳的，应计入建筑安装工程造价的费用。

㉟ 税金：国家税法规定的应计入建筑安装工程造价内的营业税、城市维护建设税、教育费附加和地方教育附加。

㊱ 发包人：具有工程发包主体资格和支付工程价款能力的当事人以及取得该当事人资格的合法继承人，本规范有时又称招标人。

㊲ 承包人：被发包人接受的具有工程施工承包主体资格的当事人以及取得该当事人资格的合法继承人，本规范有时又称投标人。

㊳ 工程造价咨询人：取得工程造价咨询资质等级证书，接受委托从事建设工程造价咨询活动的当事人以及取得该当事人资格的合法继承人。

㊴ 造价工程师：取得造价工程师注册证书，在一个单位注册、从事建设工程造价活动的专业人员。

㊵ 造价员：取得全国建设工程造价员资格证书，在一个单位注册、从事建设工程造价活动的专业人员。

㊶ 单价项目：工程量清单中以单价计价的项目，即根据合同工程图纸（含设计变更）和相关工程现行国家计量规范规定的工程量计算规则进行计量，与已标价工程量清单相应综合单价进行价款计算的项目。

㊷ 总价项目：工程量清单中以总价计价的项目，即此类项目在相关工程现行国家计量规范中无工程量计算规则，以总价（或计算基础乘费率）计算的项目。

㊸ 工程计量：发承包双方根据合同约定，对承包人完成合同工程的数量进行的计算和

确认。

㊹ 工程结算:发承包双方根据合同约定,对合同工程在实施中、终止时、已完工后进行的合同价款计算、调整和确认。包括期中结算、终止结算、竣工结算。

㊺ 招标控制价:招标人根据国家或省级、行业建设主管部门颁发的有关计价依据和办法,以及拟定的招标文件和招标工程量清单,结合工程具体情况编制的招标工程的最高投标限价。

㊻ 招标价:投标人在投标时响应招标文件要求所报出的对已标价工程量清单汇总后标明的总价。

㊼ 签约合同价(合同价款):发承包双方在工程合同中约定的工程造价,即包括了分部分项工程费、措施项目费、其他项目费、规费和税金的合同总金额。

㊽ 预付款:在开工前,发包人按照合同约定,预先支付给承包人用于购买合同工程施工所需的材料、工程设备,以及组织施工机械和人员进场等的款项。

㊾ 进度款:在合同工程施工过程中,发包人按照合同约定对付款周期内承包人完成的合同价款给予支付的款项,也是合同价款期中结算支付。

㊿ 合同价款调整:在合同价款调整因素出现后,发承包双方根据合同约定,对合同价款进行变动的提出、计算和确认。

51 竣工结算价:发承包双方依据国家有关法律、法规和标准的规定,按照合同约定确定的,包括在履行合同过程中按合同约定进行的合同价款调整,是承包人按合同约定完成了全部承包工作后,发包人应付给承包人的合同总金额。

52 工程造价鉴定:工程造价咨询人接受人民法院、仲裁机关委托,对施工合同纠纷案件中的工程造价争议,运用专门知识进行鉴别、判断和评定,并提供鉴定意见的活动。也称为工程造价司法鉴定。

1.3.6 工程量清单计价的影响因素

以工程量清单中标的工程,其施工过程与传统的投标形式没有很大区别。但对工程成本要素的确认同以往传统投标工程却大相径庭。现就工程量清单中标的工程成本要素应该如何管理,进行一些分析。

工程单价的计价方法,大致可分为以下三种形式:① 完全费用单价法;② 综合单价法;③ 工料单价法。

工程成本要素最核心的内容包含在工料单价法之中,也是下面论述的主要方面。《计价规范》中采用的综合单价法为不完全费用单价法,完全费用单价是在《计价规范》综合单价的基础上增加了规费、税金等工程造价内容的扩展。具体内容组成如下:

综合单价 = 工料单价 + 管理费用 + 利润

完全费用单价 = 工料单价 + 管理费用 + 利润 + 规费 + 税金

工程量清单报价中标的工程,无论是以上哪种形式,在正常情况下,基本说明工程造价已确定,只是当出现设计变更或工程量变动时,通过签证再结算调整另行计算。工程量清单中工程成本要素的管理重点是:在既定收入的前提下,如何控制成本支出。

1) 对用工批量的有效管理

人工费支出约占建筑产品成本的17%,且随市场价格波动而不断变化。对整个施工期间的人工单价做出切合实际的预测,是控制人工费用支出的前提条件。

首先根据施工进度,月初依据工序合理做出用工数量预测,结合市场人工单价计算出本月控制指标。

其次在施工过程中,依据工程分部分项,对每天用工数量连续记录,在完成一个分项后,就与工程量清单报价中的用工数量对比,进行横评找出存在问题,办理相应手续以便对控制指标加以修正。每月完成几个工程分项后,各自与工程量清单报价中的用工数量对比,考核控制指标完成情况。通过这种控制节约用工数量,就意味着降低人工费支出,即增加了相应的效益。这种对用工数量控制的方法,最大优势在于不受任何工程结构形式的影响,分阶段加以控制,有很强的实用性。如果是包工工程,结算用工数量时一定要在控制指标以内考虑。确实超过控制指标分项工日数时,应及时找出存在问题的工程部位,及时同业主办理有关手续。人工费用控制指标,主要是从量上加以控制。重点通过对在建工程过程进行控制,积累各类结构形式下实际用工数量的原始资料,以便形成企业定额体系。

2) 材料费用的管理

材料费用开支约占建筑产品成本的 63%,是成本要素控制的重点。材料费用因工程量清单报价形式不同、材料供应方式不同而有所不同,如业主限价的材料价格及如何管理等问题。其主要问题可从施工企业采购过程中降低材料单价来把握。首先对本月施工分项所需材料用量下发采购部门,在保证材料质量的前提下货比三家。采购过程以工程清单报价中材料价格为控制指标,确保采购过程产生收益。对业主供材供料,确保足斤足两,严把验收入库关。其次在施工过程中,严格执行质量方面的程序文件,做到材料堆放合理布局,减少二次搬运。具体操作依据工程进度实行限额领料,完成一个分项后,考核控制效果。最后是杜绝没有收入的支出,把返工损失降到最低限度。月末应把控制用量和价格同实际数量横向对比,考核实际效果,对超用材料数量应落实清楚,如造成超用材料的工程子项及其原因、是否存在同业主计取材料差价的问题等。

3) 机械费用的管理

机械费的开支约占建筑产品成本的 7%,其控制指标,主要是根据工程量清单计算出使用的机械控制台班数。在施工过程中,每天做详细台班记录,是否存在维修、待班的台班。如存在现场停电超过合同规定时间的情况,应在当天同业主做好待班现场签证记录,月末将实际使用台班同控制台班的绝对数进行对比,分析量差发生的原因。对机械费价格一般采取租赁协议,合同一般在结算期内不变动,所以控制实际用量是关键。依据现场情况做到设备合理布局,充分利用,特别是要合理安排大型设备进出场时间,以降低费用。

4) 施工过程中水电费的管理

水电费的管理,在以往工程施工中一直被忽视。水作为人类赖以生存的宝贵资源,越来越短缺,正在给人类敲响警钟。这对加强施工过程中水电费管理的重要性不言而喻。为便于施工过程支出的控制管理,应把控制用量计算到施工子项以便于水电费用控制。月末依据完成子项所需水电用量同实际用量的对比,找出差距的出处,以便制定改正措施。总之施工过程中对水电用量控制不仅仅是一个经济效益的问题,更重要的是一个合理利用宝贵资源的问题。

5) 对设计变更和工程签证的管理

在施工过程中,时常会遇到一些原设计未曾预料到的实际情况或业主单位提出要求改变某些施工做法、材料代用等,引发设计变更;同样,对施工图以外的内容及停水、停电,或因材料供应不及时造成停工、窝工等都需要办理工程签证。以上两部分工作,首先应由负责现场施工的技术人员做好工程量的确认,如存在工程量清单不包含的施工内容,应及时通知技术人员,将需要办理工程签证的内容落实清楚。其次工程造价人员审核变更或签证签字内容是否清楚完整、手续是否齐全。如手续不齐全,应在当天督促施工人员补办手续,变更或签证的资料应连续编号。最后工程造价人员还应特别注意在施工方案中涉及的工程造价问题。在投标时工程量清单是依据以往的经验计价、建立在既定的施工方案基础上的。施工方案的改变便是对工程量清单造价的修正。变更或签证是工程量清单工程造价中所不包括的内容,但在施工过程中费用已经发生,工程造价人员应及时地编制变更及签证后的变动价值。加强设计变更和工程签证工作是施工企业经济活动中的一个重要组成部分,它可防止应得效益的流失,反映工程真实造价构成,对施工企业各级管理者来说显得更重要。

6) 对其他成本要素的管理

成本要素除工料单价法所包含的以外,还有管理费用、利润、临设费、税金、保险费等。这部分收入已分散在工程量清单的子项之中,中标后已成既定的数,因而在施工过程中应注意以下几点:

(1) 节约管理费用是重点,制定切实的预算指标,对每笔开支严格依据预算执行审批手续;提高管理人员的综合素质做到高效精干,提倡一专多能。对办公费用的管理,从节约一张纸、减少每次通话时间等方面着手,精打细算,控制费用支出。

(2) 利润作为工程量清单子项收入的一部分,在成本不亏损的情况下,就是企业既定利润。

(3) 临设费管理的重点是,依据施工的工期及现场情况合理布局临设。尽可能就地取材搭建临设,工程接近竣工时及时减少临设的占用。如对购买的彩板房每次安、拆要高抬轻放,延长使用次数,日常使用及时维护易损部位,延长使用寿命。

(4) 对税金、保险费的管理重点是一个资金问题,依据施工进度及时拨付工程款,确保国家规定的税金及时上缴。

以上六个方面是施工企业的成本要素,针对工程量清单形式带来的风险性,施工企业要从加强过程控制的管理入手,才能将风险降到最低。积累各种结构形式下成本要素的资料,逐步形成科学、合理的,具有代表人力、财力、技术力量的企业定额体系。通过企业定额,使报价不再盲目,避免一味过低或过高报价所形成的亏损、废标,以应付复杂激烈的市场竞争。

在工程量清单计价中,按照分部分项工程单价组成来划分,工程量清单报价有三种形式,即直接费用单价、综合费用单价和全费用单价。无论哪一种报价形式,单价中都含有机械费。目前这种普遍做法效仿于工业企业单位产品成本计算模式,但是建设项目具有单件性、一次性等特点。在项目实施过程中,发生的机械成本都是一次性投入到单位产品中,其费用应直接计入分部分项工程综合单价。而且施工机械的选择与施工方案息息相关,它与非实体工程部分的造价一样具有竞争性质。因此按工程量清单报价时,机械费用应结合企业自身的技术装备水平和施工方案来制定,以反映出施工机械投入量,最大限度地体现企业自身的竞争能力。

单价中,有些费用对投标企业而言是不可控的,比如材料费用,按照我国工程造价改革精神,材料价格将逐渐脱离定额价,实行市场价。在项目实施过程中材料不是全部投入到项目中,而是有一定的损耗。这些损耗是不可避免的,而且损耗量的大小取决于管理水平和施工工艺等。虽然投标人不会承担这部分损耗,但是作为管理水平的体现,它具有竞争性质,应单独反映在报价中。对于实体工程部分,可在各清单项目下直接反映。

劳动力市场价格对投标企业而言是不可控的,但是投标企业可以通过现场的有效管理、改进工艺流程等措施来降低单位工程量的人工投入,从而降低人工费用;而且人工费用与机械化水平有关。事实证明,各投标企业的现场技术力量、管理水平和机械化程度存在差异,单位工程量的人工费用都不相同。这些都表明人工费用具有竞争性质,但是这种竞争的目的不是为了降低工人收入,而是在维护工人现有权益基础上,促使投标企业通过合理的组织与管理、改进工艺等措施来提高生产效率,因此人工费用也应该在报价中单独反映出来。

1.4 我国实行工程造价改革的配套措施

1.4.1 工程量清单的法律依据及有关法律

《计价规范》是根据《中华人民共和国招标投标法》、建设部令第 107 号《建筑工程施工发包与承包计价管理办法》制定的。工程量清单计价活动是政策性、技术性很强的一项工作,它涉及国家的法律、法规和标准规范等比较广泛。所以,进行工程量清单计价活动时,除遵循《计价规范》外,还应符合国家有关法律、法规及标准规范的规定。主要包括:《中华人民共和国建筑法》、《中华人民共和国合同法》、《中华人民共和国价格法》、《中华人民共和国招标投标法》和住房和城乡建设部第 16 号令《建筑工程施工发包与承包计价管理办法》(原建设部第 107 号令《建筑工程施工发包与承包计价管理办法》于 2014 年 2 月 1 日起废止)及直接涉及工程造价的工程质量、安全及环境保护等方面的工程建设强制性标准规范。执行《计价规范》必须同贯彻《中华人民共和国建筑法》等法律法规结合起来。

为了保证工程量清单计价模式的顺利推行,必须大力完善法制环境,尽快建立承包商信誉体系。

我们知道,引入竞争机制后,招标投标必然演绎成低价竞标。《中华人民共和国招标投标法》第四十一条规定,中标人的投标应当符合下列条件之一:

(1) 能够最大限度地满足招标文件中规定的各项综合评价标准。

(2) 能够满足招标文件的实质性要求,并且经评审的投标价格最低;但是投标价格低于成本的除外。

这其中对于条件(1),我们可以理解为以目前较为常用的定量综合评议法(如百分制评审法)评标定标,即评标小组在对投标文件进行评审时,按照招标文件中规定的各项评标标准,例如投标人的报价、质量、工期、施工组织设计、施工技术方案、经营业绩以及社会信誉等方面进行综合评定,量化打分,以累计得分最高的投标人为中标人。而对于条件(2),则可以理解为以"合理最低评标价法"评标定标,它有以下几个方面的含义:

① 能够满足招标文件的实质性要求,这是投标中标的前提条件。

② 经过评审的投标价格为最低,这是评标定标的核心。

③ 投标价格应当处于不低于自身成本的合理范围之内,这是为了制止不正当的竞争、垄断和倾销行为的国际通行做法。

目前有不少世界组织和国家采用合理最低评标价法。如联合国贸易法委员会采购示范法、欧盟理事会有关招标采购的指令、世界银行贷款采购指南、亚洲开发银行贷款采购准则，以及英国、意大利、瑞士、韩国的有关法律规定,招标方应选定"评标价最低"人中标。评标价最低人的投标不一定是投标报价最低的投标。评标价是一个以货币形式表现的衡量投标竞争力的定量指标,它除了考虑投标价格因素外,还综合考虑质量、工期、施工组织设计、企业信誉、业绩等因素,并将这些因素尽可能加以量化折算为一定的货币额,加权计算得到。所以可以认为"合理最低评标价法"是定量综合评议法与最低投标报价法相结合的一种方法。

在工程招投标中实行"合理最低评标价法"是体现与国际惯例接轨的重要方面。但目前业界对实行这一办法有许多担忧,并且这种担忧不无道理。关键是这种低价如何在正常的生产条件下得到执行,否则,在交易中业主获得了承包商的低价,而在执行中得到的却是劣质建筑产品,这就事与愿违了。因此,我们不仅要重视价格形成的交易阶段——招投标阶段,各级工程造价管理部门更要重视合同履行阶段的价格监督。从广义范围上讲,合同履行阶段更要借助于业主对自己利益的保护实施完善的建设监理制度,还要完善纠纷仲裁制,发挥各地仲裁委员会的作用,使报出低价而又制造纠纷、试图以索赔赢利的施工企业得不到好处。另外,要实行严格的履约担保制,既要使违约的承包商受到及时的处罚,又要使任意拖欠工程款的业主得到处罚。当上述法制环境完善后,承包商就会约束自己的报价,不敢报出低于成本的价格,或者报出低于成本的价格也要承担下来。

建立承包商信誉体系也就是完善法制环境的辅助体系。可以编制一套完善的承包商信誉评级指标体系,为每个施工企业评定信誉等级,并在全国建立承包商信誉等级信息网。全国建设市场中任一个招标投标活动都可以在该网中查找到每个投标企业的履约信誉等级,从而为评标提供依据。这个承包商信誉等级网可以作为全国工程造价信息网中的辅助部分而存在。

1.4.2 工程量清单计价配套措施

工程量清单计价不是孤立的改革,必须与其他改革配套实施才能成功。最重要的是与招标法的实施相配套。尤其是关于评标方法,必须改变以标底为基准上下划定浮动区间的评标方法,采用合理低价中标的评标方法。具体要从以下几个方面加以推进:

1)继续推进计价依据的改革

实行工程量清单计价后,定额并不会被抛弃,至少目前乃至今后相当长一段时间内如此,如江苏省 2014 年又修编出台了《江苏省建筑与装饰工程计价定额》(以下简称《计价定额》)。关键是要将定额属性由指令性向指导性过渡,积极发挥企业定额在工程量清单报价中的作用。推行工程量清单招标投标报价,要具有配套发展的思想,应在原有定额的基础上,按"量价分离"的原则建立一套统一的计价规则,并制定全国统一的工程量计算规则、统一计量单位、统一项目划分。作为企业而言,应尽早建立起符合施工企业内部机制的施工企业定额,只有这样,才能使定额逐步实现由法定性向指导性的过渡;才能改革现行定额中工程实体性消耗与措施性消耗"合一"的现象,逐步实现两者分离;才能有利于施工企业进行新技术、新工艺、新材料的不断研究,促进技术进步,提高企业的经营管理水平,真正实现依据工程量清单招标投标,企业自主定价,政府宏观调控,逐步推行以工程成本加利润报价,通过市场竞争形成价格的价格形成和运行机制。

清单计价中的实物消耗量的标准,可以以现行的预算定额为依据,但是必须改变预算定额的属性,预算定额规定的实物消耗量标准不再是法令强制性的标准,而是作为指导性参考性的资料。招标单位可以根据全国统一定额的实物消耗量标准来编制招标标底;投标单位可以根据本企业的实物消耗量来编制投标报价。实施这一改革后,预算定额不再是处理当事双方争端的法令性依据。

对于长期以来各地制定的定额计价表,主管部门可以制定统一的定额计价表作为计价依据,但不是法令性文件,与预算定额一样,只是提供参考的信息资料。投标单位可以根据本企业的实际水平和市场行情自主报价,并对所报单价负责。招标单位也不能以根据统一的定额计价表编制的预算造价作为标底标准来进行评标。投标单位应该逐步建立起本企业的实物量消耗标准和单价资料库。

在费用项目和费率上,主管部门可以制定统一的费用项目,并制定一定幅度的费率标准供参考,但费率标准最终由投标单位自主确定,进行竞争。统一制定的费率标准只是供参考的信息资料,不再是法令性指标。

2) 建立工程保险和担保制度

实行投标担保和履约担保,目的是防止施工企业以不切实际的低价中标,或因无实际施工能力而无法履行合同,影响工程质量、进度、投资,从而促使施工企业在投标时量力而行。招标方必须对中标的最低标价进行详细审核,不能仅看总金额,重点是检查有无漏项或计算错误,以确保最低价已包括所有工程内容,要求施工企业对组成的合理性予以解释,并在合同中加以明确。要推行业主支付担保制度,杜绝带资施工等现象发生,减少不必要的纠纷。要深化设计领域的改革,目前边设计边施工现象十分普遍,所以必须加大设计深度,减少业务联系单,避免不必要的设计修改,以利于控制造价,为工程量清单计价提供必要的条件。

3) 加强对工程量清单编制单位的资质管理

工程量清单应由具有相应资质的单位编制。由于编制质量直接关系到标底价与投标报价的合理性与准确性,因此,对其编制单位资质的审核与年检必须严肃、认真,并应做好相关的考核、考查记录,对不合格的单位,应及时取消其资质。同时,以工程量清单招投标,要求编制人员应具有较高的业务水平和职业道德,应定期对其业务知识进行考核与培训,提高其执业水平,对编制质量低劣者,应及时取消其编制资格。

4) 强化执业资格,充分发挥造价工程师的作用

实行工程量清单计价,对广大造价工程师来说既是很好的机遇,又将面临许多全新的挑战。我国把造价人员分为执业资格与从业资格两部分。绝大部分计量计价的任务将主要由从业人员借助电脑和电脑计量计价软件完成,造价工程师将主要从事传统的工程造价管理业务中的"造价分析、投标策略、合同谈判与处理索赔"等事务。因此,他们有大量剩余时间进入更高层次的业务领域,这就为造价工程师拓展业务空间提供了可能;同时,由于造价工程师日趋高学历化、年轻化,并且接受继续教育,从而为他们拓展业务空间提供了知识准备;此外,市场的变化也为造价工程师拓展业务提供了需求。

新世纪信息技术与手段的飞速发展,以及快速报价、准确报价的竞争方式,将对造价工程师的年龄和素质提出更高的要求。

20世纪80年代末工程造价管理从业人员为100万—120万人,90年代末工程造价管理从业人员降至80万—100万人。这说明了一个问题,新时代的到来,新技术与手段(电脑与软件)的出现,竞争的加剧(要求快速、准确的报价),对造价管理人员在质量上提出了更高要求,而对数量的要求则相对减少;由于电脑的出现和计价、计量规则的变化,与国际惯例的靠拢等又促使从业人员在年龄下降,许多单位的工程造价管理人员在学历结构上本科以上者占80%以上,在年龄结构中40岁以下者占80%以上,这是符合当今数字化时代、知识经济时代要求的。从这一点看,造价工程师今后也应该加速其在知识结构方面的转变。

我国加入WTO后,全球经济一体化的进程加快,使我们更加深切地感受到境外咨询业在我国市场中造成的竞争压力,这一进程和压力在沿海开放城市中更为明显。每个造价工程师最起码应该了解和掌握国际上通行的工程量计算规则与报价理论、国际工程项目管理惯例、国际工程合同(FIDIC)与国际竞争性招标(ICB)等,应该尽快掌握电脑与网络信息技术等新技术手段,极大地丰富自己的知识,以便在将来的国际竞争中处于优势地位。

另外,强制工程保险制度将为造价工程师进入工程保险界提供机会。随着改革的不断深化,不久将要在全国工程建设领域强制实行工程保险和工程担保制度。工程保险即将成为财产保险市场中与机动车辆险并驾齐驱的第二大险种,工程保险界需要大量工程保险人才。由于工程保险需要了解工程计量与工程计价的知识,才能处理好理赔事务,因此我们可以把工程保险构建在工程造价管理和风险分析的基础之上。每个造价工程师都有深厚的工程计量与计价基础,在继续教育方案中,风险分析课程又是必修课之一,所以造价工程师在21世纪进入工程保险界是必然趋势,这也是符合国际保险界和测量师行业惯例的。造价工程师可以在未来的工程保险界直接由保险人聘用,或者充当保险中介,或者为业主提供风险分析与风险防范服务。他们的工作内容包括:对工程风险进行辨识、评价、计算风险度,并确定保险对策;在风险评价的基础上,计算保险费率,提出保险人与被保险人满意的保险费率;安排保险合同,谈判合同条款;对工程进行风险管理、风险培训、风险控制等;出险后,确定损失部位及程度,对受损工程定损,计量计价,确定赔偿额。造价工程师进入工程保险领域后,将为他们提供大显身手的极佳舞台。

此外,我国还将考虑取消监理工程师的执业资格的专业地位,这一举措为造价工程师进入更高层次的工程项目管理提供了机会。造价工程师和建筑师、结构工程师以及注册建造师都是担任监理工程师的最佳人选。造价工程师担任工程项目管理的工作符合国际惯例,也符合工程造价管理专业发展的趋势。造价工程师充任监理工程师,在下列领域拥有其他执业专业人士不可比拟的优势:协助业主编制标底与审核标底,分析报价;评标,定标;谈判确定合同价,安排合同文本与推敲合同协议条款;施工中支付程序的设计与审核,进度与成本关系的分析和控制;结算文件审核;合同纠纷处理,处理索赔事项。此外,造价工程师在经过几个工程项目的实践和磨炼后,可以直接充当总监理工程师或为施工企业充当项目经理,全面负责工程项目的管理。造价工程师还可以在其专业业务知识领域拓展自己的知识面,参加注册建造师执业资格考试,可直接获取注册建造师资格。

5)规范市场环境,建立有形的建筑交易市场

市场经济是法制经济,我们应当针对建筑立法滞后的实际,从法制建设入手,加快立法步伐,使建筑市场的运行早日走上法制化轨道,用完备的法律法规体系来引导、推进和保障工程造价管理体制改革的顺利进行。当务之急是要抓紧制定规范市场主体、市场秩序,有利于加强宏观调控的法律。探索建立建筑市场管理交易中心的模式,使建筑市场从"无形"走向"有形"。要求所有工程项目均进入市场,由市场主体在交易中心公开交易,并在管理部门监督下完成一系列程序。交易活动由隐形变公开,业主、承包商和中介单位的交易活动纳入有形建筑市场,实行集中统一管理和公开、公平竞争;在项目管理上由部门分割、专业垄断向统一、开放、平等、竞争转变。只要积极进行实践与探索,就能建立起规范、有序的有形建筑市场。

6) 要有一套严格的合同管理制度

从发达国家的经验来看,合同管理在市场机制运行中的作用是非常重大的。通过竞争形成的工程造价,应不折不扣地以合同形式确定下来,合同约定的工程造价应受到法律保护,不得随意变化。目前我国建筑市场的合同管理还相当薄弱,违法合同还在一定范围内存在,一些合同得不到有效履行,市场主体的合法权益没有得到很好的维护。今后要加强合同管理工作,保证价格机制的有效运行,切实维护市场主体各方的权益。

综上所述,采用工程量清单计价来规范和完善招标价格的确定方式,不仅是真正落实招标投标法的关键,而且也是我国加入 WTO 后,适应国际招标投标惯例的必由之路。同时,也应看到大量的法律法规以及与之配套的各项工作都有待于进一步深入完善与发展,尤其是现阶段在推行工程量清单计价方法过程中,应努力做好与招标、评标、合同管理等工作的衔接与配合。只有这样才能推动我国工程造价改革不断地向纵深发展,真正营造一个既符合国际惯例,又适合我国国情的"公开、公平、公正和诚实信用"的市场竞争机制和市场竞争环境。

2　工程量清单下的价格构成

2.1　建筑安装工程费用项目组成

为适应深化工程计价改革的需要，根据国家有关法律、法规及相关政策，住房和城乡建设部、财政部于 2013 年 3 月 21 日，出台了《关于印发〈建筑安装工程费用项目组成〉的通知》（建标〔2013〕44 号），规定建筑安装工程费用项目按费用构成要素组成，划分为人工费、材料费、施工机具使用费、企业管理费、利润、规费和税金；建筑安装工程费用按工程造价形成顺序，划分为分部分项工程费、措施项目费、其他项目费、规费和税金。

2.1.1　按费用构成要素划分

建筑安装工程费按照费用构成要素组成如图 2.1 所示，由人工费、材料（包含工程设备，下同）费、施工机具使用费、企业管理费、利润、规费和税金组成。其中人工费、材料费、施工机具使用费、企业管理费和利润包含在分部分项工程费、措施项目费、其他项目费中。

（1）人工费：指按工资总额构成规定，支付给从事建筑安装工程施工的生产工人和附属生产单位工人的各项费用。其内容包括以下五个方面：

① 计时工资或计件工资：指按计时工资标准和工作时间或对已做工作按计件单价支付给个人的劳动报酬。

② 奖金：指对超额劳动和增收节支支付给个人的劳动报酬。如节约奖、劳动竞赛奖等。

③ 津贴、补贴：指为了补偿职工特殊或额外的劳动消耗和因其他特殊原因支付给个人的津贴，以及为了保证职工工资水平不受物价影响而支付给个人的物价补贴。如流动施工津贴、特殊地区施工津贴、高温（寒）作业临时津贴、高空津贴等。

④ 加班加点工资：指按规定支付的在法定节假日工作的加班工资和在法定日工作时间外延时工作的加点工资。

⑤ 特殊情况下支付的工资：指根据国家法律、法规和政策规定，因病、工伤、产假、计划生育假、婚丧假、事假、探亲假、定期休假、停工学习、执行国家或社会义务等原因按计时工资标准或计时工资标准的一定比例支付的工资。

（2）材料费：指施工过程中耗费的原材料、辅助材料、构配件、零件、半成品或成品、工程设备的费用。其内容包括以下四个方面：

① 材料原价：指材料、工程设备的出厂价格或商家供应价格。

② 运杂费：指材料、工程设备自来源地运至工地仓库或指定堆放地点所发生的全部费用。

③ 运输损耗费：指材料在运输装卸过程中不可避免的损耗。

④ 采购及保管费：指组织采购、供应和保管材料、工程设备的过程中所需要的各项费用，包括采购费、仓储费、工地保管费、仓储损耗。

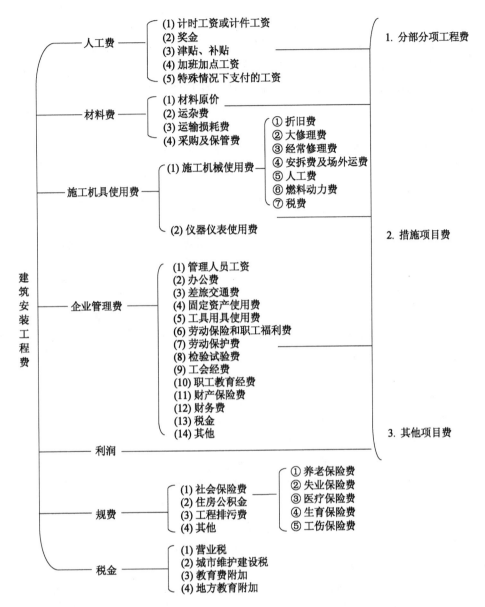

图 2.1 建筑安装工程费用项目组成表(按费用构成要素划分)

工程设备是指构成或计划构成永久工程一部分的机电设备、金属结构设备、仪器装置及其他类似的设备和装置。

(3) 施工机具使用费:指施工作业所发生的施工机械、仪器仪表使用费或其租赁费。

① 施工机械使用费:以施工机械台班耗用量乘以施工机械台班单价表示,施工机械台班单价应由下列七项费用组成:

a. 折旧费:指施工机械在规定的使用年限内,陆续收回其原值的费用。

b. 大修理费:指施工机械按规定的大修理间隔台班进行必要的大修理,以恢复其正常功能所需的费用。

c. 经常修理费:指施工机械除大修理以外的各级保养和临时故障排除所需的费用。包括为保障机械正常运转所需替换设备与随机配备工具附具的摊销和维护费用,机械运转过程中日常保养所需润滑与擦拭的材料费用及机械停滞期间的维护和保养费用等。

d. 安拆费及场外运费:安拆费指施工机械(大型机械除外)在现场进行安装与拆卸所需的人工、材料、机械和试运转费用以及机械辅助设施的折旧、搭设、拆除等费用;场外运费指施工机械整体或分体自停放地点运至施工现场或由一施工地点运至另一施工地点的运输、装卸、辅助材料及架线等费用。

e. 人工费:指机上司机(司炉)和其他操作人员的人工费。

f. 燃料动力费:指施工机械在运转作业中所消耗的各种燃料及水、电等。

g. 税费:指施工机械按照国家规定应缴纳的车船使用税、保险费及年检费等。

② 仪器仪表使用费:指工程施工所需使用的仪器仪表的摊销及维修费用。

(4) 企业管理费:指建筑安装企业组织施工生产和经营管理所需的费用。其内容包括以下几个方面:

① 管理人员工资:指按规定支付给管理人员的计时工资、奖金、津贴补贴、加班加点工资及特殊情况下支付的工资等。

② 办公费:指企业管理办公用的文具、纸张、账表、印刷、邮电、书报、办公软件、现场监控、会议、水电、烧水和集体取暖降温(包括现场临时宿舍取暖降温)等费用。

③ 差旅交通费:指职工因公出差、调动工作的差旅费、住勤补助费,市内交通费和误餐补助费,职工探亲路费,劳动力招募费,职工退休、退职一次性路费,工伤人员就医路费,工地转移费以及管理部门使用的交通工具的油料、燃料等费用。

④ 固定资产使用费:指管理和试验部门及附属生产单位使用的属于固定资产的房屋、设备、仪器等的折旧、大修、维修或租赁费。

⑤ 工具用具使用费:指企业施工生产和管理使用的不属于固定资产的工具、器具、家具、交通工具和检验、试验、测绘、消防用具等的购置、维修和摊销费。

⑥ 劳动保险和职工福利费:指由企业支付的职工退职金、按规定支付给离休干部的经费、集体福利费、夏季防暑降温、冬季取暖补贴、上下班交通补贴等。

⑦ 劳动保护费:企业按规定发放的劳动保护用品的支出。如工作服、手套、防暑降温饮料以及在有碍身体健康的环境中施工的保健费等。

⑧ 检验试验费:指施工企业按照有关标准规定,对建筑以及材料、构件和建筑安装物进行一般鉴定、检查所发生的费用,包括自设试验室进行试验所耗用的材料等费用,不包括进行新结构、新材料的试验费。对构件做破坏性试验及其他特殊要求检验试验的费用和建设单位委托检测机构进行检测的费用,由建设单位在工程建设其他费用中列支。但对施工企业提供的具有合格证明的材料进行检测不合格的,该检测费用由施工企业支付。

⑨ 工会经费:指企业按《工会法》规定的全部职工工资总额比例计提的工会经费。

⑩ 职工教育经费:指按职工工资总额的规定比例计提,企业为职工进行专业技术和职业技能培训,专业技术人员继续教育、职工职业技能鉴定、职业资格认定以及根据需要对职工进行各类文化教育所发生的费用。

⑪ 财产保险费:指施工管理用财产、车辆等的保险费用。

⑫ 财务费:指企业为施工生产筹集资金或提供预付款担保、履约担保、职工工资支付担保等所发生的各种费用。

⑬ 税金:指企业按规定缴纳的房产税、车船使用税、土地使用税、印花税等。

⑭ 其他:包括技术转让费、技术开发费、投标费、业务招待费、绿化费、广告费、公证费、法律顾问费、审计费、咨询费、保险费等。

(5)利润:指施工企业完成所承包工程获得的盈利。

(6)规费:指按国家法律、法规规定,由省级政府和省级有关权力部门规定必须缴纳或计取的费用。其内容包括以下五个方面:

① 社会保险费

a. 养老保险费:指企业按照规定标准为职工缴纳的基本养老保险费。

b. 失业保险费:指企业按照规定标准为职工缴纳的失业保险费。

c. 医疗保险费:指企业按照规定标准为职工缴纳的基本医疗保险费。

d. 生育保险费:指企业按照规定标准为职工缴纳的生育保险费。

e. 工伤保险费:指企业按照规定标准为职工缴纳的工伤保险费。

② 住房公积金:指企业按规定标准为职工缴纳的住房公积金。

③ 工程排污费:指按规定缴纳的施工现场工程排污费。

④ 其他应列而未列入的规费,按实际发生计取。

(7)税金:指国家税法规定的应计入建筑安装工程造价内的营业税、城市维护建设税、教育费附加以及地方教育附加。

2.1.2 按造价形成划分

建筑安装工程费按照工程造价形成的划分如图 2.2 所示,由分部分项工程费、措施项目费、其他项目费、规费、税金组成,分部分项工程费、措施项目费、其他项目费包含人工费、材料费、施工机具使用费、企业管理费和利润。

(1)分部分项工程费:指各专业工程的分部分项工程应予列支的各项费用。

① 专业工程:指按现行国家计量规范划分的房屋建筑与装饰工程、仿古建筑工程、通用安装工程、市政工程、园林绿化工程、矿山工程、构筑物工程、城市轨道交通工程、爆破工程等各类工程。

② 分部分项工程:按现行国家计量规范对各专业工程划分的项目。如房屋建筑与装饰工程划分的土石方工程、地基处理与桩基工程、砌筑工程、钢筋及钢筋混凝土工程等。

各类专业工程的分部分项工程划分见现行国家或行业计量规范。

(2)措施项目费:指为完成建设工程施工,发生于该工程施工前和施工过程中的技术、生活、安全、环境保护等方面的费用。其内容包括以下四个方面:

① 安全文明施工费

a. 环境保护费:指施工现场为达到环保部门要求所需要的各项费用。

b. 文明施工费:指施工现场文明施工所需要的各项费用。

c. 安全施工费:指施工现场安全施工所需要的各项费用。

d. 临时设施费:指施工企业为进行建设工程施工所必须搭设的生活和生产用的临时建筑物、构筑物和其他临时设施费用,包括临时设施的搭设、维修、拆除、清理费或摊销费等。

② 夜间施工增加费:指因夜间施工所发生的夜班补助费、夜间施工降效、夜间施工照明设备摊销及照明用电等费用。

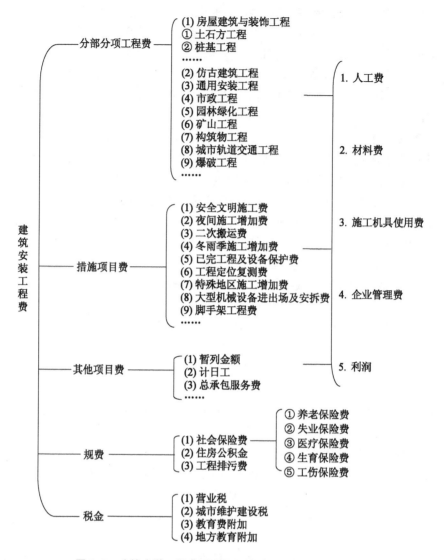

图 2.2　建筑安装工程费用项目组成表(按造价形成划分)

③ 二次搬运费:指因施工场地条件限制而发生的材料、构配件、半成品等一次运输不能到达堆放地点,必须进行二次或多次搬运所发生的费用。

④ 冬雨季施工增加费:指在冬季或雨季施工需增加的临时设施、防滑、排除雨雪,人工及施工机械效率降低等费用。

⑤ 已完工程及设备保护费:指竣工验收前,对已完工程及设备采取的必要保护措施所发生的费用。

⑥ 工程定位复测费:指工程施工过程中进行全部施工测量放线和复测工作的费用。

⑦ 特殊地区施工增加费:指工程在沙漠或其边缘地区、高海拔、高寒、原始森林等特殊地区施工所增加的费用。

⑧ 大型机械设备进出场及安拆费:指机械整体或分体自停放场地运至施工现场或由一个施工地点运至另一个施工地点,所发生的机械进出场运输及转移费用及机械在施工

现场进行安装、拆卸所需的人工费、材料费、机械费、试运转费和安装所需的辅助设施的费用。

⑨ 脚手架工程费:指施工需要的各种脚手架搭、拆、运输费用以及脚手架购置费的摊销(或租赁)费用。

措施项目及其包含的内容详见各类专业工程的现行国家或行业计量规范。

(3) 其他项目费

① 暂列金额:指建设单位在工程量清单中暂定并包括在工程合同价款中的一笔款项。用于施工合同签订时尚未确定或者不可预见的所需材料、工程设备、服务的采购,施工中可能发生的工程变更、合同约定调整因素出现时的工程价款调整以及发生的索赔、现场签证确认等的费用。

② 计日工:指在施工过程中,施工企业完成建设单位提出的施工图纸以外的零星项目或工作所需的费用。

③ 总承包服务费:指总承包人为配合、协调建设单位进行的专业工程发包,对建设单位自行采购的材料、工程设备等进行保管以及施工现场管理、竣工资料汇总整理等服务所需的费用。

(4) 规费:定义同第 2.1.1 节。

(5) 税金:定义同第 2.1.1 节。

2.2　国外建设工程项目的价格构成

国外建设工程项目的价格构成,是指某承包商在国外承包工程建设时,为完成工程建设,以及与工程建设相关的工作所支付的一切费用的总和。

国际工程的投标报价与国内工程相比,不仅组成项目多,而且各个承包商的分类和计算方法也不尽相同。在投标报价时,应把握住一条重要的原则:不要漏项,也不要重复计算。

国际工程投标报价费用的基本组成如图 2.3 所示。

1) 直接费

工程直接费一般由人工费、材料设备费、施工机械费、分包工程费等组成。

(1) 人工费

人工费单价需要根据工人来源情况确定。我国到国外承包工程,劳动力来源主要有两方面:其一是国内派遣;其二是雇用当地劳动力(包括第三国的工人)。

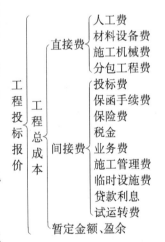

图 2.3　国际工程投标报价费用的基本组成

人工单价的计算是指国内派出工人和当地雇用工人平均工资单价的计算。在分别计算出这两类工人的工资单价后,再考虑工效和其他一些有关因素,就可以在原则上确定在工程总用工量中这两类工人完成工日所占的比重,进而加权计算出平均工资单价。

① 国内派出工人工资单价

国内派出工人工资单价,可按下列公式计算:

$$国内派出工人工资单价 = \frac{一个工人出国期间的全部费用}{一个工人参加国外工程施工年限 \times 年工作日}$$

出国期间的全部费用包括从工人出国准备到回国修整结束后的全部费用,由国内费用和国外费用两部分组成,其费用组成如图 2.4 所示。

工人施工年限,是指工人参加该工程的平均年限。可按投标时所编制的施工进度表确定,一般工人施工平均年限约为专业施工工期的 2/3—3/4。

年工作日,工人的年工作日是指一个工人在一年内纯工作天数。一般情况下,可按年日历天数扣除非工作天数计算,即扣除星期日、法定节假日、病伤假日和气候影响可能停工的天数计算。

在实际报价中,应根据当地实际情况确定,一般情况下,每年工作日不少于 300 天,以利于降低人工费单价,提高投标竞争力。

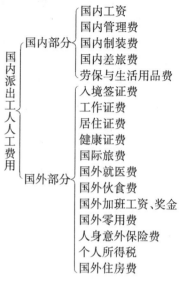

图 2.4 国内派出工人人工费用组成

② 当地雇用工人工资单价

当地工人包括工程所在国具有该国国籍的工人和在当地的外籍工人。当地雇用工人工资单价主要包括下列内容:

a. 日标准工资(国外一般以小时为单位计薪)。

b. 带薪法定假日、带薪休假日工资。

c. 夜间、冬雨季施工或加班应增加的工资。

d. 按规定应由承包商支付的所得税、福利费用和保险费用。

e. 工人的招募和解雇费用。

f. 工人必要的交通费用。

g. 按有关规定应缴付的各种津贴和补贴等,如高空或地下作业津贴,上下班时间补贴。

具体计算,将因承包工程所在国家和地区不同、标书中业主要求不同而有所区别。在投标报价时,一般直接按工程所在地各类工人的日工资标准的平均值计算。

③ 平衡调整

若计算出的国内派出工人工资单价和当地雇用工人工资单价相差甚远,还应进行综合考虑和调整。当国内派出工人工资单价低于当地雇用工人工资单价时,固然是竞争有利的因素,但若采用较低的工资单价,就会减少收益,从长远考虑更不利,因此应向上调整。当国内派出工人工资单价高于当地雇用工人工资单价时,如果在考虑了当地工人的工资、技术水平后,派出工人工资单价仍有竞争力,就不需调整;反之应向下调整。

④ 综合工日单价

综合工日单价是将国内派出工人工资单价和当地雇用工人工资单价进行加权平均计算出来的。考虑到当地雇用工人的工效可能较低,而当地政府又规定承包商必须雇用部分当地工人,因此计算工资单价时还应把工效考虑在内。根据已掌握的当地雇用工人的工效和国内派出工人的工效,确定一个大致的工效比(通常为<1 的数字),按下列公式计算:

装饰工程工程量清单计价

$$综合工日单价 = (国内派出工人工资单价 \times 国内派出工人工日占总工日的比重 +$$

当地雇用工人工资单价 $\times$ 当地雇用工人工日占总工日的比重)/工效比

（2）材料设备费

材料和设备费在直接费中所占的比例很大，准确计算材料、设备价格是计算投标报价的重要环节。根据材料、设备来源的不同，一般可分为三种情况。

① 国内采购

国内采购是指从承包商所在国国内采购的材料、设备，其单价的计算，主要包括以下内容：

a. 原价或采购价：包括材料、设备出厂价、包装费（6%—7%）、公司管理费（7%），以及满足承包工程对材料、设备质量及运输包装的特殊要求而增加的费用。

b. 全程运杂费：由材料、设备厂家到工地现场存储处所需的运输费和杂费。全程运杂费一般由下列费用组成：

第一，国内段运杂费：指由厂家到出口港装船的一切费用。

$$国内段运杂费 = 国内运输装卸费 + 港口仓储装船费$$

国内段运杂费：设备一般占 5%—8%；材料一般占 10%—12%。

第二，海洋段运保费：指材料、设备由出口港到卸货港之间的海运费和保险费。具体计算应包括基本运价、附加费和保险费。

基本运价：按有关海运公司规定的不同货物品种、等级、航线的运费基价。

附加费：指燃油附加、超重附加、直航附加等费用。

保险费：按有关保险费率计取。

第三，当地运杂费：指材料、设备由卸货现场到工地现场存储地所需的一切费用。

$$当地运杂费 = 上岸费 + 运距 \times 运价 + 装卸费$$

上岸费包括把材料、设备卸船到码头仓库，并计入关税、保管费、手续费等。

② 当地采购材料、设备

当地采购、设备一般按当地材料、设备供应商的报价，由供应商运到工地，也可以根据下式计算：

$$材料、设备单价 = 批发价 + 当地运杂费$$

③ 第三国采购的材料、设备

第三国采购的材料、设备可按到岸价（CIF）加至现场的运杂费计算。

（3）施工机械费

施工机械除了承包商自行购买外，还可以租赁使用。对于租赁机械的台班单价，可以根据事先调查的市场租赁价格来确定。自购施工机械的台班费单价由以下费用组成：

① 基本折旧费：

$$新设备基本折旧费 = (机械总值 - 余值) \times 折旧率$$

$$国内运去的机械折旧费 = \frac{国内原价 + 国内外运杂费 + 国际运保费}{经济寿命期限 \times 实际使用年限}$$

$$机械总值 = 国内原价 + 国内外运杂费 + 国际运保费$$

余值一般占设备价格的 5%，在缺乏资料时，可以忽略不计。

国外机械的经济寿命期限一般为 5 年（60 个月）。

国际运保费,可按下列公式计算。

$$采用离岸价(FOB):海运保险费 = 货价 \times 1.063\,5 \times 2.924\%$$

$$采用到岸价(CIF):海运保险费 = 货价 \times 1.003\,5 \times 2.924\%$$

其中,1.063 5 和 1.003 5 为运杂费系数,2.924% 为保险费定额。

一般中小型机具、货物价值较低而又易损的设备、二手设备,以及在工程施工中使用台班较多的机具或车辆等,可以一次性折旧,即按运抵工地的基价的 100% 摊入。

② 安装拆除费:对于需要安装拆卸的机械设备,可根据施工方案按可能发生的费用计算。至于设备在本工程完工后拆卸运至其他工地所需的拆卸和运输费,既可计入下一个工程的机具设备费中,也可列入本次工程中,应视具体情况确定。

③ 修理维护费:包括修理费、替换设备及工具附件费、润滑剂擦拭材料以及辅助设施等项内容,这些费用因机械的使用条件的不同而有很大差别。当基本折旧费按五年考虑时,可以不计修理费,经常维护费虽有发生,但价值较小,可以忽略不计。

④ 动力燃料费:按当地的燃料、动力基价和消耗定额的乘积计算。

⑤ 机械保险费:指施工机械设备的保险费。

⑥ 操作人工费:按人工基价与操作人员数的乘积计算。可以计入机械费中,也可以计入人工费中。

(4)分项工程直接费

有了人工、材料、设备和机械台班的基本单价后,根据施工技术方案,人工、施工机械工效水平和材料消耗水平来确定单位分项工程中工、料、机的消耗定额,即可算出分项工程的直接费。

根据业主划定的分项工程中的工作内容,结合施工规划中选用的施工方法、施工方案、施工机具加以考虑,以国内类似的分项工程消耗定额作为基础,再依实际情况加以修正,即可确定单位分项工程中工、料、机的消耗定额。

(5)分包工程费

分包工程费对业主是不需单列的,但对承包商来说,在投标报价时,有的直接将分包商的报价列入直接费中,也就是说考虑间接费时包含对分包商的管理费。另一种是将分包费和直接费、间接费平行,单列一项,这样承包商估算的直接费和间接费就仅仅是自己施工部分的工程总成本,在估算分包费时适当加入对分包商的管理费即可。

2)间接费

国际承包工程中的间接费用名目繁多,费率变化较大,分类方法也没有统一标准。这类费用,除投标文件允许列名的少量项目(如临时设施)外,其他各项费用一般称为待摊费,应包括在折算单价内,不单独列项,这是国际习惯做法。所以计算报价时,应根据实际可能发生的费用项目计算。这里仅介绍一些常用性项目。

(1)投标费

① 招标文件购置费:招标文件包括招标文件正、副本及其附件,是有价供应的,而且定价不一,编制标价时已发生,可据实计算。

② 投标期间差旅费:包括到工程所在地进行现场勘查、调查,在国内有关材料、设备供应部门、厂家的调研,以及参加投标、开标的差旅费。

③ 编制投标文件费:包括收到招标文件后,组织设计、施工、预算、翻译等人员的人工费

和办公费,以及电报电话、资料购置、咨询、出版等费用。

④ 礼品费,其费用可按实际发生计入,一般控制在工程费的1%左右。

（2）保函手续费

保函手续费:包括投标保函、履约保函、预付款保函和维修保函等。银行在出具保函时均要按保函金额的一定比例收取手续费。

① 投标保函:指随投标书出具的投标保函。银行担保承包商不撤标,并在中标后按标书规定签订合同。保证金一般为投标总价的0.1%,并加上实耗的邮电费。如有需要咨询证明者,银行再收100元,期限随工程规模和业主的要求不同,一般为3—6个月。

② 履约保函:指中标签订承包合同后,随合同出具的履约保函(出具履约保函后,投标保函即撤销)。履约证金为保函金额的0.5%—1.5%,一般为0.8%(保函金额可按合同总价的80%计算)。履约保函一般定期调整,调整期为一年一次,下一年的保函金额可扣除已完工程的费用,随工程变化而变化。

③ 预付款保函:指签订合同并出具履约保函后,根据表述的条款,业主可付合同点价10%—15%的外币和当地货币作为预付款,但承包商必须出具保函,业主才能予以支付。

（3）保险费

承包工程中的保险项目一般包括工程保险、工程和设备缺陷索赔保险、第三者责任险、人身意外保险、材料设备运输保险、施工机械保险等。其中后三项已计入人、材、机单价,不要重复计算。

① 工程保险。招标文件一般均要求承包商进行工程保险投保,以保证工程建设和保修期间,因自然灾害和意外事故对工程造成的损失能够得到补偿。中国人民保险公司将工程保险分为建筑工程保险和安装工程保险,投标者可根据工程实际情况投保其中的一项。投保额度可按总标价计:

工程保险费 ＝ 总标价 × 保险费率 × 加成系数

加成系数一般为1.1—1.2。

② 工程和设备缺陷索赔保险。工程移交给业主后,业主为防止工程和设备因质量问题发生事故造成损失,一般在标书中就规定了明确的期限和金额,要求承包商进行保险,以保护其利益。

③ 第三者责任险。在工程建设和执行合同过程中所造成的第三者的财产损失和人身意外伤害事故,为免除赔偿责任而投保第三者责任险。一般的招标文件对第三者责任险的投保额度都有所规定,具体如下:

保险费 ＝ 投保额度 × 保险费率

（4）税金

各国的税法和税收政策不同,对外国承包企业税收的项目和税率也不相同,常见的税金项目有:合同税、利润所得税、营业税、产业税、社会福利税、社会安全税、养路及车辆牌照税、地方政府开征的特种税等。上述税种中,以利润所得税和营业税的税率较高,有的国家分别高达30%和10%以上。还有些税种,如关税、转口税等,以直接列入相关的材料、设备和施工机械价格为宜。

（5）业务费

业务费包括监理工程师费、代理人佣金、法律顾问费、国外人员培训费。

① 监理工程师费,是指承包商为监理工程师创造现场办公、生活条件而支出的费用,主要包括办公、居住用房及其室内全部设施和用具、交通车辆等的费用。

② 代理人佣金,是指承包商通过当地代理人办理各项承包手续;协助搜集资料、通报消息、甚至摸清业主及其他承包商的标底、疏通环节等,在工程中标后应支付的代理人佣金。代理人佣金,一般是工程中标后,按工程造价的 1%—3% 提取,金额多少与其所起的作用成正比,与工程造价大小成反比,也可以由承包者与代理人协商一笔整数包干,如未中标,承包者可不支付。

③ 法律顾问费,法律顾问聘金的标准,一般为固定月金,但遇有重大纠纷或复杂争议发生时,还必须再增加酬金。

④ 国外人员培训费,即承包者接受国外派来人员的实习费,其费用内容和费用标准可按合同规定计列。

（6）施工管理费

施工管理费是指除直接用于工程项目施工所需的人工、材料和机械使用等开支以外,为了实施工程所需要的其他各项开支项目。一般包括工作人员工资及各种补贴、办公费、差旅交通费与当地调遣费、医疗费、文体宣传费、业务经营费、劳动保护费、国外生活用品购置费、固定资产使用费、工具用具使用费、检验试验费等。

施工管理费是一项数额较大的开支项目,一般占总造价的 10% 以上,在报价时,应根据工程的规模、类型以及实际所需费用逐项计算确定,以得出较为准确的数值。

（7）临时设施费

临时设施包括全部生产、生活和办公所需的临时设施,施工区内的道路、围墙及水、电、通信设施等。具体项目和数量应在做施工规划时提出。对较大的或特殊的工程,临时设施费约占工程直接费的 2%—8%,最好按施工规划的具体要求——列项计算。

（8）贷款利息

承包商支付贷款利息有两种情况。一种情况是承包商本身资金不足,要用银行贷款组织施工,这些贷款利息应计入成本;另一种情况是业主在招标文件中提出由承包商先行垫付部分或全部工程款项,在工程完工后,业主逐步偿还,并付给承包商一定的利息。但其所付利息往往低于银行贷款利息,因此在投标报价时,成本项目中应列入这一利息差。

（9）试运转费

试运转费是工程施工结束后,在组织竣工验收前,承包商对所建项目进行投料试车所发生的原料、燃料、油料、动力消耗的费用,以及低值易耗品、其他物品的开支。其费用一般为工程费的 0.4%—0.8%。

3）暂定金额

这是业主在招标书中明确规定了数额的一笔金额,是对于在招标时尚未定量或详细规定的工程或开支而提供的一种业主的备用金额。暂定金额可以用于工程施工,提供物料、设备、技术服务,分包项目以及其他意外开支,但均须按照工程师的指令,只有工程师才有权决定暂定金额的部分或全部动用,也可以完全不动用。承包商无权做主使用此金额。

4）盈余

盈余一般包括上级企业管理费、利润和风险费。

（1）上级企业管理费,是指上级管理公司对所属现场施工企业收取的费用,它不包括工地现场的管理费,其费用额约为工程总成本的 3%—5%。

(2)利润,国际工程承包市场的利润随市场需求变化很大,当前国际市场的利润水平一般按 5%—8%考虑。

(3)风险费,风险费对于承包商来说是一项很难准确判断的费用。在施工时,如果投标预计的风险没有全部发生,则预计的风险费可能有剩余,部分剩余将作为盈余的一部分。如风险费估计不足,则只能由计划利润来补贴,从而盈余减少以致成为负值。如亏损严重则不但不可能向上级交管理费,甚至要由上级帮助承担亏损。

2.3 《江苏省建设工程费用定额》

2.3.1 说明

(1)为了规范建设工程计价行为,合理确定和有效控制工程造价,根据《建设工程工程量清单计价规范》(GB 50500—2013)及其九部计算规范和《建筑安装工程费用项目组成》(建标〔2013〕44 号)等有关规定,结合江苏省实际情况,2014 年江苏省住房和城乡建设厅组织编制了《江苏省建设工程费用定额》(2014 版)(以下简称《费用定额》)。

(2)《费用定额》是建设工程编制设计概算、施工图预(结)算、最高投标限价(招标控制价)、标底以及调解处理工程造价纠纷的依据;是确定投标价、工程结算审核的指导;也可作为企业内部核算和制订企业定额的参考。

(3)《费用定额》适用于在江苏省行政区域内新建、扩建和改建的建筑与装饰、安装、市政、仿古建筑及园林绿化、房屋修缮、城市轨道交通工程等,与江苏省现行的建筑与装饰、安装、市政、仿古建筑及园林绿化、房屋修缮、城市轨道交通工程计价表(定额)配套使用,原有关规定与本定额不一致的,按照本定额规定执行。

(4)《费用定额》中的费用内容是由分部分项工程费、措施项目费、其他项目费、规费和税金组成。其中,安全文明施工措施费、规费和税金为不可竞争费,应按规定标准计取。

(5)包工包料、包工不包料和点工说明:① 包工包料:施工企业承包工程用工、材料、机械的方式。② 包工不包料:指只承包工程用工的方式。施工企业自带施工机械和周转材料的工程按包工包料标准执行。③ 点工:适用于在建设工程中由于各种因素所造成的损失、清理等不在定额范围内的用工。④ 包工不包料、点工的临时设施应由建设单位(发包人)提供。

2.3.2 费用项目划分

按照《费用定额》规定,装饰工程造价由分部分项工程费、措施项目费、其他项目费、规费和税金组成。

1)分部分项工程费

装饰工程分部分项工程费是指装饰工程的分部分项工程应予列支的各项费用,由人工费、材料费、施工机具使用费、企业管理费和利润构成。

(1)人工费是指按工资总额构成规定,支付给从事建筑安装工程施工的生产工人和附属生产单位工人的各项费用。其内容包括以下五个方面:

① 计时工资或计件工资:指按计时工资标准和工作时间或对已做工作按计件单价支付给个人的劳动报酬。

② 奖金:指对超额劳动和增收节支支付给个人的劳动报酬。如节约奖、劳动竞赛奖等。

③ 津贴补贴:指为了补偿职工特殊或额外的劳动消耗和因其他特殊原因支付给个人的津贴,以及为了保证职工工资水平不受物价影响而支付给个人的物价补贴。如流动施工津贴、特殊地区施工津贴、高温(寒)作业临时津贴、高空津贴等。

④ 加班加点工资:指按规定支付的在法定节假日工作的加班工资和在法定日工作时间外延时工作的加点工资。

⑤ 特殊情况下支付的工资:指根据国家法律、法规和政策规定,因病、工伤、产假、计划生育假、婚丧假、事假、探亲假、定期休假、停工学习、执行国家或社会义务等原因按计时工资标准或计时工资标准的一定比例支付的工资。

(2) 材料费是指在装饰工程施工过程中耗费的原材料、辅助材料、构配件、零件、半成品或成品、工程设备的费用。其内容包括以下四个方面:

① 材料原价:指材料、工程设备的出厂价格或商家供应价格。

② 运杂费:指材料、工程设备自来源地运至工地仓库或指定堆放地点所发生的全部费用。

③ 运输损耗费:指材料在运输装卸过程中不可避免的损耗。

④ 采购及保管费:指组织采购、供应和保管材料、工程设备的过程中所需要的各项费用,包括采购费、仓储费、工地保管费、仓储损耗。

工程设备是指房屋建筑及其配套的构成或计划构成永久工程一部分的机电设备、金属结构设备、仪器装置等建筑设备,包括附属工程中电气、采暖、通风空调、给排水、通信及建筑智能等为房屋功能服务的设备,不包括工艺设备。具体划分标准见《建设工程计价设备材料划分标准》(GB/T 50531—2009)。明确由建设单位提供的建筑设备,其设备费用不作为计取税金的基数。

(3) 施工机具使用费是指装饰施工作业所发生的施工机械、仪器仪表使用费或其租赁费。其内容包含以下内容:

① 施工机械使用费:以施工机械台班耗用量乘以施工机械台班单价表示,施工机械台班单价应由下列七项费用组成:

a. 折旧费:指施工机械在规定的使用年限内,陆续收回其原值的费用。

b. 大修理费:指施工机械按规定的大修理间隔台班进行必要的大修理,以恢复其正常功能所需的费用。

c. 经常修理费:指施工机械除大修理以外的各级保养和临时故障排除所需的费用。包括为保障机械正常运转所需替换设备与随机配备工具附具的摊销和维护费用,机械运转过程中日常保养所需润滑与擦拭的材料费用及机械停滞期间的维护和保养费用等。

d. 安拆费及场外运费:安拆费指施工机械(大型机械除外)在现场进行安装与拆卸所需的人工、材料、机械和试运转费用以及机械辅助设施的折旧、搭设、拆除等费用;场外运费指施工机械整体或分体自停放地点运至施工现场或由一施工地点运至另一施工地点的运输、装卸、辅助材料及架线等费用。

e. 人工费:指机上司机(司炉)和其他操作人员的人工费。

f. 燃料动力费:指施工机械在运转作业中所消耗的各种燃料及水、电等。

g. 税费:指施工机械按照国家规定应缴纳的车船使用税、保险费及年检费等。

② 仪器仪表使用费:指工程施工所需使用的仪器仪表的摊销及维修费用。

(4) 企业管理费是指施工企业组织装饰施工生产和经营管理所需的费用。其内容包括以下方面:

① 管理人员工资:指按规定支付给管理人员的计时工资、奖金、津贴补贴、加班加点工资及特殊情况下支付的工资等。

② 办公费:指企业管理办公用的文具、纸张、账表、印刷、邮电、书报、办公软件、监控、会议、水电、燃气、采暖、降温等费用。

③ 差旅交通费:指职工因公出差、调动工作的差旅费、住勤补助费,市内交通费和误餐补助费,职工探亲路费,劳动力招募费,职工退休、退职一次性路费,工伤人员就医路费,工地转移费以及管理部门使用的交通工具的油料、燃料等费用。

④ 固定资产使用费:指企业及其附属单位使用的属于固定资产的房屋、设备、仪器等的折旧、大修、维修或租赁费。

⑤ 工具用具使用费:指企业施工生产和管理使用的不属于固定资产的工具、器具、家具、交通工具和检验、试验、测绘、消防用具等的购置、维修和摊销费,以及支付给工人自备工具的补贴费。

⑥ 劳动保险和职工福利费:指由企业支付的职工退职金、按规定支付给离休干部的经费,集体福利费、夏季防暑降温、冬季取暖补贴、上下班交通补贴等。

⑦ 劳动保护费:企业按规定发放的劳动保护用品的支出。如工作服、手套、防暑降温饮料、高危险工作工种施工作业防护补贴以及在有碍身体健康的环境中施工的保健费用等。

⑧ 工会经费:指企业按《工会法》规定的全部职工工资总额比例计提的工会经费。

⑨ 职工教育经费:指按职工工资总额的规定比例计提,企业为职工进行专业技术和职业技能培训,专业技术人员继续教育、职工职业技能鉴定、职业资格认定以及根据需要对职工进行各类文化教育所发生的费用。

⑩ 财产保险费:指企业管理用财产、车辆的保险费用。

⑪ 财务费:指企业为施工生产筹集资金或提供预付款担保、履约担保、职工工资支付担保等所发生的各种费用。

⑫ 税金:指企业按规定交纳的房产税、车船使用税、土地使用税、印花税等。

⑬ 意外伤害保险费:企业为从事危险作业的建筑安装施工人员支付的意外伤害保险费。

⑭ 工程定位复测费:指工程施工过程中进行全部施工测量放线和复测工作的费用。建筑物沉降观测由建设单位直接委托有资质的检测机构完成,费用由建设单位承担,不包含在工程定位复测费中。

⑮ 检验试验费:施工企业按规定进行建筑材料、构配件等试样的制作、封样、送达和其他为保证工程质量进行的材料检验试验工作所发生的费用。

不包括新结构、新材料的试验费,对构件(如幕墙、预制桩、门窗)做破坏性试验所发生的试样费用和根据国家标准和施工验收规范要求对材料、构配件和建筑物工程质量检测检验发生的第三方检测费用,对此类检测发生的费用,由建设单位承担,在工程建设其他费用中列支。但对施工企业提供的具有合格证明的材料进行检测不合格的,该检测费用由施工企业支付。

⑯ 非建设单位所为四小时以内的临时停水停电费用。

⑰ 企业技术研发费：建筑企业为转型升级、提高管理水平所进行的技术转让、科技研发、信息化建设等费用。

⑱ 其他：业务招待费、远地施工增加费、劳务培训费、绿化费、广告费、公证费、法律顾问费、审计费、咨询费、投标费、保险费、联防费、施工现场生活用水电费，等等。

（5）利润是指施工企业完成所承包装饰工程获得的盈利。

2）措施项目费

措施项目费是指为完成装饰工程施工，发生于该工程施工前和施工过程中的技术、生活、安全、环境保护等方面的费用。

根据现行工程量清单计算规范，措施项目费分为单价措施项目与总价措施项目。

（1）单价措施项目是指在现行工程量清单计算规范中有对应工程量计算规则，按人工费、材料费、施工机具使用费、管理费和利润形式组成综合单价的措施项目。单价措施项目装饰专业包括项目为：脚手架工程、混凝土模板及支架（撑）、垂直运输、超高施工增加、大型机械设备进出场及安拆、施工排水和降水。

（2）总价措施项目是指在现行工程量清单计算规范中无工程量计算规则，以总价（或计算基础乘费率）计算的措施项目。其中装饰工程可能发生的通用的总价措施项目如下：

① 安全文明施工：为满足施工安全、文明、绿色施工以及环境保护、职工健康生活所需要的各项费用。本项为不可竞争费用。

a. 环境保护包含范围：现场施工机械设备降低噪音、防扰民措施费用；水泥和其他易飞扬细颗粒建筑材料密闭存放或采取覆盖措施等费用；工程防扬尘洒水费用；土石方、建渣外运车辆冲洗、防洒漏等费用；现场污染源的控制、生活垃圾清理外运、场地排水排污措施的费用；其他环境保护措施费用。

b. 文明施工包含范围："五牌一图"的费用；现场围挡的墙面美化（包括内外粉刷、刷白、标语等）、压顶装饰费用；现场厕所便槽刷白、贴面砖，水泥砂浆地面或地砖费用，建筑物内临时便溺设施费用；其他施工现场临时设施的装饰装修、美化措施费用；现场生活卫生设施费用；符合卫生要求的饮水设备、淋浴、消毒等设施费用；生活用洁净燃料费用；防煤气中毒、防蚊虫叮咬等措施费用；施工现场操作场地的硬化费用；现场绿化费用、治安综合治理费用、现场电子监控设备费用；现场配备医药保健器材、物品费用和急救人员培训费用；用于现场工人的防暑降温费、电风扇、空调等设备及用电费用；其他文明施工措施费用。

c. 安全施工包含范围：安全资料、特殊作业专项方案的编制，安全施工标志的购置及安全宣传的费用；"三宝"（安全帽、安全带、安全网）、"四口"（楼梯口、电梯井口、通道口、预留洞口），"五临边"（阳台围边、楼板围边、屋面围边、槽坑围边、卸料平台两侧），水平防护架、垂直防护架、外架封闭等防护的费用；施工安全用电的费用，包括配电箱三级配电、两级保护装置要求、外电防护措施；起重机、塔吊等起重设备（含井架、门架）及外用电梯的安全防护措施（含警示标志）费用及卸料平台的临边防护、层间安全门、防护棚等设施费用；建筑工地起重机械的检验检测费用；施工机具防护棚及其围栏的安全保护设施费用；施工安全防护通道的费用；工人的安全防护用品、用具购置费用；消防设施与消防器材的配置费用；电气保护、安全照明设施费；其他安全防护措施费用。

d. 绿色施工包含范围：建筑垃圾分类收集及回收利用费用；夜间焊接作业及大型照明灯具的挡光措施费用；施工现场办公区、生活区使用节水器具及节能灯具增加费用；施工现场基坑降水储存使用、雨水收集系统、冲洗设备用水回收利用设施增加费用；施工现场生活区厕所化粪池、厨房隔油池设置及清理费用；从事有毒、有害、有刺激性气味和强光、噪音施工人员的防护器具费用；现场危险设备、地段、有毒物品存放地安全标志和防护措施费用；厕所、卫生设施、排水沟、阴暗潮湿地带定期消毒费用；保障现场施工人员劳动强度和工作时间符合国家标准《体力劳动强度分级》(GB 3869—97)的增加费用等。

② 夜间施工：规范、规程要求正常作业而发生的夜班补助、夜间施工降效、夜间照明设施的安拆、摊销、照明用电以及夜间施工现场交通标志、安全标牌、警示灯安拆等费用。

③ 二次搬运：由于施工场地限制而发生的材料、成品、半成品等一次运输不能到达堆放地点，必须进行的二次或多次搬运费用。

④ 冬雨季施工：在冬雨季施工期间所增加的费用，包括冬季作业、临时取暖、建筑物门窗洞口封闭及防雨措施、排水、工效降低、防冻等费用，不包括设计要求混凝土内添加防冻剂的费用。

⑤ 地上、地下设施、建筑物的临时保护设施：在工程施工过程中，对已建成的地上、地下设施和建筑物进行的遮盖、封闭、隔离等必要保护措施。在园林绿化工程中，还包括对已有植物的保护。

⑥ 已完工程及设备保护费：对已完工程及设备采取的覆盖、包裹、封闭、隔离等必要保护措施所发生的费用。

⑦ 临时设施费：施工企业为进行工程施工所必需的生活和生产用的临时建筑物、构筑物和其他临时设施的搭设、使用、拆除等费用。

a. 临时设施包括：临时宿舍、文化福利及公用事业房屋与构筑物、仓库、办公室、加工场等。

b. 建筑、装饰、安装、修缮、古建园林工程规定范围内（建筑物沿边起 50 m 以内，多幢建筑两幢间隔 50 m 内）围墙、临时道路、水电、管线和轨道垫层等。

⑧ 赶工措施费：施工合同工期比我省现行工期定额提前，施工企业为缩短工期所发生的费用。

如施工过程中，发包人要求实际工期比合同工期提前时，由发承包双方另行约定。

⑨ 工程按质论价：施工合同约定质量标准超过国家规定，施工企业完成工程质量达到经有权部门鉴定或评定为优质工程所必须增加的施工成本费。

⑩ 特殊条件下施工增加费：地下不明障碍物、铁路、航空、航运等交通干扰而发生的施工降效费用。

在总价措施项目中，除通用措施项目外，装饰专业措施项目如下：

① 非夜间施工照明：为保证工程施工正常进行，在地下室、地宫等特殊施工部位施工时所采用的照明设备的安拆、维护、摊销及照明用电等费用。

② 住宅工程分户验收：按《住宅工程质量分户验收规程》(DGJ 32/TJ 103—2010)的要求对住宅工程进行专门验收（包括蓄水、门窗淋水等）发生的费用。室内空气污染测试不包含在住宅工程分户验收费用中，由建设单位直接委托检测机构完成，由建设单位承担费用。

3) 其他项目费

（1）暂列金额：建设单位在工程量清单中暂定并包括在工程合同价款中的一笔款项。

用于施工合同签订时尚未确定或者不可预见的所需材料、工程设备、服务的采购,施工中可能发生的工程变更、合同约定调整因素出现时的工程价款调整以及发生的索赔、现场签证确认等的费用。由建设单位根据工程特点,按有关计价规定估算;施工过程中由建设单位掌握使用,扣除合同价款调整后如有余额,归建设单位。

(2) 暂估价:建设单位在工程量清单中提供的用于支付必然发生但暂时不能确定价格的材料的单价以及专业工程的金额,包括材料暂估价和专业工程暂估价。材料暂估价在清单综合单价中考虑,不计入暂估价汇总。

(3) 计日工:指在施工过程中,施工企业完成建设单位提出的施工图纸以外的零星项目或工作所需的费用。

(4) 总承包服务费:指总承包人为配合、协调建设单位进行的专业工程发包,对建设单位自行采购的材料、工程设备等进行保管以及施工现场管理、竣工资料汇总整理等服务所需的费用。总承包服务范围由建设单位在招标文件中明示,并且由发承包双方在施工合同中约定。

4) 规费

规费是指有权部门规定必须缴纳的费用。

(1) 工程排污费:包括废气、污水、固体及危险废物和噪声排污费等内容。

(2) 社会保险费:企业应为职工缴纳的养老保险、医疗保险、失业保险、工伤保险和生育保险等五项社会保障方面的费用。为确保施工企业各类从业人员社会保障权益落到实处,省、市有关部门可根据实际情况制定管理办法。

(3) 住房公积金:企业应为职工缴纳的住房公积金。

5) 税金

税金是指国家税法规定的应计入建筑安装工程造价内的营业税、城市维护建设税、教育费附加及地方教育附加。

(1) 营业税:指以产品销售或劳务取得的营业额为对象的税种。

(2) 城市建设维护税:为加强城市公共事业和公共设施的维护建设而开征的税,它以附加形式依附于营业税。

(3) 教育费附加及地方教育附加:为发展地方教育事业,扩大教育经费来源而征收的税种。它以营业税的税额为计征基数。

2.3.3 《费用定额》计算规则及计算标准

(1) 人工工资标准分为三类:一类工为 85.00 元/工日;二类工为 82.00 元/工日;三类工为 77.00 元/工日。每工日按八小时工作制计算。工日中包括基本用工、材料场内运输用工、部分项目的材料加工及人工幅度差。

(2) 单独装饰工程的企业管理费、利润取费标准:单独装饰工程不分工程类别,幕墙工程按照单独装饰工程取费。以人工费和施工机具使用费为计算基础,企业管理费费率为42%,利润率为15%。

(3) 措施项目费计算标准:① 单项措施项目以清单工程量乘以综合单价计算。综合单价按照各专业计价定额中的规定,依据设计图纸和经建设方认可的施工方案进行组价。②以费率计算的总价措施项目计费基础为:分部分项工程费-工程设备费+单项措施项目费。其他总价措施项目,按项计取,综合单价按实际或可能发生的费用进行计算。③ 措施项目费除有特别规定外,均应根据工程实际情况,由发承包双方在合同中约定。④ 夜间施工费:单独装饰工程费率为0%—0.1%。⑤ 非夜间施工照明费:单独装饰工程非夜间施工照明费率为0.2%。⑥ 冬雨季施工费:单独装饰工程冬雨季施工费率为0.05%—0.1%。⑦ 已完工程及设备保护费:已完工程及设备保护费率为0%—0.1%。⑧ 临时设施费:单独装饰工程临时设施费率为0.3%—1.2%。⑨ 赶工措施费:单独装饰工程赶工措施费率为0.5%—2%。⑩ 按质论价费:单独装饰工程按质论价费率为1%—3%。⑪ 住宅分户验收费:单独装饰工程住宅分户验收费率为0.1%。⑫ 安全文明施工措施费:作为不可竞争费,单独装饰工程的安全文明施工措施费基本费率为1.6%,省级标化增加费为0.4%,如有市级建筑安全文明施工标准化示范工地创建活动的地区,市级标化增加费按照省级费率乘以0.7系数执行。⑬ 脚手架费:按《计价定额》第二十章计算。⑭ 垂直运输机械费:按《计价定额》第二十三章计算。⑮ 二次搬运费:按《计价定额》第二十四章计算。⑯ 室内空气污染测试:根据工程实际情况,由发承包双方在合同中约定。⑰ 特殊条件下施工增加费:根据工程实际情况,由发承包双方在合同中约定。

(4) 其他项目费:① 暂列金额、暂估价按发包人给定的标准计取。② 计日工:由发承包双方在合同中约定。③ 总承包服务费:应根据招标文件列出的内容和向总承包人提出的要求,参照下列标准计算:a. 建设单位仅要求对分包的专业工程进行总承包管理和协调时,按分包的专业工程估算造价的1%计算;b. 建设单位要求对分包的专业工程进行总承包管理和协调,并同时要求提供配合服务时,根据招标文件中列出的配合服务内容和提出的要求,按分包的专业工程估算造价的2%—3%计算。

(5) 规费计算标准:规费应按照有关文件的规定计取,作为不可竞争费用,不得让利,也不得任意调整计算标准。① 工程排污费:按工程所在地环境保护等部门规定的标准缴纳,按实计取列入。② 社会保险费:单独装饰工程以"分部分项工程费+措施项目费+其他项目费—工程设备费"为基础,社会保险费费率为2.2%。③ 住房公积金:单独装饰工程以"分部分项工程费+措施项目费+其他项目费—工程设备费"为基础,住房公积金费率为0.38%。

(6) 税金:包括营业税、城乡建设维护税、教育费附加,按有权部门规定计取。

2.3.4 装饰工程造价计算程序

装饰工程造价计算程序详见表2.1、表2.2。

表 2.1 装饰工程造价计算程序(包工包料)

序号	费用名称		计算公式
一	分部分项工程费		清单工程量×综合单价
	其中	1. 人工费	人工消耗量×人工单价
		2. 材料费	材料消耗量×材料单价
		3. 施工机具使用费	机械消耗量×机械单价
		4. 管理费	(人工费+施工机具使用费)×费率
		5. 利润	(人工费+施工机具使用费)×费率

序号	费用名称		计算公式
二	措施项目费		—
	其中	单价措施项目费	清单工程量×综合单价
		总价措施项目费	(分部分项工程费＋单价措施项目费－工程设备费)×费率或以项计费
三	其他项目费		—
四	规费		
	其中	1. 工程排污费	(分部分项工程费＋措施项目费＋其他项目费－工程设备费)×费率
		2. 社会保险费	
		3. 住房公积金	
五	税金		(分部分项工程费＋措施项目费＋其他项目费＋规费－按规定不计税的工程设备金额)×费率
六	工程造价		分部分项工程费＋措施项目费＋其他项目费＋规费＋税金

表 2.2　装饰工程造价计算程序(包工不包料)

序号	费用名称		计算公式
一	分部分项工程费中人工费		清单人工消耗量×人工单价
二	措施项目费中人工费		—
	其中	单价措施项目中人工费	清单人工消耗量×人工单价
三	其他项目费		—
四	规费		—
	其中	工程排污费	(分部分项工程费中人工费＋措施项目费中人工费＋其他项目费)×费率
五	税金		(分部分项工程费中人工费＋措施项目费中人工费＋其他项目费＋规费)×费率
六	工程造价		分部分项工程费中人工费＋措施项目费中人工费＋其他项目费＋规费＋税金

【例】　某二级装饰施工企业单独施工位于江苏省扬州市市区内的综合楼花岗岩楼面工程,合同中的人工单价为 110 元/工日,该楼面位于第二层,采用紫罗红花岗岩,其构造为 20 mm 厚 1:3 水泥砂浆找平层,刷素水泥浆一道,8 mm 厚 1:1 水泥砂浆粘贴石材面,面层酸洗打蜡。所有材料采用卷扬机运输。假设按计算规范及《计价定额》计算出的工程量均为 620 m² ,假设施工单位进行调研后,紫罗红花岗岩市价为 620 元/ m² ,其他材料市场价同定额中的价格,机械费不调整,试按定额规定进行报价(已知:工程排污费率 1‰,社会保障费 2.2%,公积金 0.38%,临时设施费为 1.0%,税金 3.477%,安全文明施工措施费基本费率 1.6%,省级标化增加费率 0.4%)。

【解】

(1) 确定项目编码和计量单位

楼地面块料面层查《计价规范》项目编码为011102001001,计量单位为平方米(m²)。

垂直运输费查《计价规范》项目编码为011703001001,取计量单位为工日。

安全文明施工措施费查《计价规范》项目编码为011707001001。

临时设施费查省贯彻意见项目编码为011707008001。

(2) 按《计价规范》规定计算清单的工程量 620 m²

(3) 套用《计价定额》计算各子目单价及合价

13-47 水泥砂浆粘贴石材块料面板

人工费 $3.8 \times 110 = 418$(元/10 m²)

材料费 $2\,642.35 + 10.2 \times (620 - 250) = 6\,416.35$(元/10 m²)

机械 8.63 元/10 m²

管理费 $(418 + 8.63) \times 42\% \approx 179.18$(元/10 m²)

利润 $(418 + 8.63) \times 15\% \approx 63.99$(元/10 m²)

小计 $418 + 6\,416.35 + 8.63 + 179.18 + 63.99 = 7\,086.15$(元/10 m²)

合价 $7\,086.15 \times 62 = 439\,341.3$(元)

【或解:

$3\,096.69 + 3.8 \times (110 - 85) + (3.8 \times 85 + 8.63) \times (42\% - 25\% + 15\% - 12\%) + 3.8 \times (110 - 85) \times (42\% + 15\%) + 10.2 \times (620 - 250) \approx 7\,086.15$(元/10 m²)】

13-110 楼地面块料面层酸洗打蜡

人工费 $0.43 \times 110 = 47.3$(元/10 m²)

材料费 6.94 元/10 m²

机械费 0 元/10 m²

管理费 $(47.3 + 0) \times 42\% \approx 19.87$(元/10 m²)

利润 $(47.3 + 0) \times 15\% \approx 7.1$(元/10 m²)

小计 $47.3 + 6.94 + 19.87 + 7.1 = 81.21$(元/10 m²)

合价 $81.21 \times 62 = 5\,035.02$(元)

【或解:

$57.02 + 0.43 \times (110 - 85) + (0.43 \times 85 + 0) \times (42\% - 25\% + 15\% - 12\%) + 0.43 \times (110 - 85) \times (42\% + 15\%) \approx 81.21$(元/10 m²)】

以上合计 $439\,341.3 + 5\,035.02 = 444\,376.32$(元)

清单综合单价 $444\,376.32 \div 620 \approx 716.74$(元/m²)

项目编码	项目名称	计量单位	工程量	金额(元)	
				综合单价	合价
011102001001	楼地面块料面层	m²	620	716.74	444 378.80
13-47	水泥砂浆粘贴石材块料面板	10 m²	62	7 086.15	439 341.3
13-110	楼地面块料面层酸洗打蜡	10 m²	62	81.21	5 035.02

23-30　垂直运输费(措施项目费)

清单项目组价定额的人工工日合计

$$(3.8+0.43)\times 62 = 262.26(工日)$$

① 垂直运输费应套 23-30

人工费　0 元/10 工日

材料费　0 元/10 工日

机械费　31.03 元/10 工日

管理费　$(0+31.03)\times 42\% \approx 13.03$(元/10 工日)

利润　$(0+31.03)\times 15\% \approx 4.65$(元/10 工日)

小计　(综合单价)$=0+0+31.03+13.03+4.65=48.71$(元/10 工日)

合价　$262.26\div 10\times 48.71 \approx 1\ 277.47$(元)

清单综合单价　$1\ 277.47\div 262.26 \approx 4.87$(元/工日)

② 临时设施费

$$(716.74\times 620 + 4.87\times 262.26)\times 1\% = 445\ 656.01\times 1\% \approx 4\ 456.56(元)$$

③ 安全文明施工措施费

$$(716.74\times 620 + 4.87\times 262.26)\times (1.6+0.4)\% = 445\ 656.01\times 2\% \approx 8\ 913.12(元)$$

项目编码	项目名称	计量单位	工程量	金额(元)	
				综合单价	合价
011703001001	垂直运输费	工日	262.260	4.87	1 277.21
23-30	垂直运输费	10 工日	26.226	48.71	1 277.47
011707001001	安全文明施工措施费	项	1		8 913.12
	基本费	1.6%	445 656.010		7 130.50
	省级标化增加费	0.4%	445 656.010		1 782.62
011707008001	临时设施费	项	1		4 456.56
	临时设施费	1%	445 656.01		4 456.56

总造价计算程序:

① 分部分项工程费　$716.74\times 620 = 444\ 378.8$(元)

② 措施项目费　$1\ 277.21 + 8\ 913.12 + 4\ 456.56 = 14\ 646.89$(元)

总价措施项目费　$8\ 913.12 + 4\ 456.56 = 13\ 369.68$(元)

单价措施项目费　$1\ 277.21$ 元

③ 其他项目费　0

④ 规费　(分部分项工程量清单费用＋措施项目清单计价＋其他项目费)×费率＝

$$(444\ 378.8 + 14\ 646.89 + 0)\times(0.1\% + 2.2\% + 0.38\%) \approx 12\ 301.89(元)$$

⑤ 税金　(分部分工程费＋措施项目费＋其他费用＋规费)×费率＝$(444\ 378.8 +$

$14\ 646.89 + 0 + 12\ 301.89)\times 3.477\% \approx 16\ 388.06$(元)

⑥ 工程总价　(分部分工程费＋措施项目费＋其他费用＋规费)＝$487\ 715.64$(元)

3 江苏省建筑与装饰工程计价定额

3.1 楼地面工程

3.1.1 概况

本章定额内容共分 6 小节:(1)垫层;(2)找平层;(3)整体面层;(4)块料面层;(5)木地板、栏杆、扶手;(6)散水、斜坡、明沟。共计 168 个子目。

第一节,垫层。本节项目仅适用于地面工程相关项目,不再与基础工程混用,共包括 14 个子目。

第二节,找平层。分水泥砂浆、细石混凝土、沥青砂浆等 3 小节,共 7 个子目。

第三节,整体面层。分水泥砂浆,无砂面层,水磨石面层、水泥豆石浆、钢屑水泥砂浆,自流平地面、抗静电地面等 3 小节,再根据用途共编制了 22 个子目。

第四节,块料面层。石材块料面板镶贴,石材块料面板图案镶贴,马赛克、凹凸假麻石块、地砖、塑料地板、橡胶板、玻璃,镶嵌铜条,镶贴面酸洗打蜡等 7 小节,共 68 个子目。

第五节,木地板、栏杆、扶手。木地板,踢脚线,抗静电活动地板,地毯,栏杆、扶手等 5 小节,共 51 个子目。

第六节,散水、斜坡、明沟。共编制了 6 个子目。

3.1.2 使用注意要点

(1)抹灰楼梯按水平投影面积计算,包括踏步、踢脚板、踢脚线、平台、堵头抹面。其余整体、块料面层均不包括踢脚线工料,踢脚线应另列项目计算。踢脚线项目均按 150 mm 高编制,设计高度不同,材料用量应调整,但人工不变。除楼梯底抹灰另执行 2014 版《江苏省建筑与装饰工程计价定额》(以下简称《计价定额》)第十五章的天棚抹灰相应项目外,均不得另立项目计算。

(2)螺旋形、圆弧形楼梯整体面层、贴块料面层按相应项目人工乘以系数 1.2,块料面层材料乘以系数 1.1,粘贴砂浆则不变。

(3)细石混凝土找平层中设计有钢筋,钢筋按《计价定额》第四章相应项目执行。

(4)拱形楼板上表面粉面按地面相应定额人工乘以系数 2。

(5)看台台阶、阶梯教室地面整体面层按展开后的净面积计算,执行地面面层相应项目,人工乘以系数 1.6。

(6)定额中彩色镜面水磨石系高级工艺,除质量要求达到规范外,其工艺必须按"五浆五磨"、"七抛光"进行施工。

水磨石整体面层项目定额按嵌玻璃条计算,设计用金属嵌条,应扣除定额中的玻璃条材料,金属嵌条按设计长度以 10 延长米执行本章 13-105 子目(13-105 定额子目内人工费是按金属嵌条与玻璃嵌条补差方法编制的),金属嵌条品种、规格不同时,其材料单价应进行换算。

(7) 分清大理石、花岗岩镶贴地面的品种:定额分为普通镶贴、简单镶贴和复杂镶贴三种形式。要掌握下列几点:

① 普通镶贴的工程量按主墙间的净面积计算。

② 简单复杂图案镶贴按简单复杂图案的矩形面积计算,在计算该图案之外的面积时,也按矩形面积扣除。

③ 楼梯、台阶按展开面积计算,应将楼梯踏步、踢脚板、休息平台,端头踢脚线、端部两个三角形堵头工程量合并计算,套用楼梯相应定额。台阶应将水平面、垂直面合并计算,套用台阶相应定额。

④ 大理石、花岗岩普通镶贴地面时,如遇有弧形贴面,其弧形部分的石材损耗按实调整。并注意按相应子目附注增加切割人工、机械。

(8) 木地板安装项目中的木龙骨设计采用水泥砂浆坞木龙骨时,按相应木龙骨子目下面的附注换算执行。铺设楞木应掌握以下三条:

① 楞木设计与定额不符时,应按设计用量加6%损耗与定额进行调整,将该用量代入定额,其他不变即可。

② 若楞木不是用预埋铅丝绑扎固定,而用膨胀螺栓连接,则膨胀螺栓用量按设计另增,电锤按每 10 m^2 需 0.4 台班计算。

③ 基层上需铺设油毡或沥青防潮层时,按定额第十章相应项目执行。

(9) 地毯铺设按实铺面积计算,但标准客房铺设地毯设计不拼接时,其定额含量应按主墙间净面积的含量来调整。

例如标准客房的计算:

轴线面积为 $4.5 \times 3.6 = 16.2(\text{m}^2)$;主墙间净面积为 $4.26 \times 3.36 \approx 14.31(\text{m}^2)$。其中盥洗间面积(外包)为 $2 \times 1.4 = 2.8(\text{m}^2)$;该房间铺地毯不允许拼接,则房间地毯损耗应为 $14.31 \div (14.31 - 2.8) \times 1.1 \approx 1.368(10 \text{ m}^2)$,定额中的地毯含量应调整为 13.68 m^2。其中,10%为裁剪损耗,26.8%为剩余损耗。

(10) 不锈钢管扶手分半玻栏板、全玻栏板、靠墙扶手,均采用钢化玻璃,根据玻璃材料不同时可以换算,定额中不锈钢管和钢化玻璃可以换算调整。13-143 子目是有机玻栏板,有机玻璃全玻栏板也执行本定额。仅把 6.37 m^2 含量调整为 8.24 m^2 即可,其余不变。在第 558 页有个附注:铝合金型材、玻璃的含量按设计用量调整。型材调整如下:

① 按设计图纸计算出长度×1.06(余头损耗)=设计长度。

② 按建筑装饰五金手册,查出理论重量。

③ 设计长度×理论重量,得出总重量。

④ 总重量÷按规定计算的长度×10 m 调整定额含量,规定计算长度见计算规则;

⑤ 将定额的含量换算成调整定额含量,即可组成换算定额。人工、其他材料、机械不变。

(11) 定额中硬木扶手的取定:硬木扶手制作定额净料按 150 mm×50 mm、弯头材积已包括在内,木扶手每 10 m 按 0.095 m^3 计算,如设计断面不符,材积按比例换算;扁铁按 40 mm×4 mm 编制,与设计不符时按设计用量加 6%的损耗调整。

(12) 本章定额中水磨石面层已包括酸洗打蜡,其余项目均不包括酸洗打蜡,发生时应另立项目计算。楼梯、地面施工好以后,在交工之前若要对产品进行保护,则成品保护费用应按第十八章相应项目执行。

(13) 酸洗打蜡工程量计算同块料面层的相应项目(即展开面积)。

(14) 本章定额中不含铁件,如发生则另行计算。

3.2 墙柱面工程

3.2.1 概况

本章定额内容共分 4 小节:(1)一般抹灰;(2)装饰抹灰;(3)镶贴块料面层及幕墙;(4)木装修及其他。共计 228 个子目;本章定额是在《计价定额》(2004 版)第十三章、省补充定额有关子目、目前普遍使用的新材料新工艺的基础上,经过调研并结合我省实际情况,增减定额子目设置,并对其工料机含量加以调整完善而来。

第一节:一般抹灰。按砂浆品种分石膏砂浆、水泥砂浆、保温砂浆及抗裂基层、混合砂浆、其他砂浆、砖石墙面勾缝等 6 小节,计 60 个子目。

第二节:装饰抹灰。分水刷石、干粘石、斩假石、嵌缝及其他等 4 小节,计 19 个子目。

第三节:镶贴块料面层及幕墙。分瓷砖、外墙釉面砖和金属面砖、陶瓷铺砖、凹凸假麻石、波形面砖和劈离砖、文化石、石材块料面板、幕墙及封边等 8 小节,计 88 个子目。

第四节:木装修及其他。分墙面和梁柱面木龙骨骨架、金属龙骨、墙和柱梁面夹板基层、墙和柱梁面各种面层、网塑夹心板墙和 GRC 板、彩钢夹心板墙等 6 小节,计 61 个子目。

3.2.2 使用注意要点

(1) 外墙 1:3 水泥砂浆找平层,不另增子目,定额相应子目材料中 1:3 水泥砂浆就是找平层,如设计厚度不同可按比例调整,其他不变。

(2) 墙、柱的抹灰及镶贴块料面层所取定的砂浆品种、厚度详见《计价定额》附录七。设计砂浆品种、厚度与定额不同均应调整。砂浆用量按比例调整。外墙面砖基层刮糙处理,如基层处理设计采用保温砂浆时,此部分砂浆进行相应换算,其他不变。

内墙贴瓷砖,外墙面贴釉面砖定额粘结层是按混合砂浆编制的,也编制了用素水泥浆做粘结层的定额,可根据实际情况分别套用定额。

(3) 一般抹灰阳台、雨篷项目为单项定额中的综合子目,定额内容已包括平面、侧面、底面(天棚面)及挑出墙面的梁抹灰。

(4) 门窗洞口侧边、附墙垛等小面粘贴块料面层时,门窗洞口侧边、附墙垛等小面排版规格小于块料原规格并需要裁剪的块料面层项目,可套用柱、梁、零星项目。

(5) 墙、柱、梁面的砂浆抹灰工程量按结构尺寸计算。挂、贴块料面层接实贴面识计算。

(6) 本章混凝土墙、柱、梁面的抹灰底层已包括刷一道素水泥浆在内。设计刷两道,每增一道按相应子目执行。设计采用专用粘结剂时,可套用相应干粉型粘结剂粘贴子目,换算干粉型粘结剂材料为相应专用粘结剂。设计采用聚合物砂浆粉刷的,可套用相应子目,材料换算,其他不变。

(7) 石材块料面板的钻孔成槽已经包括在相应定额中,若供货商已将钻孔成槽完成,则定额中应扣除 10% 的人工费和 10 元/10 m² 的机械费。干挂石材块料面板中的不锈钢连接件、连接螺栓、插棍数量按设计用量加 2% 的损耗进行调整。墙、柱面挂、贴石材块料面板的定额中,不包括酸洗打蜡费用,块料面层、石材墙面等子目中相应清洗费用,合并为其他材料费 10 元/10 m²,在相应章说明中注明墙地面工程中如果石材、墙地砖面采用专业保洁,其清理费用另行计算。

(8) 石材幕墙名称统一为钢骨架上干挂石材块料面板,按安装位置设置了墙面、柱面、圆柱面、零星、腰线、柱帽、柱脚等子目,同时按做法密封、勾缝、背栓开放式和勾缝分别设置了相应子目。子目中的面板为加工好的成品石材,安装损耗按 2% 考虑,密封胶用量按 6 mm 缝宽考虑,超过者按比例调整用量;其余材料应按设计用量并考虑损耗量进行换算。

(9) 花岗岩、大理石板的磨边,墙、柱面设计贴石材线条应按第十八章的相应项目执行。

(10) 一般的玻璃幕墙要算三个项目:一是幕墙;二是幕墙与自然楼层的连接;三是幕墙与建筑物的顶端、侧面封边。要注意定额中规定的换算和工程量计算规则,设计隐框、明框玻璃幕墙铝合金骨架型材的规格。用量与定额不符,应按下式调整:

$$每 10\ m^2\ 骨架含量 = \frac{单位工程幕墙竖筋、横筋设计图示用量之和(kg)}{单位工程幕墙面积}$$
$$\times 10\ m^2 \times 1.07$$

定额中铝合金型材含量扣除,将上式计算的含量代入即可,其他不变。

(11) 铝合金玻璃幕墙项目中的避雷焊接,已在安装定额中考虑,故本项目中不含避雷焊接的人工及材料费。幕墙材料品种、含量,设计要求与定额不同时应调整,但人工、机械不变。所有干挂石材、面砖、玻璃幕墙、金属板幕墙子目中不含钢骨架、预埋(后置)铁件的制作安装费,另按相应子目执行。

(12) 本章定额中各种隔断、墙裙的龙骨、衬板基层、面层是按一般常用做法编制的。其防潮层、龙骨、基层、面层均应分开列项。墙面防潮层按第十章相应项目执行,面层的装饰线条(如墙裙压顶线、压条、踢脚线、阴角线、阳角线、门窗贴脸等)均应按第十八章的有关项目执行。

墙面、墙裙(14-168 子目)子目中的普通成材由龙骨 0.053 m³,木砖 0.057 m³ 组成,断面、间距不同要调整龙骨含量,龙骨与墙面的固定不用木砖,而用木针固定者,应扣除木砖与木针的差额即 0.04 m³ 的普通成材。龙骨含量调整方法如下:

断面不同的材积调整 = (设计木楞断面 ÷ 定额木楞断面) × 定额材积

间距不同的材积调整 = 定额间距或方格面积 ÷ 设计间距或方格面积 × 定额材积

(该定额材积是指有断面调整对应按断面调整以后的材积)

(13) 金属龙骨分为隔墙轻钢龙骨、附墙卡式轻钢龙骨、铝合金龙骨及钢骨架安装四个子目,使用时应分别套用定额并注意其龙骨规格、断面、间距,与定额不符应按定额规定调整含量,还应分清什么是隔墙,什么是隔断。

轻钢、铝合金隔墙龙骨设计用量与定额不符应按下式调整:

$$竖(横)龙骨用量 = \frac{单位工程中竖(横)龙骨设计用量}{单位工程隔墙面积} \times (1+规定损耗率) \times 10\ m^2$$

(规定损耗率:轻钢龙骨为 6%,铝合金龙骨为 7%)

（14）墙、柱梁面夹板基层是指在龙骨与面层之间设置的一层基层，夹板基层直接钉在木龙骨上还是钉在承重墙面的木砖上，应按设计图纸来判断，有的木装饰墙面、墙裙是有凹凸起伏的立体感，它是由于在夹板基层上局部再钉或多次再钉一层或多层夹板形成的。故凡有凹凸面的墙面、墙裙木装饰，按凸出面的面积计算，每 10 m² 另加 1.9 工日，夹板按 10.5 m² 计算，其他均不再增加。

（15）墙、柱梁面木装饰的各种面层，应按设计图纸要求列项，并分别套用定额。在使用这些定额时，应注意定额项目内容及下面的注解要求。

镜面玻璃粘贴在柱、墙面的夹板基层上还是水泥砂浆基层上，应按设计图纸而定，分别套用定额。

（16）不锈钢、铝单板等装饰板块折边加工费及成品铝单板折边面积应计入材料单价中，不另计算。

（17）成品装饰面板现场安装，需做龙骨、基层板时，可套用墙面现有定额相应子目进行换算调整。如实际采用密封胶品种不同，可换算玻璃胶材料，胶缝形式不一样，可按 5% 损耗换算含量。

（18）墙面和门窗的侧面进行同标准的木装饰，则墙面与门窗侧面的工程量合并计算，执行墙面定额。若单独的门、窗套木装修，应按第十八章的相应子目执行。工程量按图示展开面积计算。

3.3 天棚工程

3.3.1 概况

本章定额内容共分 6 小节：(1)天棚龙骨；(2)天棚面层及饰面；(3)雨篷；(4)采光天棚；(5)天棚检修道；(6)天棚抹灰。共计 95 个子目。本章定额的主要内容：

第一节，天棚龙骨。分方木龙骨、轻钢龙骨、铝合金轻钢龙骨、铝合金方板龙骨、铝合金条板龙骨、天棚吊筋等 6 小节，计 41 个子目。

第二节，天棚面层及饰面。分夹板面层、纸面石膏板面层、切片板面层、铝合金方板面层、铝合金条板面层、铝塑板面层、矿棉板面层、其他饰面等 8 小节，计 32 个子目。

第三节，雨篷。分铝合金扣板雨篷、钢化夹胶玻璃雨篷 2 小节，计 4 个子目。

第四节，采光天棚。分铝结构玻璃采光天棚、钢结构玻璃采光天棚 2 小节，计 2 个子目。

第五节，天棚检修道。分天棚固定检修道、活动走道板 2 小节，计 3 个子目。

第六节，天棚抹灰。分抹灰面层、贴缝及装饰线 2 小节，计 13 个子目。

3.3.2 使用注意要点

（1）木龙骨间距、断面问题：

主、次龙骨在定额子目中没有交代规格，在总说明中已交代了规格。

15-1、15-2 子目中主龙骨断面按 50 mm×70 mm，间距 500 mm 考虑，中龙骨断面按 50 mm×50 mm，间距 500 mm 考虑。

15-3 子目中主龙骨断面按 50 mm×40 mm，间距 600 mm 考虑，中龙骨断面按 50 mm×

40 mm,间距 300 mm 考虑。

15-4 子目中主龙骨断面按 50 mm×40 mm,间距 800 mm 考虑,中龙骨断面按 50 mm×40 mm,间距 400 mm 考虑。

设计断面不同,按设计用量加 6% 损耗调整龙骨含量,木吊筋按定额比例调整。当吊筋设计为钢筋吊筋时,钢吊筋按天棚吊筋子目执行,定额中的木吊筋及木大龙骨含量扣除。

15-1 至 15-4 子目中未包括刨光人工及机械,若龙骨需要单面刨光,每 10 m² 增加人工 0.06 工日,机械单面压刨机 0.074 个台班。

定额中各种大、中、小龙骨的含量是按面层龙骨的方格尺寸取定的,因此套用定额时应按设计面层的龙骨方格选用,设计面层的龙骨方格尺寸在无法套用定额的情况下,可按下列方法调整定额中龙骨含量,其他不变。本次定额将 U 型轻钢不上人型大龙骨规格由 45 mm×15 mm×1.2 mm 调整为 50 mm×15 mm×1.2 mm。

(2)木龙骨含量调整:

① 按设计图纸计算出大、中、小龙骨(含横撑)的普通成材材积。

② 按工程量计算规则计算出该天棚的龙骨面积。

③ 计算每 10 m² 天棚的龙骨含量 $a×1.06÷b×10$。

式中:a 表示按设计图纸计算的大、中、小龙骨总用量(m^3);b 表示按定额计算规则计算的天棚龙骨面积(m^2)。

④ 将计算出的大、中、小龙骨每 10 m² 的含量代入相应定额,重新组合天棚龙骨的综合单价即可。

(3)U 型轻钢龙骨及 T 型铝合金龙骨的调整问题:

定额子目中,U 型轻钢龙骨及 T 型铝合金龙骨的规格在各子目中未交代,但在说明中已交代清楚,不需要告诉间距,只要设计规格与定额不符,按设计长度另加轻钢龙骨 6 %,铝合金龙骨 7% 的余头损耗调整定额含量。下面以铝合金龙骨为例调整含量:

① 按房间号计算出主墙间的水平投影面积。

② 按图纸和规范要求,计算出相应房间内大、中、小龙骨的长度用量。

③ 计算每 10 m² 的大、中、小铝合金龙骨含量。

④ 大龙骨含量 $= \dfrac{\text{计算的大龙骨长度}}{\text{计算的房间面积}} × 1.07 × 10$(中、小龙骨含量计算方法同大龙骨)

(4)天棚钢吊筋按每 13 根/10 m² 计算,定额吊筋高度按 1 m(面层至混凝土板底表面)计算,随高度及根数不同均应调整,吊筋规格的取定应按设计图纸选用。不论吊筋与事先预埋好的铁件焊接还是用膨胀螺栓打洞连接,均按本定额天棚吊筋定额执行。吊筋的安装人工 0.7 工日/10 m² 已经包括在相应定额的龙骨安装人工中。

(5)天棚的骨架(龙骨)基层分为简单、复杂两种,龙骨基层按主墙间水平投影面积计算。

简单型:每间面层在同一标高上为简单型。

复杂型:每间面层不在同一标高平面上,但必须同时满足两个条件:① 高差在 100 mm 或以上;② 少数面积占该间面积的 15% 以上。满足这两个条件,其天棚龙骨就按复杂型定额执行。

(6)天棚面层按净面积计算,净面积有两种含义:① 主墙间的净面积;② 有叠线、折线、假梁等特殊艺术形式的天棚饰面按展开面积计算。计算规则中的第五条应这样理解,即天棚面层设计有圆弧形、拱形时，其圆弧形、拱形部分的面积在套用天棚面层定额人工时应增加系数，圆弧形人工增加15％、拱形（双曲弧形）人工增加50％，在使用三夹、五夹、切片板凹凸面层定额时，应将凹凸部分（按展开面积）与平面部分工程合并执行凹凸定额。

（7）本定额轻钢铝合金龙骨基层的主、次龙骨是按双层编制的，设计大中龙骨均在同一高度上，执行定额时，人工乘以系数0.87，小龙骨及小接件应扣除，其他不变。小龙骨用中龙骨代替时，其单价应换算。

（8）方板、条板铝合金龙骨的使用：凡方板天棚，应配套使用方板铝合金龙骨，龙骨项目以面板的尺寸确定；凡条板天棚，面层就配套使用条板铝合金龙骨。

（9）天棚面的抹灰按中级抹灰考虑，所取定的砂浆品种、厚度详见《计价定额》附录七。设计砂浆品种（纸筋灰浆除外）厚度与定额不同时应按比例调整，但人工数量不变。

3.4 门窗工程

3.4.1 概 况

本章定额内容共分5小节：(1)购入构件成品安装；(2)铝合金门窗制作、安装；(3)木门、窗框扇制安；(4)装饰木门扇；(5)门、窗五金配件安装。共计346个子目。本章定额是在《计价定额》(2004版)第十五章、省补充定额有关子目的基础上，经过调研，并结合江苏省实际情况增减定额子目设置，对其工、料、机含量加以调整完善而来。

本章定额的主要内容如下：

第一节，购入构件成品安装。分铝合金门窗、塑钢门窗及塑钢和铝合金纱窗、彩板门窗、电子感应门及旋转门、卷帘门及拉栅门、成品木门等6小节，计34个子目。

第二节，铝合金门窗制作、安装。分门、窗、无框玻璃门扇、门窗框包不锈钢板等4小节，计22个子目。

第三节，木门、窗框扇制安。分普通木窗、纱窗扇、工业门窗、木百叶窗、无框窗扇及圆形窗、半玻木门、镶板门、胶合板、企火口板门、纱门扇、全玻自由门及半截百叶门等11小节，计234个子目。

第四节，装饰木门扇。分细木工板实心门扇、其他木门扇、门扇上包金属软包面等3小节，计17个子目。

第五节，门、窗五金配件安装。分门窗特殊五金、铝合金窗五金、木门窗五金配件等3小节，计39个子目。

3.4.2 使用注意要点

（1）本章定额购入成品铝合金窗的五金费已包括在铝合金窗单价中，套用单独"安装"子目时，不得另外再套用16-321至16-324子目。该子目适用于铝合金窗制作兼安装。购入铝合金成品门单价中未包括地弹簧、管子拉手、锁等特殊五金，实际发生时另按"门、窗五金配件安装"相应子目执行。木门窗安装项目中未包括五金费，门窗五金费应另列项目按"门、窗五金配件安装"有关子目执行。"门、窗五金配件安装"的子目中，五金规格、品种与设计不符均应调整。

（2）铝合金门窗制作型材分为普通铝合金型材和断桥隔热铝合金型材两种，应按设计分别套用定额。各种铝合金型材规格、含量的取定定额仅为暂定。设计型材的规格与定额不符，应按设计的规格或设计用量加 6% 制作损耗调整。

（3）铝合金门窗工程量按其洞口面积以 10 m² 计算。门带窗者，门的工程量算至门框外边线。平面为圆弧形或异形者按展开面积计算。

（4）各种卷帘门按实际制作面积计算，卷帘门上有小门时，其卷帘门工程量应扣除小门面积。卷帘门上的小门按扇计算，卷帘门上电动提升装置以套计算，手动装置的材料、安装人工已包括在定额内，不另增加。

（5）门窗框包不锈钢板均按不锈钢板的展开面积以 10 m² 计算，16-53 及 16-56 子目中均已综合了木框料及基层衬板所需消耗的工料，设计框料断面与定额不符，按设计用量加 5% 损耗调整含量。若仅单独包门窗框不锈钢板，应按 14-202 子目套用。

（6）木门窗框、扇制安定额是按机械和手工操作综合编制的，实际施工不论采用何种操作方法，均按定额执行，不调整。

（7）现场木门窗框、扇制作及安装按门窗洞口面积计算。购入成品的木门扇安装，按购入门扇的净面积计算。

（8）本定额木门窗制作所需的人工及机械除定额注明者外均以一类、二类木种为准，设计采用三类、四类木种时，分别乘以下列系数：木门窗制作按相应人工和机械乘以系数 1.3，木门窗安装按相应项目人工乘以系数 1.15。

（9）木门窗制作安装是按现场制作编制的，若在构件厂制作，也按本定额执行，但构件厂至现场的运输费用应当按当地交通部门规定的运输价格执行（运费不进入取费基价）。

（10）定额中木门窗框、扇已注明了木材断面。定额中的断面均以毛料为准，设计图纸注明的断面为净料时，应增加刨光损耗，单面刨光加 3 mm，双面刨光加 5 mm。框料断面以边立框为准，扇断面以扇立梃断面为准，设计断面不同时，按下列公式换算：

$$设计（断面）材积（m^3/10\ m^2）＝设计断面（cm^2，净料加刨光损耗）\times 定额材积$$
$$（m^3）\div 定额取定断面（cm^2）$$
$$调整材积（m^3/10\ m^2）＝设计（断面）材积－定额取定材积$$

（11）木门窗子目按有腰、无腰、纱扇并根据工艺顺序分框制作、框安装、扇制作、扇安装编制的，使用时应注意木材断面的换算规定，同时还应注意相应定额附注带纱扇的框料所需双裁口增加工料的规定。

（12）胶合板门定额中的胶合板含量是根据当前市场材料供应情况以四八尺规格（1.22 m×2.44 m）编制为主，三七尺规格（0.91 m×2.13 m）为辅，四八尺规格定额中剩余边角料残值已考虑回收，同时也规定了如果建设单位供应胶合板时，定额换算相应方法也做了交代。

（13）本章节子目如涉及钢骨架或者铁件的制作安装，另行套用相关子目。

（14）木质送风口、回风口的制作安装按木质百叶窗定额执行。

3.5 油漆、涂料、裱糊工程

3.5.1 概况

本章是由油漆、涂料及裱贴饰面三部分组成，共计 250 个子目。

第一节:油漆、涂料。主要分为木材面、金属面和抹灰面等3小节,共20个子目。

第二节:裱贴饰面。以品种划分为金、银、铜(铝)箔、墙纸与墙布等23小节,共230子目。

3.5.2 使用注意要点

(1)本章定额是在《计价定额》(2004版)第十六章、省补充定额有关子目的基础上,经过调研并结合我省实际情况,补充了近几年工程装饰工程中使用相对较为广泛的品种和工艺做法,增减定额子目设置,并对其工料机含量加以调整完善而来。

(2)涂料定额是按常规品种编制的,设计用的品种与定额不符,单价可以换算,可以根据不同的涂料调整定额含量,其余不变。

(3)由于油漆涂料品种相当繁多,施工方法多种多样,在具体编制预算的过程中应对照设计图纸的做法,根据本定额章节相应子目的做法进行换算,定额中列出了"每增减一遍"方便使用。如设计图纸做法说明:木地板刷聚氨酯清漆(双组分混合型)四遍,经查定额中没有直接的子目可以套用,只有刷聚氨酯清漆(双组分混合型)三遍(17-115),单价为303.77元/10 m²,由于遍数不同需要换算,再查定额17-119是聚氨酯清漆(双组分混合型)遍数调整子目,单价为54.19元/10 m²进行增减,因此17-115子目加17-119子目:303.77+54.19=357.96元/10 m²。

(4)建筑装饰工程中木材面油漆、金属面油漆的项目很多,为了简化定额内容,本章木材面油漆部分编制了"单层木门"、"单层木窗"、"木扶手"、"其他木材面"、"木墙裙"、"踢脚线"、"窗台板筒子板"、"橱、台、柜"以及"木地板"九大项内容,金属面油漆部分编制了单层钢门窗、其他金属面两项内容。在工程量计算时要注意计算方法和计量单位,要注意选择对应的项目,同时使用这些子目时,必须注意的是要分别折算不同的系数,系数表可以详见本章节工程量计算规则。

尤其是其他金属面油漆,调整为按构件油漆部分表面积计算时要特别注意。为减少计算工程量,且发承包双方协商一致,可参照表3.1确定展开面积与质量的换算系数。

表3.1 展开面积与质量的换算系数

序号	项目	每吨(t)展开面积(m²)
1	钢屋架、天窗架、挡风架、屋架梁、支撑、檩条	38.00
2	墙架(空腹式)	19.00
3	墙架(格板式)	31.16
4	钢柱、吊车梁、花式梁柱、空花结构	23.94
5	钢操作台、走台、制动梁、钢梁车挡	26.98
6	钢栅栏门、栏杆、窗栅	64.98
7	钢爬梯	44.84
8	踏步式钢扶梯	39.90
9	零星铁件	50.16

注:本表中的数据为经验数据,具体项目可能差异较大,仅作为参考。

(5)本章地板油漆将油漆和油漆面打蜡分列项目,即油漆定额项目中未包含打蜡所需的工料,若设计油漆面需要打蜡,另按 17-113 子目或 17-114 子目执行。

（6）木材或板材面油漆设计如采用漂白处理,则由建设单位和施工单位双方协商解决。

（7）本章定额已将门窗分色做法的工料综合考虑,如需做美术图案可按实计算,其余不调整。

（8）本定额乳胶漆、裱糊墙纸子目已包括再次找补腻子在内,石膏板面套用抹灰定额。

3.6 其他零星工程

3.6.1 概况

本章定额包括与建筑装饰工程相关的招牌和灯箱面层、美术字安装、压条和装饰线条、镜面玻璃、卫生间配件、门窗套、木窗台板、木盖板、暖气罩、天棚面零星项目、灯带和灯槽、窗帘盒、窗帘和窗帘轨道、石材面防护剂、成品保护、隔断、柜类和货架,共 17 小节 114 个子目。本章定额是在《计价定额》(2004 版)第 17 章、省补充定额有关子目的基础上,经过调研,并结合江苏省实际情况增减定额子目设置,对其工料机含量加以调整完善而来。

3.6.2 使用注意要点

（1）本定额中招牌不区分平面型、箱体型、简单型、复杂型。各类招牌、灯箱的钢骨架基层制作、安装套用相应子目,按吨计量。灯箱的面层按展开面积计算,铝塑板铣槽人工已经包含在铝塑板灯箱面层的定额人工费中。招牌、灯箱内灯具未包括在内。

（2）本章定额中美术字安装是指成品单体字的安装。不论字体形式及字底基层,均执行本定额。外文或拼音字母,应按中文意译后的单字或单词计量(不以字母字符个数计量)。

定额中字的材质分为有机玻璃字及金属字、亚克力等,橡、塑字安装套用有机玻璃字安装子目。镜面玻璃字应执行金属字的相应子目,但成品字的单价换算、人工不变。字的规格,定额是按三个步距编制的,即

长×宽×厚＝400 mm×400 mm×50 mm,定额控制范围在 0.2 m² 以内。

长×宽×厚＝600 mm×800 mm×50 mm,定额控制范围在 0.5 m² 以内。

长×宽×厚＝900 mm×1 000 mm×50 mm,定额控制范围在 0.5 m² 以外。

字底基层未作分类,本定额已综合了各种字底基层,不论字底基层是混凝土面、砖墙面和其他面,均按定额执行。安装以 10 个字为计量单位,按面积大小套用定额,以字体尺寸的最大外围面积计算,按字的成品价列入定额。

（3）压顶线和装饰条是用于各种交接面、分界面、层次面、封边封口线等的压顶线和装饰条。为适应装饰市场的需要,本章定额的装饰条为成品装饰条安装。本章定额装饰线条均以安装在墙面上为准。设计安装在天棚面层时,按以下规定执行(但墙与天棚交界处的角线除外):钉在木龙骨基层上,其人工按相应定额乘以系数 1.34;钉在钢龙骨基层上乘以系数 1.68;钉木装饰线条图案者人工乘以系数 1.5(木龙骨基层上)及 1.8(钢龙骨基层上)。设计装饰线条成品规格与定额不同时应换算,但含量不变。

（4）石材装饰线按成品考虑,包含磨边、倒角、抛光等所有加工费用。本定额中的石材磨边、墙地砖 45°角磨边子目,是按出于工艺工序需要在工厂无法或不便加工而必须在现场

人工持械加工考虑的。实际在场外机械加工时,应另行计价。

石材磨边、墙地砖45°角磨边子目中,不包含对石材大板、墙地砖、瓷砖平面对角切割的费用。

(5) 本定额中的打胶子目按延长米计量,使用不同种类不同包装规格的胶时,按设计换算胶的种类及含量。

(6) 镜面玻璃如设计车边,相关费用应计入主材价格中。

(7) 石材洗漱台板的工程量按展开面积计算,钢材含量可按设计用量调整。

(8) 本定额检修孔、成品检修孔子目中已包含开孔费用。

(9) 窗帘布的工程量按成品窗帘布的展开面积计算,窗帘的配件费用已包含在其他材料费中。

(10) 踢脚线包阴角按阴角线相应子目执行,墙裙、踢脚线包阳角按18-22子目执行。

(11) 回光灯槽所需增加的龙骨已在复杂天棚中加以考虑,不得另行增加。曲线形平顶灯带、曲线形回光灯槽,按相应定额增加50%人工,其他不变。

(12) 石材防护剂按实际涂刷面积计量。即假设在石材板块的六个面全部涂刷防护剂,则必须按石材板块六个面的展开面积计量。石材的镜面处理另行计算。

(13) 本章设置了成品保护项目,按所需保护工程部位分地面、墙面、门窗三类编制,地面按铺设麻袋计算,墙面及门窗按挂贴塑料薄膜计算。

(14) 本章定额中的柜类为参考定额,为了方便应用,定额中给出了图例,供投标报价时参考,结算时应按设计图纸和实际情况调整人工、机械、材料。

3.7 建筑物超高增加费用

3.7.1 概况

本章包括建筑物超高增加费和单独装饰工程超高人工降效系数两部分,共36个定额子目。

按照2013版《房屋建筑与装饰工程工程量计算规范》的要求,建筑物超高费以建筑面积作为计量单位,单独装饰工程由于不同装饰工程人工含量差异大,不能将低、中、高档装饰严格区分,仍以超高人工降效系数形式体现。

3.7.2 使用注意要点

(1) 单独装饰工程按高度和层数分段计算。单独装饰工程中可以套用定额的措施项目,也应计取人工降效。

(2) "高度"和"层高",只要其中一个指标达到规定,即可套用该项目。

(3) 若同一个楼层中的楼面和天棚不在同一计算段内,按天棚面标高段为准计算。

(4) 檐口高度超过200 m的建筑物,超高费可按照每增加10 m,人工降效系数增加2.5%。

(5) 超高人工降效费作为单价措施项目费计入计价程序。

例如:某单独装饰工程,施工项目为第13层和第14层,第13层和第14层装饰项目合计定额人工工日分别为 800 工日及 1 000 工日,人工单价 110 元/工日,管理费为 42%,利润为 15%,则该项目的超高人工降效费为:

$$第 13 层超高人工降效费 = 800 \times 110 \times 1.57 \times 7.5\% = 10\,362(元)$$
$$第 14 层超高人工降效费 = 1\,000 \times 110 \times 1.57 \times 10\% = 17\,270(元)$$

3.8 装饰脚手架工程

3.8.1 概况

本章定额包括脚手架和建筑物檐高超过 20 m 脚手架材料增加费 2 小节,共 102 个子目。脚手架一节包括综合脚手架和单项脚手架,综合脚手架按檐口高度和层高划分为 8 个子目,单项脚手架按搭设用途分为砌墙脚手架、外墙镶(挂)贴脚手架:斜道,满堂脚手架、抹灰脚手架,单层轻钢厂房脚手架,高压线防护架、烟囱、水塔脚手架、金属过道防护棚,电梯井字架 6 小节 40 个子目。建筑物檐高超过 20 m 脚手架材料增加费一节包括综合脚手架和单项脚手架,单项脚手架又分砌筑脚手架和装饰脚手架,根据不同高度从 20 m 到 200 m 共分为 54 个子目。

3.8.2 使用注意要点

(1) 本定额适用于综合脚手架以外的檐高在 20 m 以内的建筑物,突出主体建筑物顶的女儿墙、电梯间、楼梯间、水箱等不计入檐口高度。若前后檐高不同,按平均高度计算。檐高在 20 m 以上的建筑物,脚手架除按本定额计算外,其超过部分所需增加脚手架加固措施等费用,均按超高脚手架材料增加费子目执行。构筑物、烟囱、水塔、电梯井按其相应子目执行。

(2) 除高压线防护架外,本定额已按扣件式钢管脚手架编制,实际施工中不论使用何种脚手架材料,均按本定额执行。

(3) 需采用型钢悬挑脚手架时,除计算脚手架费用外,应计算外架子悬挑脚手架增加费。

(4) 本定额满堂扣件式钢管脚手架(简称满堂脚手架)不适用于满堂扣件式钢管支撑架(简称堂支撑架),满堂支撑架应根据专家论证后的实际搭设方案计价。

(5) 外墙镶(挂)贴脚手架定额适用于单独外装饰工程脚手架搭设。

(6) 高度在 3.6 m 以内的墙面、天棚、柱、梁抹灰(包括钉间壁、钉天棚)用的脚手架费用套用 3.6 m 以内抹灰脚手架。如室内(包括地下室)净高超过 3.6 m,天棚需抹灰(包括钉天棚)应按满堂脚手架计算,但其内墙抹灰不再计算脚手架。高度在 3.6 m 以上的内墙面抹灰(包括钉间壁),如无满堂脚手架可以利用,可按墙面垂直投影面积计算抹灰脚手架。

(7) 建筑物室内天棚面层净高在 3.6 m 内,吊筋与楼层的联结点高度超过 3.6 m 时,应按满堂脚手架相应定额综合单价乘以系数 0.6 计算。

(8) 墙、柱梁面刷浆、油漆的脚手架按抹灰脚手架相应定额乘以系数 0.1 计算。室内天棚净高超过 3.6 m 的勾缝、刷浆、油漆可另行计算一次脚手架费用,按满堂脚手架相应项目乘以系数 0.1 计算。

（9）天棚、柱、梁、墙面不抹灰但满刮腻子时，脚手架执行同抹灰脚手架。

（10）满堂支撑架是适用于架体顶部承受钢结构、钢筋砼等施工荷载，对支撑构件起支撑平台作用的扣件式脚手架。脚手架周转材料使用量大时，可区分租赁和自备材料两种情况计算，施工过程中对满堂支撑架的使用时间、材料的投入情况应及时核实并办理好相关手续，租赁费用应由甲乙双方协商进行核定后结算，乙方自备材料按定额中满堂支撑架使用费计算。

（11）建筑物外墙装饰设计采用幕墙装饰，不需要砌筑墙体，根据施工方案需搭设外围防护脚手架的，且幕墙施工不利用外防护架的，应按砌筑脚手架相应子目另计防护脚手架费。

3.8.3 装饰脚手架计算规则

1) 外墙镶（挂）贴脚手架工程量计算规则

（1）外墙镶（挂）贴脚手架按外墙外边线长度（如外墙有挑阳台，则每只阳台计算一个侧面宽度，计入外墙面长度内，且两户阳台连在一起的也只算一个侧面）乘以外墙高度以平方米计算。外墙高度指室外设计地坪至檐口（或女儿墙上表面）高度，坡屋面至屋面板下（或椽子顶面）墙中心高度，墙算至山尖 1/2 处高度。

（2）吊篮脚手架按装修墙面垂直投影面积以平方米计算（计算高度从室外地坪至设计高度）。安拆费按施工组织设计或实际数量确定。

（3）外架子悬挑脚手架增加费按悬挑脚手架部分的垂直投影面积计算。

2) 抹灰脚手架、满堂脚手架工程量计算规则

（1）抹灰脚手架

① 钢筋砼单梁、柱、墙，按以下规定计算脚手架：a. 单梁：以梁净长乘以地坪（或楼面）至梁顶面高度计算。b. 柱：以柱结构外围周长加 3.6 m 乘以柱高计算。c. 墙：以墙净长乘以地坪（或楼面）至板底高度计算。

② 墙面抹灰：以墙净长乘以净高计算。

③ 如有满堂脚手架可以利用，不再计算墙、柱、梁面抹灰脚手架。

④ 如天棚抹灰高度在 3.6 m 以内，按天棚抹灰面（不扣除柱、梁所占的面积）以平方米计算。

（2）满堂脚手架

若天棚抹灰高度超过 3.6 m，按室内净面积计算满堂脚手架，不扣除柱、垛、附墙烟囱所占面积。

① 基本层：高度在 8 m 以内计算基本层；

② 增加层：高度超过 8 m，每增加 2 m，计算一层增加层，计算式如下：

$$增加层数 = \frac{室内净高(m) - 8\ m}{2\ m}$$

增加层数计算结果保留整数，小数在 0.6 以内舍去，在 0.6 以上进位。

③ 满堂脚手架高度以室内地坪面（或楼面）至天棚面或屋面板的底面为准（斜的天棚或屋面板按平均高度计算）。室内挑台栏板外侧共享空间的装饰如无满堂脚手架利用，按地面（或楼面）至顶层栏板顶面高度乘以栏板长度以平方米计算，套用相应抹灰脚手架定额。

3）檐高超过 20 m 单项脚手架材料增加费

建筑物檐高超过 20 m 可计算脚手架材料增加费。建筑物檐高超过 20 m 脚手架材料增加费同外墙脚手架计算规则,从室外地面起算。

3.9 垂直运输机械费

3.9.1 概况

建筑工程垂直机械费包括建筑物、单独装饰工程、烟囱、水塔、筒仓垂直运输以及塔吊基础、电梯基础、塔吊及电梯与建筑物连接件共 4 小节,计 58 个子目。其中单独装饰工程垂直运输费子目计 12 个。本章子目数量、步距划分同 2004 版《江苏省建筑与装饰工程计价表》。人、材、机含量未调整。

3.9.2 使用注意要点

(1) 单独装饰工程垂直运输机械台班,区分不同施工机械、垂直运输高度、层数,按定额工日分别计算。

(2) 由于装饰工程承发包有其相应的特点,一个单位工程的装饰可能有几个施工单位分块承包施工,既要考虑垂直运输高度又兼顾操作面的因素,故仍然沿用过去分段计算方式。

例如:7—9 层为甲单位承包施工为一个施工段;10—12 层为乙单位承包施工为一个施工段;13—15 层为丙单位承包施工为一个施工段。

材料从地面运到各个高度施工段的垂直运输费不一样,因而需要划分几个定额步距来计算,否则就会产生不合理现象。故本章按此原则制定子目的划分,同时还应注意该项费用是以相应施工段工程量所含工日为计量单位的计算方式。

3.10 场内二次搬运费

3.10.1 概况

本章所列各种材料、成品和半成品的二次搬运是从以往相应定额中分离出来单独设立的,按运输工具划分为机动翻斗车二次搬运和单(双)轮车二次搬运两部分,总共设子目 136 个。本章人、材、机含量未调整。

3.10.2 使用注意要点

(1) 执行本定额时,应以工程所发生的第一次搬运为准。

(2) 水平运距的计算,分别以取料中心点为起点,以材料堆放中心为终点。超运距时所增加运距不足整数者,进位取整计算。

(3) 定额已考虑运输道路 15% 以内的坡度,超过时另行处理。

(4) 松散材料运输不包括做方,但要求堆放整齐。需做方者应另行处理。

(5) 机动翻斗车最大运距为 600 m,单(双)轮车最大运距为 120 m,超过时应另行处理。

（6）在使用定额时还应注意材料的计量单位,松散材料要按堆积体积计算工程量,混凝土构件按实体积计算,玻璃以标准箱计算等。

例如:某三类工程因施工现场狭窄,计有 300 t 弯曲成型钢和 50 000 块水泥空心砌块发生二次转运。成型钢筋采用人力双轮车运输,转运距离 100 m;水泥空心砌块采用人力双轮车运输,转运距离 120 m。计算该工程二次搬运费(人、材、机单价按定额不调整)。

解:

（1）弯曲成型钢筋二次转运

24-107　基本运距 60 m 以内　25.32×300＝7 596(元)

24-108　超运距增加 50 m　2.11×300＝633(元)

（2）水泥空心砌块二次转运

24-29　基本运距 60 m 以内　168.78×(50 000÷1 000)＝8 439(元)

24-30　超运距增加 50 m　25.32×2×(50 000÷1 000)＝2 532(元)

（3）合计该工程二次搬运费　7 596＋633＋8 439＋2 532＝19 200(元)

(注意:当超运距时所增加的运距不足整数者,进位取整计算,而不是采用插入法计算)

4 装饰工程工程量清单计价

4.1 概述

4.1.1 计价及计算规范构成

2013 版清单法规范共计 10 部,分别为《建设工程工程量清单计价规范》(GB 50500—2013)(以下简称《计价规范》)以及《房屋建筑与装饰工程工程量计算规范》(GB 50854—2013)(以下简称《计算规范》)、《仿古建筑工程工程量计算规范》(GB 50855—2013)、《通用安装工程工程量计算规范》(GB 50856—2013)、《市政工程工程量计算规范》(GB 50857—2013)、《园林绿化工程工程量计算规范》(GB 50858—2013)、《矿山工程工程量计算规范》(GB 50859—2013)、《构筑物工程工程量计算规范》(GB 50860—2013)、《城市轨道交通工程工程量计算规范》(GB 50861—2013)、《爆破工程工程量计算规范》(GB 50862—2013)(以下简称计算规范)等 9 部专业工程工程量计算规范。

《计价规范》正文部分由总则、术语、一般规定、工程量清单编制、招标控制价、投标报价、合同价款约定、工程计量、合同价款调整、合同价款期中支付、竣工结算与支付、合同解除的价款结算与支付、合同价款争议的解决、工程造价鉴定、工程计价资料与档案、工程计价表格等章节组成。附录包括:附录 A 物价变化合同价款调整办法,附录 B 工程计价文件封面,附录 C 工程计价文件扉页,附录 D 工程计价总说明,附录 E 工程计价汇总表,附录 F 分部分项工程和措施项目计价表,附录 G 其他项目计价表,附录 H 规费、税金项目计价表,附录 J 工程计量申请(核准)表,附录 K 合同价款支付申请(核准)表,附录 L 主要材料、工程设备一览表等组成。

各部计算规范正文部分均由总则、术语、工程计量、工程量清单编制等章节组成;附录则根据各专业工程特点分别设置。

《计算规范》附录包括:附录 A 土石方工程,附录 B 地基处理与边坡支护工程,附录 C 桩基工程,附录 D 砌筑工程,附录 E 混凝土及钢筋混凝土工程,附录 F 金属结构工程,附录 G 木结构工程,附录 H 门窗工程,附录 J 屋面及防水工程,附录 K 保温、隔热、防腐工程,附录 L 楼地面装饰工程,附录 M 墙、柱面装饰与隔断、幕墙工程,附录 N 天棚工程,附录 P 油漆、涂料、裱糊工程,附录 Q 其他装饰工程,附录 R 拆除工程等。

《计价规范》和计算规范是编制工程量清单的主要依据,计价定额是工程量清单计价的主要依据。

4.1.2 规范强制性规定及共性问题说明

1)《计价规范》的强制性规定

(1) 使用国有资金投资的建设工程发承包,必须采用工程量清单计价。

(2) 工程量清单应采用综合单价计价。

（3）措施项目中的安全文明施工费必须按国家或省级、行业建设主管部门的规定计算，不得作为竞争性费用。

（4）规费和税金必须按国家或省级、行业建设主管部门的规定计算，不得作为竞争性费用。

（5）建设工程发承包，必须在招标文件、合同中明确计价中的风险内容及其范围，不得采用无限风险、所有风险或类似语句规定计价中的风险内容及范围。

（6）招标工程量清单必须作为招标文件的组成部分，其准确性和完整性应由招标人负责。

（7）分部分项工程项目清单必须载明项目编码、项目名称、项目特征、计量单位和工程量。

（8）分部分项工程项目清单必须根据相关工程现行国家计算规范规定的项目编码、项目名称、项目特征、计量单位和工程量计算规则进行编制。

（9）措施项目清单必须根据相关工程现行国家计算规范的规定编制。

（10）国有资金投资的建设工程招标，招标人必须编制招标控制价。

（11）投标报价不得低于工程成本。

（12）投标人必须按招标工程量清单填报价格。项目编码、项目名称、项目特征、计量单位、工程量必须与招标工程量清单一致。

（13）工程量必须按照相关工程现行国家计算规范规定的工程量计算规则计算。

（14）工程量必须以承包人完成合同工程应予计量的工程量确定。

（15）工程完工后，发承包双方必须在合同约定时间内办理工程竣工结算。

2）《计算规范》的强制性规定

（1）房屋建筑与装饰工程计价，必须按《计算规范》规定的工程量计算规则进行工程计量。

（2）工程量清单应根据附录规定的项目编码、项目名称、项目特征、计量单位和工程量计算规则进行编制。

（3）工程量清单的项目编码，应采用十二位阿拉伯数字表示，一至九位应按附录的规定设置，十至十二位应根据拟建工程的工程量清单项目名称和项目特征设置，同一招标工程的项目编码不得有重码。

（4）工程量清单的项目名称应按附录的项目名称结合拟建工程的实际确定。

（5）工程量清单项目特征应按附录中规定的项目特征，结合拟建工程项目的实际予以描述。

（6）工程量清单中所列工程量应按附录中规定的工程量计算规则计算。

（7）工程量清单的计量单位应按附录中规定的计量单位确定。

（8）措施项目中列出了项目编码、项目名称、项目特征、计量单位、工程量计算规则的项目，编制工程量清单时应按照《计算规范》第4.2节分部分项工程的规定执行。

3）《计算规范》附录共性问题的说明

（1）《计算规范》第4.1.3条第（1）款规定，编制工程量清单出现附录中未包括的项目时，编制人可进行相应补充，具体做法如下：① 补充项目的编码由本规范的代码01与B和三位阿拉伯数字组成，并应从01B001起顺序编制，同一招标工程的项目不得重码。② 工量清单应附补充项目的项目名称、项目特征、计量单位、工程量计算规则和工作内容,并应报省工程造价管理机构备案。

(2) 能计量的措施项目(即单价措施项目),也同分部分项工程一样,编制工程量清单必须列出项目编码、项目名称、项目特征、计量单位。措施项目中仅列出项目编码、项目名称,未列出项目特征、计量单位和工程量计算规则的项目,编制工程量清单时应按《计算规范》附录S措施项目规定的项目编码、项目名称确定。

(3) 项目特征是描述清单项目的重要内容,是投标人投标报价的重要依据,在描述工量清单项目特征时,有关情况应按以下原则进行:

① 项目特征描述的内容应按附录中的规定,结合拟建工程的实际,能满足确定综合单价的需要。

② 若采用标准图集或施工图纸能够全部或部分满足项目特征描述的要求,项目特征描述可直接采用详见××图集或××图号的方式,但应注明标注图集的编码、页号及节点大样。对不能满足项目特征描述要求的部分,仍应用文字描述。

③ 拆除工程中对于只拆面层的项目,在项目特征中不必描述基层(或龙骨)类型(或种类);对于基层(或龙骨)和面层同时拆除的项目,在项目特征中必须描述(基层或龙骨)类型(或种类)。

(4)《计算规范》附录中有两个或两个以上计量单位的,应结合拟建工程项目的实际情况,确定其中一个为计量单位。在同一个建设项目(或标段、合同段)中,有多个单位工程的相同项目计量单位必须保持一致。

(5) 清单工程量小数点后有效位数的统一:① 以吨(t)为单位,保留小数点后三位数字,第四位小数四舍五入;② 以米(m)、平方米(m²)、立方米(m³)、千克(kg)等为单位,保留小数点后两位数字,第三位小数四舍五入;③ 以个、件、根、组、系统等为单位,取整数。

(6)《计算规范》各项目仅列出了主要工作内容,除另有规定和说明者外,应视为已经包括完成该项目所列或未列的全部工作内容。具体应按以下三个方面规定执行:

①《计算规范》对项目的工作内容进行了规定,除另有规定和说明外,应视为已经包括完成该项目的全部工作内容,未列内容或未发生的不应另行计算。

②《计算规范》附录项目工作内容列出了主要施工内容,施工过程中必然发生的机械移动、材料运输等辅助内容虽然未列出,但应包括。

③《计算规范》以成品考虑的项目,若采用现场制作,应包括制作的工作内容。

(7) 工程量具有明显不确定性的项目应在工程量清单文件中以文字明确。编制工程量清单时,设计没有明确的工程数量可为暂估量,结算对按现场签证数量计算。

(8)《计算规范》中的工程量计算规则与计价定额中的工程量计算规则是有区别的,是不尽相同的,招标文件中的工程量清单应按《计算规范》中的工程量计算规则计算工程量;投标人投标报价(包括综合单价分析)应按《计价规范》第6.2节的规定执行,当采用计价定额进行综合单价组价时,则应按照计价定额规定的工程量计算规则计算工程量。

投标报价时,应根据招标文件中的工程量清单和有关要求、施工现场实际情况及拟定的施工方案或施工组织设计,依据企业定额和市场价格信息,或参照建设行政主管部门发布的社会平均消耗量定额进行编制。

(9) 附录清单项目中的工程量是按建筑物或构筑物的实体净量计算,施工中所用的材料料、成品、半成品在制作、运输、安装中等所发生的一切损耗,应包括在报价内。

(10) 钢结构工程量按设计图示尺寸以质量计算,金属构件切边、切肢、不规则及多边形钢板发生的损耗在综合单价中考虑。

(11) 楼(地)面防水反边高度≤300 mm 算作地面(平面)防水。反边高度＞300 mm,自底端起按墙面(立面)防水计算,墙面、楼(地)面、屋面防水搭接及附加层用量不另行计算。

(12) 金属结构、木结构、木门窗、墙面装饰板、柱(梁)装饰、天棚装饰均取消项目中的"刷油漆",单独执行附录 P 油漆、涂料、裱糊工程。与此同时,金属结构以成品编制项目,各项目中增补了"补刷油漆"的内容。

(13) 附录 R 拆除工程项目,适用于房屋工程的维修、加固、二次装修前的拆除,不适用于房屋的整体拆除。对房屋建筑工程,仿古建筑、构筑物、园林景观工程等项目拆除,可按此附录编码列项。江苏省修缮定额所列的拆除项目,应作为分部分项项目,按附录 R 相应项目编码列项。

(14) 建筑物超高人工和机械降效不进入综合单价,与高压水泵及上下通讯联络费用一道进入"超高施工增加"项目,但其中的垂直运输机械降效已包含在《计价定额》第二十三章垂直运输机械费中,"超高施工增加"项目内并不包含该部分费用。

(15) 设计规定或施工组织设计规定的已完工工程保护所发生的费用列入工程量清单措施项目费;分部分项项目成品保护发生的费用应包括在分部分项项目报价内。

4.1.3　计算规范与计价定额的关系

(1) 工程量清单表格应按照计算规范及江苏省规定设置,按照计算规范附录要求计列项目;《计价定额》的定额项目用于计算确定清单项目中工程内容的含量和价格。

(2) 工程量清单的工程量计算规则应按照计算规范附录的规定执行,而清单项目中工程内容的工程量计算规则应按照《计价定额》规定执行。

(3) 工程量清单的计量单位应按照计算规范附录中的计量单位选用确定;清单项目中工程内容的计量单位应按照《计价定额》规定的计量单位确定。

(4) 工程量清单的综合单价是由单个或多个工程内容按照《计价定额》规定计算出来的价格的汇总。

(5) 在编制单位工程的清单项目时,一般要同时使用多部专业计算规范,但清单项目应以本专业计算规范附录为主,没有时应按规范规定在相关专业附录之间相互借用。但应使用本专业计价定额相关子目进行组价。

4.2　工程量清单的编制

4.2.1　工程量清单编制的规定

1) 工程量清单编制的一般规定

(1)《计价规范》第 4.1.1 条规定,招标工程量清单应由具有编制能力的招标人或受其委托、具有相应资质的工程造价咨询人编制。

（2）《计价规范》强制性条文第4.1.2条规定，招标工程量清单必须作为招标文件的组成部分，其准确性和完整性应由招标人负责。

（3）《计价规范》第4.1.3条规定，招标工程量清单是工程量清单计价的基础，应作为编制招标控制价、投标报价、计算或调整工程量、索赔的依据之一。

（4）《计价规范》第4.1.4条规定，招标工程量清单应以单位（项）工程为单位编制，应由分部分项项目清单、措施项目清单、其他项目清单、规费和税金项目清单纽成。

（5）《计价规范》第4.1.5条和《计算规范》第4.1.1条同时规定了编制招标工程量清单应依据：① 《计价规范》和工程量计算规范；② 国家或省级、行业建设主管部门颁发的计价定额（计价依据）和办法；③ 建设工程设计文件及相关资料；④ 与建设工程有关的标准、规范、技术资料；⑤ 拟定的招标文件；⑥ 施工现场情况、地勘水文资料、工程特点及常规施工方案；⑦ 其他相关资料。

（6）《计算规范》第4.1.3条规定，编制工程量清单出现附录未包括的项目，编制人应做补充，并报省级或行业工程造价管理机构备案，省级或行业工程造价管理机构应汇总报住房和城乡建设部标准定额研究所。

补充项目的编码由代码01与B和三位阿拉伯数字组成，并应从01B001起顺序编制，同一招标工程的项目不得重码。

补充的工程量清单需附有补充项目的名称、项目特征、计量单位、工程量计算规则、工作内容。不能计量的措施项目，需附有补充项目名称、工作内容及包含范围。

2）工程量清单编制的强制规定

《房屋建筑与装饰工程工程量清单计算规范》（GB 50854—2013）有以下强制性规定：

第4.2.1条规定：分部分项工程量清单应根据附录规定的统一项目编码、项目名称、计量单位和工程量计算规则进行编制。

第4.2.2条规定：分部分项工程量清单的项目编码，一至九位应按附录的规定设置；十至十二位应根据拟建工程的工程量清单项目名称和项目特征设置，同一招标工程的编码不得有重码。

由于实际招标工程形式多样，为了便于操作，江苏省贯彻文件不强制要求同一招标工程的项目编码不得重复，但规定了同一单位工程的项目编码不得有重码。

第4.2.3条规定：工程量清单的项目名称应按附录的项目名称结合拟建工程的实际确定。

第4.2.4条规定：工程量清单项目特征应按附录中规定的项目特征，结合拟建工程项目的实际予以描述。

项目特征是确定综合单价的重要依据，描述应按以下原则进行：① 描述的内容应按附录中的规定，结合拟建工程实际，满足确定综合单价的需要；② 描述可直接索引标准图集编号或图纸编号，但对不能满足特征描述要求时，仍应用文字加以描述。

第4.2.5条规定：工程量清单中所列工程量应按附录中规定的工程量计算规则计算。

第4.2.6条规定：工程量清单的计量单位应按附录中规定的计量单位确定。

为了操作方便，规范中部分项目列有两个或两个以上的计量单位和计算规则。在编制清单时，应结合拟建工程项目的实际情况，同类招标工程选择其中一个确定。

4.2.2 装饰工程分部分项工程项目清单的编制

1）楼地面装饰工程

（1）概况

本章共 8 小节 43 个项目，包括整体面层及找平层、块料面层、橡塑面层、其他材料面层、踢脚线、楼梯面层、台阶装饰、零星装饰等项目。适用于楼地面、楼梯、台阶等装饰工程。

（2）有关项目的说明

① 整体面层、块料面层中包括抹找平层，单独列的"平面砂浆找平层"项目只适用于仅做找平层的平面抹灰。

② 楼地面工程中，防水工程项目按附录 J 屋面及防水工程相关项目编码列项。

③ 间壁墙指墙厚不大于 120 mm 的墙。

（3）有关项目特征说明

① 楼地面装饰是指构成楼地面的找平层（在垫层、楼板上或填充层上起找平、找坡或加强作用的构造层）、结合层（面层与下层相结合的中间层）、面层（直接承受各种荷载作用的表面层）等。

构成楼地面的基层、垫层、填充层和隔离层在其他章节中设置。如混凝土垫层按"E.1 现浇混凝土基础中的垫层"编码列项，除混凝土外的其他材料垫层按"D.4 垫层"编码列项。

② 找平层是指水泥砂浆找平层，有特殊要求的可采用细石混凝土、沥青砂浆、沥青混凝土等材料铺设。

③ 结合层是指冷油、纯水泥浆、细石混凝土等面层与下层相结合的中间层。

④ 面层是指整体面层（水泥砂浆、现浇水磨石、细石混凝土、菱苦土等面层）、块料面层（石材、陶瓷地砖、橡胶、塑料、竹、木地板）等面层。

⑤ 面层中其他材料：

a. 防护材料是指耐酸、耐碱、耐臭氧、耐老化、防火、防油渗等材料。

b. 嵌条材料是用于水磨石的分格、作为图案等的嵌条，如玻璃嵌条、铜嵌条、铝合金嵌条、不锈钢嵌条等。

c. 压线条是指地毯、橡胶板、橡胶卷材铺设压线条，如铝合金、不锈钢、铜压线条等。

d. 颜料是用于水磨石地面、楼梯、台阶和块料面层勾缝所需配制石子浆或砂浆内添加的颜料（耐碱的矿物颜料）。

e. 防滑条是用于楼梯、台阶踏步的防滑设施，如水泥玻璃屑，水泥钢屑，铜、铁防滑条等。

f. 地毡固定配件是用于固定地毡的压棍脚和压棍。

g. 酸洗、打蜡、磨光水磨石、菱苦土、陶瓷块料等，均可采用草酸清洗油渍、污渍，然后打蜡（蜡脂、松香水、鱼油、煤油等按设计要求配合）和磨光。

（4）工程量计算规则的说明

① 单跑楼梯不论其中间是否有休息平台，其工程量与双跑楼梯同样计算。

② 台阶面层与平台面层是同一种材料时，平台计算面层后，台阶不再计算最上一层踏步面积；如台阶计算最上一层踏步（加 30 cm），平台面层中必须扣除该面积。

③ 如间壁墙在做地面前已完成，地面工程量也不扣除。

④ 石材楼地面和块料楼地面按设计图示尺寸以面积计算。门洞、空圈、暖气包槽、壁龛的开口部分并入相应的工程量内。

2) 墙、柱面装饰与隔断、幕墙工程

（1）概况

本章共 10 小节 35 个项目，包括墙面抹灰、柱（梁）面抹灰、零星抹灰、墙面块料面层、柱（梁）面镶贴块料、镶贴零星块料、墙饰面、柱（梁）饰面、幕墙、隔断等工程。通用于一般抹灰、装饰抹灰工程。

（2）有关项目说明

① 一般抹灰包括石灰砂浆、水泥砂浆、混合砂浆、聚合物水泥砂浆、膨胀珍珠岩水泥砂浆和麻刀灰、纸筋石灰、石膏灰等。

② 装饰抹灰包括水刷石、水磨石、斩假石（剁斧石）、干粘石、假面砖、拉条灰、拉毛灰、甩毛灰、扒拉石、喷毛灰等。

③ 柱面抹灰项目、石材柱面项目、块料柱面项目适用于矩形柱、异形柱（包括圆形柱、半圆形柱等）。

④ 零星抹灰和镶贴零星块料面层项目适用于不大于 0.5 m² 的少量分散的抹灰和镶贴块料面层。

⑤ 墙、柱（梁）面的抹灰项目，包括底层抹灰；墙、柱（梁）面的镶贴块料项目，包括粘结层。本章列有立面砂浆找平层、柱、梁面砂浆找平及零星项目砂浆找平项目，只适用于仅做找平层的立面抹灰。

（3）有关项目特征说明

① 墙体类型指砖墙、石墙、混凝土墙、砌块墙以及内墙、外墙等。

② 底层、面层的厚度应根据设计规定（一般采用标准设计图）确定。

③ 勾缝类型指清水砖墙、砖柱的加浆勾缝（平缝或凹缝），石墙、石柱的勾缝（如平缝、平凹缝、平凸缝、半圆凹缝、半圆凸缝和三角凸缝等）。

④ 块料饰面板是指石材饰面板（天然花岗石、大理石、人造花岗石、人造大理石、预制水磨石饰面板等），陶瓷面砖（内墙彩釉面瓷砖、外墙面砖、陶瓷锦砖、大型陶瓷锦面板等），玻璃面砖（玻璃锦砖、玻璃面砖等），金属饰面板（彩色涂色钢板、彩色不锈钢板、镜面不锈钢饰面板、铝合金板、复合铝板、铝塑板等），塑料饰面板（聚氯乙烯塑料饰面板、玻璃钢饰面板、塑料贴面饰面板、聚酯装饰板、复塑中密度纤维板等），木质饰面板（胶合板、硬质纤维板、细木工板、刨花板、水泥木屑板、灰板条等）。

⑤ 安装方式可描述为砂浆或粘接剂粘贴、挂贴、干挂等，不论哪种安装方式都要详细描述与计价相关的内容。挂贴是对大规格的石材（大理石、花岗石、青石等）使用先挂后灌浆的方式固定于墙、柱面。干挂分直接干挂法（通过不锈钢膨胀螺栓、不锈钢挂件、不锈钢连接件、不锈钢钢针等将外墙饰面板连接在外墙墙面）和间接干挂法（通过固定在墙、柱、梁上的龙骨，再通过各种挂件固定外墙饰面板）。

⑥ 嵌缝材料指嵌缝砂浆、嵌缝油膏、密封胶封水材料等。

⑦ 防护材料指石材等防碱背涂处理剂和面层防酸涂剂等。

⑧ 基层材料指面层内的底板材料，如木墙裙、木护墙、木板隔墙等，在龙骨上粘贴或铺钉一层加强面层的底板。

（4）有关工程量计算说明

① 墙面抹灰不扣除与构件交接处的面积,是指墙与梁的交接处所占面积,不包括墙与楼板的交接。

② 外墙裙抹灰面积,按其长度乘以高度计算,是指按外墙裙的长度。

③ 柱的一般抹灰和装饰抹灰及勾缝,以柱断面周长乘以高度计算,柱断面周长是指结构断面周长。

④ 装饰板柱(梁)面按设计图示饰面外围尺寸以面积计算。饰面外围尺寸是饰面的表面尺寸。

⑤ 带肋全玻璃幕墙是指玻璃幕墙带玻璃肋,玻璃肋的工程量应合并在玻璃幕墙工程量内计算。

（5）有关工程内容说明

① "抹面层"是指一般抹灰的普通抹灰(一层底层和一层面层或不分层一遍成活)、中级抹灰(一层底层、一层中层和一层面层或一层底层、一层面层)、高级抹灰(一层底层、数层中层和一层面层)的面层。

② "抹装饰面"是指装饰抹灰(抹底灰、涂刷107胶溶液、刮或刷水泥浆液、抹中层、抹装饰面层)的面层。

3) 天棚工程

（1）概况

本章共4小节10个项目,包括天棚抹灰、天棚吊顶、采光天棚、天棚其他装饰。适用于天棚装饰工程。

（2）有关项目的说明

① 天棚的检查孔、天棚内的检修走道等应包括在报价内。

② 天棚吊顶的平面、跌级、锯齿形、阶梯形、吊挂式、藻井式以及矩形、弧形、拱形等应在清单项目特征中进行描述。

③ 天棚设置保温、隔热、吸声层时,按其他章节相关项目编码列项。

④ 天棚装饰刷油漆、涂料以及裱糊,按油漆、涂料、裱糊章节相应项目编码列项。

（3）有关项目特征的说明

① "天棚抹灰"中的基层类型是指混凝土现浇板、预制混凝土板、木板条等。

② 龙骨中距指相邻龙骨中线之间的距离。

③ 基层材料指底板或面层背后的加强材料。

④ 天棚面层适用于:石膏板(包括装饰石膏板、纸面石膏板、吸声穿孔石膏板、嵌装式装饰石膏等)、埃特板、装饰吸声罩面板[包括矿棉装饰吸声板、贴塑矿(岩)棉吸声板、膨胀珍珠岩装饰吸声制品、玻璃棉装饰吸声板等]、塑料装饰罩面板(钙塑泡沫装饰吸声板、聚苯乙烯泡沫塑料装饰吸声板、聚氯乙烯塑料天花板等)、纤维水泥加压板(包括轻质硅酸钙吊顶板等)、金属装饰板(包括铝合金罩面板、金属微孔吸声板、铝合金单体构件等)、木质饰板(胶合板、薄板、板条、水泥木丝板、刨花板等)、玻璃饰面(包括镜面玻璃、镭射玻璃等)。

⑤ 格栅吊顶面层适用于木格栅、金属格栅、塑料格栅等。

⑥ 吊筒吊顶适用于木(竹)质吊筒、金属吊筒、塑料吊筒以及圆形、矩形、扁钟形吊筒等。

⑦ 送风口、回风口适用于金属、塑料、木质风口。

(4) 有关工程量计算的说明

① 天棚抹灰与天棚吊顶工程量计算规则有所不同：天棚抹灰不扣除柱、垛所占面积；天棚吊顶不扣除柱垛所占面积，但应扣除单个大于 $0.3~\text{m}^2$ 独立柱所占面积。柱垛是指与墙体相连的柱突出墙体部分。

② 天棚吊顶应扣除与天棚吊顶相连的窗帘盒所占的面积。

③ 格栅吊顶、吊筒吊顶、藤条造型悬挂吊顶、织物软吊顶、装饰网架吊顶均按设计图示尺寸以水平投影面积计算。

4) 门窗工程

(1) 概况

本章共 10 小节 55 个项目，包括木门，金属门，金属卷帘(闸)门，厂房库大门、特种门，其他门，木窗，金属窗，门窗套，窗台板，窗帘、窗帘盒、轨。适用于门窗工程。

(2) 有关项目的说明

① 木质门应区分镶板木门、企口木板门、实木装饰门、胶合板门、夹板装饰门、木纱门、全玻门(带木质扇框)、木质半玻门(带木质扇框)等项目，分别编码列项。

② 金属门应区分金属平开门、金属推拉门、金属地弹门、全玻门(带金属扇框)、金属半玻门(带扇框)等项目，分别编码列项。

③ 特种门应区分冷藏门、冷冻间门、保温门、变电室门、隔音门、防射线门、人防门、金库门等项目，分别编码列项。

④ 木质窗应区分木百叶窗、木组合窗、木天窗、木固定窗、木装饰空花窗等项目，分别编码列项。

⑤ 金属窗应区分金属组合窗、防盗窗等项目，分别编码列项。

⑥ 木门五金应包括折页、插销、门碰珠、弓背拉手、搭机、木螺丝、弹簧折页(自动门)、管子拉手(自由门、地弹门)、地弹簧(地弹门)、角铁、门轧头(地弹门、自由门)等。

⑦ 铝合金门五金包括地弹簧、门锁、拉手、门插、门铰、螺丝等。

⑧ 金属门五金包括 L 型执手插锁(双舌)、执手锁(单舌)、门轧头、地锁、防盗门机、门眼(猫眼)、门碰珠、电子锁(磁卡锁)、闭门器、装饰拉手等。

⑨ 木窗五金包括折页、插销、风钩、木螺丝、滑轮滑轨(推拉窗)等。

⑩ 金属窗五金包括折页、螺丝、执手、卡锁、铰拉、风撑、滑轮、滑轨、拉把、拉手、角码、牛角制等。

⑪ 因窗工作内容均包括了五金安装，金属窗里不再单列"特殊五金"项目。

⑫ 单独制作安装木门框按木门框项目编码列项。

⑬ 木门窗套适用于单独门窗套的制作、安装。

⑭ 门窗框与洞口之间缝隙的填塞，应包括在报价内。

(3) 有关项目特征的说明

① 以樘计量，项目特征必须描述洞口尺寸；以平方米计量，项目特征可不描述洞口尺寸。

② 门窗工程项目特征根据施工图"门窗表"表现形式和内容，均增补门代号及洞口尺寸，同时取消与此重复的内容，例如：类型、品种、规格等。

③ 木门窗、金属门窗取消油漆品种、刷漆遍数，单独执行油漆章节。

（4）有关工程量计算说明

① 门窗工程以樘、平方米（m²）计量。

② 门窗套以樘、平方米（m²）、米（m）计量；以樘计量，按设计图示数量计算；以平方米（m²）计量，按设计图示尺寸以展开面积计算；以米（m）计量，按设计图示中心以延长米计算。

③ 窗台板以平方米（m²）计量，按设计图示尺寸以展开面积计算。

④ 窗帘以米（m）、平方米（m²）计量，以米（m）计量，按设计图示尺寸以成活后长度计算；以平方米（m²）计量，按图示尺寸以成活后展开面积计算。

（5）有关工程内容的说明

① 门窗工程（除个别门窗外）均以成品木门窗考虑，在工作内容栏中取消"制作"的工作内容。

② 防护材料分防火、防腐、防虫、防潮、耐磨、耐老化等材料，应根据清单项目要求计价。

5）油漆、涂料、裱糊工程

（1）概况

本章共 8 小节 36 个项目，包括门油漆，窗油漆，木扶手及其他板条、线条油漆，木材面油漆，金属面油漆，抹灰面油漆，喷刷涂料，裱糊等。适用于门窗油漆、金属、抹灰面油漆工程。

（2）有关项目的说明

① 有关项目中已包括油漆、涂料的不再单独按本章列项。

② 连窗门可按门油漆项目编码列项。

③ 木扶手区分带托板与不带托板分别编码（第五级编码）列项。

④ 列有木扶手和木栏杆的油漆项目，若是木栏杆带扶手，木扶手不应单独列项，应包含在木栏杆油漆中。

⑤ 抹灰面油漆和刷涂料中包括刮腻子，但又单独列有满刮腻子项目，此项目只适用于仅做满刮腻子的项目，不得将抹灰面油漆和刷涂料中刮腻子单独分出执行满刮腻子项目。

（3）有关工程特征的说明

① 木门油漆应区分木大门、单层木门、双层（一玻一纱）木门、双层（单裁口）木门、全玻自由门、半玻自由门、装饰门及有框门或无框门等项目，分别编码列项。

② 金属门油漆应区分平开门、推拉门、钢制防火门等项目，分别编码列项。

③ 木窗油漆应区分单层木窗、双层（一玻一纱）木窗、双层框扇（单裁口）木窗、双层框三层（二玻一纱）木窗、单层组合窗、双层组合窗、木百叶窗、木推拉窗等项目，分别编码列项。

④ 金属窗油漆应区分平开窗、推拉窗、固定窗、组合窗、金属隔栅窗等项目，分别编码列项。

⑤ 腻子种类分石膏油腻子（熟桐油、石膏粉、适量色粉）、胶腻子（大白、色粉、羧甲基纤维素）、漆片腻子（漆片、酒精、石膏粉、适量色粉）、油腻子（矾石粉、桐油、脂肪酸、松香）等。

（4）有关工程量计算的说明

① 楼梯木扶手工程量按中心线斜长计算，弯头长度应计算在扶手长度内。

② 搏风板工程量按中心线斜长计算，有大刀头的每个大刀头增加长度 50 cm。搏风板是悬山或歇山屋顶山墙处沿屋顶斜坡钉在桁头之板，大刀头是搏风板头的一种，形似大刀

（图4.1）。

③ 木护墙、木墙裙油漆按垂直投影面积计算。

④ 窗台板、筒子板、盖板、门窗套、踢脚线油漆按水平或垂直投影面积（门窗套的贴脸板和筒子板垂直投影面积合并）计算。

⑤ 清水板条天棚、檐口油漆、木方格吊顶天棚油漆以水平投影面积计算，不扣除空洞面积。

⑥ 暖气罩油漆，垂直面按垂直投影面积计算，突出墙面的水平面按水平投影面积计算，不扣除空洞面积。

图4.1 悬山建筑搏风板

⑦ 工程量以面积计算的油漆、涂料项目，线角、线条、压条等不展开。

（5）有关工程内容的说明

① 抹灰面的油漆、涂料，应注意基层的类型，如一般抹灰墙柱面与拉条灰、拉毛灰、甩毛灰等油漆、涂料的耗工量与材料消耗量的不同。

② 墙纸和织锦缎的裱糊，应注意设计要求对花还是不对花。

6）其他装饰工程

（1）概况

本章共8小节62个项目，包括柜类、货架、压条、装饰线、扶手、栏杆、栏板装饰、暖气罩、浴厕配件、雨篷、旗杆、招牌、灯箱、美术字等项目。适用于装饰物件的制作、安装工程。

（2）有关项目的说明

① 厨房壁柜和厨房吊柜以嵌入墙内为壁柜，以支架固定在墙上的为吊柜。

② 压条、装饰线项目已包括在门扇、墙柱面、天棚等项目内的，不再单独列项。

③ 洗漱台项目适用于石质（天然石材、人造石材等）、玻璃等。

④ 旗杆的砌砖或混凝土台座，台座的饰面可按相关附录章节另行编码列项，也可纳入旗杆价内。

⑤ 美术字不分字体，按大小规格分类。

⑥ 柜类、货架、浴厕配件、雨篷、招牌、灯箱、美术字等单件项目，包括了刷油漆，主要考虑整体性。不得单独将油漆分离，单列油漆清单项目；其他项目没有包括刷油漆，可单独按附录P相应项目编码列项。

⑦ 凡栏杆、栏板含扶手的项目，不得单独将扶手进行编码列项。

（3）有关项目特征的说明

① 台柜的规格以能分离的成品单体长、宽、高来表示，如一个组合书柜分上下两部分，下部为独立的矮柜，上部为敞开式的书柜，可以上、下两部分标注尺寸。

② 镜面玻璃和灯箱等的基层材料是指玻璃背后的衬垫材料，如胶合板、油毡等。

③ 装饰线和美术字的基层类型是指装饰线、美术字依托体的材料，如砖墙、木墙、石墙、混凝土墙、墙面抹灰、钢支架等。

④ 旗杆高度指旗杆台座上表面至杆顶的尺寸（包括球珠）。

⑤ 美术字的字体规格以字的外接矩形长、宽和字的厚度表示。固定方式指粘贴、焊接以及铁钉、螺栓、铆钉固定等方式。

（4）有关工程量计算的说明

① 柜类、货架以个或米（m）或立方米（m³）计算。

② 洗漱台放置洗面盆的地方必须挖洞，根据洗漱台摆放的位置有些还需选形，产生挖弯、削角，为此洗漱台的工程量按外接矩形计算。挡板指镜面玻璃下边沿至洗漱台面和侧墙与台面接触部位的竖挡板（一般挡板与台面使用同种材料品种，不同材料品种应另行计算）。

吊沿指台面外边沿下方的竖挡板。挡板和吊沿均以面积并入台面面积内计算。

4.2.3 装饰工程措施项目清单的编制

《计价规范》强制性条文第 4.3.1 条规定，措施项目清单必须根据相关工程现行国家工程量计算规范的规定编制。

《计价规范》第 4.3.2 条规定，措施项目清单应根据拟建工程的实际情况列项。

措施项目是指为完成工程项目施工，发生于该工程施工准备和施工过程中技术、生活、安全、环保等方面的项目。措施项目清单的编制需考虑多种因素，除工程本身的因素外，还涉及水文、气象、环境、安全等因素。由于影响措施项目设置的因素太多，工程量计算规范不可能将施工中可能出现的措施项目一一列出。在编制措施项目清单时，因工程情况不同，出现工程量计算规范附录中未列的措施项目，可根据工程具体情况对措施项目清单进行补充。

《计算规范》措施项目一共有 7 小节 52 个项目。内容包括：脚手架工程、混凝土模板及支架（撑）、垂直运输、超高施工增加、大型机械设备进出场及安拆、施工排水降水、安全文明施工及其他措施项目。同时，工程量计算规范将措施项目划分为两类：一类是可以计算工程量的项目，如脚手架、降水工程等，就以"量"计价，更有利于措施费的确定和调整，称为"单价措施项目"。单价措施项目清单及计价表是与分部分项工程项目清单及计价表合二为一的，《计价规范》附录 F.1 列出了"分部分项工程和单价措施项目清单与计价定额"；另一类是不能计算工程量的项目，如安全文明措施、临时设施等，就以"项"计价，称为"总价措施项目"。

对此，《计价规范》附录 F.4 列出了"总价措施项目清单与计价定额"。

1）脚手架工程

（1）概况

脚手架工程分为综合脚手架和单项脚手架两类。其中单项脚手架包括外脚手架、里脚手架、悬空脚手架、挑脚手架、满堂脚手架、整体提升架、外装饰吊篮等七个项目。

（2）脚手架主要工程量计算规则及使用注意要点

① 综合脚手架系指整个房屋建筑结构及装饰施工常用的各种脚手架的总体。规范规定其适用于能够按"建筑面积计算规则"计算建筑面积的建筑工程脚手架，不适用于房屋加层、构筑物及附属工程脚手架。工程量是按建筑面积计算。应注意：使用综合脚手架时，不得再列出外脚手架、里脚手架等单项脚手架。特征描述要明确建筑结构形式和檐口高度。

② 外脚手架系指沿建筑物外墙外围搭设的脚手架。常用于外墙砌筑、外装饰等项目的施工。工程量是按服务对象的垂直投影面积计算。

③ 里脚手架系指沿室内墙边等搭设的脚手架。常用于内墙砌筑、室内装饰等项目的施工。工程量计算同外脚手架。

④ 悬空脚手架多用于脚手板下需要留有空间的平顶抹灰、勾缝、刷浆等施工所搭设。

工程量是按搭设的水平投影面积计算,不扣除垛、柱所占面积。

⑤ 挑脚手架主要用于采用里脚手架砌外墙的外墙面局部装饰(檐口、腰线、花饰等)施工所搭设。工程量按搭设长度乘以搭设层数以延长米计算。

⑥ 满堂脚手架系指在工作面范围内满设的脚手架,多用于室内净空较高的天棚抹灰、吊顶等施工所搭设。工程量是按搭设的水平投影面积计算。

⑦ 整体提升架多用于高层建筑外墙施工。工程量按所服务对象的垂直投影面积计算。应注意:整体提升架已包括 2 m 高的防护架体设施。

⑧ "外装饰吊篮"用于外装饰,工程量按所服务对象的垂直投影面积计算。

⑨ 共性问题的说明

a. 同一建筑物有不同檐高时,按建筑物竖向切面分别按不同檐高编列清单项目。

b. 脚手架材质可以不描述,但应注明由投标人根据实际情况按照《建筑施工扣件式钢管脚手架安全技术规程》(JGJ 130—2011)、《建筑施工附着升降脚手架管理暂行规定》(建建〔2000〕230 号)等规范自行确定。

2) 垂直运输

垂直运输指施工工程在合理工期内所需的垂直运输机械。工程量计算规则设置了两种,一种是按建筑面积计算;另一种是按施工工期日历天数计算。江苏省贯彻文件明确施工工期以日历天为定额工期。应注意:项目特征要求描述的建筑物檐口高度是指设计室外地坪至檐口滴水的高度(平屋面系指屋面板板底高度),突出主体建筑物屋顶的电梯机房、楼梯出口间、水箱间、瞭望塔、排烟机房等不计入檐口高度。另外,同一建筑物有不同檐高时,按建筑物的不同檐高做纵向分割,分别计算建筑面积,以不同檐高分别编码列项。

3) 超高施工增加

单层建筑物檐口高度超过 20 m,多层建筑物超过 6 层时,可按超高部分的建筑面积计算超高施工增加。应注意,计算层数时地下室不计入层数。另外,同一建筑物有不同檐高时可按不同高度的建筑面积分别计算建筑面积,以不同檐高分别编码列项。

应注意:江苏省贯彻文件为了增加规则的操作适用性,补充规定超高施工增加适用于建筑物檐高超过 20 m 或层数超过 6 层时,工程量按超过 20 m 部分与超过 6 层部分建筑面积中的较大值计算。

4) 大型机械设备进出场及安拆

大型机械设备进出场及安拆是指各类大型施工机械设备在进入工地和退出工地时所发生的运输费和安装拆卸费用等。工程量是按使用机械设备的数量计算。应注意项目特征应注明机械设备名称和规格型号。

5) 安全文明施工及其他措施项目

安全文明施工及其他措施项目为总价措施项目,由于影响措施项目设置的因素太多,"总价措施项目清单与计价定额"中不能一一列出,《费用定额》中对措施项目进行了补充和完善,供招标人列项和投标人报价参考用。《费用定额》中对于房屋建筑与装饰工程的总价措施项目及内容如下:

(1) 通用的总价措施项目

① 安全文明施工:为满足施工安全、文明施工以及环境保护、职工健康生活所需要的各项费用。本项为不可竞争费用。

a. 环境保护包含范围：现场施工机械设备降低噪音、防扰民措施费用；水泥和其他易飞扬细颗粒建筑材料密闭存放或采取覆盖措施等费用；工程防扬尘洒水费用；土石方、建渣外运车辆冲洗、防洒漏等费用；现场污染源的控制、生活垃圾清理外运、场地排水排污措施的费用；其他环境保护措施费用。

b. 文明施工包含范围："五牌一图"的费用；现场围挡的墙面美化（包括内外粉刷、刷白、标语等）、压顶装饰费用；现场厕所便槽刷白、贴面砖，水泥砂浆地面或地砖费用，建筑物内临时便溺设施费用；其他施工现场临时设施的装饰装修、美化措施费用；现场生活卫生设施费用；符合卫生要求的饮水设备、淋浴、消毒等设施费用；生活用洁净燃料费用；防煤气中毒、蚊虫叮咬等措施费用；施工现场操作场地的硬化费用；现场绿化费用、治安综合治理费用；现场配备医药保健器材、物品费用和急救人员培训费用；用于现场工人的防暑降温费、电风扇、空调等设备及用电费用；其他文明施工措施费用。

c. 安全施工包含范围：安全资料、特殊作业专项方案的编制，安全施工标志的购置及安全宣传的费用；"三宝"（安全帽、安全带、安全网）、"四口"（楼梯口、电梯井口、通道口、预留洞口），"五临边"（阳台围边、楼板围边、屋面围边、槽坑围边、卸料平台两侧），水平防护架、垂直防护架、外架封闭等防护的费用；施工安全用电的费用，包括配电箱三级配电、两级保护装置要求、外电防护措施；起重机、塔吊等起重设备（含井架、门架）及外用电梯的安全防护措施（含警示标志）费用及卸料平台的临边防护、层间安全门、防护棚等设施费用；建筑工地起重机械的检验检测费用；施工机具防护棚及其围栏的安全保护设施费用；施工安全防护通道的费用；工人的安全防护用品、用具购置费用；消防设施与消防器材的配置费用；电气保护、安全照明设施费；其他安全防护措施费用。

② 夜间施工：规范、规程要求正常作业而发生的夜班补助、夜间施工降效、夜间照明设施的安拆、摊销、照明用电以及夜间施工现场交通标志、安全标牌、警示灯安拆等费用。

③ 二次搬运：由于施工场地限制而发生的材料、成品、半成品等一次运输不能到达堆放地点，必须进行的二次或多次搬运费用。

④ 冬雨季施工：在冬雨季施工期间所增加的费用。包括冬季作业、临时取暖、建筑物门窗洞口封闭及防雨措施、排水、工效降低、防冻等费用。不包括设计要求混凝土内添加防冻剂的费用。

⑤ 地上、地下设施、建筑物的临时保护设施：在工程施工过程中，对已建成的地上、地下设施和建筑物进行的遮盖、封闭、隔离等必要保护措施。在园林绿化工程中，还包括对已有植物的保护。

⑥ 已完工程及设备保护费：对已完工程及设备采取的覆盖、包裹、封闭、隔离等必要保护措施所发生的费用。

⑦ 临时设施费：施工企业为进行工程施工所必需的生活和生产用的临时建筑物、构筑物和其他临时设施的搭设、使用、拆除等费用。

a. 临时设施包括：临时宿舍、文化福利及公用事业房屋与构筑物、仓库、办公室、加工场等。

b. 建筑与装饰工程在规定范围内（建筑物沿边起 50 m 以内，多幢建筑两幢间隔 50 m内）的围墙、临时道路、水电、管线和轨道垫层等。

建设单位同意在施工就近地点临时修建混凝土构件预制场所发生的费用，应向建设单位结算。

⑧ 赶工措施费:施工合同约定工期比定额工期提前,施工企业为缩短工期所发生的费用。如施工过程中,发包人要求实际工期比合同工期提前时,由发承包双方另行约定。

⑨ 工程按质论价:施工合同约定质量标准超过国家规定,施工企业完成工程质量达到经有权部门鉴定或评定为优质工程所必须增加的施工成本费。

⑩ 特殊条件下施工增加费:地下不明障碍物、铁路、航空、航运等交通干扰而发生的施工降效费用。

(2)装饰工程专业措施项目

总价措施项目中,除通用措施项目外,建筑与装饰工程专业措施项目如下:

① 非夜间施工照明:为保证工程施工正常进行,在如地下室、地宫等特殊施工部位施工时所采用的照明设备的安拆、维护、摊销及照明用电等费用。

② 住宅工程分户验收:按《住宅工程质量分户验收规程》(DGJ 32/TJ 103—2010)的要求对住宅工程工程进行专门验收(包括蓄水、门窗淋水等)发生的费用。室内空气污染测试不包含在住宅工程分户验收费中,由建设单位委托检测机构完成并承担费用。

4.3 装饰工程工程量清单计价

4.3.1 一般规定和要求

《计价规范》第1.0.3条规定:建设工程发承包及实施阶段的工程造价应由分部分项工程费、措施项目费、其他项目费、规费和税金组成。

《计价规范》第3.1.4条规定:工程量清单应采用综合单价计价。

《计价规范》第5.2.2条规定:综合单价中应包括招标文件中划分的应由投标人承担的风险范围及其费用。招标文件中没有明确的,如是工程造价咨询人编制,应提请招标人明确;如是招标人编制,应予明确。

《计价规范》第5.2.3条规定:分部分项工程和措施项目中的单价项目,应根据拟定的招标文件和招标工程量清单项目中的特征描述及有关要求确定综合单价计算。

《计价规范》第5.2.4、6.2.4条规定:措施项目中的总价项目金额应根据招标文件及施工组织设计或施工方案按规范第3.1.4条和第3.1.5条的规定确定。

《计价规范》第5.2.5条规定:其他项目应按下列规定计价:

(1)暂列金额应按招标工程量清单中列出的金额填写。

(2)暂估价中的材料、工程设备单价应按招标工程量清单中列出的单价计入综合单价。

(3)暂估价中的专业工程金额应按招标工程量清单中列出的金额填写。

(4)计日工应按招标工程量清单中列出的项目根据工程特点和有关计价依据确定综合单价计算。

(5)总承包服务费应根据招标工程量清单列出的内容和要求确定。

《计价定额》(2014版)与《计价规范》(2014版)、《计算规范》(GB 50854—2013)配套使用,一般来讲,工程量清单的综合单价是由单个或多个工程内容按照《计价定额》规定计算出来的价格的汇总。

4.3.2　装饰工程分部分项工程量清单计价

1) 楼地面装饰工程清单计价要点

(1) 整体面层:《计算规范》的计算规则是"不扣除间壁墙及不大于 0.3 m² 柱、垛、附墙烟囱及孔洞所占面积"。《计价定额》则为"不扣除柱、垛、间壁墙、附墙烟囱及面积在 0.3 m² 以内的孔洞所占面积"。注意二者的区别。

(2) 踢脚线:《计算规范》的计算规则是"以平方米计量,按设计图示长度乘高度以面积计算"或"以米计量,按延长米计算",而《计价定额》中是"水泥砂浆、水磨石踢脚线按延长米计算,其洞口、门口长度不予扣除,但洞口、门口、垛、附墙烟囱等侧壁也不增加;块料面层踢脚线按图示尺寸以实贴延长米计算,门洞扣除,侧壁另加"。《计价定额》中不论是整体还是块料面层楼梯均包括踢脚线在内,而《计算规范》未明确,在实际操作中为便于计算,可参照《计价定额》把楼梯踢脚线合并在楼梯内计价,但在楼梯清单的项目特征一栏应把踢脚线描述在内,在计价时不要漏掉。

(3) 楼梯:《计算规范》中无论是块料面层还是整体面层,均按水平投影面积计算,包括 500 mm 以内的楼梯井宽度;《计价定额》中整体面层与块料面层楼梯的计算规则是不一样的,整体面层按楼梯水平投影面积计算,而块料面层按实铺面积计算。虽然《计价定额》中整体面层也是按楼梯水平投影面积计算,与《计算规范》仍有区别:① 楼梯井范围不同,规范是 500 mm 为控制指标,定额以 200 mm 为界限;② 楼梯与楼地面相连时规范规定只算至楼梯梁内侧边缘,定额规定应算至楼梯梁外侧面。

(4) 台阶:《计算规范》中无论是块料面层还是整体面层,均按水平投影面积计算;《计价定额》中整体面层按水平投影面积计算,块料面层按展开(包括两侧)实铺面积计算。同时注意:台阶面层与平台面层使用同一种材料时,平台计算面层后,台阶不再计算最上一层踏步面积,但应将最后一步台阶的踢脚板面层考虑在报价内。

2) 墙、柱面装饰与隔断、幕墙工程清单计价要点

(1) 外墙面抹灰在《计算规范》与《计价定额》中的计算规则有明显区别:《计算规范》中明确了门窗洞口和孔洞的侧壁及顶面不增加面积(外墙长×外墙高一门窗洞口一外墙裙和单个大于 0.3 m² 孔洞十附墙柱、梁、垛、烟囱侧面积),而《计价定额》规定:门窗洞口、空圈的侧壁、顶面及垛应按结构展开面积并入墙面抹灰中计算。因此在计算清单工程量及定额工程量时应注意区分。

(2) 于阳台、雨篷的抹灰:在《计算规范》中无一般阳台、雨篷抹灰列项,可参照《计价定额》中有关阳台、雨篷粉刷的计算规则,以水平投影面积计算,并以补充清单编码的形式列入 M.1 墙面抹灰中,并在项目特征一栏详细描述该粉刷部位的砂浆厚度(包括打底、面层)及相应的砂浆配合比。

(3) 装饰板墙面:《计算规范》中集该项目的龙骨、基层、面层于一体,采用一个计算规则,而《计价定额》中不同的施工工序甚至同一施工工序但做法不同其计算规则都不一样。在进行清单计价时,要根据清单的项目特征,罗列完整全面的定额子目,并根据不同子目各自的计算规则调整相应工程量,最后才能得出该清单项目的综合价格。

(4) 柱(梁)面装饰:《计算规范》中不分矩形柱、圆柱均为一个项目,其柱帽、柱墩并入柱饰面面工程量内;《计价定额》分矩形柱、圆柱分别设子目,柱帽、柱墩也单独设子目,工程量也单独计算。

3）天棚工程清单计价要点

（1）楼梯天棚的抹灰：《计算规范》规则规定："板式楼梯底面抹灰按斜面积计算，锯齿形楼梯底板抹灰按展开面积计算。"即按实际粉刷面积计算。《计价定额》规则则规定："底板为斜板的混凝土楼梯、螺旋楼梯，按水平投影面积（包括休息平台）乘以系数 1.18，底板为锯齿形时（包括预制踏步板），按其水平投影面积乘以系数 1.5 计算。"

（2）天棚吊顶：同样，《计算规范》中也是集该项目的吊筋、龙骨、基层、面层于一体，采用一个计算规则，《计价定额》中分别设置不同子目且计算规则都不一样。

4）门窗工程清单计价要点

（1）门窗（除个别门窗外）工程均按成品编制项目，若成品中已包含油漆，不再单独计算油漆，不含油漆应按附录 P 油漆、涂料、裱糊工程相应项目编码列项。

（2）"钢木大门"的钢骨架制作安装包括在报价内。

（3）门窗套、筒子板、窗台板等，《计算规范》是在门窗工程中设立项目编码，《计价定额》把它们归为零星项目在第十八章中设置。

5）油漆、涂料、裱糊工程清单计价要点

（1）在《计算规范》中门窗油漆是以樘或平方米（m²）为计量单位，金属面油漆以吨（t）或平方米（m²）为计量单位，其余项目油漆基本按该项目的图示尺寸以长度或面积计算工程量；而在《计价定额》中很多项目工程量需根据相应项目的油漆系数表乘以折算系数后才能套用定额子目。

（2）有线角、线条、压条的油漆、涂料面的工料消耗应包括在报价内。

（3）关于空花格、栏杆刷涂料，《计算规范》的计算规则是"按设计图示尺寸以单面外围面积计算"，应注意其展开面积工料消耗应包括在报价内。

6）其他装饰工程清单计价要点

（1）台柜项目，应按设计图纸或说明，包括台柜、台面材料（石材、皮草、金属、实木等）、内隔板材料、连接件、配件等，均应包括在报价内。

（2）扶手、栏杆：楼梯扶手、栏杆在《计算规范》中的计算规则是："按设计图示以扶手中心线长度（包括弯头长度）计算。"即按实际展开长度计算，《计价定额》则规定："楼梯踏步部分的栏杆与扶手应按水平投影长度乘以系数 1.18 计算"，注意区分。

（3）洗漱台现场制作，切割、磨边等人工、机械的费用应包括在报价内。

（4）招牌、灯箱：在《计算规范》中，招牌是"按设计图示尺寸以正立面边框外围面积计算"，而灯箱是"以设计图示数量计算"，《计价定额》基层、面层分别计算：钢骨架基层制作、安装套用相应子目，按吨（t）计量；面层油漆按展开面积计算。

4.3.3 装饰工程措施项目清单计价

《计价规范》第 5.2.3 条规定：措施项目中的单价项目，应根据拟定的招标文件和招标工程量清单项目中的特征描述及有关要求确定综合单价计算。

《计价规范》第 5.2.4 条规定：措施项目中的总价项目应根据拟定的招标文件和施工方案按本规范第 3.1.4 条、第 3.1.5 条的规定计价。

《计价定额》（2014 版）费用计算规则中对措施项目费计算标准和方法做出了规定，但同时特别说明按照《计价定额》编制招标控制价或投标报价,其措施项目费原则上由编标单位或投标单位根据工程实际情况分别计算。除了不可竞争费必须按规定计算外,其余费用均作为参考标准。

根据《费用定额》及《计算规范》,措施项目费可以分为单价措施项目与总价措施项目。

(1) 单价措施项目是指在《计算规范》中有对应工程量计算规则,按人工费、材料费、施工机具使用费、管理费和利润形式组成综合单价的措施项目。

单价措施项目以清单工程量乘以综合单价计算。综合单价按照《计价定额》中的规定,依据设计图纸和经建设方认可的施工方案进行组价。

建筑与装饰工程单价措施项目包括:

① 脚手架工程费:脚手架的搭设,加固、拆除、运输以及周转材料摊销等费用。按《计价定额》中第二十章计算。

② 垂直运输费:指在合理工期内完成单位工程全部项目所需的垂直运输机械台班费用,按《计价定额》中第二十三章计算。

③ 超高施工增加:因檐口高度超过 20 m 或建筑物层数超过 6 层,发生的人工降效、机械降诳、高压水泵摊销以及上、下联络通信费用等。

④ 大型机械设备进出场及安拆:机械整体或分体自停放场地运至施工现场,或由一个施工地点运至另一个施工地点所发生的机械进出场运输转移、机械安装、拆卸等费用。按机械台班定额计算。

(2) 总价措施项目是指在《计算规范》中无工程量计算规则,以总价(或计算基础乘费率)计算的措施项目。其中各专业都可能发生的通用的总价措施项目如下:

① 安全文明施工:为满足施工安全、文明施工以及环境保护、职工健康生活所需要的各项费用。本项为不可竞争费用。

② 夜间施工:规范、规程要求正常作业而发生的夜班补助、夜间施工降效、夜间照明设施的安拆、摊销、照明用电以及夜间施工现场交通标志、安全标牌、警示灯安拆等费用。

③ 二次搬运:由于施工场地限制而发生的材料、成品、半成品等一次运输不能到达堆放地点,必须进行的二次或多次搬运费用。

④ 冬雨季施工:在冬雨季施工期间所增加的费用。包括冬季作业、临时取暖、建筑物门窗洞口封闭及防雨措施、排水、工效降低、防冻等费用。不包括设计要求混凝土内添加防冻剂的费用。

⑤ 地上、地下设施、建筑物的临时保护设施:在工程施工过程中,对已建成的地上、地下设施和建筑物进行的遮盖、封闭、隔离等必要保护措施。在园林绿化工程中,还包括对已有植物的保护。

⑥ 已完工程及设备保护费:对已完工程及设备采取的覆盖、包裹、封闭、隔离等必要保护措施所发生的费用。

⑦ 临时设施费:施工企业为进行工程施工所必需的生活和生产用的临时建筑物、构筑物和其他临时设施的搭设、使用、拆除等费用。

临时设施包括:临时宿舍、文化福利及公用事业房屋与构筑物、仓库、办公室、加工场等。

建筑、装饰、安装、修缮、古建园林工程规定范围内(建筑物沿边起 50 m 以内,多幢建筑两幢间隔 50 m 内)围墙、临时道路、水电、管线和轨道垫层等。

建设单位同意在施工就近地点临时修建混凝土构件预制场所发生的费用,应向建设单位结算。

⑧ 赶工措施费:施工合同约定工期比定额工期提前,施工企业为缩短工期所发生的费用。如施工过程中,发包人要求实际工期比合同工期提前时,由发承包双方另行约定。

⑨ 工程按质论价:施工合同约定质量标准超过国家规定,施工企业完成工程质量达到经有权部门鉴定或评定为优质工程所必须增加的施工成本费。

⑩ 特殊条件下施工增加费:地下不明障碍物、铁路、航空、航运等交通干扰而发生的施工降效费用。

总价措施项目中,除通用措施项目外,建筑与装饰工程专业措施项目如下:

非夜间施工照明:为保证工程施工正常进行,在如地下室、地宫等特殊施工部位施工时所采用的照明设备的安拆、维护、摊销及照明用电等费用。

住宅工程分户验收:按《住宅工程质量分户验收规程》(DGJ 32/TJ 103—2010)的要求对住宅工程进行专门验收(包括蓄水、门窗淋水等)发生的费用。

总价措施项目中部分以费率计算的措施项目费率标准详见 2014 版《费用定额》,其计费基础为:分部分项工程费+单价措施项目费;其他总价措施项目,按项计取,综合单价按实际或可能发生的费用进行计算。

4.3.4　其他项目清单计价

《计价规范》第 4.4.1 条规定:其他项目清单应按照下列内容列项:(1)暂列金额;(2)暂估价,包括材料暂估单价、工程设备暂估单价、专业工程暂估价;(3)计日工;(4)总承包服务费。

1) 暂列金额

招标人在工程量清单中暂定并包括在合同价款中的一笔款项。用于施工合同签订时尚未确定或者不可预见的所需材料、设备、服务的采购,施工中可能发生的工程变更、合同约定调整因素出现时的工程价款调整以及发生的索赔、现场签证确认等的费用。

暂列金额由招标人根据工程特点、工期长短,按有关计价规定进行估算确定,一般可以分部分项工程费的 10%—15%为参考。

2) 暂估价

招标人在工程量清单中提供的用于支付必然发生但暂时不能确定价格的材料、工程设备的单价以及专业工程的金额。

(1) 暂估材料单价由招标人提供,材料单价组成中应包括场外运输与采购保管费。投标人根据该单价计算相应分部分项工程和措施项目的综合单价,并在材料暂估价格表中列出暂估材料的数量、单价、合价和汇总价格,该汇总价格不计入其他项目工程费和集中。

(2) 专业工程的暂估价应是综合暂估价,包括除规费和税金以外的管理费、利润等。

3) 计日工

在施工过程中,承包人完成发包人提出的合同范围以外的零星项目或工作,按合同中约定的综合单价计价。

4) 总承包服务费

总承包人为配合协调发包人进行的专业工程发包,对发包人自行采购的材料、工程设备等进行保管以及施工现场管理、协调、配合、竣工资料汇总整理等服务所需的费用。总包服务范围由建设单位在招标文件中明示,并且发承包双方在施工合同中约定。

（1）招标人仅要求对分包的专业工程进行总承包管理和协调时,按分包的专业工程估算造价的 1% 计算。

（2）招标人要求对分包的专业工程进行总承包管理和协调并同时要求提供配合服务时,根据招标文件中列出的配合服务内容和提出的要求按分包的专业工程估算造价的 2% ~ 3% 计算。

4.3.5　规费、税金的计算

1）规费

规费应按照有关文件的规定计算,作为不可竞争费,不得让利,也不得任意调整计算标准。

（1）工程排污费:按工程所在地环境保护等部门规定的标准缴纳,按实计取列入。

（2）社会保险费及住房公积金按 2014 版《费用定额》规定执行。

2）税金

税金是指国家税法规定的应计入建筑安装工程造价内的营业税、城市维护建设税、教育费附加及地方教育附加。

（1）营业税:指以产品销售或劳务取得的营业额为对象的税种。

（2）城市建设维护税:为加强城市公共事业和公共设施的维护建设而开征的税,它以附加形式依附于营业税。

（3）教育费附加及地方教育附加:为发展地方教育事业,扩大教育经费来源而征收的税种。它以营业税的税额为计征基数。

税金按各市规定的税率计算,计算基础为不含税工程造价。

5　投标报价与施工合同管理

5.1　投标报价

投标报价是整个投标工作中最重要的一环。一项工程好坏的重要标志是工期、造价、质量,而工期与质量尽管从承包商的历史、技术状况可以看出一部分,但真正的工期与质量还要在施工开始以后才能直观地看出。可是报价却是在开工之前确定的,因此,工程投标报价对于承包商来说是至关重要的。

投标报价可由承包商根据工程量清单、现行的《江苏省建筑与装饰工程计价表》、取费标准及招标文件所规定的范围,结合本企业自己的管理水平、技术素质、技术措施和施工计划等条件确定。投标报价要根据具体情况,充分进行调查研究,内外结合,逐项确定各种计价依据,更要讲究投标策略及投标技巧,在全企业范围内开动脑筋,才能做出合理的标价。

随着竞争程度的激烈化和工程项目的复杂化,报价工作成为涉及企业经营战略、市场信息、技术活动的综合的商务活动,因此必须进行科学的组织。建筑工程投标的程序是:取得招标信息—准备资料报名参加—提交资格预审资料—通过预审得到招标文件—研究招标文件—准备与投标有关的所有资料—实地考察工程场地,并对招标人进行考察—确定投标策略—核算工程量清单—编制施工组织设计及施工方案—计算施工方案工程量—采用多种方法进行询价—计算工程综合单价—确定工程成本价—报价分析决策确定最终的报价—编制投标文件—投送投标文件—参加开标会议。

5.1.1　工程量清单下投标报价的前期工作

投标报价的前期工作主要是指确定投标报价的准备期,主要包括:取得招标信息、提交资格预审资料、研究招标文件、准备投标资料、确定投标策略等。这一时期工作的主要目的是为后面准确报价做必要的准备,往往有很多投标人对前期工作不重视,得到招标文件就开始编制投标文件,在编制过程中会缺这缺那、这不明白那不清楚,造成无法挽回的损失。

1) 得到招标信息并参加资格审查

招标信息的主要来源是招投标交易中心。交易中心会定期不定期地发布工程招标信息,但是,如果投标人仅仅依靠从交易中心获取的工程招标信息,就会在竞争中处于劣势。因为我国招投标法规定了两种招标方式,即公开招标和邀请招标,交易中心发布的主要是公开招标的信息,邀请招标的信息在发布时,招标人常常已经完成了考察及选择招标邀请对象的工作,投标人此时去报名参加,已经错过了被邀请的机会。所以,投标人日常建立广泛的信息网络是非常关键的。有时投标人从工程立项甚至从项目可行性研究阶段就开始跟踪,并根据自身的技术优势和施工经验为招标人提供合理化建议,获得招标人的信任。投标人取得招标信息的主要途径有以下八种:

(1) 通过招标广告或公告来发现投标目标,这是获得公开招标信息的方式。

（2）搞好公共关系，经常派业务人员深入各个单位和部门，广泛联系，收集信息。

（3）通过政府有关部门，如计委、建委、行业协会等单位获得信息。

（4）通过咨询公司、监理公司、科研设计单位等代理机构获得信息。

（5）取得老客户的信任，从而承接后续工程或接受邀请而获得信息。

（6）与总承包商建立广泛的联系。

（7）利用有形的建筑交易市场及各种报刊、网站的信息。

（8）通过社会知名人士的介绍得到信息。

投标人得到信息后，应及时表明自己的意愿，报名参加，并向招标人提交资格审查资料。

投标人资料主要包括：营业执照、资质证书、企业简历、技术力量、主要的机械设备、近两年内的主要施工工程情况及投标同类工程的施工情况、在建工程项目及财务状况。

对重要性投标人的资格审查必须重视。经常有一些缺乏经验的投标人，尽管实力雄厚，但由于对投标资格审查资料的不重视而在投标资格审查阶段就被淘汰。

2）有关投标信息的收集与分析

投标是投标人在建筑市场中的交易行为，具有较大的冒险性。据了解，国内一流的投标人中标概率也只有 10%—20%，而且中标后要想实现利润也面临着种种风险因素。这就要求投标人必须获得尽量多的招标信息，并尽量详细地掌握与项目实施有关的信息。随着市场竞争的日益激烈，如何对取得的信息进行分析，关系到投标人的生存和发展。信息竞争将成为投标人竞争的焦点。因此投标人对信息的分析应从以下几方面进行。

（1）招标人方面的调查分析

① 工程的资金来源、额度及到位情况。

② 工程的各项审批手续是否齐全，是否符合工程所在地关于工程建设管理的各项规定。

③ 招标人是首次组织工程建设，还是长期有建设任务，若是后者，要了解该招标人在工程招标、评标上的习惯做法，对承包商的基本态度，履行责任的可靠程度，尤其是能否及时支付工程款、能否合理对待承包商的索赔要求。

④ 招标人是否有与工程规模相适应的经济技术管理人员，有无工程管理的能力、合同管理经验和履约的状况如何；委托的监理是否符合资质等级要求，以及监理的经验、能力和信誉。

⑤ 了解招标人项目管理的组织和人员，其主要人员的工作方式和习惯、工程建设技术和管理方面的知识和经验、性格和爱好等个人特征。

⑥ 调查监理工程师的资历，对承包商的基本态度，对承包商的正当要求能否给予合理的补偿，当业主与承包商之间出现合同争端时，能否站在公正的立场提出合理的解决方案。

（2）投标项目的技术特点

① 工程规模、类型是否适合投标人；② 气候条件、自然资源等是否为投标人技术专长的项目；③ 是否存在明显的技术难度；④ 工期是否过于紧迫；⑤ 预计应采取何种重大技术措施；⑥ 其他技术特长。

（3）投标项目的经济特点

① 工程款支付方式，外资工程外汇比例；② 预付款的比例；③ 允许调价的因素、规费及

税金信息;④ 金融和保险的有关情况。

(4) 投标竞争形势分析

① 根据投标项目的性质,预测投标竞争形势;② 分析参与投标竞争对手的优劣势和其投标的动向;③ 分析竞争对手的投标积极性。

(5) 投标条件及迫切性

① 可利用的资源和其他有利条件;② 投标人当前的经营状况、财务状况和投标的积极性。

(6) 本企业对投标项目的优势分析

① 是否需要较少的开办费用;② 是否具有技术专长及价格优势;③ 类似工程承包经验及信誉;④ 资金、劳务、物资供应、管理等方面的优势;⑤ 项目的经济效益和社会效益;⑥ 与招标人的关系是否良好;⑦ 投标资源是否充足;⑧ 是否有理想的合作伙伴联合投标,是否有良好的分包人。

(7) 投标项目风险分析

① 民情风俗、社会秩序、地方法规、政治局势;② 社会经济发展形势及稳定性、物价趋势;③ 与工程实施有关的自然风险;④ 招标人的履约风险;⑤ 延误工期罚款的额度大小;⑥ 投标项目本身可能造成的风险。

根据上述各项目信息的分析结果,做出包括经济效益预测在内的可行性研究报告,供投标决策者据以进行科学、合理的投标决策。

3) 认真分析和研究招标文件

(1) 研究招标文件条款

为了在投标竞争中获胜,投标人应设立专门的投标机构,设置专业人员掌握市场行情及招标信息,积累有关资料,维护企业定额及人工、材料、机械价格系统。一旦通过了资格审查,取得招标文件后,立刻可以研究招标文件、决定投标策略、确定定额含量及人工、材料、机械价格,编制施工组织设计及施工方案,计算报价,采用投标报价策略及分析决策报价,采用不平衡报价及报价技巧防范风险,最后形成投标文件。

在研究招标文件时,必须对招标文件的每句话、每个字都认认真真地推敲,投标时要对招标文件的全部内容做出响应,如误解招标文件的内容,可能会造成不必要的损失。必须掌握招标范围,经常会出现图纸、技术规范和工程量清单三者之间在范围、做法和数量上互相矛盾的现象。招标人提供的工程量清单中的工程量是工程净量,不包括任何损耗及施工方案、施工工艺造成的工程增量,所以要认真研究工程量清单包括的工程内容及采取的施工方案,清单项目的工程内容有时是明确的,有时并不明确,要结合施工图纸、施工规范及施工方案才能确定。除此之外,对招标文件规定的工期、投标书的格式、签署方式、密封方法、投标的截止日期要熟悉,并形成备忘录,避免由于失误而造成不必要的损失。

(2) 研究评标办法

评标办法是招标文件的组成部分,投标人中标与否是按评标办法的要求进行评定的。我国一般采用两种评标办法:综合评议法和最低报价法,综合评议法又有定性综合评议法和定量综合评议法两种,最低报价法就是合理低价中标。

定量综合评议法采用综合评分的方法选择中标人,是根据投标报价、主要材料、工期、质量、施工方案、信誉、荣誉、已完或在建工程项目的质量、项目经理的素质等因素综合评议投标人,选择综合评分最高的投标人中标。定性综合评议法是在无法把报价、工期、质量等诸多因素定量化打分的情况下,评标人根据经验判断各投标方案的优劣。采用综合评议法时,投标人的投标策略就是如何做到报价最高,综合评分最高,这就得在提高报价的同时,必须提高工程质量,要有先进科学的施工方案、施工工艺水平作为保证,以缩短工期为代价。但是这种办法对投标人来说,必须要有丰富的投标经验,并能对全局很好地分析才能做到综合评分最高。如果一味地追求报价,而使综合得分降低就失去了意义,是不可取的。

最低报价法也叫合理低价中标法,是根据最低价格选择中标人,即在保证质量、工期的前提下,以最合理低价中标。这里主要是指"合理"低价,是指投标人报价不能低于自身的个别成本。对于投标人就要做到如何报价最低、利润相对最高,不注意这一点,有可能会造成中标工程越多亏损越多的现象。

(3)合同条件的分析

合同的主要条款是招标文件的组成部分,双方的最终法律制约作用就体现在合同上,履约价格的体现方式和结算的依据主要是依靠合同。因此投标人要对合同特别重视。合同主要分通用条款和专用条款。要研究合同首先得知道合同的构成及主要条款,从以下几方面进行分析。

① 承包商的任务、工作范围和责任。这是工程估价最基本的依据,通常由工程量清单、图纸、工程说明、技术规范所定义。在分项承包时,要注意本公司与其他承包商,尤其是工程范围相邻或工序相衔接的其他承包商之间的工程范围界限和责任界限;在施工总包或主包时,要注意在现场管理和协调方面的责任;另外,要注意为业主管理人员或监理人员提供现场工作和生活条件方面的责任。

② 付款方式、时间。应注意合同条款中关于工程预付款、材料预付款的规定,如数额、支付时间、起扣时间和方式;还要注意工程进度款的支付时间、每月保留金扣留的比例、保留金总额及退还时间和条件。根据这些规定和预计的施工进度计划,可绘出本工程现金流量图,计算出占有资金的数额和时间,从而可计算出需要支付的利息数额并计入报价。如果合同条款中关于付款的有关规定比较含糊或明显不合理,应要求业主在标前答疑会上澄清或解释,最好能修改。

③ 工程变更及相应的合同价格调整。工程变更几乎是不可避免的,承包商有义务按规定完成,但同时也有权利得到合理的补偿。工程变更包括工程数量增减和工程内容变化。一般来说,工程数量增减所引起的合同价格调整的关键在于如何调整幅度,这在合同条款中并无明确规定。应预先估计哪些分项工程的工程量可能发生变化,增加还是减少以及幅度大小,并内定相应的合同价格调整计算方式和幅度。至于合同内容变化引起的合同价格调整,究竟调还是不调、如何调,都很容易发生争议。应注意合同条款中有关工程变更程序、合同价格调整前提等规定。

④ 施工工期。合同条款中关于合同工期、工程竣工日期、部分工程分期交付工期等规定,是投标者制定施工进度计划的依据,也是报价的重要依据。但是,在招标文件中业主可能并未对施工工期做出明确规定,或仅提出一个最后期限,而将工期作为投标竞争的一个内容,相应的开竣工日期仅是原则性的规定。故应注意合同条款中有无工期奖惩的规定,工期长短与报价结果之间的关系,尽可能做到在工期符合要求的前提下报价有竞争力,或在报价

合理的前提下工期有竞争力。

⑤ 业主责任。通常,业主有责任及时向承包商提供符合开工条件要求的施工场地、设计图纸和说明,及时供应业主负责采购的材料和设备,办理有关手续,及时支付工程款等。投标者所制定的施工进度计划和做出的报价都是以业主正确和完全履行其责任为前提的。虽然在报价中不必考虑由于业主责任而引起的风险费用,但是,应当考虑到业主不能正确和完全履行其责任的可能性以及由此而造成的承包商的损失。因此,应注意合同条款中关于业主责任措辞的严密性以及关于索赔的有关规定。

总之,投标人要对各个因素进行综合分析,并根据权利义务进行对比分析,只有这样才能很好地预测风险,并采取相应的对策。

(4) 研究工程量清单

工程量清单是招标文件的重要组成部分,是招标人提供的投标人用以报价的工程量,也是最终结算及支付的依据。所以必须对工程量清单中的工程量在施工过程及最终结算时是否会变更等情况进行分析,并分析工程量清单包括的具体内容。只有这样,投标人才能准确把握每一清单项的内容范围,并做出正确的报价。不然会造成分析不到位,由于误解或错解而造成报价不全导致损失。尤其是当采用合理低价中标的招标形式时,报价显得更加重要。为了正确地进行工程报价,应对工程量清单进行认真分析,主要应注意以下几方面问题:

① 熟悉工程量计算规则。不同的工程量计算规则,对分部分项工程的划分以及各分部分项工程所包含的内容不完全相同。报价人员应熟悉工程所在地的工程量计算规则。如工程量清单中的工程量是按《计算规范》规则计算的,而报价是按《江苏省建筑与装饰工程计价表》(以下简称《计价表》)进行的,它们的计算规则是不完全相同的。

② 工程量清单复核。工程量清单中的各分部分项工程量并不十分准确,若设计深度不够,则可能有较大的误差,故还要复核工程量。同时对清单中项目特征的具体内容必须认真分析,包括的内容不同,分项工程所报单价也不相同。

③ 暂定金额及计日工。暂定金额一般是专款专用,不会损害承包商利益。但预先了解其内容、要求,有利于承包商统筹安排施工,可能降低其他分项工程的实际成本。计日工是指在工程实施过程中,业主有一些临时性的或新增的但未列入工程量清单的工作,需要使用人工、机械(有时还可能包括材料)。投标者应对计日工报出单价,但并不计入总价。报价人员应注意工作费用包括哪些内容、工作时间如何计算。一般来说,计日工单价可报得较高,但不宜太高。

4) 准备投标资料及确定投标策略

投标报价之前,必须准备与报价有关的所有资料,这些资料的质量高低直接影响到投标报价成败。投标前需要准备的资料主要有:招标文件;设计文件;施工规范;有关的法律、法规;企业内部定额及有参考价值的政府消耗量定额;企业人工、材料、机械价格系统资料;可以询价的网站及其他信息来源;与报价有关的财务报表及企业积累的数据资源;拟建工程所在地的地质资料及周围的环境情况;投标对手的情况及对手常用的投标策略;招标人的情况及资金情况等。所有这些都是确定投标策略的依据,只有全面地掌握第一手资料,才能快速准确地确定投标策略。

投标人在报价之前需要准备的资料可分为两类:一类是公用的,任何工程都必须用,投标人可以在平时日常积累,如规范、法律、法规、企业内部定额及价格系统等;另一类是特有资料,只能针对具体投标工程,这些必须是在得到招标文件后才能搜集整理,如设计文件、环境、竞争对手的资料等。确定投标策略的资料主要是特有资料,因此投标人对这部分资料要格外重视。投标人要在投标时显示出核心竞争力,就必须有一定的策略,有不同于别的投标竞争对手的优势,主要从以下几方面考虑:

(1)掌握全面的设计文件

招标人提供给投标人的工程量清单是按设计图纸及规范规则进行编制的,可能未进行图纸会审,在施工过程中难免会出现这样那样的问题,这就是我们说的设计变更。所以投标人在投标之前就要对施工图纸结合工程实际进行分析,了解清单项目在施工过程中发生变化的可能性,对于不变的报价要适中,对于有可能增加工程量的报价要偏高,有可能降低工程量的报价要偏低等,只有这样才能降低风险,获得最大的利润。

(2)实地勘察施工现场

投标人应该在编制施工方案之前对施工现场进行勘察,对现场和周围环境及与此工程有关的可用资料进行了解和勘察。实地勘察施工现场主要从以下几方面进行:工程施工条件;工程施工和竣工以及修补其任何缺陷所需的工作和材料的范围和性质;进入现场的手段,以及投标人需要的临时设施等。

(3)调查与拟建工程有关的环境

投标人不仅要勘察施工现场,在报价前还要详尽了解项目所在地的环境,包括政治形势、经济形势、法律法规和风俗习惯、自然条件、生产和生活条件等。对政治形势的调查,应着重了解工程所在地和投资方所在地的政治稳定性;对经济形势的调查,应着重了解工程所在地和投资方所在地的经济发展情况,工程所在地金融方面的换汇限制、官方和市场汇率、主要银行及其存款和信贷利率、管理制度等;对自然条件的调查,应着重了解工程所在地的水文地质情况、交通运输条件、是否多发自然灾害、气候状况如何等;对法律法规和风俗习惯的调查,应着重了解工程所在地政府对施工的安全、环保、时间限制等的各项管理规定,和当地的宗教信仰和节假日等;对生产和生活条件的调查,应着重了解施工现场的周围情况,如道路、供电、给排水、通讯是否便利,工程所在地的劳务和材料资源是否丰富,生活物资的供应是否充足等。

(4)调查招标人与竞争对手

对招标人的调查应着重注意以下几个方面:第一,资金来源是否可靠,避免承担过多的资金风险;第二,项目开工手续是否齐全,提防有些发包人以招标为名,让投标人免费为其估价;第三,是否有明显的授标倾向,招标是否仅仅是出于政府的压力而不得不采取的形式。

对竞争对手的调查应着重从以下几方面进行:首先,了解参加投标的竞争对手有几个,其中有威胁性的都是哪些,特别是工程所在地的承包人,可能会有评标优势;其次,根据上述分析,筛选出主要竞争对手,分析其以往同类工程投标方法,惯用的投标策略,开标会上提出的问题等。对投标人必须达到知己知彼才能制定切实可行的投标策略,提高中标的可能性。

5.1.2　工程量清单下投标报价的编制工作

投标报价的编制工作是投标人进行投标的实质性工作,由投标人组织的专门机构来完成,主要包括审核工程量清单、编制施工组织设计、材料询价、计算工程单价、标价分析决策及编制投标文件等。下面就从这几个方面分别进行说明。

1）审核工程量清单并计算施工工程量

一般情况下，投标人必须按招标人提供的工程量清单进行组价，并按综合单价的形式进行报价。但投标人在按招标人提供的工程量清单组价时，必须把施工方案及施工工艺造成的工程增量（如材料的合理损耗）以价格的形式包括在综合单价内。有经验的投标人在计算施工工程量时就对工程量清单工程量进行审核，这样可以知道招标人提供的工程量的准确度，为投标人不平衡报价及结算索赔打好伏笔。

在实行工程量清单模式计价后，建设工程项目分为三部分进行计价：分部分项工程项目计价、措施项目计价及其他项目计价。招标人提供的工程量清单是分部分项工程项目清单中的工程量，但措施项目中的工程量及施工方案工程量招标人并不提供，必须由投标人在投标时按设计文件及施工组织设计、施工方案进行二次计算。因此这部分用价格的形式分摊到报价内的量必须要认真计算，全面考虑。由于清单下报价最低占优，投标人如果由于没有考虑全面而造成低价中标亏损，招标人将不予承担。

2）编制施工组织设计及施工方案

施工组织设计及施工方案是招标人评标时考虑的主要因素之一，也是投标人确定施工工程量的主要依据。它的科学性与合理性直接影响到报价及评标，是投标过程中一项主要的工作，也是技术性比较强、专业要求比较高的工作。主要包括：项目概况、项目组织机构、项目保证措施、前期准备方案、施工现场平面布置、总进度计划和分部分项工程进度计划、分部分项的施工工艺及施工技术组织措施、主要施工机械配置、劳动力配置、主要材料保证措施、施工质量保证措施、安全文明措施、保证工期措施等。

施工组织设计主要应考虑施工方法、施工机械设备及劳动力的配置、施工进度、质量保证措施、安全文明措施及工期保证措施等。施工组织设计不仅关系到工期，而且对工程成本和报价也有密切关系。好的施工组织设计，应能紧紧抓住工程特点，采用先进科学的施工方法，降低成本。既要采用先进的施工方法，安排合理的工期，又要充分有效地利用机械设备和劳动力，尽可能减少临时设施和资金的占用。如果同时能向招标人提出合理化建议，在不影响使用功能的前提下为招标人节约工程造价，那么会大大提高投标人的低价的合理性，增加中标的可能性。还要在施工组织设计中进行风险管理规划，以防范风险。

3）建立完善的询价系统

实行工程量清单计价模式后，投标人自由组价，所有与价格有关的全部放开，政府不再进行任何干预。可用什么方式询价，具体询什么价，这是投标人面临的新形势下的新问题。投标人在日常的工作中必须建立价格体系，积累一部分人工、材料、机械台班的价格。除此之外，在编制投标报价时应进行多方询价。询价的内容主要包括：材料市场价、人工在当地的行情价、机械设备的租赁价、分部分项工程的分包价等。

材料市场价：材料在工程造价中常常占总造价的60%左右，对报价影响很大，因而在报价阶段对材料和设备市场价的了解要十分认真。对于一项建筑工程，材料品种规格有上百种甚至上千种，要对每一种材料在有限的投标时间内都进行询价有点不现实，必须对材料进行分类，分为主要材料和次要材料，主要材料是指对工程造价影响比较大的，必须进行多方询价并进行对比分析，选择合理的价格。询价方式有：上门到厂家或供应商家询问、已施工工程材料的购买价、厂家或供应商的挂牌价、政府定期或不定期发布的信息价、各种信息网站上发布的信息价等。在清单模式下计价,由于材料价格随着时间的推移变化特别大,不能只看当时的建筑材料价格,必须做到对不同渠道询到的价格进行有机的综合,并能分析今后材料价格的变化趋势,用综合方法预测价格变化,把风险变为具体数值加到价格上。可以说投标报价引起的损失有一大部分就是预测风险失误造成的。对于次要材料,投标人应建立材料价格储存库,按库内的材料价格分析市场行情及对未来进行预测,用系数的形式进行整体调整,不需要临时询价。

人工综合单价:人工是建筑行业唯一能创造利润,反映企业管理水平的指标。人工综合单价的高低,直接影响到投标人个别成本的真实性和竞争性。人工应是企业内部人员水平及工资标准的综合。从表面上看没有必要询价,但必须用社会的平均水平和当地的人工工资标准,来判断企业内部管理水平,并确定一个适中的价格,既要保证风险最低,又要具有一定的竞争力。

机械设备的租赁价:机械设备是以折旧摊销的方式进入报价的,进入报价的多少主要体现在机械设备的利用率及机械设备的完好率上。机械设备除与工程数量有关外,还与施工工期及施工方案有关。进行机械设备租赁价的询价分析,可以判定是购买机械还是租赁机械,确保投标人资金的利用率最高。

分包询价:总承包的投标人一般都得用自身的管理优势总包大中型工程,包括此工程的设计、施工及试车等。投标人自己组织结构工程的设计及施工,把专业性强的分部分项工程如钢结构的制作安装、玻璃幕墙的制作和安装、电梯的安装、特殊装饰等,分包给专业分包人去完成。不仅分包价款的高低会影响投标人的报价,而且与投标人的施工方案及技术措施有直接关系。因此必须在投标报价前对施工方案及施工工艺进行分析,确定分包范围,确定分包价。有些投标人为了能够准确确定分包价,采用先分包后报价的策略,不然会造成报高了中不了标,报低了按中标价又分包不出去的现象。

4) 投标报价的计算

(1) 工程量清单下投标报价计价的特点

报价是投标的核心,不仅是能否中标的关键,而且对中标后能否盈利、盈利多少也是主要的决定因素之一。我国为了推动工程造价管理体制改革,与国际惯例接轨,由定额模式计价向清单模式计价过渡,用规范的形式规范了清单计价的强制性、实用性、竞争性和通用性。工程量清单下投标报价的计价特点主要表现在以下几个方面。

第一,量价分离,自主计价。招标人提供清单工程量,投标人除要审核清单工程量外还要计算施工工程量,并要按每一个工程量清单自主计价,计价依据由定额模式的固定化变为多样化。定额由政府法定性变为企业自主维护管理的企业定额及有参考价值的政府消耗量定额;价格由政府指导预算基价及调价系数变为企业自主确定的价格体系,除对外能多方询价外,还要在内建立一整套价格维护系统。

第二,价格来源是多样的,政府不进行任何参与,由企业自主确定。国家采用的是"全部放开、自由询价、预测风险、宏观管理"。"全部放开"就是凡与计价有关的价格全部放开,政府不进行任何限制。"自由询价"是指企业在计价过程中采用什么方式得到的价格都有效,价格来源的途径不做任何限制。"预测风险"是指企业确定的价格必须是完成该清单项的完全价格,由于社会、环境、内部、外部原因造成的风险必须在投标前就预测到,包括在报价内。

由于预测不准而造成的风险损失由投标人承担。"宏观管理"是因为建筑业在国民经济中占的比例特别大，国家从总体上还得宏观调控，政府造价管理部门定期或不定期发布价格信息，还得编制反映社会平均水平的消耗量定额，用于指导企业快速计价，并作为确定企业自身的技术水平的依据。

第三，提高企业竞争力，增强风险意识。清单模式下的招投标特点，就是综合评价最优，保证质量、工期的前提下，合理低价中标。最低价中标，体现的是个别成本，企业必须通过合理的市场竞争，提升施工工艺水平，把利润逐步提高。企业要体现自己的竞争优势就得有灵活全面的信息、强大的成本管理能力、先进的施工工艺水平、高效率的软件工具。除此之外，企业需要有反映自己施工工艺水平的企业定额作为计价依据，有自己的材料价格系统、施工方案和数据积累体系，并且这些优势都要体现到投标报价中。

实行工程量清单就是风险共担，工程量清单计价无论对招标人还是投标人，在工程量变更时都必须承担一定风险，有些风险不是承包人本身造成的，就得由招标人承担。因此，在《计算规范》中规定了工程量的风险由招标人承担，综合单价的风险由投标人承担。投标报价有风险，但是不应怕风险，而是要采取措施降低风险，避免风险，转移风险。投标人必须采用多种方式规避风险，不平衡报价是最基本的方式，如在保证总价不变的情况下，资金回收早的单价偏高，回收迟的单价偏低。估计此项设计需要变更的，工程量增加的单价偏高，工程量减少的单价偏低等。在清单模式下索赔已是结算中必不可少的，也是会经常提到并要应用自如的工具。

国家推行工程量清单计价后，要求企业必须适应工程量清单模式的计价。对每个工程项目在计价之前都不能临时寻找投标资料，而需要企业拥有企业定额（或确定适合企业的现行消耗量定额）、价格库、价格来源系统、历史数据的积累、快速计价及费用分摊的投标软件，只有这样才能体现投标人在清单计价模式下的核心竞争力。

(2)《计价规范》对投标报价的具体规定

《计价规范》规定了工程量清单计价的工作范围、工程量清单计价价款构成、工程量清单计价单价和招标控制价、报价的编制、工程量调整及其相应单价的确定等。

我国近些年的招标投标计价活动中，压级压价、合同价款签订不规范、工程结算久拖不结等现象也比较严重，有损于招投标活动中的公开、公平、公正和诚实信用的原则。招标投标实行工程量清单计价，是一种新的计价模式，为了合理确定工程造价，本规范从工程量清单的编制、计价至工程量调整等各个主要环节都做了较详细规定，招投标双方都应严格遵守。

为了避免或减少经济纠纷，合理确定工程造价，本规范规定工程量清单计价价款，应包括完成招标文件规定的工程量清单项目所需的全部费用。其内涵包括五个方面：① 包括分部分项工程费、措施项目费、其他项目费、规费和税金；② 包括完成每项分项工程所含全部工程内容的费用；③ 包括完成每项工程内容所需的全部费用（规费、税金除外）；④ 工程量清单项目中没有体现的，施工中又必须发生的工程内容所需的费用；⑤ 考虑风险因素而增加的费用。

为了简化计价程序，实现与国际接轨，工程量清单计价采用综合单价计价。综合单价计价是有别于定额工料单价计价的另一种单价计价方式，它应包括完成规定计量单位、合格产品所需的全部费用，考虑我国的现实情况，综合单价包括除规费、税金以外的全部费用。综合单价不但适用于分部分项工程量清单,也适用于措施项目清单、其他项目清单等。各省、直辖市、自治区工程造价管理机构,应制定具体办法,统一综合单价的计算和编制。同一个分项工程,由于受各种因素的影响可能设计不同,因此所含工程内容也有差异。附录中"工程内容"栏所列的工程内容,没有区别不同设计逐一列出,就某一个具体工程项目而言,确定综合单价时,附录中的工程内容仅供参考。

措施项目清单中所列的措施项目均以"一项"提出,所以计价时,首先应详细分析其所含工程内容,然后确定其综合单价。措施项目不同,其综合单价组成内容可能有差异,因此本规范强调,在确定措施项目综合单价时,综合单价组成仅供参考。招标人提出的措施项目清单是根据一般情况确定的,没有考虑不同投标人的"个性"。因此投标人在报价时,可以根据本企业的实际情况,增加措施项目内容,并报价。

其他项目清单中的预留金、材料购置费和零星工作项目费,均为估算、预测数量,虽在投标时计入投标人的报价中,但不应视为投标人所有。竣工结算时,应按承包人实际完成的工作内容结算,剩余部分仍归招标人所有。

工程造价应在政府宏观调控下,由市场竞争形成。在这一原则指导下,投标人的报价应在满足招标文件要求的前提下实行人工、材料、机械消耗量自定,价格及费用自定,全面竞争,自主报价。为了合理减少工程投标人的风险,并遵照谁引起的风险、谁承担责任的原则,本规范对工程量的变更及其综合单价的确定做了规定。执行中应注意以下几点:① 不论由于工程量清单有误或漏项,还是由于设计变更所引起新的工程量清单项目或清单项目工程数量的增减,均应如实调整。② 工程量变更后综合单价的确定应按本规范的规定执行。③ 本条仅适用于分部分项工程量清单。在合同履行过程中,引起索赔的原因很多,规范不否认其他原因发生的索赔或工程发包人可能提出的索赔。

(3)计算投标报价

根据工程量计算规范的要求,实行工程量清单计价必须采用综合单价法计价,并对综合单价包括的范围进行了明确规定。因此造价人员在计价时必须按《计价规范》进行计价。工程计价的方法很多,对于实行工程量清单投标模式的工程计价,较多采用综合单价法计价。

所谓"综合单价法"就是分部分项工程量清单费用及措施项目费用的单价综合了完成单位工程量或完成具体措施项目的人工费、材料费、机械使用费、管理费和利润,并考虑一定的风险因素,而将规费、税金等费用作为投标总价的一部分,单列在其他表中的一种计价方法。

投标报价,按照企业定额或政府消耗量定额标准及预算价格确定人工费、材料费、机械费,并以此为基础确定管理费、利润,并由此计算出分部分项的综合单价。根据现场因素及工程量清单规定措施项目费以实物量或以分部分项工程费为基数按费率的方法确定。其他项目费按工程量清单规定的人工、材料、机械台班的预算价为依据确定。规费按政府的有关规定执行。税金按税法的规定执行。分部分项工程费、措施项目费、其他项目费、规费、税金等合计汇总得到初步的投标报价,根据分析、判断、调整得到投标报价。

5)投标报价的分析与决策

投标决策是投标人经营决策的组成部分,指导投标全过程。影响投标决策的因素十分复杂,加之投标决策与投标人的经济效益紧密相关,所以必须做到及时、迅速、果断。投标决策主要从投标的全过程分为项目分析决策、投标报价策略及投标报价分析决策。

（1）项目分析决策

投标人要决定是否参加某项目工程的投标，首先要考虑当前经营状况和长远经营目标，其次要明确参加投标的目的，然后分析中标可能性的影响因素。

建筑市场是买方市场，投标报价的竞争异常激烈，投标人选择投标与否的余地非常小，都或多或少地存在着经营状况不饱满的情况。一般情况下，只要接到招标人的投标邀请，承包人都会积极响应参加投标。这主要是基于以下考虑：首先，参加投标项目多，中标机会也多；其次，经常参加投标，在公众面前出现的机会也多，能起到广告宣传的作用；第三，通过参加投标，可积累经验，掌握市场行情，收集信息，了解竞争对手的惯用策略；第四，投标人拒绝招标人的投标邀请，可能会破坏自身的信誉，从而失去以后收到投标邀请的机会。

当然，也有一种理论认为有实力的投标人应该从投标邀请中，选择那些中标概率高、风险小的项目投标，即争取"投一个、中一个、顺利履约一个"。这是一种比较理想的投标策略，但在激烈的市场竞争中很难实现。

投标人在收到招标人的投标邀请后，一般不采取拒绝投标的态度。但有时投标人同时收到多个投标邀请，而投标报价资源有限，若不分轻重缓急地把投标资源平均分配，则每一个项目中标的概率都很低。这时承包人应针对各个项目的特点进行分析，合理分配投标资源。投标资源一般可以理解为投标编制人员和计算机等工具，以及其他资源。不同的项目需要的资源投入量不同；同样的资源在不同的时期不同的项目中其价值也不同，例如同一个投标人在民用建筑工程的投标中标价值较高，但可能在工业建筑的投标中标价值就较低，这是由投标人的施工能力及造价人员的业务专长和投标经验等因素所决定的。投标人必须积累大量的经验资料，通过归纳总结和动态分析，才能判断不同工程的最小最优投标资源投入量。通过最小最优投标资源投入量的分析，可以取舍投标项目，对于投入大量的资源、中标概率仍极低的项目，应果断地放弃，以免浪费投标资源。

（2）投标报价策略

投标时，根据投标人的经营状况和经营目标，既要考虑自身的优势和劣势，也要考虑竞争的激烈程度，还要分析投标项目的整体特点，按照工程的类别、施工条件等确定报价策略。

① 生存型报价策略。如投标报价以克服生存危机为目标而争取中标时，可以不考虑其他因素。由于社会、政治、经济环境的变化和投标人自身经营管理不善，都可能造成投标人的生存危机。这种危机首先表现在由于经济原因，投标项目减少；其次，政府调整基建投资方向，使某些投标人擅长的工程项目减少，这种危机常常是危害到营业范围单一的专业工程投标人；第三，如果投标人经营管理不善，会存在接到投标邀请越来越少的危机，这时投标人应以生存为重，采取不盈利甚至赔本也要夺标的态度，只要能暂时维持生存渡过难关，就会有"东山再起"的希望。

② 竞争型报价策略。投标报价以竞争为手段，以开拓市场、低盈利为目标，在精确计算成本的基础上，充分估计各竞争对手的报价目标，用有竞争力的报价达到中标的目的。投标人处在以下几种情况下，应采取竞争型报价策略：经营状况不景气，近期接到的投标邀请较少；竞争对手有威胁性；试图打入新的地区；开拓新的工程施工类型；投标项目风险小，施工工艺简单、工程量大、社会效益好的项目；附近有本企业其他正在施工的项目。

③ 盈利型报价策略。这种策略是投标报价充分发挥自身优势，以实现最佳盈利为目标，对效益较小的项目热情不高，对盈利大的项目充满自信。下面几种情况可以采用盈利型报价策略，如投标人在该地区已经打开局面，施工能力饱和，信誉度高，竞争对手少，具有技术优势并对招标人有较强的名牌效应，投标的目标主要是扩大影响；或者是施工条件差、难度高，资金支付条件不好，工期、质量等要求苛刻，以及为联合伙伴陪标的项目等。

（3）投标报价分析决策

初步报价提出后，应当对这个报价进行多方面分析。分析的目的是探讨这个报价的合理性、竞争性、盈利及风险，从而做出最终报价的决策。分析的方法可以从静态分析和动态分析两方面进行。

① 报价的静态分析

先假定初步报价是合理的，分析报价的各项组成及其合理性。分析步骤如下：

第一，分析组价计算书中的汇总数字，并计算其比例指标。

a. 统计总建筑面积和各单项建筑面积。

b. 统计材料费用总价及各主要材料数量和分类总价，计算单位面积的总材料费用指标和各主要材料消耗指标和费用指标，计算材料费占报价的比重。

c. 统计人工费总价及主要工人、辅助工人和管理人员的数量，按报价、工期、建筑面积及统计的工日总数算出单位面积的用工数、单位面积的人工费，并算出按规定工期完成工程时，生产工人和全员的平均人月产值和人年产值，计算人工费占总报价的比重。

d. 统计临时工程费用，机械设备使用费、脚手架费、垂直运输费和工具等费用，计算它们占总报价的比重，以及分别占购置费的比例，即以摊销形式摊入本工程的费用和工程结束后的残值。

e. 统计各类管理费汇总数，计算它们占总报价的比重，计算利润、贷款利息的总数和所占比例。

f. 如果报价人有意地分别增加了某些风险系数，可以列为潜在利润或隐匿利润提出，以便研讨。

g. 统计分包工程的总价及各分包商的分包价，计算其占总报价和投标人自己施工的直接费用的比例，并计算各分包人分别占分包总价的比例，分析各分包价的直接费、间接费和利润。

第二，从宏观方面分析报价结构的合理性。例如分析总的人工费、材料费、机械台班费的合计数与总管理费用的比例关系，人工费与材料费的比例关系，临时设施费及机械台班费与总人工费、材料费、机械费合计数的比例关系，利润与总报价的比例关系，判断报价的构成是否基本合理。如果发现有不合理的部分，应当初步探明原因。首先是研究本工程与其他类似工程是否存在某些不可比因素；如果扣掉不可比因素的影响后，仍然存在报价结构不合理的情况，就应当深入探究其原因，并考虑适当调整某些人工、材料、机械台班单价、定额含量及分摊系统。

第三，探讨工期与报价的关系。根据进度计划与报价，计算出月产值、年产值。如果从投标人的实践经验角度判断这一指标过高或者过低，就应当考虑工期的合理性。

第四，分析单位面积价格和用工量、用料量的合理性。参照实际施工同类工程的经验，如果本工程与同类工程有某些不可比因素，可以扣除不可比因素后进行分析比较。还可以收集当地类似工程的资料，排除某些不可比因素后进行分析对比，并探索本报价的合理性。

第五，对明显不合理的报价构成部分进行微观方面的分析检查。重点是从提高工效、改变施工方案、调整工期、压低供货人和分包人的价格、节约管理费用等方面提出可行措施，并修正初步报价，测算出另一个低报价方案。根据定量分析方法可以测算出基础最优报价。

第六，将原初步报价方案、低报价方案、基础最优报价方案整理成对比分析资料，提交内部的报价决策人或决策小组研讨。

② 报价的动态分析

通过假定某些因素的变化，测算报价的变化幅度，特别是这些变化对报价的影响。对工程中风险较大的工作内容，采用扩大单价、增加风险费用的方法来减少风险。

例如很多种风险都可能导致工期延误，如管理不善、材料设备交货延误、质量返工、监理工程师的刁难、其他投标人的干扰等问题造成工期延误，不但不能索赔，还可能遭到罚款。由于工期延长可能使占用的流动资金及利息增加，管理费相应增大，工资开支也增多，机具设备使用费用增大。这种增加的开支部分只能用减小利润来弥补，因此，通过多次测算可以得知工期拖延多久利润将全部丧失。

③ 报价决策

第一，报价决策的依据。作为决策的主要资料依据应当是投标人自己造价人员的计算书及分析指标。至于其他途径获得的所谓招标人的"招标控制价"或者用情报的形式获得的竞争对手"报价"等，只能作为一般参考。在工程投标竞争中，经常出现泄漏招标控制价和刺探对手情报等情况，但是上当受骗者也很多。没有经验的报价决策人往往过于相信来自各种渠道的情报，并用它作为决策报价的主要依据。有些经纪人掌握的"招标控制价"，可能只是招标人多年前编制的预算，或者只是从"可行性研究报告"上摘录下来的估算资料，与工程最后设计文件内容差别极大，毫无利用价值。有时，某些招标人利用中间商散布所谓"招标控制价"，引诱投标人以更低的价格参加竞争，而实际工程成本却比这个"招标控制价"要高得多。还有的投标竞争对手也散布一个"报价"，实际上，他的真实投标价格却比这个"报价"低得多，如果投标人一不小心落入圈套就会被竞争对手甩在后面。

参加投标的投标人当然希望自己中标。但是，更为重要的是中标价格应当基本合理，不应导致亏损。以自己的报价资料为依据进行科学分析，而后做出恰当的投标报价决策，至少不会盲目地落入市场竞争的陷阱。

第二，报价差异的原因。虽然实行工程量清单计价是由投标人自由组价，但一般来说，投标人对投标报价的计算方法大同小异，造价工程师的基础价格资料也是相似的。因此，从理论上分析，各投标人的投标报价同招标人的招标控制价都应当相差不远。为什么在实际投标中却出现许多差异呢？除了那些明显的计算失误，如漏算、误解招标文件、有意放弃竞争而报高价者外，出现投标价格差异的基本原因有以下几方面：

a. 追求利润的高低不一。有的投标人急于中标以维持生存局面，不得不降低利润率，甚至不计取利润；也有的投标人状况较好，并不急切求得中标，因而追求的利润较高。

b. 各自拥有不同的优势。有的投标人拥有闲置的机具和材料；有的投标人拥有雄厚的资金；有的投标人拥有众多的优秀管理人才等。

c. 选择的施工方案不同。对于大中型项目和一些特殊的工程项目，施工方案的选择对成本的影响较大。优良的施工方案,包括工程进度的合理安排、机械化程度的正确选择、工程管理的优化等,都可以明显降低施工成本,因而降低报价。

d. 管理费用的差别。国有企业和集体企业、老企业和新企业、项目所在地企业和外地企业、大型企业和中小型企业之间的管理费用的差别是比较大的。由于在清单计价模式下会显示投标人的个别成本,这种差别会使个别成本的差异显得更加明显。

第三,在利润和风险之间做出决策。由于投标情况纷繁复杂,计价中碰到的情况并不相同,很难事先预料。一般说来,报价决策并不是干预造价工程师的具体计算,而是应当由决策人与造价工程师一起,对各种影响报价的因素进行恰当的分析,并做出果断的决策。为了对计价时提出的各种方案、价格、费用、分摊系数等予以审定和进行必要的修正,更重要的是决策人要全面考虑期望的利润和承担风险的能力。风险和利润并存于工程中,关键是投标人应当尽可能避免较大的风险,采取措施转移、防范风险并获得一定的利润。降低投标报价有利于中标,但会降低预期利润、增大风险。决策者应当在风险和利润之间进行权衡并做出选择。

第四,根据工程量清单做出决策。实际上,招标人在招标文件中提供的工程量清单,是按施工前未进行图纸会审的图纸和规范编制的,投标人中标后随工程的进展常常会发生设计变更。这样因设计变更会相应地发生计价的变更。有时投标人在核对工程量清单时,会发现工程量有漏项和错算的现象,为投标人计算综合单价带来不便,增大投标报价的风险。但是,在投标时,投标人必须严格按照招标人的要求进行。如果投标人擅自变更、减少了招标人的条件,那么招标人将拒绝接受该投标人的投标书。因此,有经验的投标人即使确认招标人的工程量清单有错项、漏项、施工过程中定会发生变更及招标条件隐藏着的巨大的风险,也不会正面变更或减少条件,而是利用招标人的错误进行不平衡报价等技巧,为中标后的索赔留下伏笔。或者利用详细说明、附加解释等十分谨慎地附加某些条件提示招标人注意,降低投标人的投标风险。

第五,低报价中标的决策。低报价中标是实行清单计价后的重要因素,但低价必须讲"合理"二字。并不是越低越好,不能低于投标人的个别成本,不能由于低价中标而造成亏损,这样中标的工程越多亏损就越多。决策者必须是在保证质量、工期的前提下,保证预期的利润及考虑一定风险的基础上确定最低成本价。因此决策者在决定最终报价时要慎之又慎。低价虽然重要,但不是报价的唯一因素,除了低报价之外,决策者可以采取策略或投标技巧战胜对手。投标人可以提出能够让招标人降低投资的合理化建议或对招标人有利的一些优惠条件来弥补报高价的不足。

6) 投标技巧

投标技巧是指在投标报价中采用的投标手段让招标人可以接受,中标后能获得更多的利润。投标人在工程投标时,主要应该在先进合理的技术方案和较低的投标价格上下工夫,以争取中标,但是还有其他一些手段对中标有辅助性的作用,主要表现在以下几个方面。

(1) 不平衡报价法

不平衡报价法是指一个工程项目的投标报价,在总价基本确定后,如何调整内部各个项目的报价,以期既不提高总价,不影响中标,又能在结算时得到更理想的经济效益。常见的不平衡报价法如表5.1所示。

表 5.1　常见的不平衡报价法

序号	信息类型	变动趋势	不平衡结果
1	资金收入的时间		
早	单价高		
晚	单价低		
2	清单工程量不准确		
增加	单价高		
减少	单价低		
3	报价图纸不明确		
增加工程量	单价高		
减少工程量	单价低		
4	暂定工程		
自己承包的可能性高	单价高		
自己承包的可能性低	单价低		
5	单价和包干混合制项目		
固定包干价格项目	价格高		
单价项目	单价低		
6	单价组成分析表		
人工费和机械费	单价高		
材料费	单价低		
7	认标时招标人要求压低单价		
工程量大的项目	单价小幅度降低		
工程量小的项目	单价较大幅度降低		
8	工程量不明确报单价的项目		
没有工程量	单价高		
有假定的工程量	单价适中		

①　能够早日结算的项目可以报得较高,以利资金周转。后期工程项目的报价可适当降低。

②　经过工程量核算,预计今后工程量会增加的项目,单价适当提高,这样在最终结算时可多赚钱,而将来工程量有可能减少的项目单价降低,工程结算时损失不大。

但是,上述两种情况要统筹考虑,即对于清单工程量有错误的早期工程,如果工程量不可能完成而有可能降低的项目,则不能盲目抬高单价,要具体分析后再定。

③　设计图纸不明确,估计修改后工程量要增加的,可以提高单价,而工程内容说不清楚的,则可以降低一些单价。

④　暂定项目要作具体分析。因为这一类项目要开工后由发包人研究决定是否实施,由

哪一家投标人实施。如果工程不分包,只由一家投标人施工,则其中肯定要施工的项目单价可高些,不一定要施工的项目单价则应该低些。如果工程分包,该暂定项目也可能由其他投标人施工时,则不宜报高价,以免抬高总报价。

⑤ 单价包干的合同中,招标人要求有些项目采用包干报价时,宜报高价。一则这类项目多半有风险,二则这类项目在完成后可全部按报价结算,即可以全部结算回来。其余单价项目则可适当降低。

⑥ 有的招标文件要求投标人对工程量大的项目报"清单项目报价分析表",投标时可将单价分析表中的人工费及机械设备费报得较高,而材料费报得较低。这主要是为了在今后补充项目报价时,可以参考选用"清单项目报价分析表"中较高的人工费和机械费,而材料则往往采用市场价,因而可获得较高的收益。

⑦ 在议标时,投标人一般都要压低标价。这时应该首先压低那些工程量少的单价,这样即使压低了很多单价,总的标价也不会降低很多,而给发包人的感觉却是工程量清单上的单价大幅度下降,投标人很有让利的诚意。

⑧ 在"其他项目清单计价表"中要报工日单价和机械台班单价时,可以高些,以便在日后招标人用工或使用机械时可以多盈利。对于其他项目中的工程量要具体分析,是否报高价、高多少有一个限度,不然会抬高总报价。

虽然不平衡报价对投标人可以降低一定的风险,但报价必须建立在对工程量清单表中的工程量风险仔细核对的基础上,特别是对于降低单价的项目,如工程量一旦增多,将造成投标人的重大损失。同时一定要控制在合理幅度内,一般控制在10%以内,以免引起招标人反对,甚至导致个别清单项报价不合理而废标。如果不注意这一点,有时招标人会挑选出报价过高的项目,要求投标人进行单价分析,而围绕单价分析中过高的内容压价,以致投标人得不偿失。

(2) 多方案报价法

有时招标文件中规定,可以提一个建议方案。如果发现有些招标文件工程范围不是很明确、条款不清楚或很不公正、技术规范要求过于苛刻,则要在充分估计风险的基础上,按多方案报价法处理。即按原招标文件报一个价,然后再提出如果某条款做某些变动,报价可降低的额度。这样可以降低总造价,吸引招标人。

投标人这时应组织一批有经验的设计和施工工程师,对原招标文件的设计方案仔细研究,提出更合理的方案以吸引招标人,促成自己的方案中标。这种新的建议可以降低总造价或提前竣工。但要注意的是一定要对原招标方案报价,以供招标人比较。

增加建议方案时,不要将方案写得太具体,保留方案的技术关键,防止招标人将此方案交给其他投标人。同时要强调的是,建议方案一定要比较成熟,或过去有这方面的实践经验。因为投标时间往往较短,如果仅为中标而匆忙提出一些没有把握的建议方案,可能引起很多不良后果。

(3) 突然降价法

报价是一件保密的工作,但是对手往往会通过各种渠道、手段来刺探情报,因此用此法可以在报价时迷惑竞争对手。即先按一般情况报价或表现出自己对该工程兴趣不大,到快要投标截止时,才突然降价。采用这种方法时,一定要在准备投标报价的过程中考虑好降价的幅度,在临近投标截止日期前,根据情况信息与分析判断,再做最后决策。采用突然降价法往往降低的是总价,而要把降低的部分分摊到各清单项内,可采用不平衡报价进行,以期取得更高的效益。

(4) 先亏后盈法

对于大型分期建设的工程,在第一期工程投标时,可以将部分间接费分摊到第二期工程中去,并减少利润以争取中标。这样在第二期工程投标时,凭借第一期工程的经验、临时设施以及创立的信誉,比较容易拿到第二期工程。如第二期工程遥遥无期时,则不可以这样考虑。

(5) 开标升级法

在投标报价时把工程中某些造价高的特殊工作内容从报价中减掉,使报价成为竞争对手无法相比的低价。利用这种"低价"来吸引招标人,从而取得与招标人进一步商谈的机会,在商谈过程中逐步提高价格。当招标人明白过来当初的"低价"实际上是个钓饵时,往往已经使招标人在时间上处于谈判弱势,丧失了与其他投标人谈判的机会。利用这种方法时,要特别注意在最初的报价中说明某项工作的缺陷,否则可能会弄巧成拙,真的以"低价"中标。

(6) 许诺优惠条件

投标报价附带优惠条件是行之有效的一种手段。招标人评标时,除了主要考虑报价和技术方案外,还要分析别的条件,如工期、支付条件等。所以在投标时主动提出提前竣工、低息贷款、赠给施工设备、免费转让新技术或某种技术专利、免费技术协作、代为培训人员等,均是吸引招标人、利于中标的辅助手段。

(7) 争取评标奖励

有时招标文件规定,对某些技术指标的评标,若投标人提供的指标优于规定指标值,将给予适当的评标奖励。因此,投标人应该使招标人比较注重的指标适当地优于规定标准,以获得适当的评标奖励,有利于在竞争中取胜。但要注意,技术性能优于招标规定将导致报价相应上涨,如果投标报价过高,即使获得评标奖励,也难以与报价上涨的部分相抵,这样评标奖励也就失去了意义。

5.2 施工合同管理

5.2.1 工程量清单下的施工合同

1) 施工合同的签订

我国现在推行的建设工程施工合同是 2013 年 4 月住房城乡建设部、国家工商行政管理总局印发的《建设工程施工合同(示范文本)》(GF—2013—0201)(以下简称《示范文本》)。《示范文本》的推行依据《中华人民共和国合同法》第十二条第二款"当事人可以参考各类合同的示范文本订立合同"的规定。

(1) 工程量清单与施工合同主要条款的关系

已标价工程量清单与施工合同关系密切,《示范文本》内有很多条款是涉工程量清单的,现分述如下。

① 已标价工程量清单是合同文件的组成部分

施工合同不仅仅指发包人和承包人签订的协议书,它还应包括与建设项目施工有关的资料和施工过程中的补充、变更文件。《单计价规范》颁布实施后,工程造价采用工程量清单计价模式的,其施工合同也即通常所说的"工程量清单合同"或"单价合同"。

《示范文本》第1.5条规定:组成合同的各项文件应互相解释,互为说明。除专用合同条款另有约定外,解释合同文件的优先顺序如下:

a. 合同协议书;b. 中标通知书(如果有);c. 投标函及其附录(如果有);d. 专用合同条款及其附件;e. 通用合同条款;f. 技术标准和要求;g. 图纸;h. 已标价工程量清单或预算书;i. 其他合同文件。

从解释合同文件的优先顺序可知,已标价工程量清单是施工合同的组成部分。

② 已标价工程量清单是计算合同价款和确认工程量的依据

工程量清单中所载工程量是计算投标价格、合同价款的基础,承发包双方必须依据工程量清单所约定的规则,最终计量和确认工程量。

③ 已标价工程量清单是计算工程变更价款和追加合同价款的依据

工程施工过程中,因设计变更或追加工程影响工程造价时,合同双方应依据工程量清单和合同其他约定调整合同价格。一般按以下原则进行:已标价工程量清单或预算书有相同项目的,按照相同项目单价认定;已标价工程量清单或预算书中无相同项目,但有类似项目的,参照类似项目的单价认定;变更导致实际完成的变更工程量与已标价工程量清单或预算书中列明的该项目工程量的变化幅度超过15%的,或已标价工程量清单或预算书中无相同项目及类似项目单价的,按照合理的成本与利润构成的原则,由合同当事人按照合同《示范文本》第4.4款确定变更工作的单价。

④ 已标价工程量清单是支付工程进度款和竣工结算的计算基础

工程施工过程中,发包人应按照合同约定和施工进度支付工程款,依据已完成项目工程量和相应单价计算工程进度款。工程竣工验收通过,承发包人应按照合同约定办理竣工结算,依据已标价工程量清单约定的计算规则、竣工图纸对实际工程进行计量,调整已标价工程量清单中的工程量,并依此计算工程结算价款。

⑤ 已标价工程量清单是索赔的依据之一

在合同履行过程中,对于并非自己的过错,而应由对方承担责任的情况造成的实际损失,合同一方可向对方提出经济补偿和(或)工期顺延的要求,即"索赔"。《示范文本》第19条对索赔的程序、处理、期限等做出规定。当一方向另一方提出索赔要求时,要有正当索赔理由,且有索赔事件发生时的有效证据,工程量清单作为合同文件的组成部分也是理由和证据。当承包人按照设计图纸和技术规范进行施工时,其工作内容是工程量清单所不包含的,则承包人可以向发包人提出索赔;当承包人履行不符合清单要求时,发包人可以向承包人提出反索赔要求。

(2) 清单合同的特点

建设工程采用工程量清单的方式进行计价最早诞生在英国,并逐步在英殖民国家使用。经过数百年实践检验与发展,目前已经成为世界上普遍采用的计价方式,世行和亚行贷款项目也都推荐或要求采用工程量清单的形式进行计价。工程量清单计价之所以有如此生命力,主要依赖于清单合同的自身特点和优越性。

① 单价具有综合性和固定性。工程量清单报价均采用综合单价形式,综合单价中包含

了清单项目所需的材料、人工、施工机械、管理费、利润以及风险因素,具有一定的综合性。与以往定额计价相比,清单合同的单价简单明了,能够直观反映各清单项目所需的消耗和资源。并且,工程量清单报价一经合同确认,竣工结算不能改变,单价具有固定性。在这方面,国家施工合同示范文本和国际工程合同(FIDIC)中的土木工程施工合同示范文本对增加工程做出了同样的约定。综合单价因工程变更需要调整时,可按《计价规范》的第9.3.1款、第9.3.2款和第9.3.3款的规定执行,在签订合同时应予以说明。

② 便于施工合同价的计算。施工过程中,发包人代表或工程师可依据承包人提交的经核实的进度报表,拨付工程进度款;依据合同中的计日工单价、依据或参考合同中已有的单价或总价,有利于工程变更价的确定和费用索赔的处理。工程结算时,承包人可依据竣工图纸、设计变更和工程签证等资料计算实际完成的工程量,对与原清单不符的部分提出调整,并最终依据实际完成工程量确定工程造价。

③ 清单合同更加适合招标投标。清单报价能够真实地反映造价,在清单招标投标中,投标单位可根据自身的设备情况、技术水平、管理水平,对不同项目进行价格计算,充分反映投标人的实力水平和价格水平。由招标人统一提供工程量清单,不仅增大了招标投标市场的透明度,杜绝了腐败的源头,而且为投标企业提供了一个公平合理的基础和环境,真正体现了建设工程交易市场的公开、公平和公正。

招标文件是招标投标的核心,而工程量清单是招标文件的关键。准确、全面和规范的工程量清单有利于体现业主的意愿,有利于工程施工的顺利进行,有利于工程质量的监督和工程造价的控制;反之,将会给日后的施工管理和造价控制带来麻烦,造成纠纷,引起不必要的索赔,甚至导致与招标目的背道而驰的结果。对于投标人来说,不准确的工程量将会给投标人带来决策上的错误。因此,投标时施工单位应依据设计图纸和现场情况对工程量进行复核。

清单合同可以激活建筑市场竞争,促进建筑业的发展。传统的计价模式计算很大程度上束缚了投标单位根据实力投标竞争的自由。《计价规范》颁布实施后,采用工程量清单计价模式,由施工企业依据单位实力自主报价,并通过市场竞争调整和形成价格。作为施工单位要在激烈的竞争中取胜,必须具备先进的设备、先进的技术和管理方法,这就要求施工单位在施工中要加强管理、鼓励创新,从技术中要效率、从管理中要利润,在激烈的竞争中不断发展、不断壮大,促进建筑业的发展。

(3) 营造清单合同的社会环境

经济体制的改革是一项极其复杂繁琐的工作,往往牵一发而动全身。《计价规范》颁布实施后,更需要各级政府管理部门的跟踪和监督,尤其是工程造价管理部门。政府要为工程量清单计价创造良好的社会、经济环境,工程造价管理部门要转变观念、与时俱进,出台相应的配套措施,确保清单计价的顺利实施和健康发展。

① 建立合同风险管理制度。风险管理就是人们对潜在的损失进行辨识、评估、预防和控制的过程。风险转移是工程风险管理对策中采用最多的措施。工程保险和工程担保是风险转移的两种常用方法。工程保险可以采取建筑工程一切险,附加第三者责任险的形式。工程担保能有效地保障工程建设顺利地进行,许多国家的政府都在法规中规定进行工程担保,在合同的标准条款中也有关于工程担保的条文。目前,我国工程担保和工程保险制度仍不健全,亟待政府出台有关的法律法规。

② 尽快建立起比较完善的工程价格信息系统,包括综合项目和独立项目及相应的综合单价的基价数据。工程造价最终要做到随行就市,不但承包人要通晓,业主也要了如指掌,造价管理部门更要熟悉市场行情。否则的话,这种新机制就不会带来应有的结果。价格信息系统可以利用现代化的传媒手段,通过网络、新闻媒体等各种方式让社会有关各方都能及时了解工程建设领域内的最新价格信息。要建立工程量清单项目数据库。

③ 完善工程量清单计价的操作。有了可操作的工程量清单计价办法,还要辅以完善的实施操作程序,才能使该工作在规范的基础上有序运作。为了保障推行工程量清单计价的顺利实施,必须设计研制出界面直观、操作快捷、功能齐全的高水平工程量清单计价系统软件,解决编制工程量清单、招标控制价和投标报价中的繁杂运算程序,为推行工程量清单计价扫清障碍,满足参与招标、投标活动各方面的需求。

④ 各地造价管理部门应更新观念,转变职能,由"行政管理"走向"依法监督"。将发布指令性的工程费率标准改为发布指导性的工程造价指数及参考指标;将定期发布材料价格及调整系数改为工程市场参考价、生产商价格信息、投标工程材料报价等。加强服务工作,引导施工企业按自身的施工技术及管理水平编制企业内部定额。做好基础工作,强化资料、信息的收集积累。新形势下,工程造价管理部门应加强基础工作,全面及时收集整理工程造价管理资料,整理后发布相关的政策、宏观指标、指数,服务社会、引导市场,促使建筑市场形成有序的竞争环境。

⑤ 提高造价执业队伍的水平,规范执业行为。清单计价对工程造价专业队伍特别是执业人员的个人素质提出了更高要求。要顺利实施工程量清单计价,当务之急就是必须加大管理力度,促进工程造价专业队伍的健康发展。一是对人员的管理转变为行业协会管理,专业队伍的健康发展、素质教育、规章制度的制定、监督管理等具体工作由行业协会负责;二是建章立制,实施规范管理,制定行业规范、人员职业道德规范、行为准则、业绩考核等可行办法,使造价专业队伍自我约束,健康发展;三是加强专业培训,实施继续教育制度,每年对专业队伍进行规定内容的培训学习,定期组织理论讨论会、学术报告会,开展业务交流、经验介绍等活动,提高自身素质。

各级造价管理部门在推行《计价规范》的时候,应有组织、有步骤地进行,所需的其他改革配套措施要及时跟上,建立一个良好的社会环境,为《计价规范》的顺利实施服务。

2) 施工合同的履行

订立合同是双方当事人为了达到一定的目的,通过订立合同固定双方责任关系,明确双方的权利义务。所以说订立合同是前提,履行才是达到目的的关键。为了保护当事人的合法利益,维护正常的交易行为、市场秩序,《中华人民共和国合同法》(以下简称《合同法》)规定了全面履行合同义务的原则,包括履行约定义务和附随义务;为了"治疗"三角债的顽症,规定了当事人可以约定向第三人履行债务和由第三人履行债务;为了防范欺诈,规定了完整的抗辩权制度;为了保护债权,规定了合同保全制度。

(1) 全面履行合同义务的原则

《合同法》第六十条规定:"当事人应当按照约定全面履行自己的义务。"

当事人应当遵循诚实信用的原则,根据合同性质、目的和交易习惯履行通知、协助、保密等义务。本条法律规定的是全面履行合同义务的原则。全面履行义务,包括约定的义务和附随义务。

① 约定义务。本条法律规定的约定义务,是指合同已经约定和本应约定的义务,双方当事人除应当全面履行的义务外,并享有以下权利和承担违反约定的责任。

a. 约定不明确的可以通过协议补充完善。约定义务因当事人疏忽未约定或者约定不明确时,可以依照法律规定予以确定。《合同法》第六十一条、第六十二条对约定不明确的事项的补救方法做了具体规定。

b. 违反约定义务当事人承担的责任是《合同法》第七章规定的违约责任;违反约定义务符合《合同法》第九十四条、第九十五条规定的情形时,对方当事人享有法定解除权。

② 附随义务。附随义务在《民法通则》及前三部合同法中没有规定,《合同法》规定的附随义务有以下内容。

a. 及时通知,当事人应当将履行义务的有关情况及时通知对方,使义务得以顺利履行。

b. 协助,为使履行的义务得以实现,当事人应当互相协助,包括创造必要的条件,提供一定的方便。

c. 保密,为使当事人双方的利益不受第三方的侵害,对于双方的商业秘密、新产品设计、建设工程设的招标控制价等,都不得向第三人泄露。

d.《示范文本》中通用条款的设计变更一节根据《合同法》关于合同变更的法律规定来处理,因此对这一款,不再论述。

对于建设工程合同,我们经常提到,凡与外商订立的合同,在履行过程中我方被对方索赔已经是司空见惯之事了,但为防止损失扩大,如发生不可抗力情形,以及一方当事人违反约定义务,给对方造成损害的,双方当事人均负有防止损失扩大的责任。

③ 附随义务是指无需约定,依诚实信用原则当事人应当承担的义务,它的确定方式与承担的责任均不同于约定义务。

a. 附随义务是根据诚实信用原则、合同性质、目的和交易习惯确定的;

b. 违反附随义务当事人承担的责任是受害方有权请求致害方承担过错赔偿责任。违反附随义务,不应当导致合同解除,当事人不享受《合同法》第九十四条、第九十六条规定的解除权。

(2) 约定不明确的条款可以补充

《合同法》第六十一条、第六十二条对订立合同约定不明确的条款和内容做了补充完善的规定。对于建设工程施工合同,因为是施行《示范文本》确定合同书的形式,同时大量的建设工程是通过招标投标来确立当事人双方发包、承包关系的,这样通过要约—新要约—更新要约—承诺成立的合同书,一般情况下在订立合同时不会有太多的疏漏,即使是由于建设工程的特点,在建造过程中出现的设计变更,当事人双方也可以通过《示范文本》中通用条款的设计变更一节与《合同法》关于合同变更的法律规定来处理,因此对这一款不再论述。

对于建设工程合同,我们经常提到,凡与外商订立的合同,在履行过程中,我方被对方索赔已经是司空见惯之事,但是在国内的建筑市场索赔一直不能健康地进行。溯其源,一方面是建筑业自新中国成立以来长期实行计划体制管理,基本建设一律作为完成国家的计划投资,根本未列入国民经济的生产部门,没有确认从事工程建设的发包、承包双方的行为属于民事责任行为,更没有承认过合同法属于权法,工程一旦被索赔就被视为行政责任。所以改革开放二十多年了,建筑业的合同履行中仍然是不会索赔、不能索赔、不让索赔,索赔工作不能正常进行,其根本原因是没有立法、没有法律保障。这次合同法立法,借鉴了国际的大陆法系、英美法系相关制度的优点,设立了完整的抗辩制度,是市场经济发展的需要,使建筑业健全索赔制度有了法律依据,其意义在于:

① 我国现行合同制度由于没有完整的抗辩制度,在一方不履行合同义务或者履行不符合约定时,另一方没有保护自己的手段,还必须履行合同,否则,就是双方违约,这是极不公平的。

② 当前建筑市场一些不正当的行为,如垫资施工屡禁不止、招标过程中提级(指质量)压价、超越科学与技术限度的压缩工程期限、施工企业低成本投标竞争、不按中标内容订立合同等问题十分严重,已经成为建筑市场的一大公害。而现行的规定不能有力地防范欺诈,因为在一方欺诈时,另一方还必须履行,否则就是双方违约。

5.2.2 合同风险管理

1) 风险的概念及产生的原因

在人类历史的长河中,风险是无时不在、无处不在的,尤其是当代社会,在政治、经济、科技、军事,甚至人们生活的各个层次、各个方面都充斥着风险。人们在不断地接受风险的挑战的同时,也在不断地探求各类有效的方法和手段去分析风险、防范风险,甚至利用风险。

那么,风险究竟为何物呢?概括地说,风险就是活动或事件发生的潜在可能性和所导致的不良后果。

风险既然是无处不在而又随时发生的,其产生的原因究竟是什么?大千世界,万事万物,都是在不断地发展变化的,由于人类认识客观事物的能力存在着局限性,造成人们对未来事物发展和变化的某些规律无法感知,从而不能提出行之有效的解决方案,这是信息不完备导致风险的主要原因之一;其次,信息本身的滞后性是导致风险发生的另一个原因。从理论上讲,绝对的完备信息是不存在的,对信息本身来说,其完备性也是相对的。人类总是在不断地探索事物、认识事物、并通过各种数据和信息去描述事物,而这种认识和描述只有当事物发生或形成之后才能进行,况且这种认识和描述需要一个过程,所以,这种数据或信息的形成总是要滞后于事物的形成和发展,从而导致信息滞后现象的必然性。

2) 工程项目风险

(1) 工程项目风险的概念

风险既然是无处不在的,对建设工程项目来讲,其存在风险也是必然的。工程项目风险,是指工程项目在设计、采购、施工及竣工验收等各个阶段、各个环节可能遭遇的风险,可将其定义为:在工程项目目标规定的条件下,该目标不能实现的可能性,包括工程项目风险率和工程项目风险量两个指标。

(2) 工程项目风险的特性

工程项目风险具有以下特性:

① 工程项目风险的客观性和必然性。客观事物的存在和发展是不以人的意志为转移的客观实在,决定了工程项目风险的客观性和必然性。

② 工程项目风险的不确定性。风险活动或事件的发生及其后果都具有不确定性。表现在:风险事件是否发生、何时发生,以及发生后造成的后果怎样都是不确定的。但人们可以根据历史的记录和经验,对其发生的可能性和后果进行分析预测。

③ 工程项目风险的可变性。在一定条件下,事物总会发生变化,风险也不例外,如引起

风险的因素发生变化,也会导致风险产生变化。风险的可变性主要表现在:风险的性质发生变化;风险造成的后果发生变化;出现新的风险或风险因素已消除。

④ 工程项目风险的相对性。主要表现在:风险主体是相对的。相同的风险对不同的主体产生的后果是不同的,对一方是风险,对另一方来说也可能是机会。风险大小是相对的。同样大小的风险对不同承受能力的主体,产生的后果是不同的。

⑤ 工程项目风险的阶段性。风险的发展是分阶段的,通常认为包括三个阶段:潜在阶段,是指风险正在酝酿之中,尚未发生的阶段;发作阶段,是指风险已成事实正在发展的阶段;后果阶段,是指风险发生后,已造成无法挽回的后果的阶段。

以往,我国在计划经济体制下,工程项目的建设一直采取的是无险建设状态。所谓"无险"并不是工程建设无风险,而是指参与工程建设的各方都不承担风险,而由国家承担工程的全部风险。这样,造成我国企业既无风险防范意识,又无抗风险能力。

为了适应建筑市场的要求,使我国建筑企业逐步适应市场经济规则的要求,参与国际竞争,我国适时制定实施了"工程量清单计价"的管理模式,要求企业在进行工程计价时,充分考虑工程项目风险的因素,体现工程项目风险发包、风险承包的意识。

风险贯穿于工程的全过程,也体现在工程实施过程中各方主体上,即业主、承包商、咨询机构及监理工程师。业主与承包商签订工程承包合同(包括咨询机构及监理工程师签订其他形式的合同),双方各自分担相应的工程风险,但由于工程承包业竞争激烈,受"买方市场"规则的制约,业主和承包商承担的风险程度并不均等,往往主要风险都落到承包商一方。

从国际建设工程项目来看,作为业主一方,其承担的主要风险有战争、暴乱以及政局发生变化的风险。不可抗拒的自然力造成的风险,如:地震、山洪、台风等。经济局势动荡,通货膨胀、税收增加等经济类风险。此外,还有项目决策失误,以及项目实施不当造成的风险。

通过对于业主方的风险,其可以要求承包方购买保险、订立苛刻的合同条件,以及工程实施过程中及工程实施完成后的反索赔措施等转移风险;此外,业主还要筹备一笔资金作为风险基金。

对于承包商来讲,其承担的风险较多,一般包括政治风险(战争与内乱、业主拒付债务、工程所在国对外关系的变化、制裁与禁运、工程所在国社会管理与社会风气的好坏);经济风险(物价上涨与价格调整风险、外汇风险、工程所在地保护主义);技术风险(气候条件、设备材料供应、技术规范、工程变更、运输问题等);公共关系等方面的风险(与业主的关系、与工程师的关系、联合体内部各方关系、与工程所在地政府部门的关系);管理方面的风险(主要包括承包商机构的素质和协调能力)等。

对于具体工程项目来讲,承包商在进行项目决策、缔约及实施工程中,还要面临如下风险:① 决策错误风险,包括:信息取舍失误或信息失真风险、中介代理风险、买保与保标风险、报价失误风险。② 缔约和履约风险,包括:不平等的合同条款及合同中定义不准确、合同条款遗漏、工程实施中的各项管理风险。③ 责任风险,包括:职业责任、法律责任、人事责任,以及他人归咎责任——替代责任。

由于承包商在工程承包过程中承担了巨大的风险,所以其在投标报价和生产经营的过程中,要善于分析风险因素,正确估计风险的大小,认真地研究风险防范措施,以避免或减轻风险,把风险造成的损失控制在最低限度。

承包商在进行工程项目投标报价时,还要建立风险成本观念,并将工程项目风险成本作为项目成本的组成部分,体现在工程造价成本费用中。

所谓工程项目风险成本,一般是指风险活动或事件引起的损失或减少的收益,以及为防止风险活动或事件发生采取的措施而支付的费用。风险成本包括:① 风险有形成本,风险有形成本是指风险活动或事件造成的直接损失和间接损失。直接损失是指发生在风险活动或事件现场的财产损失或伤亡人员的价值;间接损失是指发生在风险活动或事件现场以外的损失,以及收益的减少。② 风险无形成本,风险无形成本也称隐形成本,是指风险活动或事件发生前后,使风险主体付出的代价。主要包括:减少获利的机会;阻止了生产率的提高;引起资源配置不合理;影响了人的积极性,引起了人的恐惧心理。③ 风险管理费用,工程项目风险管理费用包括风险识别、风险分析、风险预防和风险控制所发生的费用,包括:向保险公司投保、向有关方面咨询、购买必要的预防或减损设备、对有关人员进行必要的培训等。

5.2.3　合同索赔管理

1) 索赔的概念

施工索赔这个名词对于我们来说并不陌生,作为调剂合同双方经济利益的有效杠杆之一,它已在西方经济发达国家的工程建设活动中广泛施行,工程参建各方充分利用索赔,维护各自的经济利益。但在我国,在工程建设活动中使用索赔的实例并不普遍,尤其是在目前施工队伍猛增、"僧多粥少"的局面下,施工单位处于弱势地位,往往忽略、轻视或者害怕发生索赔,认为索赔无足轻重,或是担心由于索赔影响双方的正常合作,甚至认为索赔是一种奢望,甲方能够按照施工合同支付工程款就可以了。

随着我国加入世界贸易组织和《计价规范》的实施,建设工程的计价方法发生了根本的变化,实行工程量清单计价,将逐步走向市场形成价格,准确反映各个企业的实际消耗量,全面体现企业技术装备水平、管理水平和劳动生产率。计价方法的改变,随之带来工程承包风险因素的增加,根据合同约定,承包人认为有权得到追加付款和(或)延长工期的,均可按规定的程序在规定的时限内向发包人提出索赔。

索赔是在工程施工合同的履行过程中,合同一方因对方不履行或没有全面适当履行合同所规定的义务而遭受损失时,向对方提出索赔或补偿要求的行为。

反索赔的内容则包括索赔发生前的索赔防范和索赔发生后的索赔反击。

索赔防范,要求当事人严格执行合同,预防违约。

反击对方的索赔,通常采取的措施是:① 用我方提出的索赔对抗对方的索赔要求,以求双方互做让步,互不支付。② 反驳对方的索赔报告,找出理由和证据,证明对方的索赔报告不符合实际情况,或不符合合同规定、计算不准确,以推卸或减轻自己的索赔责任,少受或免受损失。

恪守合同是工程施工合同双方共同的义务,索赔是双方各自享有的权利。只有坚持双方共同守约,才能保证合同的正常执行。

索赔是双向的,既可以是承包方向发包方的索赔,也可以是发包方向承包方的索赔。但实际工作中索赔主要是指承包方向发包方的索赔,这是索赔管理的重点。因为发包方在向承包商的索赔中处于主动地位,可以直接从应付给承包方的工程款中扣抵,也可以从履约保证金或保留金中扣款以补偿损失。

承包方提出的索赔一般称为施工索赔,即由于发包方或其他方面的原因,致使承包方在项目施工中付出了额外的费用或造成了损失,承包方通过合法途径和程序,通过谈判、诉讼或仲裁,要求发包方对承包方在施工中的费用损失给予补偿或赔偿。

索赔是法律和施工合同赋予合同双方共同享有的权利。综上所述,索赔的含义一般包括以下三个方面:① 一方违约使另一方蒙受损失,受损方向对方提出赔偿损失的要求;② 发生了应由发包方承担责任的特殊风险事件或遇到不利的自然条件等情况,使承包方蒙受较大的损失,从而向发包方提出补偿损失的要求;③ 承包方本应当获得的正当利益,由于未能及时得到工程师的确认和发包方给予的支付,从而以正式函件的方式向发包方索要。

2) 索赔的分类

从承包方角度看,索赔的内容分为费用和工期两类。

在工程施工过程中,一旦出现索赔事件,承包方应及时、准确、客观地估算索赔事件对工程成本的影响,对索赔要求进行量化分析。费用索赔是施工索赔的主要内容,工期索赔在很大程度上也是为了费用索赔,通常以补偿实际损失包括直接损失和间接损失为原则。

(1) 费用索赔

费用索赔是指承包方向发包方提出补偿自己的额外费用支出或赔偿损失的要求。承包方在进行费用索赔时,应遵循以下两个原则:① 所发生的费用是承包方履行合同所必需的。如果没有该费用支出,合同无法履行。② 给予补偿后,承包方应处于假设不发生索赔事件的同样地位,承包方不应由于索赔事件的发生而额外受益或额外受损。承包方可以对哪些费用提出索赔要求,取决于法律和合同的规定。

(2) 工期索赔

工期索赔是指承包方在索赔事件发生后向发包方提出延长工期、推迟竣工日期的要求。工期索赔的目的是避免承担不能按原计划施工并完工而需承担的责任。对于不应由承包方承担责任的工期延误,后果应由发包方承担,发包方应给予展延工期。

3) 常见的承包方索赔的内容

(1) 不利的自然条件与人为障碍引起的索赔

① 不利的自然条件指施工中遇到的实际自然条件比招标文件中所描述的更为困难和恶劣,增加了施工的难度,导致承包方必须花费更多的时间和费用,承包方可提出索赔的要求。例如:地质条件变化引起的索赔。然而,这种索赔经常会引起争议。一般情况下,招标文件中都介绍工程的地质情况,有的还附有简单的地质钻孔资料。在有些合同条件中,往往写明承包方在投标前已确认现场的环境和性质(包括地表以下条件、水文和气候条件等),即要求承包方承认已检查和考察了现场及周围环境,承包方不得因误解或误释这些资料而提出索赔。如果在施工期间,承包方遇到不利的自然条件,确实是"有经验的承包方"不能预见到的,承包方可提出索赔。

② 工程施工中人为障碍引起的索赔。如在挖土方工程中,承包方发现地下构筑物或文物,只要是图纸上并未说明的,且处理方案导致工程费用增加,承包方即可提出索赔。由于地下构筑物和文物等,确属"有经验的承包商"难以合理预见的人为障碍,这种索赔通常较易成立。

(2) 工期延长和延误的索赔

这类索赔的内容通常包括两方面:一是承包方要求延长工期,二是承包方要求偿付由于非承包方原因导致工程延误而造成的损失。这两方面的索赔报告要分别编写,因为工期和费用的索赔并不一定同时成立。例如,由于特殊恶劣天气等原因,承包方可以要求延长工期,但不能要求费用索赔;也有一些延误时间并不影响关键线路的施工,承包方可能得不到延长工期。但是,如果承包方能提出证明其延误造成损失,就可能有权获得这些损失的赔偿。可补偿的延误包括:场地条件的变更;设计文件的缺陷;发包方或建筑师的原因造成的临时停工;处理不合理的施工图纸而造成的耽搁;发包方供应的设备和材料推迟到货;工程其他主要承包方的干扰;场地准备工作不顺利;和发包方取得一致意见的工作变更;发包方关于工程施工方面的变更等。对以上延误,承包方有权要求费用补偿和工期适当延长,至于因罢工、异常恶劣气候等造成的工期拖延,应给承包方以适当推迟工期的权力,但一般不给承包方费用补偿。

（3）因施工中断和工效降低提出的施工索赔

由于发包方和建筑师的原因引起施工中断和工效降低,特别是根据发包方不合理的指令压缩合同规定的工作进度,使工程比合同规定日期提前竣工,从而导致工程费用的增加,承包方可提出人工费用增加、机械费用增加、材料费用增加的索赔。

（4）因工程终止或放弃提出的索赔

由于发包方不正当地终止或非承包方原因而使工程终止,承包方有权提出以下施工索赔:① 盈利损失。其数额是该项工程合同条款与完成遗留工程所需花费的差额。② 补偿损失。包括承包方在被终止工程上的人工、材料、机械的全部支出,以及各项管理费用的支出(减去已结算的工程款)。

（5）关于支付方面的索赔

工程款涉及价格、支付方式等方面的问题,由此引起的索赔也很常见。

① 关于价格调整方面的索赔。如合同条件规定工程实行动态结算的,应根据当地规定的材料价格(价差)调整系数和材料差价对合同价款进行调整。

② 关于货币贬值导致的索赔。在一些外资或中外合资项目中,承包方不可能使用一种货币,而需使用两种、三种货币从不同国家进口材料、设备和支付第三国雇员部分工资及补偿费用,因此合同中一般有货币贬值补偿的条款。索赔数额按一般官方正式公布的汇率计算。

③ 拖延支付工程款的索赔。一般在合同中都有支付工程款的时间限制,如果发包方不按时支付中期工程款,承包方可按合同条款向发包方索赔利息。发包方严重拖欠工程款,可能导致承包方资金周转困难,产生中止合同的严重后果。

4）发包方索赔的内容

由于承包方未能按合同约定履行自己的义务,或者由于承包方的错误使发包方受到损失时,发包方可向承包方提出索赔。常见的索赔内容有:

（1）工期延误索赔

在工程施工过程中,由于承包方的原因,使竣工日期拖后,影响到发包方对该工程的利用,给发包方带来经济损失,发包方有权对承包方进行索赔,要求承包方支付延期竣工违约金。工程合同中的误期违约金,由发包方在招标文件中确定。发包方在确定违约金的费率时,一般考虑以下因素:① 发包方盈利损失;② 由于工期延长而引起的贷款利息增加;③ 工程拖期带来的附加监理酬金;④ 由于工程拖期竣工不能使用,租用其他建筑物时的租赁费。

违约金的计算方法,在合同中应有具体规定,一般按每延误一天赔偿一定的款额计算。

但累计赔偿额不能超过合同价款的 10%。

（2）施工缺陷索赔

当承包方的施工质量不符合施工及验收规范的要求，或使用的设备和材料不符合合同规定，或在保修期未满以前未完成应该负责修补的工程时，发包方有权向承包方追究责任。如果承包方未在规定的期限内进行修补工作，发包方有权另请他人来完成工作，发生的费用由承包方负担。

（3）承包方未履行的保险费用索赔

如果承包方未能按照合同条款约定投保，并保证保险有效，发包方可以投保并保证保险有效，发包方所支付的必要的保险费可在应支付给承包方的款项中扣回。

（4）对超额利润的索赔

在实行单价合同的情况下，如果实际工程量比估算工程量增加很多，会使承包方预期的收入增大。因为工程量增加，承包方并不增加很多固定成本，合同价应由双方讨论调整，发包方收回部分超额利润。另外，由于行政法规的变化导致承包方在工程实施中降低了成本，产生了超额利润，可重新调整合同价格，发包方收回部分超额利润。

（5）对指定分包商的付款索赔

在承包方未能提供已向指定分包商付款的合理证明时，发包方可将承包方未付给指定分包商的所有款项（扣除保留金）付给这个分包商，并从应付给承包方的任何款项中如数扣回。

（6）承包方不正当的放弃工程的索赔

如果承包方不合理地放弃工程，则发包方有权从承包方手中收回由新的承包方完成全部工程所需的工程款超出原合同未付工程款的差额。

5）索赔程序

（1）索赔的具体规定

我国《建设工程施工合同（示范文本）》对索赔的提出做出了具体规定：

① 当一方向另一方提出索赔时，要有正当索赔理由，且有索赔事件发生时的有效证据。

② 发包人未能按合同约定履行自己的各项义务或履行义务时发生错误，以及应由发包人承担责任的其他情况，造成工期延期和（或）承包人不能及时得到合同价款及承包人的其他经济损失，承包方以书面形式按以下程序向发包人索赔：

a. 索赔事件发生后 28 天内，向工程师发出索赔意向通知；

b. 发出索赔意向通知后 28 天内，向工程师提出延长工期和（或）补偿经济损失的索赔报告及有关资料；

c. 工程师在收到承包人送交的索赔报告和有关资料后，于 28 天内给予答复，或要求承包人进一步补充索赔理由和证据；

d. 工程师在收到承包人送交的索赔报告和有关资料后 28 天内未予答复或未对承包人提出进一步要求的，视为该项索赔已经认可；

e. 当该索赔事件持续进行时，承包人应当阶段性地向工程师发出索赔意向，在索赔事件终了后 28 天内，向工程师送交索赔的有关资料和最终索赔报告，索赔答复程序与上述 c、d 规定相同。

③ 承包人未能按合同约定履行自己的各项义务或履行义务时发生错误，给发包人造成

经济损失,发包人可按上述确定的时限向承包人提出索赔。

（2）索赔程序

为了顺利地进行索赔工作,必须有充分的证据,同时必须谨慎地选择证实损失的最佳方法,并根据合同规定,及时提出索赔要求。如超过索赔期限,则无权提出索赔要求。

① 具有正当的索赔理由。所谓有正当的索赔理由,指必须具有索赔事件发生时的有关证据,因为进行索赔主要是靠证据说话。因此,对索赔的管理必须从宏观的角度上与项目管理有机地结合起来,这样才能不放过任何索赔的机会和证据。一旦出现索赔机会,承包方应做好以下工作：

a. 进行事态调查,对事件进行详细了解。

b. 对这些事件的原因进行分析,并判断其责任应由谁承担,分析发包方承担责任的可能性。

c. 对事件的损失进行调查和计算。

② 发出索赔通知。索赔事件发生后 28 天内,承包方应向发包方发出要求索赔意向通知。承包方在索赔事件发生后,应立即着手准备索赔通知。索赔通知应是合同管理人员在其他管理人员配合协助下起草的,包括承包方的索赔要求和支持该要求的有关证据,证据应力求详细和全面,但不能因为证据的收集而影响索赔通知的按时发出。

③ 索赔的批准。工程师在接到索赔报告后 28 天内给予答复,或要求承包方进一步补充索赔理由和证据,工程师在 28 天内未予答复,视为该项索赔已经认可。在这一步骤中,承包方应及时补充理由和证据。这就要求承包方在发出索赔通知和报告后不能停止或完全放弃索赔的取证工作,而对工程师来讲,则应抓紧时间对索赔通知和报告(特别是有关证据)进行分析,并提出处理意见。

6）索赔时效

建设工程施工合同索赔时效是基于合同当事人双方约定在建筑业广泛使用的一项法律制度,但在民法理论中对其基本性质尚缺少相应的深入研究。这里特别强调建设工程施工合同索赔时效的功能、法律基础、效力、适用范围等相关问题,重点解析应该如何计算索赔时效的期间。

建设工程施工合同索赔时效,是指施工合同履行过程中,索赔方在索赔事件发生后的约定期限内不行使索赔权的,视为放弃索赔权利,其索赔权归于消灭的合同法律制度。约定的期限即索赔时效期间,未在合同中作特别约定的,一般为 28 天。该种索赔时效,属于消灭时效的一种。

索赔时效的规定,可在各类合同范本中反映。如国家住建部、工商总局制定的《建设工程施工合同(示范文本)》(GF—2013—0201)通用条款 91.1 条规定：“承包人应在知道或应当知道索赔事件发生后 28 天内,向监理人递交索赔意向通知书,并说明发生索赔事件的事由；承包人未在前述 28 天内发出索赔意向通知书的,丧失要求追加付款和(或)延长工期的权利”；国际咨询工程师联合会编写的土木工程施工合同条件 1987 年第四版(FIDIC 条款)53.1 条也规定：“承包商的索赔应在引起索赔的事件第一次发生之后 28 天内,将他的索赔意向通知工程师”,53.4 条同时规定：“如果承包商未能遵守规定,他有权得到的有关付款将只能由工程师核实估价”。

在实践中,一些具体工程施工合同条款中,尤其是工程量清单报价模式下的合同,对于索赔时效有更具体的规定,如香港某测量师行起草的某地时代广场施工合同"总承包人的额外索赔"的条款规定:"总承包人的索赔必须在引起要求的事件发生后一个月内向建筑师提出,并在事件发生后两个月内呈交详细及有证据的申请,超出上述期限提出的任何索偿要求则应视为不合理逾期申请,而承包人则应被视为放弃此等要求赔偿之权利";另外如某地世纪朝阳花园工程的总承包合同就"总承包方的索偿"规定如下:"在引致有索赔事件发生后14天内,总承包方须向发包方提出有意索偿的书面报告,并在书面报告后21天内提交索偿额的具体计算资料,总承包方迟提出或迟交资料的索偿将不获考虑。"

索赔方如不严格遵守索赔时效的规定,逾期提出索赔要求,则其胜诉权将得不到法律支持。如北京仲裁委员会2002年裁决的北京某建筑集团公司与北京某科技发展有限公司之间的索赔争议案中,申请人北京某建筑公司提出了十余项索赔要求,金额近千万元,其中若干索赔要求因其提出索赔的时间超过了合同规定的索赔期限而被仲裁委员会认定为索赔无效,最终仅获80余万元的索赔款。

承包人应在知道或应当知道索赔事件发生后28天内,向监理人递交索赔意向通知书,并说明发生索赔事件的事由;承包人未在前述28天内发出索赔意向通知书的,丧失要求追加付款和(或)延长工期的权利。

(1)索赔时效的功能

① 促使权利人行使权力。索赔时效是由其本质决定的,索赔时效是时效制度中的一种。也就是说,超过法定期间,权利人不主张自己的权利,则诉讼权消灭,人民法院不再强制对该实体权利进行保护。通过此种方法来督促权利人积极行使自己的权利,这也是索赔时效的功能。

② 索赔时效具有平衡业主和建筑承包商利益的功能。在施工合同索赔中,业主通常是作为被索赔方,其与建筑承包商比较而言,对施工过程的参与程度和熟悉程度相对较为肤浅,施工记录也相对较为简单。由于索赔事件(如由于发包人错误指令造成连续浇注的混凝土施工异常中断,额外增加施工缝的处理费用)往往持续时间短暂,事后难以复原,业主难以在事后查找到有力证据来确认责任归属,或准确评估所发生的费用数额。因此,如果允许承包商隐瞒索赔意图,对其索赔权不加时间限制,无疑将置业主于不利状态。索赔时效平衡了业主和承包商的利益。一方面,在索赔时效制度下,凡索赔时效期间届满,即视为不行使索赔权的承包商放弃索赔权利,业主可以以此作为证据的代用,避免举证的困难;另一方面,只有促使承包商及时地提出索赔要求,才能警示业主充分履行合同义务,避免相类似索赔事件的再次发生。

③ 索赔时效有利于索赔的客观、公正、经济的解决。索赔肯定会有分歧,尤其是引起索赔的事件已经完成很长时间后才提起索赔,分歧会更加严重。如果没有索赔时效的限制,索赔权利人甚至可能会在工程完工后才提出索赔。时过境迁、人员变动,使得索赔事件的真实状况很难复原,因而导致业主和承包商均依据各自的记录阐述各自理由,而双方必然都认为自己才真实地记录了索赔事件,使得索赔很难通过协商解决,由此引发的合同争端只能通过调解、仲裁或诉讼等方式解决,增加了双方的费用和成本。

(2)索赔时效的法律基础

虽然索赔时效已通行于建筑业,几成行业惯例,但在法律未将之纳入明文规定之前,仍不属于法定制度,仅属当事人的合同约定。然而,基于意思自治、合同自由的合同法原则,施工合同当事人在不违反法律、法规禁止性规定的前提下,其协商一致的索赔时效合同条款,应属合法有效。

根据《合同法》第八条"依法成立的合同,对当事人具有法律约束力"的规定,施工合同索赔时效的约定,据此具有了法律约束力。因此,对于那些超过索赔期限的索赔要求,根据索赔时效的特性和合同的性质,不再具有法律约束力,自然难以获得法律支持。

（3）索赔时效的效力

索赔时效有两个方面的效力,一是索赔时效期间届满则索赔权即诉权消灭,即权利人未在约定的索赔时效期间内提出索赔,其索赔权利消灭;二是索赔时效为有效的抗辩理由,即索赔时效期间届满,请求权的相对人因而取得否认对方请求的权利。

索赔时效期间届满后的请求权,因诉权消灭,变为不可诉请求权,此种请求权不受法律强制实施的约束和保障。因为基于索赔时效的效力,义务人取得了抗辩权,可拒绝权利人的索赔主张。虽则如此,但权利人的实体权利并未就此丧失,因为,一方面如果被索赔方即请求权利义务人主动放弃索赔时效的抗辩权,其仍可自愿履行该债务,给权利人以补偿,索赔方有权接受该赔款,不构成不当得利。即使被索赔方不知道时效届满的事实,也不能以不知时效届满为由要求返还。另一方面,被索赔方在时效届满提出索赔时效抗辩的同时,仍可基于道义或公平原则,给予索赔方适当补偿,即所谓的道义索赔,索赔方也有权接受该赔款,不构成不当得利。

此外,虽然索赔时效是基于合同约定产生的,但其仍属于时效的一种。按照时效制度的原则,即时效只能由当事人主张而不能由法庭主动援用。因此,法院或仲裁庭在审理该类案件时,一般不能主动援用索赔时效,只有在被索赔方提出该项抗辩理由时,才能予以支持。

（4）索赔时效的适用范围

索赔时效的适用范围应根据合同约定确定,一般而言,对于合同有具体时间约定的事项不适用索赔时效。如合同规定设计变更对总价引起的增减在竣工结算时进行调整,则设计变更引起的索赔,无须遵守索赔时效规定。此外,法律对时效有明文规定的事项,如保险索赔时效,应按法律规定处理,而不得以合同约定为准。

（5）索赔时效期间的计算

由于索赔时效关系到索赔权利的得失,决定了索赔结果,因此索赔时效期间的计算,尤其是索赔时效期间的起算时间的确定就显得十分重要。

确定索赔时效期间起算点的一个重要问题是,是以索赔事件发生时间为起算点,还是以索赔事件结束时间为起算点。

尽管任何事件的发生或长或短都有持续时间,但是索赔时效期间的起算时间应该是索赔事件发生的开始。在上例仲裁案中,申请人北京某建筑集团公司提出,被申请人逾期未支付工程款的违约行为是持续的事件,只有在事件结束后才能评估具体的损失（即索赔额）,因此申请人主张,虽然其提交索赔报告的时间超过了按事件发生时间起算的期间,但并未超过按事件结束时间起算的期间,由此认为其索赔要求并未超过索赔时效期间。仲裁庭指定的鉴定人指出,被申请人拖欠工程款是一个持续的事件,甚至在该争议提交给仲裁庭时,事件仍有可能处于继续状态,如果按申请人的逻辑,索赔时效期间甚至尚未开始计算,其索赔要求甚至还不能提出。显然,申请人的理由是自缚手脚,不能成立。从司法实践的理解来看,认为从索赔事件开始发生起,当事人就应该知道其具有了索赔权利,就应该积极行使自己的权利。

事实上,在规定较为详细的合同条款中,对于持续时间较为长久的索赔事件,其索赔时效期间的起算仍然是事件发生时间,只是在这种情况下,索赔权利人在索赔时效期间内提出的索赔要求不是最终的索赔要求,而仅仅是索赔意向。如《示范文本》第19.1条规定:"索赔事件具有持续影响的,承包人应按合理时间间隔继续递交延续索赔通知,说明持续影响的实际情况和记录,列出累计的追加付款金额和(或)工期延长天数;在索赔事件影响结束后28天内,承包人应向监理人递交最终索赔报告,说明最终要求索赔的追加付款金额和(或)延长的工期,并附必要的记录和证明材料。"FIDIC条款53.3条规定:"当提出索赔的事件具有连续影响时,承包商提出的索赔报告应被认为是临时详细报告,承包商应在索赔事件所产生的影响结束后28天之内发出一份最终详细报告。"

但是如果索赔权利人确实对索赔事件已经发生不知情,应如何确定计算起点呢?例如承包商误以为业主的工程款已经通过银行到账,而实际并未到账的情形。此时,时效期间应从知道或者应当知道索赔事件发生时起计算。但索赔权利人不能以"不知道权利被侵害"为由,提出索赔期间延长。原因在于是否知道事件发生,较容易凭借客观情形做出判断,而是否认识到索赔事件发生后权利已被侵害乃是人的主观心理活动,很难成为一个客观标准,作为权利人免责的理由。

索赔时效期间计算中另一重要的问题是,索赔时效期间是否可以中止。所谓时效期间的中止,又称时效期间的不完成,指在时效期间即将完成之际,有与权利人无关的事由使权利人无法行使其请求权,法律为保护权利人而使时效期间暂停计算,待中止事由消灭后继续计算。根据索赔时效的功能和性质,而且考虑到在实践中当事人约定的索赔期间一般较短,因此应该严格限定能够引起索赔时效期间中止的事由。应该仅限于权利人因不可抗力的障碍导致其不能行使索赔权的情形,而且双方当事人应在合同中明确不可抗力的范围。也就是说,索赔时效期间应是固定不变的期限,只以不可抗力为特定的时效终止事由。

7)索赔证据和索赔文件

(1)索赔证据的要求

① 具备真实性。索赔证据必须是在实施合同过程中确实存在和发生的,必须完全反映实际情况,能经得住对方的推敲。

② 具备关联性。索赔的证据应当能够互相说明,相互具有关联性,不能零乱和支离破碎,更不能相互矛盾。

③ 具备及时性。索赔证据的及时性主要体现在证据的取证和证据的提出这两个方面都应当及时。

④ 具备可靠性。索赔证据应当是可靠的,一般应是书面的,有关的记录、协议应有当事人的签字认可。

(2)索赔证据的种类

以下文件和资料都有可能成为索赔证据:

① 招标文件、施工合同文本及附件,其他各种签约(如备忘录、补充协议等),经认可的工程实施计划、各种工程图纸、技术规范等,这些索赔的依据可在索赔报告中直接引用。

② 双方的往来信件。

③ 各种会谈纪要。在施工合同履行过程中,定期或不定期的工程会议所做出的决议或

决定,是施工合同的补充,应作为施工合同的组成部分,但会谈纪要只有经过各方签署后才可作为索赔的依据。

④ 施工进度计划和具体的施工进度安排。

⑤ 施工现场的有关文件。如施工记录、施工备忘录、施工日报、工长或检查员的工作日记等。

⑥ 工程照片。照片可以清楚、直观地反映工程具体情况,照片上应注明日期。

⑦ 气象资料。

⑧ 工程检查、验收报告和各种技术鉴定报告。

⑨ 工程中送停电、送停水、道路开通和封闭的记录和证明。

⑩ 国家公布的物价指数、工资指数。

⑪ 各种会计核算资料。

⑫ 建筑材料的采购、订货、运输、进场、使用方面的凭据。

⑬ 国家有关法律、法令、政策文件。

（3）索赔文件

索赔文件是承包方向发包方索赔的正式书面材料,也是工程师审议承包方索赔请求的主要依据,包括索赔意向通知、索赔报告、详细计算书与证据。

① 索赔意向通知是承包方致发包方或其代表的简短信函,是提纲挈领的材料,它把其他材料贯通起来。索赔意向通知应包括以下内容:a. 说明索赔事件;b. 列举索赔理由;c. 提出索赔金额与工期;d. 附件说明。

② 索赔报告是索赔的正式文件,一般包含三个主要部分:a. 报告的标题。应言简意赅地概括索赔的核心内容。b. 事实与理由。这部分应该叙述客观事实,合理引用合同规定,建立事实与损失之间的因果关系,说明索赔的合理合法性。c. 损失计算书与要求赔偿金额及工期。这部分无须详细公布计算过程,只需列举各项明细数字及汇总数据即可。

③ 详细计算书是为了证实索赔金额的真实性而设置的,可以大量运用图表。

④ 索赔证据是为了证实整个索赔的真实性。

8）索赔费用的确定

（1）处理索赔的一般原则

① 必须以合同为依据。必须对合同条款有详细了解,以合同为依据处理合同双方的利益纠纷。

② 必须注意资料的积累。积累一切可能涉及索赔论证的资料,建立业务往来的文件编号档案等业务记录制度,做到处理索赔时以事实和数据为依据。

③ 必须及时处理索赔。索赔发生后必须依据合同的准则,及时对索赔进行处理。任何在中间付款期将问题搁置下来留待以后处理的想法都将会带来意想不到的后果。此外,在索赔的初期和中期,可能只是普通的信件往来,拖到后期综合索赔,将会使矛盾进一步复杂化,大大增加处理索赔的难度。

④ 费用索赔均以赔偿或补偿实际损失为原则,实际损失可作为费用索赔值。实际损失包括两部分:直接损失,即索赔事件造成的财产的直接减少,实际工程中常表现为成本增加或实际费用超支;间接损失,即可能获得的利益的减少。

（2）费用索赔的项目

索赔费用的组成同工程造价类似，主要包含有以下几个方面：

① 人工费。指完成合同之外的额外工作所花费的人工费用；由于非承包方责任的工效降低所增加的人工费用；法定的人工费增长以及非承包方责任的工程延误导致的人员窝工费等。

② 材料费。包括由于索赔事项的材料实际用量超过计划或定额用量而增加的材料费；由于客观原因材料价格大幅度上涨；由于非承包方责任的工程延误导致的材料价格上涨和材料超期贮存费用等。

③ 机械费。包括由于完成额外工作增加的机械使用费；非承包方责任的工效降低增加的机械使用费；由于发包方原因导致的机械停置费等。停置费的计算，如系租赁施工机械，一般按实际租金计算；如系承包方自有施工机械，一般按机械折旧费和人工费计算。

④ 分包费用。指分包商的索赔费，一般也包括人工、材料、机械费的索赔。分包商的索赔应如数列入总承包方的索赔款总额内。

⑤ 现场管理费。指承包方完成额外工程、索赔事项工作以及工期延长期间的现场管理费，包括管理人员工资、办公费等。但如果对部分工人窝工损失索赔，因其他工程仍然进行，可不予计算现场管理费的索赔。

⑥ 企业管理费。主要指的是工程延误期间所增加的公司管理费。

⑦ 利息。包括拖期付款的利息；由于工程变更和工程延误增加资金投入的利息；索赔款的利息；错误扣款的利息等。利息率在实践中可采取不同的标准，主要有：按当时的银行贷款利率；按当时的银行透支利率；按合同双方协议的利率等。

⑧ 利润。一般来说由于工程范围的变更和施工条件变化引起的索赔，承包方是可以列入利润的。但对于工程延误的索赔，由于延误工期并未影响、削减某些项目的实施，从而导致利润减少，所以一般很难同意在延误的费用索赔中加进利润损失。

索赔利润的款额计算通常是与原报价单中的利润百分率保持一致，即在分部分项工程费内，在人工费和机械费（区别于老定额）的基础上，乘以原报价单中的利润率，作为该项索赔款的利润。

（3）索赔费用的计算方法

索赔费用值的计算没有共同认可、统一的计算方法，但计算方法的选择却对索赔费用值影响很大，要求具备丰富的工程估价经验和索赔经验。

索赔事件的费用计算，一般是先计算有关的人工费和机械费，然后计算应分摊的管理费。每一项费用的具体计算方法，基本上与报价计算相似。总体而言，一般采用总费用法和分项法进行索赔事件的分部分项工程费用的计算，并选择合理的分摊方法进行管理费的分配。

① 总费用法。总费用法又称总成本法。当发生多次索赔事件以后，重新计算该工程的实际总费用，实际总费用减去投标价时的估算总费用，即为索赔金额。计算公式是：

索赔金额 = 实际总费用 - 投标报价估算总费用

总费用法的基本思路是将固定总价合同转化为成本加酬金合同，按成本加酬金的方法来计算索赔值，即以承包方的额外增加的成本为基础，加上相应的管理费、利润作为索赔值。

不少人对采用该方法计算索赔费用持批评态度，因为实际发生的总费用中可能包括承包方的原因如施工组织不善而增加的费用,同时投标报价的总费用却因为想中标而往往过低。这种方法在工程实践中用得很少,不容易被认可。该方法的应用必须满足以下四个条件:

a. 合同实际发生的总费用应计算准确,计算的成本应符合普遍接受的会计原则,若需要分配成本,则分摊方法和基础选择要合理。

b. 承包方的报价合理,符合实际情况。

c. 合同总成本的超支系其他当事人行为所致,承包方在合同实施过程中没有任何失误,但这一般在工程实际中基本是不可能的。

d. 合同争执的性质不适合采用其他计算方法。

② 修正总费用法。修正总费用法是在总费用计算的原则上,去掉一些不合理的因素,使其更合理。修正的内容如下:

a. 将计算索赔款的时段局限于受到外界影响的时间,而不是整个施工期。

b. 只计算受影响时段内的某项工作所受影响的损失,而不是计算该时段内所有施工工作所受的损失。

c. 与该项工作无关的费用不列入总费用中。

d. 对投标报价费用重新进行核算。受影响时段内该项工作的实际单价,乘以实际完成的该项工作的工程量,得出调整后的报价费用。

按修正后的总费用计算索赔金额的公式如下:

索赔金额 = 某项工作调整后的实际总费用 — 该项工作的报价费用

修正的总费用法与总费用法相比,有了实质性的改进,它的准确程度已接近于实际费用。

③ 分项法。分项法是对每个引起损失的事件和各费用项目单独分析计算,最终求和。该方法比总费用法复杂、困难,但比较合理、清晰,能反映实际情况,可为索赔报告的分析、评价及其最终索赔谈判和解决提供方便,是广泛采用的方法。分项法计算,通常分三步:

a. 统计出每个或每类索赔事件所影响的费用项目,即引起哪些费用损失,不得有遗漏。这些费用项目通常应与合同报价中的费用项目一致。

b. 计算每个费用项目受索赔事件影响后的数值,通过与合同价中的费用值进行比较即可得到该项费用的损失值即索赔值。

c. 将各费用项目的索赔值列表汇总,得到总的费用索赔值。

分项法中索赔费用主要包括该分项工程施工过程中所发生的额外人工费、材料费、机械费以及在人工费和机械费基础上应得的管理费和利润等。由于分项法所依据的是实际发生的成本记录或单据,所以对施工过程第一手资料的收集整理显得非常重要。

【例】 某大型综合性娱乐场所单独装饰工程系外商投资项目,业主与承包商按照国际工程合同(FIDIC)中的土木工程施工合同条件签订了施工合同。施工合同专用条款规定:木地板、地毯、幕墙玻璃由业主供货到现场仓库,其他装饰材料由承包商自行采购。某年3月24日至3月27日,因停电、停水使第三层天棚吊顶停工。当工程施工至最后一层即第五层楼地面工程时,因"非典"原因业主提供的甲供材实木地板不能及时到位,使该项作业从4月1日至4月14日停工。为此承包商于4月20日向监理工程师提交了一份索赔意向书,并于4月23日送交一份工期、索赔计算书依据的详细材料。

索赔通知

甲方代表(或监理工程师):

您好!

(1) 3月24日至3月27日,因停电、停水使第三层天棚吊顶停工(该项作业总时差为5天)。

(2) 我方在施工至最后一层即第五层楼地面时,因"非典"原因业主提供的甲供材实木地板(地板木楞做法)存货不足,同类材料由市场缺货未到位,致使该项作业从4月1日至4月14日停工(该项作业总时差为0)。

由于上述两条,造成我方窝工而引起进度拖延。

上述情况造成了我方的经济和工期损失,为此向你方提出工期索赔和费用索赔要求,具体工期索赔及费用索赔依据与计算书在随后的索赔报告中。

承包商:×××

××××年4月20日

索赔报告

(1) 工期索赔

① 天棚吊顶安装:3月24日至3月27日停工,计4天。

② 楼地面铺设地板:4月1日至4月14日停工,计14天。

总计请求顺延工期18天。

(2) 费用索赔

① 窝工机械设备费

龙门架　90×(14+4)=1 620(元)

平刨机　8×14=112(元)

小计　1 732元

② 窝工人工费(按照甲乙双方合同约定计算人工费)

木工吊顶　10×40×4=1 600(元)

地板安装　20×45×14=12 600(元)

小计　14 200元

③ 管理费增加、利润损失　(1 732+14 200)×(48%+15%)=10 037.16(元)

经济索赔合计　25 969.16元

经过甲方代表(监理工程师)的紧张调查取证认定,在5月5日回复如下:

索赔回复

×××施工单位:

你单位提出的因"3月24日至3月27日因停电、停水使第三层天棚吊顶停工;4月1日至4月14日因'非典'原因甲供材实木地板供应不到位,致使该项作业停工"而提出索赔的通知我方已经收到。经我方认真审查核实,认定其中部分事实成立,随后附索赔审定书。

投资商:×××

××××年5月5日

索赔审定书

(1) 工期索赔

① 天棚吊顶安装:不予工期补偿。因为该项作业虽属于业主原因造成,但该项作业不在关键线路上,且未超过工作总时差。

② 楼地面铺设地板停工14天,应予补偿工期10天。该项作业是由于业主原因造成的,且该项作业处于工程的最后阶段,但计划铺设地板作业时同时进行其他工作,位于关键线路的是后10天的铺设时间,故工期补偿10天时间。

同意工期补偿:0+10=10天。

(2) 费用索赔

① 窝工机械设备费

龙门架　90×(14+4)×65%=1 053(元)(按惯例,闲置和因停电闲置机械只应计取折旧费)

平刨机　8×14×65%=72.8(元)(按惯例,闲置机械只应计取折旧费)

小计　1 125.8元

② 窝工人工费(按照甲乙双方合同约定计算人工费)

木工吊顶　10×10×4=400(元)(业主原因造成,但窝工人工已做其他工作,所以只补偿工效差)

地板安装　20×10×14=2 800(元)(业主原因造成,只补偿工效差)

小计　3 200元

③ 未造成管理费增加和利润损失,故不予补偿,为0。

经济补偿合计　1 125.8+3 200+0=4 325.8(元)

6 装饰工程工程量清单计价实例

6.1 分部分项工程清单计价实例

【例6.1】 某公司办公室位于某写字楼三楼,平面尺寸如图6.1所示,墙体厚度除卫生间内墙为120 mm外,其余均为240 mm;门洞宽度除进户门为1 000 mm外,其余均为800 mm。总经理室的楼面做法:断面为60 mm×70 mm木龙骨地楞(《计价定额》中为60 mm×50 mm),楞木间距及横撑的规格、间距同《计价定额》,木龙骨与现浇楼板用M8 mm×80 mm膨胀螺栓固定,螺栓设计用量为50套,不设木垫块,采用免漆免刨实木地板面层,实木地板价格为160元/m²,硬木踢脚线的毛料断面为150 mm×20 mm,设计长度为15.24 m,钉在墙面木龙骨上,踢脚线的油漆做法为刷底油、刮腻子、刷色聚氨酯漆四遍。总工办及经理室采用木龙骨基层复合木地板地面。卫生间采用水泥砂浆贴250 mm×250 mm防滑地砖(25 mm厚1:2.5防水砂浆找平层),防滑地砖的价格为3.5元/块。其他区域的地面铺设600 mm×600 mm地砖(未说明的按《计价定额》规定均不调整)。

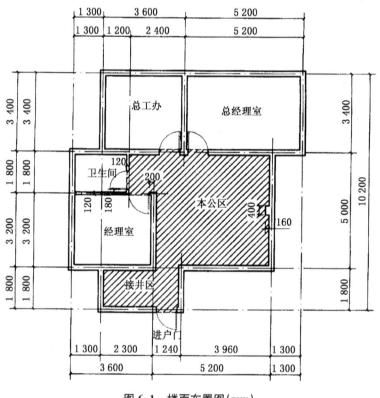

图6.1 楼面布置图(mm)

(1)根据题目给定的条件,按2014版《计价定额》规定列出各定额子目的名称并计算所对应的工程量。

（2）根据题目给定的条件，按 2014 版《计价定额》规定计算总经理室、卫生间地面及踢脚线子目的综合单价。

【相关知识】

（1）地板及块料面层，按图 6.1 所示尺寸实铺面积以平方米（m²）计算，应扣除凸出地面的构筑物、设备基础、柱、间壁墙等不做面层的部分，0.3 m² 以内的孔洞面积不扣除。门洞、空圈、暖气包槽、壁龛开口部分的工程量另增并入相应的面层内计算。

（2）木楞断面与《计价定额》中不同，需换算。

（3）若楞木不是用预埋铅丝绑扎固定，而是用膨胀螺栓连接，则膨胀螺栓的用量按设计另增，电锤按每 10 m² 需 0.4 台班计算。

（4）当踢脚线钉在墙面木龙骨上时，应扣除木砖成材 0.09 m³。

【解】

1）按《计价定额》列项并计算工程量

（1）总经理办公室铺实木地板　（5.2−0.24）×（3.4−0.24）≈15.67（m²）

（2）硬木踢脚线　15.24 m

（3）总工办铺复合木地板　（3.6−0.24）×（3.4−0.24）≈10.62（m²）

（4）经理室铺复合木地板　（3.2−0.12−0.06）×（3.6−0.24）≈10.15（m²）

（5）卫生间贴防滑地砖　（2.5−0.24）×（1.8−0.18）≈3.66（m²）

（6）其他区域贴地砖

（5.0−0.24）×（8.8−0.24）+（1.8−0.24）×（3.54−0.24）−（3.2−0.12+0.06）×3.6−（1.8−0.12−0.06）×（2.5−0.12）−0.4×0.16+0.8×0.24×2+0.8×0.12×2+1.0×0.24+（1.24−0.24）×0.24=31.51（m²）

2）按《计价定额》计算总经理室各子目单价

13-112　铺设木楞

［（60×70）÷（60×50）×0.082+0.033］×1 600+（50÷15.67）×10.2×0.6+17.04+2.00+（50.15+14.77+0.4×8.34）×1.37≈368.56（元/10 m²）

13-117　免漆免刨实木地板

3 235.9−2 625+160×10.5=2 290.9（元/10 m²）

13-127　硬木踢脚线

158.25−0.009×1 600=143.85（元/10 m）

"17-59"+"17-69"　踢脚线油漆

119.72+20.33=140.05（元/10 m）

13-83　卫生间贴防滑地砖

分析：10 m² 地砖用量　10÷0.25÷0.25=160（块）

979.32−510+3.5×160×1.02−48.41+0.253×387.57=1 090.17（元/10 m²）

【例 6.2】　一会议室的彩色水磨石楼面如图 6.2 所示。外墙为 240 mm，框架柱截面均为 600 mm×600 mm。楼面构造：素水泥浆一道，20 mm 厚 1∶3 水泥砂浆找平层，15 mm 厚彩色水磨石面层，2 mm×15 mm 嵌铜条分割。楼面水磨石采用 1∶2 白水泥加颜料石子浆，颜料分为氧化铁黄、氧化铁红和氧化铬绿。边框采用氧化铁黄彩色水磨石镶边,宽度为180 mm,中间采用氧化铁红和氧化铬绿彩色水磨石等间距分格。踢脚线高120 mm(含门洞口侧壁),15 mm厚1:3水泥砂浆底,12 mm厚1:2白水泥彩色石子浆面层。编制该地面工程的工程量清单并确定相应清单的综合单价(假设人工、材料、机械价差及管理费的费率和利润率均不调整)。

【相关知识】

(1)铜嵌条分格另外套有关子目计算,但需扣除水磨石面层单价中的玻璃嵌条价格。

(2)分色采用的颜料品种不同,需按实计算。

(3)《计价定额》规定踢脚线高度是按150 mm编制的,如设计高度不同时,材料按比例调整。

(4)20 mm厚1:3水泥砂浆找平层已含在水磨石面层的计价子目内,不需再单独套用计价子目。

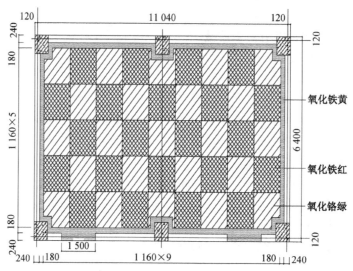

图6.2 彩色水磨石楼面布置图(mm)

【解】

1)按《计算规范》编制工程量清单

(1)确定项目编码和计量单位

水磨石地面查《计算规范》项目编码为011101002001,计量单位为平方米(m²)。

水磨石踢脚线查《计算规范》项目编码为011105001001,计量单位为米(m)。

(2)按《计算规范》规定计算清单工程量

水磨石地面 (11.04-0.24)×(6.4-0.24)≈66.53(m²)

水磨石踢脚线 (11.04-0.24+6.4-0.24)×2-1.50×2(门洞)+0.24×2×2(门洞侧)+0.36×2×2(柱侧)=33.32(m)

(3)工程量清单

011101002001 水磨石地面 66.53 m²

011105001001 水磨石踢脚线 33.32 m

(4)项目特征描述

素水泥浆一道,20 mm厚1:3水泥砂浆找平层,15 mm厚1:2白水泥加颜料石子浆面层,颜料分为氧化铁黄、氧化铁红和氧化铬绿。2 mm×15 mm 嵌铜条分割。

踢脚线高 120 mm,15 mm 厚 1∶3 水泥砂浆底,12 mm 厚 1∶2 白水泥彩色石子浆面层。

2) 按《计价定额》组价

(1) 按《计价定额》规则计算子目工程量

水磨石地面　(11.04-0.24)×(6.4-0.24)≈66.53(m²)

水磨石踢脚线　(11.04-0.24+6.4-0.24)×2=33.92(m)

水磨石嵌铜条　10.44×6+5.8×10+0.36×2×2(柱侧)=122.08(m)

(2) 按《计价定额》计算各子目单价

13-32 换　彩色水磨石面层　1 715.13 元/10 m²

分析:计算各种颜色的彩色水磨石面积

氧化铁红(S_1)　1.16×1.16×22≈29.6(m²)

氧化铬绿(S_2)　1.16×1.16×23-0.36×(0.6+0.18×2)×2+0.36×0.36×4≈

30.78(m²)

氧化铁黄(S_3)　66.53-29.6-30.78=6.15(m²)

则氧化铁红彩色石子浆用量

$$S_1÷(S_1+S_2+S_3)×0.173=29.6÷66.53×0.173≈0.077(m³)$$

氧化铬绿彩色石子浆用量

$$S_2÷(S_1+S_2+S_3)×0.173=30.78÷66.53×0.173≈0.08(m³)$$

氧化铁黄彩色石子浆用量

$$S_3÷(S_1+S_2+S_3)×0.173=6.15÷66.53×0.173≈0.016(m³)$$

氧化铁红颜料用量　$S_1÷(S_1+S_2+S_3)×0.30=29.6÷66.53×0.30≈0.133$(kg)

氧化铬绿颜料用量　$S_2÷(S_1+S_2+S_3)×0.30=30.78÷66.53×0.30≈0.139$(kg)

氧化铁黄颜料用量　$S_3÷(S_1+S_2+S_3)×0.30=6.15÷66.53×0.30≈0.028$(kg)

扣除玻璃　-10.56 元

13-32 换　彩色水磨石面层

1 681.17-168.28-1.95-10.56+0.077×972.71+0.08×1 482.71+0.016×

982.71+0.133×6.5+0.139×32+0.028×7≈1 715.13(元/10 m²)

13-105　水磨石嵌铜条　65.33 元/10 m

13-34 换　彩色水磨石踢脚线　271.43 元/10 m

分析:扣 1∶2 水泥白石子浆　-7.16 元

增白水泥彩色石子浆　0.018×842.71≈15.17(元)

13-34 换　彩色水磨石踢脚线

$$269.15-20.65+(20.65-7.16+15.17)×\frac{120}{150}≈271.43(元/10 m)$$

(3) 计算各定额子目合价

011101002001　水磨石地面

13-32 换　彩色水磨石面层　66.53÷10×1 715.13≈11 410.76(元)

13-105　水磨石嵌铜条　122.08÷10×65.33≈797.55(元)

合计　12 208.31 元

011105001001　水磨石踢脚线

13-34 换　彩色水磨石踢脚线　33.92÷10×271.43≈920.69(元)

3) 计算清单综合单价

011101002001　水磨石地面　12 208.31÷66.53≈183.50(元/m²)

011105001001　水磨石踢脚线　920.69÷33.32≈27.63(元/m)

【例 6.3】　某大厅内的地面垫层采用水泥砂浆镶贴花岗岩板,20 mm 厚 1∶3 水泥砂浆找平层,8 mm 厚 1∶1 水泥砂浆结合层,具体做法如图 6.3 所示:中间为紫红色,紫红色外围为乳白色,花岗岩板现场切割,四周做两道各 200 mm 宽的黑色镶边,每道镶边内侧嵌铜条 4 mm×10 mm,其余均为 600 mm×900 mm 的芝麻黑规格板;门槛处不贴花岗岩;贴好后应酸洗打蜡,并进行成品保护。材料的市场价格如下:铜条为 12 元/m,紫红色花岗岩为 600 元/m²,乳白色花岗岩为 350 元/m²,黑色花岗岩为 300 元/m²,芝麻黑花岗岩为 280 元/m²(其余未说明的按《计价定额》规定均不调整)。

(1)根据题目给定的条件,按 2014 版《计价定额》规定对该大厅花岗岩地面列项并计算各定额子目的工程量。

(2)根据题目给定的条件,按 2014 版《计价定额》规定计算该大厅花岗岩地面的各定额子目的综合单价。

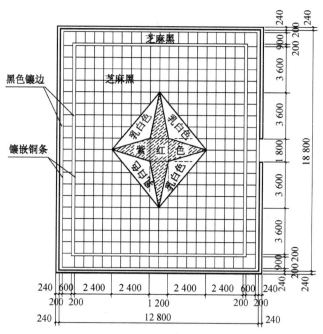

图 6.3　花岗岩地面布置图(mm)

【相关知识】

(1)大理石、花岗岩面层镶贴不分品种、拼色均执行相应子目。包括镶贴一道墙四周的镶边线(阴阳角处含 45°角),设计有两条或两条以上镶边者,按相应定额子目人工乘以系数 1.1(工程量按镶边的工程量计算)。

(2)石材块料面板局部切除并分色镶贴成折线图案者称"简单图案镶贴"。

（3）多色简单图案镶贴石材块料面板,按镶贴图案的矩形面积计算。当计算简单图案之外的面积时,应按矩形面积扣除简单图案的面积。

【解】

1) 按《计价定额》列项并计算工程量

（1）中间多色简单图案花岗岩镶贴　$6 \times 9 = 54 (m^2)$

（2）地面水泥砂浆铺贴黑色花岗岩（镶边）

$$0.2 \times [(12.8 + 18.8 - 0.2 \times 2) \times 2 + (12.8 - 0.8 \times 2 + 18.8 - 1.1 \times 2 - 0.2 \times 2) \times 2] = 23.44 (m^2)$$

（3）地面水泥砂浆铺贴芝麻黑花岗岩　$12.8 \times 18.8 - 54 - 23.44 = 163.2 (m^2)$

（4）石材板缝嵌铜条　$(12.8 - 0.2 \times 2 + 18.8 - 0.2 \times 2) \times 2 + (12.8 - 1 \times 2 + 18.8 - 1.3 \times 2) \times 2 = 115.6 (m)$

（5）花岗岩面层酸洗打蜡　$12.8 \times 18.8 = 240.64 (m^2)$

（6）花岗岩面层成品保护　$12.8 \times 18.8 = 240.64 (m^2)$

2) 按《计价定额》计算各子目单价

13-55 换　地面花岗岩多色简单图案水泥砂浆镶贴

分析:紫红色面积　$2 \times 1.2 \times 3.6 \div 2 + 2 \times 1.8 \times 2.4 \div 2 + 1.2 \times 1.8 = 10.8 (m^2)$

芝麻黑面积　$4 \times (3.6 + 0.9) \times (2.4 + 0.6) \div 2 = 27 (m^2)$

乳白色面积　$54 - 27 - 10.8 = 16.2 (m^2)$

13-55 换　地面花岗岩多色简单图案水泥砂浆镶贴

$3516.56 + (600 \times 10.8 + 350 \times 16.2 + 280 \times 27) \div 54 \times 11 - 2750 = 4781.56 (元/10 m^2)$

13-47 换　地面水泥砂浆铺贴黑色花岗岩（镶边）

$3096.69 + (300 - 250) \times 10.2 + 323 \times 0.1 \times (1 + 25\% + 12\%) \approx 3650.94 (元/10 m^2)$

13-47　地面水泥砂浆铺贴芝麻黑花岗岩

$3096.69 + (280 - 250) \times 10.2 = 3402.69 (元/10 m^2)$

13-104　石材板缝嵌铜条　$110.7 + (12 - 10) \times 10.2 = 131.1 (元/10 m)$

13-110　花岗岩面层酸洗打蜡　57.02 元/10 m²

18-75　花岗岩地面成品保护　18.32 元/10 m²

3) 计算各子目合价

定额编号	子目名称	单位	工程量	综合单价(元)	合价(元)
13-55 换	地面花岗岩多色简单图案水泥砂浆镶贴	10 m²	5.4	4781.56	25820.42
13-47 换	地面水泥砂浆铺贴黑色花岗岩(镶边)	10 m²	2.34	3650.94	8543.2
13-47	地面水泥砂浆铺贴芝麻黑花岗岩	10 m²	16.32	3402.69	55531.9
13-104	石材板缝嵌铜条	10 m	11.56	131.1	1515.52
13-110	花岗岩面层酸洗打蜡	10 m²	24.064	57.02	1372.13
18-75	花岗岩地面成品保护	10 m²	24.064	18.32	440.85

【例 6.4】　某服务大厅内的地面垫层上采用水泥砂浆铺贴大理石板,20 mm 厚 1:3 水泥砂浆找平层,8 mm 厚 1:1 水泥砂浆结合层,具体做法如图 6.4 所示:1 200 mm×1 200 mm 大花白大理石板,四周做两道各 200 mm 宽的中国黑大理石板镶边,转弯处采用 45° 对角,大厅内有四根直径为 1 200 mm 的圆柱,圆柱四周地面铺贴 1 200 mm×1 200 mm 的中国黑大理石板,大理石板现场切割;门档处不贴大理石板;铺贴结束后酸洗打蜡,并进行成品保护。材料的市场价格如下:中国黑大理石为 260 元/m²,大花白大理石为 320 元/m²。不考虑其他材料及机械的调差,不计算踢脚线。假设人工工资的单价为 110 元/工日,管理费率为 42%,利润率为 15%,请计算该地面工程的分部分项工程费。

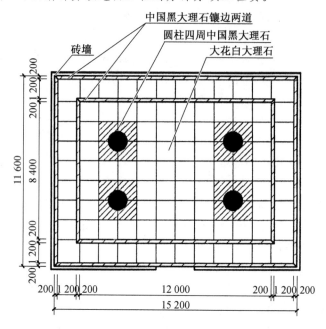

图 6.4　大理石地面布置图(mm)

【相关知识】

(1) 石材块料面板镶贴不分品种、拼色均执行相应子目。定额已包括镶贴一道墙四周的镶边线(阴阳角处含 45° 角),但设计有两条或两条以上镶边者,按相应定额子目人工乘以系数 1.1(工程量按镶边的工程量计算)。

(2) 圆柱四周中国黑大理石为弧形,据《计价定额》第 531 页注可知,该弧形部分的石材损耗按实调整并按弧形图示尺寸每 10 m 另外增加切割人工 0.6 工日,合金钢切割锯片 0.14 片,石料切割机 0.6 台班。

(3) 大理石地面酸洗打蜡未含在石材块料面板计价子目内,另套用相应的计价子目。

(4) 计价时,要注意各大理石价格的区分。人工工日为 110 元/工日,管理费率为 42%,利润率为 15%,要注意调整。

【解】

1) 按《计算规范》编制工程量清单

(1) 确定清单项目编码和计量单位

大理石地面查《计算规范》项目编码为 011102001001,计量单位为平方米(m²)。

(2) 按《计算规范》规定计算清单工程量

大理石地面　$15.2×11.6-0.6×0.6×3.14×4≈171.8(m^2)$

（3）项目特征描述

地面垫层上采用 20 mm 厚 1：3 水泥砂浆找平层，8 mm 厚 1：1 水泥砂浆结合层，上贴 1 200 mm×1 200 mm 规格大花白大理石板，酸洗打蜡，并进行成品保护。

2）按《计价定额》组价

（1）按《计价定额》规则计算定额子目工程量

① 中国黑大理石镶边两道的面积

$$[15.2\times2+(11.6-0.2\times2)\times2+12\times2+(8.4+0.2\times2)\times2]\times0.2=18.88(\text{m}^2)$$

② 大花白大理石镶贴的面积

$$15.2\times11.6-1.2\times1.2\times4\times4-18.88=134.4(\text{m}^2)$$

③ 圆柱四周中国黑大理石镶贴的面积

$$1.2\times1.2\times4\times4-0.6\times0.6\times3.14\times4\approx18.52(\text{m}^2)$$

④ 大理石面层酸洗打蜡、大理石地面成品保护的面积

$$15.2\times11.6-0.6\times0.6\times3.14\times4\approx171.8(\text{m}^2)$$

（2）按《计价定额》计算各子目单价

13-47 换　中国黑大理石镶边　3 479.78 元/10 m²

按《计价定额》第 519 页"说明六"，两道镶边人工乘以系数 1.1。

人工费　$3.8\times1.1\times110=459.8$（元/10 m²）

材料费　$2 642.35+10.2\times(260-250)=2 744.35$（元/10 m²）

机械费　8.63 元/10 m²

管理费　$(459.8+8.63)\times42\%\approx196.74$（元/10 m²）

利润　$(459.8+8.63)\times15\%\approx70.26$（元/10 m²）

小计　3 479.78 元/10 m²

13-47 换　大花白大理石镶贴　4 026.15 元/10 m²。

人工费　$323+3.8\times(110-85)=418$（元/10 m²）

材料费　$2 642.35+10.2\times(320-250)=3 356.35$（元/10 m²）

机械费　8.63 元/10 m²

管理费　$(418+8.63)\times42\%\approx179.18$（元/10 m²）

利润　$(418+8.63)\times15\%\approx63.99$（元/10 m²）

小计　4 026.15 元/10 m²

13-47 换　圆柱四周的中国黑大理石镶贴　4 166.25 元/10 m²

按定额规则计算工程量　$1.2\times1.2\times4\times4-0.6\times0.6\times3.14\times4\approx18.52(\text{m}^2)$

大理石实际用量　$1.2\times1.2\times4\times4=23.04(\text{m}^2)$

大理石实际含量　$23.04\div18.52\times1.02\times10\approx12.69(\text{m}^2/10\text{ m}^2)$

大理石切割弧长　$3.14\times1.2\times4\approx15.07(\text{m})$

弧边增加人工费　$0.6\times110\times1.507\div1.852\approx53.71$（元/10 m²）

增合金钢切割锯片 0.14 片　$0.14\times80\times1.507\div1.852\approx9.11$（元/10 m²）

增石料切割机 0.6 台班　$0.6\times14.69\times1.507\div1.852\approx7.17$（元/10 m²）

13-47　单价换算

人工费　$323+3.8\times(110-85)+53.71=471.71$（元/10 m²）

材料费　2 642.35＋9.11＋260×12.69－2 550＝3 400.86(元/10 m²)

机械费　8.63＋7.17＝15.8(元/10 m²)

管理费　(471.71＋15.8)×42%≈204.75(元/10 m²)

利润　(471.71＋15.8)×15%≈73.13(元/10 m²)

小计　4 166.25 元/10 m²

13-110　大理石面层酸洗打蜡　81.21 元/10 m²

人工费　0.43×110＝47.3(元/10 m²)

材料费　6.94 元/10 m²

管理费　47.3×42%≈19.87(元/10 m²)

利润　47.3×15%≈7.1(元/10 m²)

小计　81.21 元/10 m²

18-75　大理石地面成品保护　21.14 元/10 m²

人工费　0.05×110＝5.5(元/10 m²)

材料费　12.5 元/10 m²

管理费　5.5×42%≈2.31(元/10 m²)

利润　5.5×15%≈0.83(元/10 m²)

小计　21.14 元/10 m²

3) 计算清单综合单价

项目编码	项目名称	计量单位	工程量	金额(元)	
				综合单价	合价
011102001001	大理石地面	m²	171.8	408.36	70 155.56
13-47 换	中国黑大理石镶边	10 m²	1.888	3 479.78	6 569.82
13-47 换	大花白大理石镶贴	10 m²	13.44	4 026.15	54 111.46
13-47 换	圆柱四周的中国黑大理石镶贴	10 m²	1.852	4 166.25	7 715.90
13-110	大理石面层酸洗打蜡	10 m²	17.18	81.21	1 395.19
18-75	大理石地面成品保护	10 m²	17.18	21.14	363.19

【例6.5】　计算图6.5中复杂图案的实际损耗率。图中代号1代表白色,2代表黑色,3代表米黄色,4代表紫色。小圆直径 $d＝2$ m,大圆直径 $D＝4.8$ m。

【相关知识】

(1) 石材块料面板局部切除并分色镶贴成弧线形图案者称"复杂图案镶贴"。

(2) 复杂图案镶贴石材块料面板,按镶贴图案的矩形面积计算。当计算复杂图案之外的面积时,也按矩形面积扣除复杂图案的面积。

(3) 复杂图案镶贴石材块料面板的损耗应按实调整。

【解】

复杂图案工程量　4.8×4.8＝23.04(m²)

(1) 白色

宽(b)　2.4－1＝1.4(m)

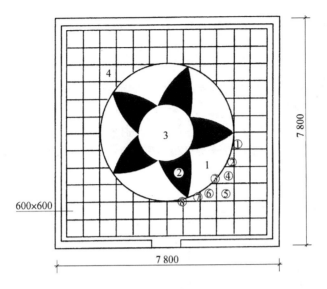

图 6.5　复杂图案地面布置图(mm)

高(h)　$2 \times 2.4 \times \sin 36° \approx 2.82 (\mathrm{m})$

面积(A_1)　$1.4 \times 2.82 \times 5 = 19.78 (\mathrm{m}^2)$

(2) 黑色

宽(b)　$2 \times \sin 36° \approx 1.176 (\mathrm{m})$

高(h)　$2.4 - \cos 36° \approx 1.59 (\mathrm{m})$

面积(A_2)　$1.176 \times 1.59 \times 5 \approx 9.35 (\mathrm{m}^2)$

(3) 米黄色

面积(A_3)　$2 \times 2 = 4 (\mathrm{m}^2)$

(4) 紫红色

分析:编号 ①　底边长 x_1　$2.4 - \sqrt{2.4^2 - 0.6^2} \approx 76.2 (\mathrm{mm})$

编号 ②　底边长 x_2　$2.4 - \sqrt{2.4^2 - 1.2^2} \approx 322 (\mathrm{mm})$

编号 ②　底边长 x_3　$2.4 - \sqrt{2.4^2 - 1.8^2} - 0.6 \approx 213 (\mathrm{mm})$

编号③和④　1 块

编号②和⑦　1 块

编号⑤　1 块

编号⑥　1 块

编号①和⑧　0.25 块(4 个角即为 1 块)

面积小计(A_4)　$4.25 \times 0.6 \times 0.6 \times 4 = 6.12 (\mathrm{m}^2)$

面积合计　$19.78 + 9.35 + 4 + 6.12 = 39.25 (\mathrm{m}^2)$

实际(综合)损耗率　$(39.25 \div 23.04 \times 1.02 - 1) \times 100\% \approx 73.76\%$

注:套定额时,应将定额中的花岗岩换为白色、黑色、米黄、紫色四色花岗岩,定额含量分别为:$19.78 \div 23.04 \times 10.2 \approx 8.757$;$9.35 \div 23.04 \times 10.2 \approx 4.139$;$4 \div 23.04 \times 10.2 \approx 1.771$;$6.12 \div 23.04 \times 10.2 \approx 2.709$。

【例 6.6】　在某混凝土地面垫层上做 20 mm 厚 1 : 3 水泥砂浆找平,采用 8 mm 厚 1 : 1 水泥砂浆贴由供货商所供应的 600 mm × 600 mm 花岗岩板材,要求对格对缝,施工单位现场切割,要考虑切割后的剩余板材应被充分使用,墙边用黑色板材镶边线为 180 mm 宽,具体分格详见图 6.6。门档处不贴花岗岩。花岗岩的市场价格如下:芝麻黑花岗岩为 280 元/m²,紫红色花岗岩为 600 元/m²,黑色花岗岩为 300 元/m²,乳白色花岗岩为 350/m²。花岗岩贴好后应酸洗打蜡,进行成品保护。不考虑其他材料及机械费的调整,不计算踢脚线。假设工资单价为 110 元/工日,管理费率为 42%,利润率为 15%,请按题意确定该地面的工程量清单和清单综合单价。

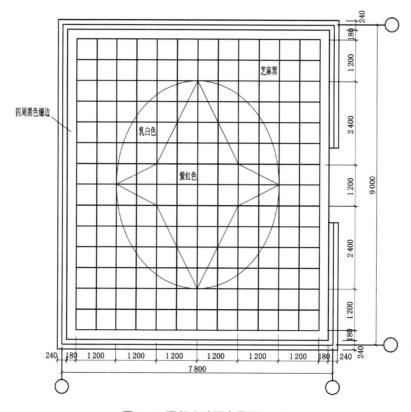

图 6.6　混凝土地面布置图(mm)

【相关知识】

(1) 四周黑色镶边,芝麻黑花岗岩套用一般花岗岩镶贴楼地面定额子目,中间的椭圆形图案面积按外接矩形扣除。

(2) 中间的椭圆形图案按外接矩形面积套用多色复杂图案镶贴楼地面定额子目。弧形部分的花岗岩损耗按实计算。

(3) 花岗岩地面酸洗打蜡未含在花岗岩楼地面计价子目内,应另套用相应的计价子目。

(4) 计价时,要注意各花岗岩价格的区分。人工费及管理费、利润均应相应调整。

【解】

1) 按《计算规范》编制工程量清单

(1) 确定项目编码和计量单位

花岗岩楼地面查《计算规范》项目编码为011102001001,计量单位为平方米(m^2)。

(2) 按《计算规范》计算清单工程量

花岗岩楼地面 $(7.8-0.24)\times(9-0.24)\approx66.23(m^2)$

(3) 工程量清单

011102001001 花岗岩楼地面 66.23 m^2

(4) 项目特征描述

在混凝土地面垫层上做20 mm厚1∶3水泥砂浆找平层,8 mm厚1∶1水泥砂浆结合层,上贴600 mm×600 mm规格的花岗岩板,中间为椭圆形分色,酸洗打蜡,并进行成品保护。

2) 按《计价定额》组价

(1) 按《计价定额》规则计算子目工程量

① 四周黑色花岗岩镶边的面积

　　$0.18\times(7.56+8.76-0.18\times2)\times2\approx5.75(m^2)$

② 大面积芝麻黑花岗岩镶贴的面积

　　$7.56\times8.76-4.8\times6-5.75\approx31.68(m^2)$

③ 中间多色复杂图案花岗岩镶贴的面积

　　$4.8\times6=28.8(m^2)$

④ 花岗岩面层酸洗打蜡、花岗岩地面成品保护的面积

　　$7.56\times8.76\approx66.23(m^2)$

(2) 按《计价定额》计算各子目单价

13-47换 四周黑色花岗岩镶边 3 822.15 元/10 m^2

分析:黑色花岗岩计入单价

增 $10.2\times(300-250)=510$(元/10 m^2)

人工费 $323+(110-85)\times3.8=418$(元/10 m^2)

材料费 $2\,642.35+510=3\,152.35$(元/10 m^2)

机械费 8.63 元/10 m^2

管理费 $(418+8.63)\times42\%\approx179.18$(元/10 m^2)

利润 $(418+8.63)\times15\%\approx63.99$(元/10 m^2)

小计 3 822.15 元/10 m^2

13-47换 芝麻黑花岗岩镶贴 3 618.15 元/ m^2

分析:芝麻黑花岗岩计入单价

增 $10.2\times(280-250)=306$(元/10 m^2)

人工费 $323+(110-85)\times3.8=418$(元/10 m^2)

材料费 $2\,642.35+306=2\,948.35$(元/10 m^2)

机械费 8.63 元/10 m^2

管理费 179.18 元/10 m^2

利润 63.99 元/10 m^2

小计 3 618.15 元/10 m^2

13-55换 中间椭圆形多色复杂图案花岗岩镶贴 6 369.9 元/10 m^2

分析:①按实计算弧形部分花岗岩板材的面积(2%为施工切割损耗)

乳白色花岗岩　$0.6 \times 0.6 \times 11 \times 4 \times 1.02 \approx 16.16(\text{m}^2)$

芝麻黑花岗岩　$0.6 \times 0.6 \times 6 \times 4 \times 1.02 \approx 8.81(\text{m}^2)$

紫红色花岗岩　$0.6 \times 0.6 \times 30 \times 1.02 \approx 11.02(\text{m}^2)$

② 计算乳白色、芝麻黑、紫红色花岗岩在定额子目中的含量

乳白色花岗岩含量　$16.16 \div 28.8 \times 10 \approx 5.61(\text{m}^2/10\,\text{m}^2)$

芝麻黑花岗岩含量　$8.81 \div 28.8 \times 10 \approx 3.06(\text{m}^2/10\,\text{m}^2)$

紫红色花岗岩含量　$11.02 \div 28.8 \times 10 \approx 3.83(\text{m}^2/10\,\text{m}^2)$

③ 乳白色、芝麻黑、紫红色花岗岩计入单价

增　$5.61 \times 350 + 3.06 \times 280 + 3.83 \times 600 - 2\,750 = 2\,368.3(\text{元}/10\,\text{m}^2)$

④ 按定额第 533 页增加人工

　　$5.29 \times 0.2 = 1.058(\text{工日})$

⑤ 计算定额单价

人工费　$(5.29 + 1.058) \times 110 = 698.28(\text{元}/10\,\text{m}^2)$

材料费　$2\,867.99 + 2\,368.3 = 5\,236.29(\text{元}/10\,\text{m}^2)$

机械费　$23.76\ \text{元}/10\,\text{m}^2$

管理费　$(698.28 + 23.76) \times 42\% \approx 303.26(\text{元}/10\,\text{m}^2)$

利润　$(698.28 + 23.76) \times 15\% \approx 108.31(\text{元}/10\,\text{m}^2)$

小计　$6\,369.9\ \text{元}/10\,\text{m}^2$

13-110　花岗岩面层酸洗打蜡

　　$(0.43 \times 110 + 0) \times (1 + 42\% + 15\%) + 6.94 = 81.2(\text{元}/10\,\text{m}^2)$

18-75　花岗岩地面成品保护

　　$(0.05 \times 110 + 0) \times (1 + 42\% + 15\%) + 12.5 = 21.14(\text{元}/10\,\text{m}^2)$

(3) 计算各定额子目合价

011102001001　花岗岩楼地面

13-47 换　四周黑色花岗岩镶边

　　$5.75 \div 10 \times 3\,822.15 \approx 2\,197.74(\text{元})$

13-47 换　芝麻黑花岗岩镶贴

　　$31.68 \div 10 \times 3\,618.15 \approx 11\,462.3(\text{元})$

13-55 换　中间椭圆形多色复杂图案花岗岩镶贴

　　$28.80 \div 10 \times 6\,369.9 \approx 18\,345.31(\text{元})$

13-110　花岗岩面层酸洗打蜡

　　$66.23 \div 10 \times 81.21 \approx 537.85(\text{元})$

18-75　花岗岩地面成品保护

　　$66.23 \div 10 \times 21.14 \approx 140.01(\text{元})$

合计　$32\,683.21\ \text{元}$

3) 计算清单综合单价

011102001001　花岗岩楼地面　$32\,683.21 \div 66.23 \approx 493.48(\text{元}/\text{m}^2)$

项目编码	项目名称	计量单位	工程量	综合单价	合价
				金额(元)	
011102001001	花岗岩楼地面	m²	66.23	493.48	32 683.18
13-47 换	四周黑色花岗岩镶边	10 m²	0.575	3 822.15	2 197.74
13-47 换	芝麻黑花岗岩镶贴	10 m²	3.168	3 618.15	11 462.30
13-55 换	中间椭圆形多色复杂图案花岗岩镶贴	10 m²	2.880	6 369.90	18 345.31
13-110	花岗岩面层酸洗打蜡	10 m²	6.623	81.21	537.85
18-75	花岗岩地面成品保护	10 m²	6.623	21.14	140.01

【例 6.7】 一宾馆电梯厅楼面,做法为现浇钢筋混凝土楼板,上做 20 mm 厚 1∶3 水泥砂浆找平层,8 mm 厚 1∶1 水泥细砂浆结合层,上贴 600 mm×600 mm 规格的金钻麻花岗岩板材,要求现场切割,尽量充分利用板材。中间镶贴圆形拼花花岗岩成品,半径 r=1 800 mm。用黑金砂花岗岩贴门档走边。黑金砂花岗岩踢脚线高 120 mm,现场磨一阶半圆边。具体尺寸如图 6.7 所示。贴好后酸洗打蜡,并对楼面进行成品保护。假设人工单价、材料单价、机械台班单价、管理费费率、利润费率等均按定额均不调整,试计算该地面工程的分部分项工程费。

【相关知识】

(1)黑金砂花岗岩走边、门档及大面积的金钻麻花岗岩楼面套用普通花岗岩楼地面计价子目,中间圆形图案按方形扣除。

(2)中间方形面积贴金钻麻花岗岩,扣除圆形拼花花岗岩成品面积后,套用花岗岩楼地

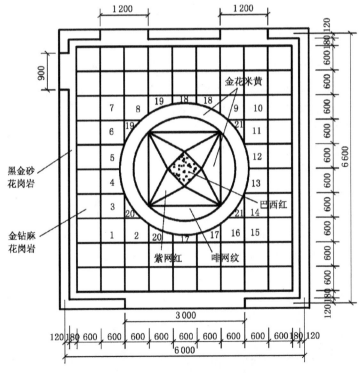

图 6.7 电梯厅楼面布置图(mm)

面计价子目,其弧形部分的石材损耗按实调整并按弧形图示尺寸每 10 m 另外增加切割人工 0.6 工日,合金钢切割锯片 0.14 片,石料切割机 0.6 台班(详细见《计价定额》第 531 页附注)。

(3)圆形花岗岩成品按定额花岗岩成品安装子目套用。

(4)花岗岩面层酸洗打蜡、花岗岩地面成品保护不含在花岗岩楼面计价子目内,另套用相应计价子目。

(5)当花岗岩踢脚线的高度与定额不同时,材料按比例调整。

(6)花岗岩楼面清单工程量按设计图示尺寸以面积计算,门洞、空圈、暖气包槽、壁龛的开口部分并入相应的工程量内;花岗岩楼面按《计价定额》计算规则规定,按图示尺寸实铺面积以平方米计算,应扣除凸出地面的构筑物、设备基础、柱、间壁墙等做面层的部分。0.3 m² 以内的孔洞面积不扣除。门洞、空圈、暖气包槽、壁龛开口部分的工程量另增并入相应的面层内计算。

【解】

1)按《计算规范》编制工程量清单

(1)确定项目编码和计量单位

花岗岩楼面查《计算规范》项目编码为 011102001001,计量单位为平方米(m²)。

花岗岩踢脚线查《计算规范》项目编码为 011105002001,计量单位为米(m)。

(2)按《计算规范》计算清单工程量

花岗岩楼面　　$(6-0.24)\times(6.6-0.24)+0.24\times(0.9+3+1.2\times2)\approx38.15(m^2)$

花岗岩踢脚线　　$(5.76+6.36)\times2-0.9-1.2\times2-3+0.24\times2\times4=19.86(m)$

(3)工程量清单

011102001001　花岗岩楼面　38.15 m²

011105002001　花岗岩踢脚线　19.86 m

(4)项目特征描述

现浇钢筋混凝土楼板上做 20 mm 厚 1:3 水泥砂浆找平层,8 mm 厚 1:1 水泥细砂浆结合层,上贴 600 mm×600 mm 规格的金钻麻花岗岩板材,对其进行酸洗打蜡,并进行成品保护。贴黑金砂花岗岩踢脚线,高度为 120 mm。

2)按《计价定额》进行组价

(1)按《计价定额》规则计算子目工程量

① 花岗岩楼地面面积

大面积金钻麻花岗岩的面积

　　$(6-0.24-0.18\times2)\times(6.6-0.24-0.18\times2)-3.6\times4.2=17.28(m^2)$

黑金砂花岗岩走边及门档面积

　　$0.18\times(6-0.24-0.18+6.6-0.24-0.18)\times2+0.24\times(0.9+3+1.2\times2)\approx$
　　$5.75(m^2)$

中间方形金钻麻花岗岩的面积

　　$3.6\times4.2-3.14\times1.8^2\approx4.95(m^2)$

中间拼花花岗岩的面积

　　$3.14\times1.8^2\approx10.17(m^2)$

中间弧形部分的周长

$$3.14 \times 2 \times 1.8 \approx 11.3(\text{m})$$

酸洗打蜡、成品保护的面积

$$(6 - 0.24) \times (6.6 - 0.24) + 0.24 \times (0.9 + 3 + 1.2 \times 2) \approx 38.15(\text{m}^2)$$

② 花岗岩踢脚线的长度

黑金砂踢脚线的长度

$$(5.76 + 6.36) \times 2 - 0.9 - 1.2 \times 2 - 3 + 0.24 \times 2 \times 4 = 19.86(\text{m})$$

黑金砂踢脚线酸洗打蜡

$$19.86 \times 0.12 \approx 2.38(\text{m}^2)$$

黑金砂踢脚线磨一阶半圆 19.86 m

(2) 按《计价定额》规则计算各子目单价

13-47 金钻麻花岗岩面层 3 096.69 元/10 m²

13-47 黑金砂花岗岩面层 3 096.69 元/10 m²

13-47 换 中间方形金钻麻花岗岩面层 4 659.31 元/10 m²

分析:

① 按实计算弧形部分花岗岩板材的面积(2%为施工切割损耗)

$$0.6 \times 0.6 \times 21 \times 1.02 \approx 7.71(\text{m}^2)$$

计算弧形部分花岗岩板材的实际含量

$$7.71 \div 4.95 \times 10 \approx 15.6(\text{m}^2/10 \text{ m}^2)$$

②《计价定额》第530页附注 弧形部分增加工料 93.14 元/10 m

人工 $0.6 \times 85 = 51(\text{元}/10 \text{ m})$

合金钢切割锯片 $0.14 \times 80 = 11.2(\text{元}/10 \text{ m})$

石料切割机 $0.6 \times 14.69 \approx 8.81(\text{元}/10 \text{ m})$

管理费、利润 $(51 + 8.81) \times (25\% + 12\%) \approx 22.13(\text{元}/10 \text{ m})$

小计 93.14 元/10 m

13-47 换 中间方形金钻麻花岗岩面层

$$3 096.69 - 2 550 + 250 \times 15.6 + 93.14 \times 1.13 \div 4.95 \times 10 \approx 4 659.31(\text{元}/10 \text{ m}^2)$$

13-60 拼花花岗岩成品安装 15 899.71 元/10 m²

13-110 块料面层酸洗打蜡 57.02 元/10 m²

18-75 成品保护 18.32 元/10 m²

13-50 换 花岗岩踢脚线 398.18 元/10 m

分析:150 mm 高换 120 mm 高

13-50 换 花岗岩踢脚线

$$477.53 - 396.74 + 396.74 \times \frac{120}{150} \approx 398.18(\text{元}/10 \text{ m})$$

18-32 黑金砂踢脚线磨一阶半圆边 269.21 元/10 m

(3) 计算各定额子目合价

① 011102001001 花岗岩楼面

13-47 金钻麻花岗岩面层 $17.28 \div 10 \times 3 096.69 \approx 5 351.08(\text{元})$

13-47 黑金砂花岗岩面层 $5.75 \div 10 \times 3 096.69 \approx 1 780.6(\text{元})$

13-47 换　中间方形金钻麻花岗岩面层

　　　　$4.95 \div 10 \times 4\,446.69 \approx 2\,306.36$(元)

13-60　　拼花花岗岩成品安装

　　　　$10.17 \div 10 \times 15\,899.71 \approx 16\,170.01$(元)

13-110　块料面层酸洗打蜡　$38.15 \div 10 \times 57.02 \approx 217.53$(元)

18-75　成品保护　$38.15 \div 10 \times 18.32 \approx 69.89$(元)

合计　25 895.47(元)

②　011105002001　花岗岩踢脚线

13-50 换　花岗岩踢脚线　$19.86 \div 10 \times 398.18 \approx 790.79$(元)

13-110　块料面层酸洗打蜡　$2.38 \div 10 \times 57.02 \approx 13.57$(元)

18-32　黑金砂踢脚线磨一阶半圆　$19.86 \div 10 \times 269.21 = 534.65$(元)

合计　1 339.01 元

3) 计算清单综合单价及合价

011102001001　花岗岩楼面

　　　　$25\,895.47 \div 38.15 \approx 678.78$(元/m²)

011105002001　花岗岩踢脚线

　　　　$1\,339.01 \div 19.86 \approx 67.42$(元/m)

项目编码	项目名称	计量单位	工程量	金额(元)	
				综合单价	合价
011102001001	花岗岩楼面	m²	38.15	678.78	25 895.46
13-47	金钻麻花岗岩面层	10 m²	1.728	3 096.69	5 351.08
13-47	黑金砂花岗岩面层	10 m²	0.575	3 096.69	1 780.60
13-47 换	中间方形金钻麻花岗岩面层	10 m²	0.495	4 659.31	2 306.36
13-60	拼花花岗岩成品安装	10 m²	1.017	15 899.71	16 170.01
13-110	块料面层酸洗打蜡	10 m²	3.815	57.02	217.53
18-75	成品保护	10 m²	3.815	18.32	69.89
011105002001	花岗岩踢脚线	m	19.86	67.42	1 338.96
13-50 换	花岗岩踢脚线	10 m	1.986	398.18	790.79
13-110	块料面层酸洗打蜡	10 m²	0.238	57.02	13.57
18-32	黑金砂踢脚线磨一阶半圆	10 m	1.986	269.21	534.65

4) 分部分项工程费

　　　　$25\,895.46 + 1\,338.96 = 27\,234.42$(元)

【例 6.8】　某市一学院的教学楼三层设一舞蹈教室,在现浇混凝土楼板上做木地板楼面,木龙骨与现浇楼板用 M8 mm×80 mm 膨胀螺栓固定,间距为 400 mm×800 mm。做法如图 6.8 所示，木地板的实铺面积为 308 m²，踢脚线为硬木踢脚线，毛料断面为 120 mm×20 mm，钉在砖墙上，设计总长度为 80 m，刷三遍双组分混合型聚氨酯清漆。假设现已按设计图纸计算出主龙骨材料体积为 3.031 m³，横撑材料体积为 1.018 m³，M8 mm×80 mm 膨胀螺栓为 966 套，试计算木地板楼面工程的分部分项工程费（假设人工单价、材料单价、管理费费率、利润费率均按定额不调整）。

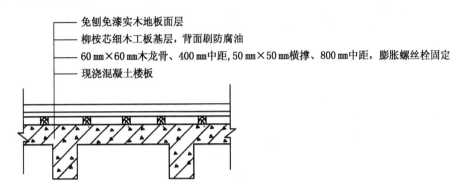

图 6.8　木地板布置图

【相关知识】

(1) 木龙骨与现浇混凝土楼板采用膨胀螺栓联结，膨胀螺栓的损耗为 2%。

(2) 木楞断面与《计价定额》中不同，需换算。

(3) 毛地板用柳桉芯木工板代替，需换算。

(4) 硬木踢脚线的断面尺寸与定额不同，需换算。

【解】

1) 按《计算规范》编制工程量清单

(1) 确定项目编码和计量单位

木地板楼面查《计算规范》项目编码为 011104002001，计量单位为平方米（m²）。

木质踢脚线查《计算规范》项目编码为 011105005001，计量单位为米（m）。

(2) 按《计算规范》计算工程量

木地板楼面　308 m²

木质踢脚线　80 m

(3) 工程量清单

011104002001　　木地板楼面　308 m²

011105005001　　木质踢脚线　80 m

(4) 项目特征描述

在现浇混凝土楼板上，采用 60 mm×60 mm 木龙骨、400 mm 中距；采用 50 mm×50 mm 横撑、800 mm 中距，M8 mm×80 mm 膨胀螺栓固定，间距 400 mm×800 mm；采用 18 mm 厚柳桉芯细木工板基层，背面刷防腐油；采用免刨免漆实木地板面层；木质踢脚线硬木制安，毛料断面为 120 mm×20 mm，刷三遍双组分混合型聚氨酯清漆。

2) 按《计价定额》组价

(1) 按《计价定额》规则计算子目工程量

木地板楼面　308 m²

木质踢脚线　80 m

（2）按《计价定额》计算各子目单价

13-114 换　铺设木楞及木工板水泥砂浆坞龙骨　824.8 元/10 m²

分析：

增 M8×80 膨胀螺栓　986÷308×10×1.02≈32（套/10 m²）

增电锤　0.4 台班

增普通成材　（3.031＋1.018）÷30.8×1.06－（0.082＋0.033＋0.02）

　　　　　≈0.004 m³

增 18 mm 厚的柳按芯细木工板　10.5 m²

减毛地板　－10.50 m²

进行水泥砂浆坞龙骨的综合单价应将子目 13-113 减去 13-112

　　507.27－323.98＝183.29（元/10 m²）

13-114 换　铺设木楞及木工板水泥砂浆坞龙骨

　　1 313.92＋32×0.6＋0.4×8.34×（1＋25%＋12%）＋0.004×1 600＋10.5×

　　38－10.5×70－183.29≈824.8（元/10 m²）

13-117　免刨免漆地板安装　3 235.9 元/10 m²

13-127 换　木质踢脚线制安　141.09 元/10 m

分析：将硬木毛料断面 150 mm×20 mm 换 120 mm×20 mm

$$0.033×\left(\frac{120×20}{150×20}-1\right)=-0.006\,6\,(m³)$$

13-127 换　木质踢脚线制安　158.25－0.006 6×2 600＝141.09（元/10 m）

17-39　踢脚线刷三遍双组分混合型聚氨酯清漆　117.83 元/10 m

（3）计算各定额子目合价

011104002001　木地板楼面

13-114 换　铺设木楞及木工板水泥砂浆坞龙骨

　　308÷10×824.8≈25 403.84（元）

13-117　免刨免漆地板安装

　　308÷10×3 235.9＝99 665.72（元）

合计　125 069.56 元

011105005001　木质踢脚线

13-127 换　木质踢脚线制安　80÷10×141.09＝1 128.72（元）

17-39　踢脚线刷三遍双组分混合型聚氨酯清漆　80÷10×117.83＝942.64（元）

合计　2 071.36 元

3）计算综合单价

011104002001　木地板楼面

　　125 069.56÷308≈406.07（元/m²）

011105005001　木质踢脚线

　　2 071.36÷80≈25.89（元/m）

4）分部分项工程费

125 069.56＋2 071.2 ＝ 127 140.76（元）

项目编码	项目名称	工程量	金额（元）	
			综合单价	合价
011104002001	木地板楼面	308.0	406.07	125 069.56
13-114 换	铺设木楞及木工板水泥砂浆坞龙骨	30.8	824.80	25 403.84
13-117	免刨免漆地板安装	30.8	3 235.90	99 665.72
011105005001	木质踢脚线	80.0	25.89	2 071.20
13-127 换	木质踢脚线制安	8.0	141.09	1 128.72
17-39	踢脚线刷三遍双组分混合型聚氨酯清漆	8.0	117.83	942.64

【**例 6.9**】 一标准客房地面铺设固定双层地毯（5 mm 厚橡胶海绵地毯衬垫，10 mm 厚纯羊毛地毯，铝收口条收边），门档开口部分及壁柜底（0.6 m×2 m）不铺地毯，轴线尺寸如图 6.9 所示。假设地毯设计要求不拼接，已知人工单价为 110 元/工日，10 mm 厚纯羊毛地毯的市场价为 80 元/m²，管理费及利润分别为 42%、15%，不计其他材料、机械费价差，试确定该地面的工程量清单项目及清单综合单价。

【**相关知识**】

（1）客房主墙厚度为 240 mm，盥洗室墙厚度为 120 mm，计算面积时要区分清楚。

（2）地毯设计不拼接，损耗要按实调整。

（3）计算地毯定额子目的工程量应按实铺面积计算。

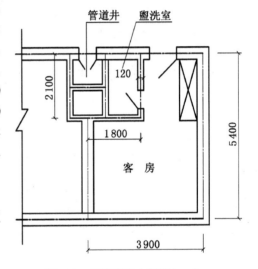

图 6.9 标准客房布置图（mm）

【**解**】

1）按《计算规范》编制工程量清单

（1）确定项目编码和计量单位

楼地面地毯查《计算规范》项目编码为 011104001001，计量单位为平方米（m²）。

（2）按《计算规范》计算清单工程量

楼地面地毯 (3.9−0.24)×(5.4−0.24)−(1.8−0.12+0.06)×(2.1−0.12+0.06)−0.6×2 ≈ 14.14（m²）

（3）工程量清单

011104001001 楼地面地毯 14.14 m²

（4）项目特征描述

5 mm 厚橡胶海绵地毯衬垫,10 mm 厚纯羊毛地毯,铝收口条收边。

2）按《计价定额》组价

（1）按《计价定额》规则计算子目工程量

楼地面地毯　14.14 m²

（2）按《计价定额》计算各子目单价

① 计算地毯的定额含量

分析:根据题意,应套子目13-136,定额含量为 11 m²（其中包括地毯裁剪损耗 10%）,现设计要求不拼接,地毯定额含量应按实调整

$$(3.9-0.24)\times(5.4-0.24)\div14.14\times1.1\times10\approx14.69(m^2)$$

② 13-136 换　楼地面地毯　1 798.8 元/10 m²

人工费　$2.6\times110=286(元/10\ m^2)$

材料费　$611.44-40\times11+80\times14.69=1\ 346.64(元/10\ m^2)$

机械费　2 元/10 m²

管理费　$(286+2)\times42\%=120.96(元/10\ m^2)$

利润　$(286+2)\times15\%=43.2(元/10\ m^2)$

小计　1 798.8 元/10 m²

（3）计算各定额子目合价

011104001001　楼地面地毯

13-136 换　楼地面地毯　$1\ 798.8\times1.414\approx2\ 543.5(元)$

3）计算清单综合单价

011104001001　楼地面地毯

$$2\ 543.5\div14.14\approx179.88(元/m^2)$$

项目编码	项目名称	计量单位	工程量	金额（元）	
				综合单价	合价
011104001001	楼地面地毯	m²	14.140	179.88	2 543.5
13-136	楼地面地毯	10 m²	1.414	1 798.8	2 543.5

【例 6.10】 一餐厅楼梯栏杆如图 6.10 所示,采用型钢栏杆,成品榉木扶手。设计要求栏杆(25 mm×25 mm×1.5 mm 方钢管)与楼梯用 M8 mm×80 mm 膨胀螺栓连接,木扶手刷三遍双组分混合型聚氨酯清漆,型钢栏杆刷防锈漆一遍、黑色调和漆两遍。人工按 110 元/工日计算,求该楼梯栏杆 1 m 的清单综合单价(注:25 mm×4 mm 扁钢为 0.79 kg/m,25 mm×25 mm×1.5 mm 方钢管为 1.18 kg/m。材料、机械费不调整)。

【相关知识】

（1）设计成品木扶手安装,每 10 m 扣除制作人工 2.85 工日。扣除硬木成材,增加成品榉木扶手。

（2）型钢栏杆按设计用量加 6% 的损耗进行调整,油漆按平方米（m²）计算。

（3）栏杆与楼梯用膨胀螺栓连接,每 10 m 另增人工 0.35 工日,膨胀螺栓 10 只,铁件 1.25

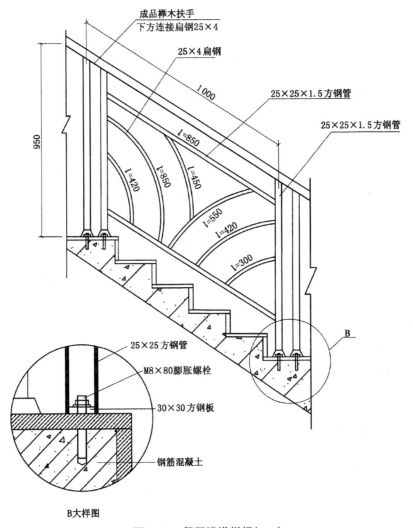

图 6.10　餐厅楼梯栏杆(mm)

kg,合金钢钻头 0.13 只,电锤 0.13 台班。注意铁件应按 5-27 子目进行工、料、机二次分析。

(4) 人工按 110 元/工日计算。当计算综合单价时,管理费、利润应加以调整。

(5) 金属面刷油漆,原材料每米重量 5 kg 以内为小型构件,套用定额时油漆用量乘以系数 1.02,人工乘以系数 1.1。

【解】

1) 按《计算规范》编制工程量清单

(1) 确定项目编码和计量单位

硬木扶手带铁栏杆查《计算规范》项目编码为 011503002001,计量单位为米(m)。

(2) 按《计算规范》计算清单工程量

011503002001　硬木扶手带铁栏杆　1 m

(3) 项目特征描述

榉木扶手成品安装,25 mm×25 mm×1.5 mm 方钢管、25 mm×4 mm 扁钢,与楼梯用 M8×80 膨胀螺栓连接。木扶手刷三遍双组分混合型聚氨酯清漆,型钢栏杆刷防锈漆一遍、黑色调和漆两遍。

2）按《计价定额》组价

（1）计算型钢定额含量

25 mm×4 mm扁钢

$(1+0.42+0.85+0.45+0.55+0.42+0.3)×1.06×0.79×10≈33.41(\text{kg}/10\,\text{m})$

25 mm×25 mm×1.5 mm方钢管

$(0.95×1+1-0.025+1-0.025)×1.06×1.18×10≈36.27(\text{kg}/10\,\text{m})$

（2）计算型钢油漆表面积

25 mm×4 mm扁钢油漆表面积

$0.025×1+(0.025+0.004)×2×(0.42+0.85+0.45+0.55+0.42+0.3)≈$
$0.2(\text{m}^2)$

25 mm×25 mm×1.5 mm方钢管油漆表面积

$(0.025+0.025)×2×2.9=0.29(\text{m}^2)$

油漆表面积合计　$0.2+0.29≈0.49(\text{m}^2)$

（3）按《计价定额》计算各子目单价

13-153换　硬木扶手铁栏杆制安　2 193.59元/10 m

分析：

① 型钢栏杆成品榉木扶手制作安装

扣除制作人工　$-2.85×110=-313.5(\text{元}/10\,\text{m})(-2.85\text{工日}/10\,\text{m})$

扣除硬木成材　$-0.095×2\,600=-247(\text{元}/10\,\text{m})$

增加成品榉木扶手　$10.6×58=614.8(\text{元}/10\,\text{m})$

扣除扁钢　$-47.8×4.25=-203.15(\text{元}/10\,\text{m})$

扣除圆钢　$-54.39×4.02≈-218.65(\text{元}/10\,\text{m})$

增25 mm×25 mm×1.5 mm方钢管　$36.27×6.07≈220.16(\text{元}/10\,\text{m})$

增25 mm×4 mm扁钢　$33.41×4.25≈141.99(\text{元}/10\,\text{m})$

小计

人工　$-313.5\text{元}/10\,\text{m}(-2.85\text{工日}/10\,\text{m})$

材料费　308.15元/10 m

② 膨胀螺栓连接（铁件套用5-27子目）

人工费增　$0.35×110=38.5(\text{元}/10\,\text{m})(0.35\text{工日}/10\,\text{m})$

M8 mm×80 mm膨胀螺栓　$0.6×10=6(\text{元}/10\,\text{m})(\text{查附录})$

合金钢钻头　$0.13×15=1.95(\text{元}/10\,\text{m})$

电锤　$0.13×8.34≈1.08(\text{元}/10\,\text{m})$

铁件人工　$1.25÷1\,000×28×110=3.85(\text{元}/10\,\text{m})(0.035\text{工日}/10\,\text{m})$

铁件材料费　$1.25÷1\,000×4\,968.25≈6.21(\text{元}/10\,\text{m})$

铁件机械费　$1.25÷1\,000×787.54≈0.98(\text{元}/10\,\text{m})$

（据子目5-27分析，该子目：人工含量为28工日/t，二类工，单价为82元/工日，机械费为787.54元/t）

小计

人工费 42.35 元/10 m(0.385 工日/10 m)

材料费 14.16 元/10 m

机械费 2.06 元/10 m

③ 13-153 换 硬木扶手铁栏杆制安 2 193.59 元/10 m

人工费 $(7.74 - 2.85 + 0.385) \times 110 = 580.25(元/10 m)$

材料费 $686.42 + 308.15 + 14.16 = 1 008.73(元/10 m)$

机械费 $172.38 + 2.06 = 174.44(元/10 m)$

管理费 $(580.25 + 174.44) \times 42\% \approx 316.97(元/10 m)$

利润 $(580.25 + 174.44) \times 15\% \approx 113.2(元/10 m)$

小计 2 193.59 元/10 m

17-35 换 扶手刷三遍双组分混合型聚氨酯清漆 277.1 元/10 m

人工费 $124.95 + 1.47 \times (110 - 85) = 161.7(元/10 m)$

材料费 $23.23(元/10 m)$

机械费 0 元/10 m

管理费 $161.7 \times 42\% \approx 67.91(元/10 m)$

利润 $161.7 \times 15\% \approx 24.26(元/10 m)$

小计 277.1 元/10 m

17-132 换 金属面刷黑色调和漆第一遍 63.13 元/10 m²

人工费 $0.24 \times 110 \times 1.1 = 29.04(元/10 m^2)$

材料费 $17.26 + 13.52 \times 0.02 \approx 17.53(元/10 m^2)$

管理费 $29.04 \times 42\% \approx 12.2(元/10 m^2)$

利润 $29.04 \times 15\% \approx 4.36(元/10 m^2)$

小计 63.13 元/10 m²

17-133 换 金属面刷黑色调和漆第二遍 58.33 元/10 m²

人工费 $0.23 \times 110 \times 1.1 = 27.83(元/10 m^2)$

材料费 $14.4 + 11.96 \times 0.02 \approx 14.64(元/10 m^2)$

管理费 $27.83 \times 42\% \approx 11.69(元/10 m^2)$

利润 $27.83 \times 15\% \approx 4.17(元/10 m^2)$

小计 58.33 元/10 m²

17-135 换 金属面刷防锈漆一遍 75.32 元/10 m²

人工费 $0.24 \times 110 \times 1.1 = 29.04(元/10 m^2)$

材料费 $29.28 + 21.9 \times 0.02 \approx 29.72(元/10 m^2)$

管理费 $29.04 \times 42\% \approx 12.2(元/10 m^2)$

利润 $29.04 \times 15\% \approx 4.36(元/10 m^2)$

小计 75.32 元/10 m²

(4) 按《计价定额》确定各子目合价

011503002001 硬木扶手铁栏杆 1 m

13-153 换 硬木扶手铁栏杆制安

     $1 \div 10 \times 2 193.59 \approx 219.36(元)$

17-35 换　扶手刷三遍双组分混合型聚氨酯清漆

　　$1 \div 10 \times 277.1 = 27.71$(元)

17-132 换　金属面刷黑色调和漆第一遍

　　$0.49 \div 10 \times 63.13 \approx 3.09$(元)

17-133 换　金属面刷黑色调和漆第二遍

　　$0.49 \div 10 \times 58.33 \approx 2.86$(元)

17-135 换　金属面刷防锈漆一遍

　　$0.49 \div 10 \times 75.32 \approx 3.69$(元)

合计　256.71(元)

3) 计算清单综合单价

011503002001　硬木扶手铁栏杆　256.71 元/m

项目编码	项目名称	计量单位	工程量	金额(元)	
				综合单价	合价
011503002001	硬木扶手铁栏杆	m	1.000	256.71	256.71
13-153 换	硬木扶手铁栏杆制安	10 m	0.100	2 193.59	219.36
17-35 换	扶手刷三遍双组分混合型聚氨酯清漆	10 m	0.100	277.1	27.71
17-132 换	金属面刷黑色调和漆第一遍	10 m²	0.049	63.13	3.09
17-133 换	金属面刷黑色调和漆第二遍	10 m²	0.049	58.33	2.86
17-135 换	金属面刷防锈漆一遍	10 m²	0.049	75.32	3.69

【例 6.11】　一卫生间墙面装饰如图 6.11 所示。做法为采用 12 mm 厚 1:3 水泥砂浆底层,5 mm 厚素水泥浆结合层。已知人工单价为 110 元/工日,250 mm×300 mm 瓷砖为 6.5 元/块,250 mm×80 mm 瓷砖腰线为 15 元/块,其余材料价格及机械费均不调整,并且不考虑门、窗的小面积瓷砖。试计算该墙面贴瓷砖工程量清单的综合单价。

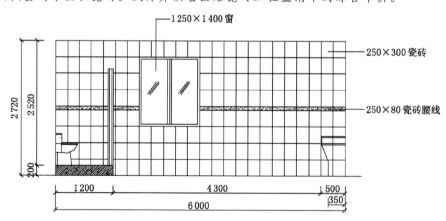

男卫生间 A 立面

装饰工程工程量清单计价

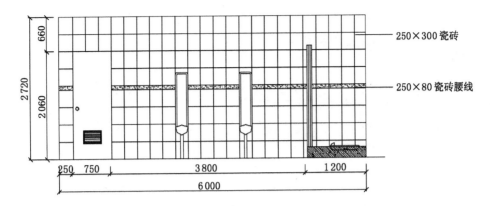

男卫生间 C 立面

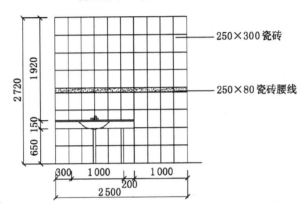

男卫生间 B 立面

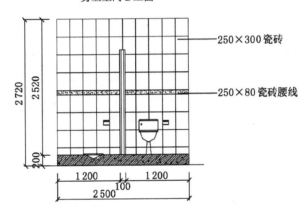

男卫生间 D 立面

图 6.11 男卫生间墙面装饰布置图(mm)

【相关知识】

(1)瓷砖规格与《计价定额》不同,瓷砖数量、单价均应换算。

(2)查《计价定额》附录七可知,瓷砖墙定额考虑的是采用 12 mm 厚 1∶3 水泥浆底、6 mm 厚 1∶0.1∶2.5 混合砂浆粘贴瓷砖。

(3)贴面所用的素水泥浆与定额不同,应扣除混合砂浆,增加括号内的价格。

【解】

1）按《计算规范》编制工程量清单

（1）确定项目编码和计量单位

瓷砖墙面查《计算规范》项目编码为011204003001，计量单位为平方米(m²)。

（2）按《计算规范》规定计算清单工程量

瓷砖墙面　$(2.5+6) \times 2 \times 2.72 - 0.75 \times 2.06 - 1.25 \times 1.4 - (2.5 + 1.2 \times 2) \times 0.2 \approx 41.97(\text{m}^2)$

（3）项目特征描述

块料墙面：12 mm 厚 1：3 水泥砂浆底层，5 mm 厚素水泥浆结合层。瓷砖规格为 250 mm×330 mm，瓷砖腰线规格为 250 mm×80 mm。

2）按《计价定额》组价

（1）按《计价定额》规则计算子目工程量

250 mm×80 mm 瓷砖腰线　$(2.5+6) \times 2 - 1.25 - 0.75 = 15(\text{m})$

250 mm×300 mm 瓷砖　$(2.5+6) \times 2 \times 2.72 - 0.75 \times 2.06 - 1.25 \times 1.4 - (2.5 + 1.2 \times 2) \times 0.2 - 15 \times 0.08 \approx 40.77(\text{m}^2)$

（2）套用定额计算各子目单价

14-82 换　250 mm×300 mm 瓷砖内墙面　1 797.39（元/10 m²）

分析：

① 瓷砖净用量计算

10 m² 瓷砖净用量　$10 \div (0.25 \times 0.3) \approx 134(块)$

10 m 腰线瓷砖净用量　$10 \div 0.25 = 40(块)$

② 扣混合砂浆　−15.94 元

③ 增素水泥浆　24.11 元

14-82 换　250 mm×300 mm 瓷砖内墙面

$4.83 \times 110 + 2\ 614.16 - 15.94 + 24.11 - 2\ 562.5 + 134 \times 6.5 \times 1.025 + 6.78 + (4.83 \times 110 + 6.78) \times (42\% + 15\%) \approx 1\ 797.39(元/10\ \text{m}^2)$

14-92 换　250 mm×80 mm 瓷砖腰线　684.86（元/10 m）

分析：腰线规格换算

① 扣混合砂浆　−1.05 元

② 增素水泥浆　1.42 元

14-92 换　250 mm×80 mm 瓷砖腰线　$0.38 \times 110 + 772.03 - 1.05 + 1.42 - 768.75 + 40 \times 15 \times 1.025 + 0.37 + (0.38 \times 110 + 0.37) \times (42\% + 15\%) \approx 684.86(元/10\ \text{m})$

（3）计算各子目合价

011204003001　瓷砖墙面

14-82 换　250 mm×300 mm 瓷砖内墙面　$1\ 797.39 \times 4.077 \approx 7\ 327.96(元)$

14-92 换　250 mm×80 mm 瓷砖腰线　$684.86 \times 1.5 \approx 1\ 027.29(元)$

合计　8 355.25 元

3) 计算清单综合单价

011204003001　瓷砖墙面　8 355.25÷41.97≈199.08(元/m²)

【例6.12】 某学院门厅处一砼圆柱直径 $D=600$,柱帽、柱墩挂贴进口黑金砂花岗岩,柱身挂贴四拼进口米黄花岗岩,灌缝为 50 mm 厚1：2水泥砂浆,具体尺寸如图6.12所示。试计算该柱面清单的综合单价(材料价格及费率均按定额执行)。

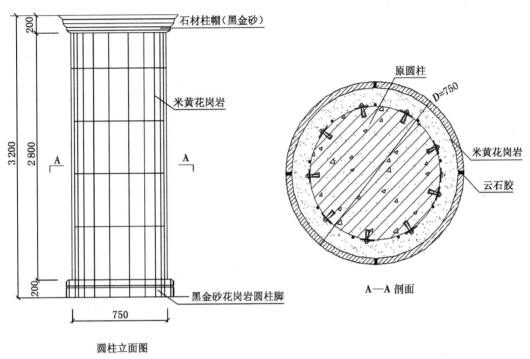

图6.12　砼圆柱(mm)

【相关知识】

(1)《计算规范》中规定,不分柱帽、柱墩,柱面工程量按石材圆柱面的外围周长乘以柱总高,以平方米(m²)计算。

(2)《计价定额》中规定,柱身、柱帽、柱墩的工程量应分开计算,柱帽、柱墩的工程量按石材圆柱面的外围周长乘以其高度,以平方米(m²)计算。

(3)柱面石材云石胶嵌缝在定额中未包括,要按《计价定额》第十八章相应子目执行。

【解】

1) 按《计算规范》编制工程量清单

(1)确定项目编码和计量单位

石材圆柱面查《计算规范》项目编码为011205001001,计量单位为平方米(m²)。

(2)按《计算规范》规定计算工程量　$\pi \times 0.75 \times 3.2 \approx 7.54(\text{m}^2)$

(3)项目特征描述

石材圆柱面:砼圆柱面的结构尺寸为直径 $D=600$ mm,柱身饰面的尺寸为直径 $D=750$ mm,柱帽、柱墩挂贴进口黑金砂花岗岩,柱身挂贴四拼进口米黄花岗岩,灌缝为 50 mm 厚1：2水泥砂浆,板缝嵌云石胶打蜡。

2）按《计价定额》组价

（1）按《计价定额》规则计算工程量

黑金砂柱帽 $0.75 \times \pi \times 0.2 \approx 0.47(\text{m}^2)$

黑金砂花岗岩柱墩 $0.75 \times \pi \times 0.2 \approx 0.47(\text{m}^2)$

四拼米黄花岗岩柱身 $0.75 \times \pi \times (3.2 - 0.2 \times 2) \approx 6.6(\text{m}^2)$

板缝嵌云石胶 $(3.2 - 0.2 \times 2) \times 4 = 11.2(\text{m})$

（2）按《计价定额》计算子目单价

14-131 柱身挂贴四拼米黄花岗岩 20 241.8 元/10 m²

14-134 柱墩挂贴黑金砂花岗岩 28 273.57 元/10 m²

14-135 柱帽挂贴黑金砂花岗岩 31 703.07 元/10 m²

18-38 板缝嵌云石胶 25.62 元/10 m

（3）计算各定额子目合价

011205001001 石材圆柱面

14-131 柱身挂贴四拼米黄花岗岩 $20\ 241.8 \times 6.6 \div 10 \approx 13\ 359.59$（元）

14-134 柱墩挂贴黑金砂花岗岩 $28\ 273.57 \times 0.47 \div 10 \approx 1\ 328.86$（元）

14-135 柱帽挂贴黑金砂花岗岩 $31\ 703.07 \times 0.47 \div 10 \approx 1\ 490.04$（元）

18-38 板缝嵌云石胶 $25.62 \times 11.2 \div 10 \approx 28.69$（元）

合计 16 207.18 元

3）计算综合单价

011205001001 石材圆柱面 $16\ 207.18 \div 7.54 \approx 2\ 149.49$（元/m²）

项目编码	项目名称	计量单位	工程量	金额（元）	
				综合单价	合价
011205001001	石材圆柱面	m²	7.540	2 149.49	16 207.15
14-131	柱身挂贴四拼米黄花岗岩	10 m²	0.660	20 241.80	13 359.59
14-134	柱墩挂贴黑金砂花岗岩	10 m²	0.047	28 273.57	1 328.86
14-135	柱帽挂贴黑金砂花岗岩	10 m²	0.047	31 703.07	1 490.04
18-38	板缝嵌云石胶	10 m	1.120	25.62	28.69

【例6.13】 某居民家庭室内卫生间的墙面装饰如图6.13所示，采用12 mm厚1：2.5防水砂浆底层、5 mm厚素水泥浆结合层贴瓷砖，瓷砖规格为200 mm×300 mm×8 mm，瓷砖价格为8元/块，其余材料价格按2014版《计价定额》不变。窗侧四周需贴瓷砖、阳角45°磨边对缝；门洞处不贴瓷砖；门洞口的尺寸为800 mm×2 000 mm、窗洞口尺寸为1 200 mm×1 400 mm；图6.13所示尺寸除大样图外均为结构净尺寸。人工工资单价为110元/工日；管理费率为42％、利润率为15％，其余未说明的均按2014版《计价定额》的规定执行。试计算该墙面分部分项工程的综合单价。

【相关知识】

（1）居民家庭室内装饰人工乘以系数1.15。

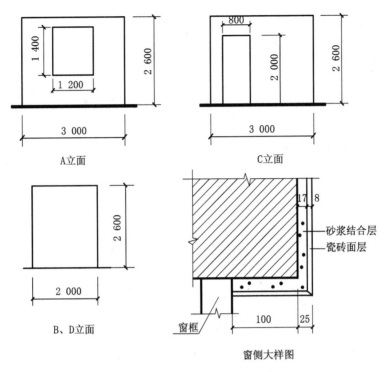

A立面   C立面

B、D立面   窗侧大样图

砂浆结合层
瓷砖面层
窗框

图 6.13　某居民家庭室内卫生间(mm)

(2) 块料面板子目内均不包括磨边,应另套用相应的计价子目。

(3) 计算镶贴块料面层均按块料面层的建筑尺寸面积(各块料面层+粘贴砂浆厚度=25 mm)计算。

(4) 门窗洞口侧边等小面排版规格小于块料原规格并需要裁剪的块料面层项目,可套用柱、梁、零星项目。

【解】

1) 按《计算规范》编制工程量清单

(1) 确定项目编码和计量单位

瓷砖墙面查《计算规范项目》编码为 011204003001,计量单位为平方米(m^2)。

(2) 按《计算规范》规定计算清单工程量

① A 立面

窗侧壁　$0.125 \times [(1.4 - 0.05) \times 2 + (1.2 - 0.05) \times 2] \approx 0.63 (m^2)$

墙面　$2.95 \times 2.6 - (1.4 - 0.05) \times (1.2 - 0.05) \approx 6.12 (m^2)$

② B,D 立面　$(2 - 0.05) \times 2.6 \times 2 = 10.14 (m^2)$

③ C 立面　$2.95 \times 2.6 - 0.8 \times 2 = 6.07 (m^2)$

合计　$0.63 + 6.12 + 10.14 + 6.07 = 22.96 (m^2)$

(3) 项目特征描述

居民家庭室内卫生间的墙面,采用 12 mm 厚 1:2.5 防水砂浆底层、5 mm 厚素水泥浆结合层贴瓷砖,瓷砖规格为 200 mm×300 mm×8 mm,窗侧四周需贴瓷砖、阳角 45°磨边对缝。

2）按《计价定额》组价

（1）按《计价定额》规则计算子目工程量

① A 立面

窗侧壁 $0.125 \times [(1.4-0.05) \times 2 + (1.2-0.05) \times 2] = 0.63(\text{m}^2)$

墙面 $2.95 \times 2.6 - (1.4-0.05) \times (1.2-0.05) = 6.12(\text{m}^2)$

② B、D 立面 $(2-0.05) \times 2.6 \times 2 = 10.14(\text{m}^2)$

③ C 立面 $2.95 \times 2.6 - 0.8 \times 2 = 6.07(\text{m}^2)$

墙面瓷砖 $6.12 + 10.14 + 6.07 = 22.33(\text{m}^2)$

窗侧壁瓷砖 0.63 m^2

④ 线条磨边 $[(1.4-0.05) \times 2 + (1.2-0.05) \times 2] \times 2 = 10(\text{m})$

（2）按《计价定额》确定子目单价

① 14-80 换 墙面贴面瓷砖 $2\,331.61$ 元$/10 \text{ m}^2$

每 10 m^2 瓷砖用量 $10 \div (0.2 \times 0.3) \approx 167(\text{块}/10 \text{ m}^2)$

每 10 m^2 瓷砖单价 $167 \times 8 = 1\,336(\text{元}/10 \text{ m}^2)$

居民家庭室内装修人工乘以系数 1.15。

人工费 $4.39 \times 110 \times 1.15 \approx 555.34(\text{元}/10 \text{ m}^2)$

材料费 $2\,101.66 - 2\,050 + 1.025 \times 1\,336 - 15.94 + 24.11 - 32.59 + 387.57 \times 0.136 \approx$
$1\,449.35(\text{元}/10 \text{ m}^2)$

机械费 6.61 元$/10 \text{ m}^2$

管理费 $(555.34 + 6.61) \times 42\% \approx 236.02(\text{元}/10 \text{ m}^2)$

利润 $(555.34 + 6.61) \times 15\% \approx 84.29(\text{元}/10 \text{ m}^2)$

小计 $2\,331.61$ 元$/10 \text{ m}^2$

② 14-81 换 墙窗侧壁贴瓷砖 $2\,596.71$ 元$/10 \text{ m}^2$

人工费 $5.56 \times 110 \times 1.15 = 703.34(\text{元}/10 \text{ m}^2)$

材料费 $2\,150.47 - 2\,100 + 1.05 \times 1\,336 - 15.94 + 25.53 - 31.15 + 387.57 \times 0.13 \approx$
$1\,482.09(\text{元}/10 \text{ m}^2)$

机械费 6.61 元$/10 \text{ m}^2$

管理费 $(703.34 + 6.61) \times 42\% \approx 298.18(\text{元}/10 \text{ m}^2)$

利润 $(703.34 + 6.61) \times 15\% \approx 106.49(\text{元}/10 \text{ m}^2)$

小计 $2\,596.71$ 元$/10 \text{ m}^2$

③ 18-34 线条磨边 117.58 元$/10 \text{ m}$

人工费 $0.55 \times 110 \times 1.15 \approx 69.58(\text{元}/10 \text{ m})$

材料费 4.58 元$/10 \text{ m}$

机械费 2.39 元$/10 \text{ m}$

管理费 $(69.58 + 2.39) \times 42\% \approx 30.23(\text{元}/10 \text{ m})$

利润 $(69.58 + 2.39) \times 15\% \approx 10.8(\text{元}/10 \text{ m})$

小计 117.58 元$/10 \text{ m}$

3) 计算清单综合单价

项目编码	项目名称	计量单位	工程量	金额(元)	
				综合单价	合价
011204003001	瓷砖墙面	m²	22.96	238.37	5 472.98
14-80 换	墙面贴瓷砖	10 m²	2.23	2 331.61	5 199.49
14-81	墙窗侧壁贴瓷砖	10 m²	0.06	2 596.71	155.80
18-34	线条磨边	10 m	1.00	117.58	117.58

【例 6.14】 某大厦底层电梯厅 A 立面砼墙面的装饰做法如图 6.14 所示,采用水泥砂浆粘贴花岗岩板,在抹灰面上刷乳胶漆三遍(刮 901 胶白水泥腻子三遍),现场做指甲圆形及 45°角磨边(在踢脚线以上做指甲圆磨边,门套阳角对折处做 45°角磨边)。成品花岗岩板材的市场价如下:黑金砂花岗岩为 600 元/m²,银翡翠花岗岩为 500 元/m²,不考虑石材以外材料、机械价格的调整。试编制墙面工程工程量清单及综合单价。

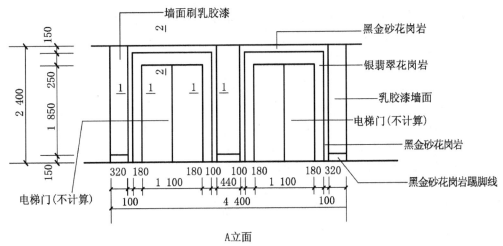

A立面

注:已完成墙面普通抹灰。

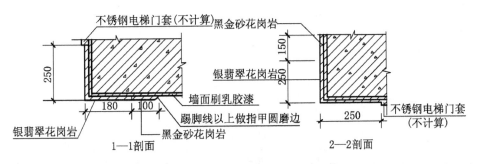

图 6.14 底层电梯厅砼墙面的装饰做法

【相关知识】

(1) 石材块料面板均不包括磨边,设计要求磨边或墙、柱面贴石材装饰线条者,按相应子目执行。

(2) 门窗套镶贴块料面层,以建筑尺寸的展开实贴面积计算,执行零星项目定额子目。花岗岩踢脚线按实贴长度计算。

(3) 本题中的阳角磨边应计算两道。

【解】

1) 按《计算规范》编制工程量清单

(1) 确定项目编码和计量单位

查《计算规范》可知:石材踢脚线的编码为 011105002001;墙面乳胶漆的编码为 011406001001;石材墙面的编码为 011204001001。计量单位均为平方米(m^2)。

(2) 按《计算规范》规定计算清单工程量

黑金砂花岗岩踢脚线

$$0.32 \times 2 + 0.44 = 1.08(m)$$

乳胶漆墙面

$$(0.32 \times 2 + 0.44) \times (2.4 - 0.15) = 2.43(m^2)$$

花岗岩墙面

$$4.4 \times 2.4 - 1.1 \times 2 \times 2 - 1.08 \times 2.4 + 0.25 \times (1.1 \times 2 + 2 \times 4) \approx 6.12(m^2)$$

2) 按《计价定额》组价

(1) 按《计价定额》规则计算子目工程量

花岗岩踢脚线　　$0.32 \times 2 + 0.44 = 1.08(m)$

乳胶漆墙面　　$(0.32 \times 2 + 0.44) \times (2.4 - 0.15) = 2.43(m^2)$

黑金砂花岗岩门套　　$0.1 \times 2.4 \times 4 + 0.15 \times 1.46 \times 2 \approx 1.4(m^2)$

银翡翠花岗岩电梯门套

$$0.18 \times 2.25 \times 4 + 0.25 \times 1.1 \times 2 + 0.25 \times (2 \times 4 + 1.1 \times 2) = 4.72(m^2)$$

门套指甲圆磨边　　$2.25 \times 4 = 9(m)$

门套45°角磨边　　$2 \times 8 + 1.1 \times 4 = 20.4(m)$

(2) 套用定额确定各子目单价

编号	名称	单价换算
13-50	黑金砂花岗岩踢脚线	$0.68 \times 110 + 396.74 + (600 - 250) \times 1.53 + 1.17 + (0.68 \times 110 + 1.17) \times (42\% + 15\%) \approx 1\ 051.51$(元/10 m)
14-129	黑金砂花岗岩门套	$6.77 \times 110 + 2\ 699.77 + (600 - 250) \times 10.2 + 5.4 + (6.77 \times 110 + 5.4) \times (42\% + 15\%) \approx 7\ 447.43$(元/10 m^2)
14-129	银翡翠花岗岩电梯门套	$6.77 \times 110 + 2\ 699.77 + (500 - 250) \times 10.2 + 5.4 + (6.77 \times 110 + 5.4) \times (42\% + 15\%) \approx 6\ 427.43$(元/10 m^2)
18-31	门套45°角磨边	$1.2 \times 110 + 26 + 11.7 + (1.2 \times 110 + 11.7) \times (42\% + 15\%) \approx 251.61$(元/10 m)
18-33	门套指甲圆磨边	$1.5 \times 110 + 34.65 + 14.32 + (1.5 \times 110 + 14.32) \times (42\% + 15\%) \approx 316.18$(元/10 m)
17-177	乳胶漆墙面	$1.58 \times 110 + 71.26 + 0 + (1.58 \times 110 + 0) \times (42\% + 15\%) \approx 344.13$(元/10 m^2)

3) 计算清单综合单价及合价

项目编码	项目名称	计量单位	工程量	金额（元）	
				综合单价	合价
011105002001	石材踢脚线	m	1.080	105.15	113.56
13-50	黑金砂花岗岩踢脚线	10 m	0.108	1 051.51	113.56
011204001001	石材墙面	m²	6.12	796.44	4 874.21
14-129	黑金砂花岗岩门套	10 m²	0.140	7 447.43	1 042.64
14-129	银翡翠花岗岩电梯门套	10 m²	0.472	6 427.43	3 033.75
18-31	门套45°角磨边	10 m	2.040	251.61	513.28
18-33	门套指甲圆磨边	10 m	0.900	316.18	284.56
011406001001	墙面乳胶漆	m²	2.430	34.41	83.62
17-177	乳胶漆墙面	10 m²	0.243	344.13	83.62

【例6.15】 某公司小会议室,墙面装饰如图6.15所示,采用200 mm宽的铝塑板腰线、120 mm高的红影踢脚线,有四条竖向镭射玻璃装饰条(210 mm宽),镭射玻璃边采用30 mm宽的红影装饰线条,其余红影切片板做斜拼纹。整个墙面的基层做法:木龙骨断面为24 mm×30 mm,间距300 mm×300 mm,木龙骨与墙面用木针固定,12 mm厚的细木工板。踢脚线的做法:在墙面基层板上再贴一层12 mm厚的细木工板,面板为红影切片板,上口为15 mm×15 mm的红影阴角线条。木龙骨、木基层板刷防火漆二度。饰面板的油漆为润油粉、刮腻子、漆片、刷硝基清漆、磨退出亮。试计算该墙面清单的综合单价(材料价格及费率均不调整)。

【相关知识】

(1) 木龙骨与墙面固定采用木针,定额中的普通成材应扣除 0.04 m³/10 m²。

(2) 当踢脚线被安装在木基层板上时,要扣除定额中的木砖含量。

(3) 当套用定额时,木饰面子目的木基层均未含防火材料,设计要求刷防火漆,按《计价定额》第十七章中相应子目执行。

(4) 当套用定额时,装饰面层中均未包含墙裙压顶线、压条、踢脚线、门窗贴脸等装饰线。当设计有要求时,按《计价定额》第十八章相应子目执行。

(5) 当套用定额时,设计切片板斜拼纹者,每 10 m² 斜拼纹按墙面定额人工乘以系数1.30,切片板含量乘以系数1.1,其他不变。

(6) 踢脚线与墙裙油漆材料相同,应合并在墙裙工程量内,即踢脚线油漆套用墙裙油漆子目。

(7) 木线条油漆不单独列项,但墙面油漆应乘以系数1.05。

【解】

1) 按《计算规范》编制工程量清单

(1) 确定项目编码和计量单位

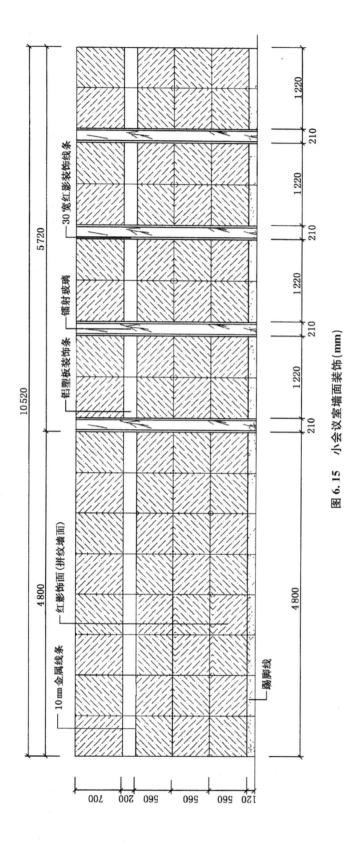

图 6.15　小会议室墙面装饰 (mm)

饰面板踢脚线查《计算规范》项目编码为011105005001,计量单位为米(m)。

饰面板墙面查《计算规范》项目编码为011207001001,计量单位为平方米(m²)。

(2) 按《计算规范》计算清单工程量

饰面板踢脚线　$4.8 + 1.22 \times 4 = 9.68(m)$

饰面板墙面　$10.52 \times 2.7 - 9.68 \times 0.12 \approx 27.24(m^2)$

(3) 项目特征描述

饰面板踢脚线:踢脚线高120 mm,将12 mm厚的细木工板贴在墙面基层板上,采用红影切片板面层,红影阴角线条为15 mm×15 mm,基层板刷防火漆二度,饰面板油漆为润油粉、刮腻子、漆片、刷硝基清漆、磨退出亮。

饰面板墙面:整个墙面采用木龙骨及木工板基层,木龙骨断面为24 mm×30 mm,间距300 mm×300 mm,龙骨与墙面用木针固定,在木龙骨上钉12 mm厚的细木工板基层板,面层红影饰面板做斜拼纹;采用200 mm宽的铝塑板腰线,腰线边用10 mm的金属线条收边,局部有四条竖向镭射玻璃装饰条(210 mm宽),镭射玻璃边采用30 mm宽的红影装饰线条,木龙骨、木基层板刷防火漆二度,饰面板油漆为润油粉、刮腻子、漆片、刷硝基清漆、磨退出亮。

2) 按《计价定额》组价

(1) 按《计价定额》规则计算子目工程量

① 饰面板踢脚线　$4.8 + 1.22 \times 4 = 9.68(m)$

踢脚线木基层板刷防火漆　$9.68 \times 0.12 \approx 1.16(m^2)$

踢脚线刷硝基清漆　$1.16 \ m^2$

② 饰面板墙面

墙面木龙骨　$10.52 \times 2.7 \approx 28.4(m^2)$

墙面12 mm厚细木工板基层　$28.4 \ m^2$

墙面铝塑板面层　$(4.8 + 1.22 \times 4) \times 0.2 \approx 1.94(m^2)$

墙面贴镭射玻璃　$0.21 \times 2.7 \times 4 \approx 2.27(m^2)$

墙面红影饰面板　$(4.8 + 1.22 \times 4) \times (2.7 - 0.2 - 0.12) \approx 23.04(m^2)$

木龙骨刷防火漆二度　$28.4 \ m^2$

基层板刷防火漆二度　$28.4 \ m^2$

红影饰面板刷硝基清漆　$(4.8 + 1.22 \times 4) \times (2.70 - 0.2 - 0.12) \approx 23.04(m^2)$

10 mm金属装饰线条　$(4.8 + 1.22 \times 4) \times 2 \approx 19.4(m)$

30 mm红影装饰线条　$2.7 \times 2 \times 4 = 21.6(m)$

(2) 套用定额计算各子目单价

① 13-131换　饰面板踢脚线　169.62元/10 m

分析:扣木砖　-14.4元/10 m

　　　细木板的高度为120 mm　$120 \div 150 \times 1.58 \times 32 \approx 40.45(元/10 \ m)$

　　　红影饰面板的高度为120 mm　$120 \div 150 \times 1.58 \times 18 \approx 22.75(元/10 \ m)$

13-131换　红影饰面板踢脚线

　　$199.82 - 14.4 - 50.56 - 28.44 + 40.45 + 22.75 = 169.62(元/10 \ m)$

② 14-168换　墙面木龙骨　369.47(元/10 m²)

木砖换木针及木龙骨换算

$(0.111-0.04)\times30\times40\div(24\times30)\times300\times300\div(400\times400)\approx0.067(\text{m}^3/10\ \text{m}^2)$

14-168换　墙面木龙骨

$439.87-0.111\times1\,600+0.067\times1\,600=369.47(\text{元}/10\ \text{m}^2)$

③14-193换　饰面板斜拼纹面层　479.56元/10 m²

分析：斜拼纹人工费增　$1.2\times85\times30\%=30.6(\text{元}/10\ \text{m}^2)$

饰面板增　$10.5\times10\%\times18=18.9(\text{元}/10\ \text{m}^2)$

管理费增　$30.6\times25\%=7.65(\text{元}/10\ \text{m}^2)$

利润增　$30.6\times12\%\approx3.67(\text{元}/10\ \text{m}^2)$

14-193换　饰面板斜拼纹面层

$418.74+18.9+30.6+7.65+3.67=479.56(\text{元}/10\ \text{m}^2)$

（3）计算各定额子目合价

011105005001　饰面板踢脚线

13-131换　饰面板踢脚线　$9.68\div10\times169.62\approx164.19(\text{元})$

17-92　木基层刷防火漆二度　$1.16\div10\times189.95\approx22.03(\text{元})$

17-79×1.05　踢脚线刷硝基清漆　$1.16\div10\times1\,151.53\approx133.58(\text{元})$

小计　319.98元

011207001001　饰面板墙面

14-168换　墙面木龙骨　$28.4\div10\times369.47\approx1\,049.29(\text{元})$

14-185　墙面12 mm厚细木工板基层　$28.4\div10\times539.94\approx1\,533.43(\text{元})$

14-193换　红影饰面板斜拼纹面层　$23.04\div10\times479.56\approx1\,104.91(\text{元})$

14-204　墙面铝塑板面层　$1.94\div10\times1\,140.02\approx221.16(\text{元})$

14-211　墙面贴镭射玻璃　$2.27\div10\times1\,195.87\approx271.46(\text{元})$

17-96　墙面木龙骨刷防火漆二度　$28.4\div10\times139.53\approx396.27(\text{元})$

17-92　墙面基层板刷防火漆二度　$28.4\div10\times189.95\approx539.46(\text{元})$

17-79×1.05　红影饰面板刷硝基清漆　$23.04\div10\times1\,151.53\approx2\,653.13(\text{元})$

18-13　30 mm红影装饰线条　$21.6\div100\times643.72\approx139.04(\text{元})$

18-17　10 mm金属装饰线条　$19.4\div100\times2\,326.37=451.32(\text{元})$

小计　8 359.47元

3）确定各清单综合单价

011105005001　饰面板踢脚线　$319.8\div9.68\approx33.04(\text{元}/\text{m})$

011207001001　饰面板墙面　$8\,359.47\div27.24\approx306.88(\text{元}/\text{m}^2)$

项目编码	项目名称	计量单位	工程量	金额（元）	
				综合单价	合价
011105005001	饰面板踢脚线	m	9.680	33.04	319.83
13-131换	饰面板踢脚线	10 m	0.968	169.62	164.19
17-92	木基层刷防火漆二度	10 m²	0.116	189.95	22.03

项目编码	项目名称	计量单位	工程量	金额(元)	
				综合单价	合价
17-79×1.05	踢脚线刷硝基清漆	10 m²	0.116	1 151.53	133.58
011207001001	饰面板墙面	m²	27.240	306.88	8 359.41
14-168换	墙面木龙骨	10 m²	2.840	369.47	1 049.29
14-185	墙面12 mm厚细木工板基层	10 m²	2.840	539.94	1 533.43
14-193换	红影饰面板斜拼纹面层	10 m²	2.304	479.56	1 104.91
14-204	墙面铝塑板面层	10 m²	0.194	1 140.02	221.16
14-211	墙面贴镭射玻璃	10 m²	0.227	1 195.87	271.46
17-96	墙面木龙骨刷防火漆二度	10 m²	2.840	139.53	396.27
17-92	墙面基层板刷防火漆二度	10 m²	2.840	189.95	539.46
17-79×1.05	红影饰面板刷硝基清漆	10 m²	2.304	1 151.53	2 653.13
18-13	30 mm红影装饰线条	100 m	0.216	643.72	139.04
18-17	10 mm金属装饰线条	100 m	0.194	2 362.37	451.32

【例6.16】 某大厦外墙上有一型钢隐框玻璃幕墙,经结构计算后,选用某铝型材厂的110系列,具体做法如图6.16所示。其中压块、半压块按间距300 mm布置,每个压块长50 mm。假设6 mm厚的镀膜钢化玻璃为160元/m²,其余材料价格及费率均按定额不调整。

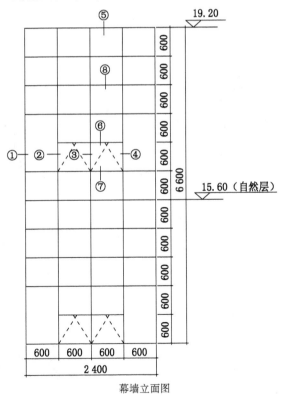

幕墙立面图

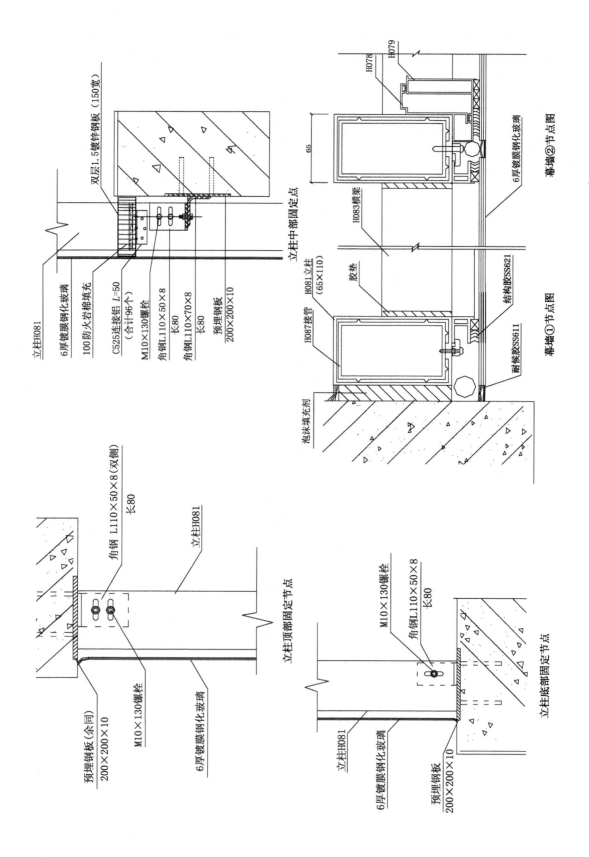

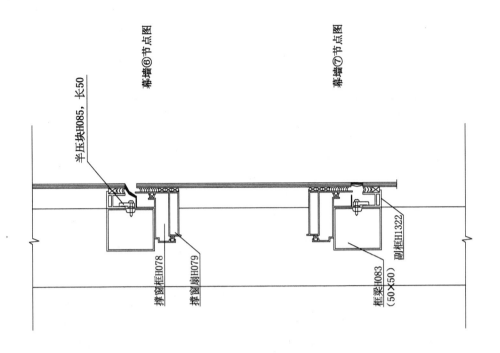

幕墙⑥节点图

幕墙⑦节点图

半压块H085，长50

撑窗框H078

撑窗扇H079

框梁H083
（50×50）

副框H1322

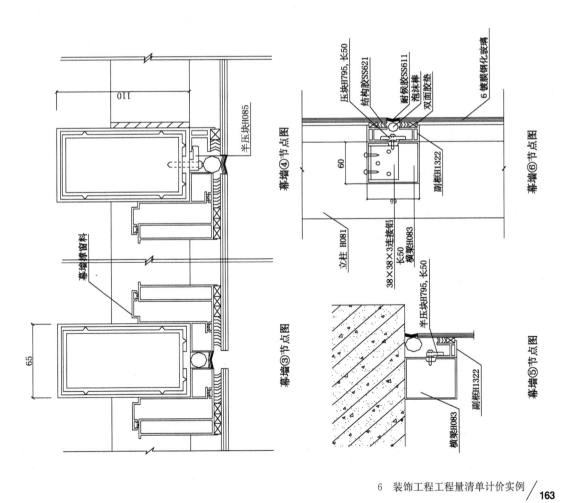

幕墙④节点图

幕墙③节点图

110

半压块H085

幕墙撑窗料

65

幕墙⑥节点图

压块H795，长50

结构胶SS621

耐候胶SS611

泡沫棒

双面胶垫

6 镀膜钢化玻璃

60

99

副框H1322

立柱 H081

38×38×3连接铝
长50

横梁H083
长50

幕墙⑤节点图

半压块H795，长50

副框H1322

横梁H083

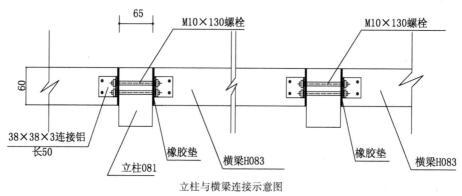

立柱与横梁连接示意图

图 6.16　隐框玻璃幕墙

注:除标高单位为米(m)外,其余单位均为毫米(mm)。

试计算该分项工程的综合单价(注:根据该厂幕墙图集查到,铝型材的单位重量:H081 立柱(断面为 65 mm×110 mm)为 2.624 kg/m,H087 接管为 2.462 kg/m,H083 横梁(断面为 60 mm×65 mm)为 1.493 kg/m,H078 撑窗框为 0.563 kg/m,H079 撑窗扇为 0.829 kg/m,H1322 付框为 0.521 kg/m,H795 全压块为 0.692 kg/m,H085 半压块为 0.337 kg/m,C525 角码为 2.049 kg/m,38 mm×38 mm×3 mm 连接铝为 0.593 kg/m。钢材理论重量:φ16 mm 圆钢为 1.58 kg/m,10 mm 厚钢板为 78.5 kg/m²,L110 mm×50 mm×8 mm 不等边角钢为 9.67 kg/m,L110 mm×70 mm×8 mm 不等边角钢为 10.94 kg/m)。

【相关知识】

(1)玻璃幕墙要套用三个额定子目:①幕墙;②幕墙与自然楼层的连接;③幕墙撑窗五金要按《计价定额》第十六章的有关子目执行。

(2)当计算幕墙面积时,同材质的窗不扣除。

(3)幕墙上撑窗的铝型材若已按设计图纸计算,不再按《计价定额》第 570 页第三小条增加铝型材。

(4)铝型材的损耗率均为 7%。

【解】

1)按《计算规范》编制工程量清单

(1)确定项目编码和计量单位

隐框玻璃幕墙查《计算规范》项目编码为 011209001001,计量单位为平方米(m²)。

预埋铁件查《计算规范》项目编码为 010516002001,计量单位为吨(t)。

(2)按《计算规范》规定计算清单工程量

隐框玻璃幕墙　2.4×6.6＝15.84(m²)

(3)项目特征描述

110 系列隐框镀膜钢化玻璃幕墙,龙骨间距 600 mm×600 mm(1 200 mm),6 mm 厚镀膜钢化玻璃,采用结构胶粘贴钢化玻璃,硅酮密封胶嵌缝,上悬窗 600 mm×600 mm,自然层处的防火隔离带采用 1.2 mm 厚镀锌钢板,中间放 100 mm 厚防火岩棉,用防火胶泥密缝。

2)按《计价定额》组价

(1)按《计价定额》规则计算子目工程量

110 系列隐框镀膜钢化玻璃幕墙 $2.4 \times 6.6 = 15.84 (\text{m}^2)$

幕墙自然层连接   2.4 m

幕墙撑窗五金   4 扇

撑窗面积 $(0.6 - 0.065) \times (0.6 - 0.065) \times 4 \approx 1.15 (\text{m}^2)$

(2) 按《计价定额》计算各子目单价

14-152 换   隐框镀膜钢化玻璃幕墙   7 665.46 元/10 m²

分析：

① 计算铝合金幕墙中的铝合金重量及含量

H081 立柱 $6.6 \times 5 \times 2.624 \times 1.07 \approx 92.65 (\text{kg})$

H087 接管 $0.5 \times 5 \times 2.462 \times 1.07 \approx 6.59 (\text{kg})$

H083 横梁 $[(2.4 - 0.065 \times 5) \times 10 + (1.2 - 0.065 \times 2) \times 2] \times 1.493 \times 1.07 \approx 36.57 (\text{kg})$

H078 撑窗框 $(0.535 + 0.535) \times 2 \times 4 \times 0.563 \times 1.07 \approx 5.16 (\text{kg})$

H079 撑窗扇 $(0.535 + 0.535) \times 2 \times 4 \times 0.829 \times 1.07 \approx 7.59 (\text{kg})$

H1322 付框 $(2.4 \times 18 + 6.6 \times 8 - 0.6 \times 8) \times 0.521 \times 1.07 \approx 50.84 (\text{kg})$

[600 mm × 600 mm 玻璃 32 块，600 mm × 1 200 mm 玻璃 4 块，$2.4 \times 32 + 3.6 \times 4 = 91.2 (\text{m})$]

H795 全压块 $3 \times (30 + 9 \times 3) \times 0.05 \times 0.692 \times 1.07 \approx 6.33 (\text{kg})$

H085 半压块 $[(3 \times 20 + 5 \times 4)(\text{周边}) + (3 \times 6 + 3 \times 4)(\text{窗周})] \times 0.05 \times 0.337 \times 1.07 \approx 1.98 (\text{kg})$

C525 角码 $0.05 \times 96 \times 2.049 \times 1.07 = 10.52 (\text{kg})$

38 mm × 38 mm × 3 mm 连接铝 $(10 \times 4 \times 2 + 4 \times 2) \times 0.05 \times 0.593 \times 1.07 \approx 2.79 (\text{kg})$

合计   221.02 kg

每平方米铝型材 $221.02 \div 15.84 \approx 13.95 (\text{kg/m}^2)$

② 计算铁件重量

ϕ16 mm 圆钢 $0.15 \times 4 \times 5 \times 3 \times 1.58 = 14.22 (\text{kg})$

10 mm 厚钢板 $0.2 \times 0.2 \times 5 \times 3 \times 78.5 = 47.1 (\text{kg})$

L110 mm × 50 mm × 8 mm 不等边角钢 $0.08 \times 2 \times 5 \times 3 \times 9.67 \approx 23.21 (\text{kg})$

L110 mm × 70 mm × 8 mm 不等边角钢 $0.08 \times 2 \times 5 \times 10.94 \approx 8.75 (\text{kg})$

合计   93.28 kg

③ 铝型材重量换算 $(139.5 - 129.7) \times 21.5 = 210.7 (\text{元}/10 \text{ m}^2)$

④ 扣镀锌连接铁件 -213.2 元/10 m²

⑤ 人工费调增（《计价定额》第 570 页规则三）
    $5 \times 85 \times 0.115 \div 15.84 \times 10 \approx 30.86 (\text{元}/10 \text{ m}^2)$

⑥ 管理费调增 $30.86 \times 25\% \approx 7.72 (\text{元}/10 \text{ m}^2)$

⑦ 利润调增 $30.86 \times 12\% \approx 3.7 (\text{元}/10 \text{ m}^2)$

⑧ 6 mm 厚镀膜钢化玻璃 $(160 - 240) \times 10.3 = -824 (\text{元}/10 \text{ m}^2)$

14-152 换   隐框镀膜钢化玻璃幕墙
    $8 449.68 + 210.7 - 213.2 + 30.86 + 7.72 + 3.7 - 824 = 7 665.46 (\text{元}/10 \text{ m}^2)$

14-165换　幕墙自然层连接　489.93元/10 m

分析:

① 镀锌薄钢板含量换算

$$0.15 \times 2 \times 10 \times 1.05 \times 64.2 - 370.43 = -168.2(元/10\,m)$$

② 防火岩棉含量调整　$0.15 \times 0.1 \times 10 \times 1.05 \times 300 - 78 = -30.75(元/10\,m)$

14-165换　幕墙自然层连接　$688.88 - 168.2 - 30.75 = 489.93(元/10\,m)$

16-324　撑窗五金　55元/扇

3) 计算分项清单综合单价

项目编码	项目名称	计量单位	工程量	金额(元)	
				综合单价	合价
011209001001	隐框玻璃幕墙	m²	15.840	787.86	12 479.70
14-152换	隐框镀膜钢化玻璃幕墙	10 m²	1.584	7 665.46	12 142.09
14-165换	幕墙自然层连接	10 m	0.240	489.93	117.58
16-324	撑窗五金	扇	4.000	55.00	220.00
010516002001	预埋铁件	t	0.093	12 655.81	1 176.99
5-27	预埋铁件制作	t	0.093	9 192.70	854.92
5-28	铁件安装	t	0.093	3 463.13	322.07

【例6.17】　某培训中心外墙上有一铝塑板幕墙,具体做法如图6.17所示。材料价格及费率均按定额不调整。试计算该分项工程的综合单价(注:铝型材理论重量:铝方管竖龙骨(100 mm×50 mm×2 mm)为1.577 kg/m,铝方管横龙骨(50 mm×38 mm×1.4 mm)为0.653 kg/m,横梁端部连接铝(38 mm×38 mm×3 mm)为0.593 kg/m,铝塑板连接角铝(20 mm×25 mm×3 mm)为0.361 kg/m,每块铝塑板连接角铝的设计用量为22个。钢材理论重量:8 mm厚钢板为62.80 kg/m²,L80 mm×50 mm×5 mm不等边角钢为5.01 kg/m,ϕ16 mm钢筋为1.58 kg/m)。

【相关知识】

设计铝型材用量与定额不符时,应按设计用量加7%的损耗来调整含量,其他不变。

【解】

1) 按《计算规范》计算工程量清单

(1) 确定项目编码和计量单位

铝塑板幕墙查《计算规范》项目编码为011209001001,计量单位为平方米(m²)。

预埋铁件查《计算规范》项目编码为010516002001,计量单位为吨(t)。

(2) 按《计算规范》规定计算清单工程量

① 外墙铝塑板幕墙　$6 \times 4.8 = 28.8(m²)$

② 计算铁件重量

8 mm厚钢板　$0.2 \times 0.15 \times 9 \times 3 \times 62.8 = 50.868(kg)$

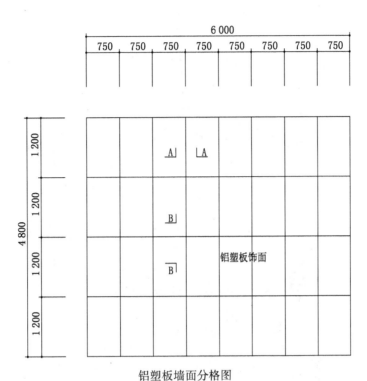

铝塑板墙面分格图

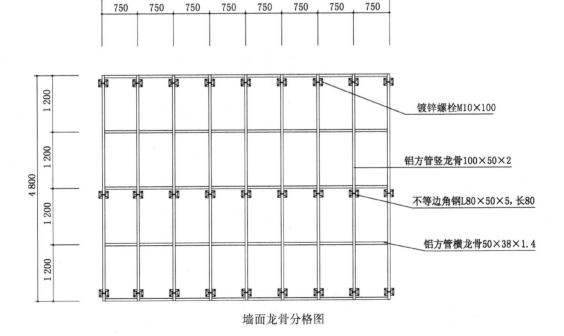

墙面龙骨分格图

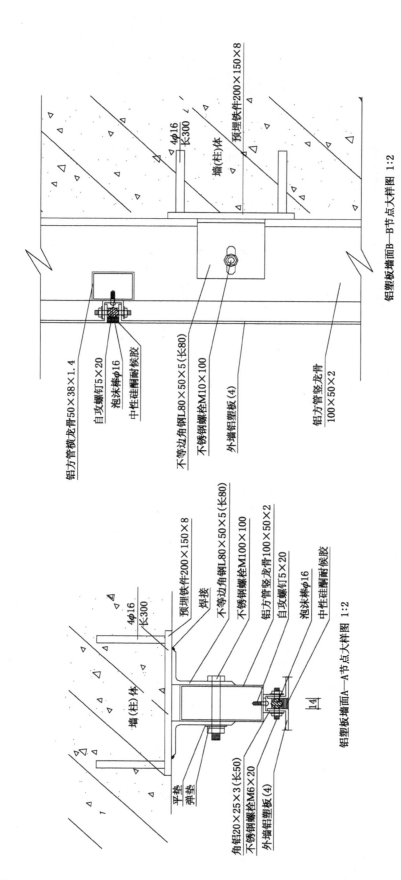

铝塑板墙面B—B节点大样图 1:2

铝方管横龙骨50×38×1.4
自攻螺钉5×20
泡沫棒φ16
中性硅酮耐候胶

墙（柱）体
4φ16
长300
预埋铁件200×150×8

不等边角钢L80×50×5（长80）
不锈钢螺栓M10×100
外墙铝塑板（4）

铝方管竖龙骨
100×50×2

预埋铁件200×150×8
焊接
不等边角钢L80×50×5（长80）
不锈钢螺栓M100×100
铝方管竖龙骨100×50×2
自攻螺钉5×20
泡沫棒φ16
中性硅酮耐候胶

墙（柱）体
4φ16
长300

平垫
弹垫

角铝20×25×3（长50）
不锈钢螺栓M6×20
外墙铝塑板（4）

铝塑板墙面A—A节点大样图 1:2

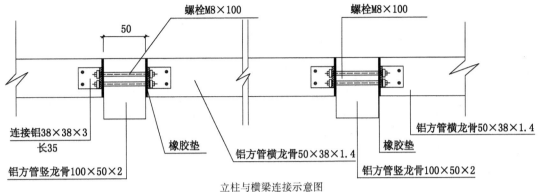

立柱与横梁连接示意图

图6.17 铝塑板幕墙(mm)

$\phi16\ mm$ 钢筋 $0.3\times4\times9\times3\times1.58=51.192(kg)$

L80 mm×50 mm×5 mm 不等边角钢 $0.08\times9\times3\times2\times5.01\approx21.643(kg)$

合计 123.7 kg

(3) 项目特征描述

外墙铝塑板幕墙:100 mm×50 mm×2 mm 铝方管竖龙骨,50 mm×38 mm×1.4 mm 铝方管横龙骨,间距750 mm×1 200 mm,面层为4 mm厚的外墙铝塑板,采用铝角码干挂,用耐候胶塞缝。

2) 按《计价定额》组价

(1) 按《计价定额》规则计算子目工程量

外墙铝塑板幕墙 $6\times4.8=28.8(m^2)$

(2) 按《计价定额》计算各子目单价

14-163换 外墙铝塑板幕墙 3 763.4元/10 m²

分析:

① 计算铝塑板幕墙的铝合金重量及含量

100 mm×50 mm×2 mm 铝方管竖龙骨 $4.8\times9\times1.577\times1.07\approx72.9(kg)$

50 mm×38 mm×1.4 mm 铝方管横龙骨 $(6-0.05\times9)\times5\times0.653\times1.07\approx19.39(kg)$

38 mm×38 mm×3 mm 连接铝 $16\times5\times0.035\times0.593\times1.07\approx1.78(kg)$

20 mm×25 mm×3 mm 角铝 $22\times0.05\times8\times4\times0.361\times1.07\approx13.6(kg)$

合计 107.67 kg

铝型材含量 $107.67\div28.8\times10\approx37.385(kg/10\ m^2)$

② 铝型材重量换算 $(37.385-64.469)\times21.5\approx-582.31(元/10\ m^2)$

14-163换 外墙铝塑板幕墙 $4\ 512.06-582.31-166.35=3\ 763.4(元/10\ m^2)$

③ 计算铁件重量 123.7 kg

3) 计算分项清单综合单价

项目编码	项目名称	计量单位	工程量	金额(元)	
				综合单价	合价
011209001001	铝塑板幕墙	m²	28.80	376.34	10 838.59

项目编码	项目名称	计量单位	工程量	金额（元）	
				综合单价	合价
14-163 换	外墙铝塑板幕墙	10 m²	2.88	3 763.40	10 838.59
010516002001	预埋铁件	t	0.124	12 655.81	1 569.32
5-27	铁件制作	t	0.124	9 192.70	1 139.89
5-28	铁件安装	t	0.124	3 463.13	429.43

【例6.18】 某酒店大堂一侧墙面在钢骨架上干挂西班牙米黄花岗岩（密缝），在花岗岩表面刷防护剂两遍，板材规格为 600 mm×1 200 mm，供应商已完成钻孔成槽；3.2—3.6 m 高处做吊顶，具体做法如图 6.18 所示。西班牙米黄花岗岩的单价为 650 元/m²；不锈钢连接件的图示用量按每平方米 5.5 套考虑，配同等数量的 M10 mm×40 mm 不锈钢六角螺栓；钢骨架、铁件（后置）用量按图示配备（其中顶端固定钢骨架的铁件用量为 7.27 kg）；其余材料、机械用量及管理费、利润均按 2014 版《计价定额》不调整[10＃槽钢的理论重量为 10.01 kg/m；角钢 L56 mm×5 mm 的重量为 4.25 kg/m；200 mm×150 mm×12 mm 钢板（铁件）为 94.2 kg/m²]，试计算该分部分项工程量清单的综合单价。

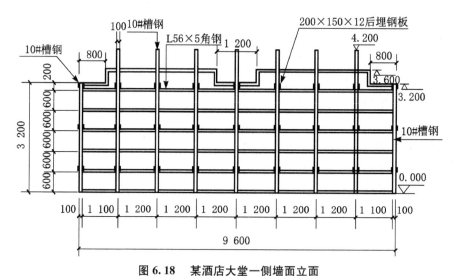

图6.18 某酒店大堂一侧墙面立面
注：除标高单位为米(m)外，其余单位均为毫米(mm)。

【相关知识】

（1）在石材块料面板上钻孔成槽是由供应商完成的，扣除基价中人工的 10% 和其他机械费。

（2）幕墙的材料品种、含量及设计要求与定额不同时应调整，但人工、机械不变。所有干挂石材、面砖、玻璃幕墙、金属板幕墙的子目中均不含钢骨架、预埋（后置）铁件的制作安装费，另按相应子目执行。

（3）干挂石材块料面板中的不锈钢连接件、连接螺栓、插棍数量按设计用量加 2% 的损耗进行调整。

【解】

1) 按《计算规范》编制工程量清单

(1) 确定项目编码和计量单位

石材墙面查《计算规范》项目编码为011204001001,计量单位为平方米(m²)。

干挂石材钢骨架查《计算规范》项目编码为011204004001,计量单位为吨(t)。

零星钢构件查《计算规范》项目编码为010606013001,计量单位为吨(t)。

(2) 按《计算规范》规定计算清单工程量

① 石材墙面 $3.2 \times 9.6 + 0.4 \times (9.6 - 0.8 \times 2 - 1.2) = 33.44(m^2)$

② 干挂石材钢骨架

10#槽钢 $(4.2 \times 7 + 3.2 \times 2) \times 10.01 \approx 358.36(kg)$

L56 mm×5 mm角钢 $[7 \times (9.4 - 0.1 \times 7) + 0.4 \times 4] \times 4.25 \approx 265.63(kg)$

小计 $358.36 + 265.63 = 623.99(kg) \approx 0.624(t)$

③ 零星钢构件

200 mm×150 mm×12 mm钢板 $0.2 \times 0.15 \times 27 \times 94.2 \approx 76.3(kg)$

顶端固定钢骨架铁件 7.27 kg

小计 $76.3 + 7.27 = 83.57(kg)$

(3) 项目特征描述

① 石材墙面:在钢骨架上干挂西班牙米黄花岗岩(密缝),板材规格为 600 mm×1 200 mm,供应商已完成钻孔成槽;不锈钢连接件的图示用量按每平方米 5.5 套考虑,配同等数量的 M10 mm×40 mm 不锈钢六角螺栓;在花岗岩表面刷防护剂两遍,其余材料用量按 2014 版《计价定额》不调整。

② 干挂石材钢骨架:钢骨架用量按图示配备,10#槽钢的理论重量为 10.01 kg/m;角钢 L56 mm×5 mm 的重量为 4.25 kg/m。

③ 零星钢构件:铁件(后置)用量按图示配备(其中顶端固定钢骨架的铁件用量为 7.27 kg);200 mm×150 mm×12 mm 钢板(铁件)为 94.2 kg/m²。

2) 按《计价定额》组价

(1) 按《计价定额》规则计算子目工程量

钢骨架上干挂花岗岩 33.44 m²

花岗岩表面刷防护剂两遍 33.44 m²

钢骨架 0.624 t

铁件 83.57 kg

(2) 需换算材料每 10 m² 的含量

不锈钢连接件 $5.5 \times 1.02 \times 10 \approx 56(套/10 \ m^2)$

M10 mm×40 mm 不锈钢六角螺栓 56 套/10 m²

(3) 根据规定,套用 2014 版《计价定额》计算各子目单价

① 14-136 钢骨架上干挂石材块料面板 8 094.07 元/10 m²

供应商已完成钻孔成槽,应扣除基价人工的 10%和其他机械费。

人工费 $732.7 \times 0.9 = 659.43(元/10 \ m^2)$

材料费 $3\,124.76 - 2\,550 + 10.2 \times 650 - 202.5 + 56 \times 4.5 - 85.5 + 56 \times 1.9 - 213.2 =$

7 061.96(元 /10 m²)

机械费   103.94－10＝93.94(元 /10 m²)

管理费   (659.43＋93.94)×25％≈188.34(元 /10 m²)

利润   (659.43＋93.94)×12％≈90.4(元 /10 m²)

小计   8 094.07 元 /10 m²

② 18-74   石材面刷防护剂   95.8 元/10 m²

人工费   38.25 元/10 m²

材料费   43.4 元 /10 m²

管理费   9.56 元/10 m²

利润   4.59 元 /10 m²

小计   95.8 元/10 m²

③ 7-61   龙骨钢骨架制作   6 400.37 元/t

人工费   1 090.6 元/t

材料费   4 577.2 元/t

机械费   240.18 元/t

管理费   332.7 元/t

利润   159.69 元/t

小计   6 400.37 元/t

④ 14-183   钢骨架安装   1 459.36 元/t

人工费   560.88 元/t

材料费   619.12 元/t

机械费   52.43 元/t

管理费   153.33 元/t

利润   73.6 元/t

小计   1 459.36 元/t

⑤ 7-57   零星铁件制作   8 944.78 元/t

人工费   2 125.44 元/t

材料费   4 968.26 元/t

机械费   777.13 元/t

管理费   725.64 元/t

利润   348.31 元/t

小计   8 944.78 元/t

⑥ 5-28   铁件安装   3 463.13 元/t

人工费   1 931.92 元/t

材料费   258.48 元/t

机械费   407.24 元/t

管理费   584.79 元/t

利润   280.7 元/t

小计   3 463.13 元/t

装饰工程工程量清单计价

⑦ 20-24　干挂花岗岩脚手(单价措施项目费)　83.26 元/10 m²

人工费　47.56 元/10 m²

材料费　16.88×0.3＝5.06(元/10 m²)

机械费　9.52 元/10 m²

管理费　14.27 元/10 m²

利润　6.85 元/10 m²

小计　83.26 元/10 m²

3) 计算清单综合单价

项目编码	项目名称	计量单位	工程量	金额(元)	
				综合单价	合价
011204001001	石材墙面	m²	33.44	818.01	27 354.16
14-136	钢骨架上干挂石材块料面板	10 m²	3.34	8 094.07	27 034.19
18-74	石材面刷防护剂	10 m²	3.34	95.8	319.97
011204004001	干挂石材钢骨架	t	0.624	7 859.73	4 904.47
7-61	龙骨钢骨架制作	t	0.624	6 400.37	3 993.83
14-183	钢骨架安装	t	0.624	1 459.36	910.64
010606013001	零星钢构件	t	0.08	12 407.88	992.63
7-57	零星铁件制作	t	0.08	8 944.78	715.58
5-28	铁件安装	t	0.08	3 463.13	277.05

【例 6.19】 某大厦一外墙选用点式全玻璃幕墙,做法及尺寸如图 6.19 所示。所有钢型材均经过热浸镀锌处理,不考虑材差及费率调整,试计算该分项工程的综合单价(注:镀锌型钢为 6 800 元/t,耳板组件为 1.1 kg/套,封头组件为 2.3 kg/套,10 mm 防火板为 35 元/m²,ϕ108 mm×8 mm 无缝钢管为 19.73 kg/m,ϕ89 mm×8 mm 无缝钢管为 15.98 kg/m,10 mm 钢板为 78.5 kg/m²,5♯槽钢为 5.44 kg/m)。

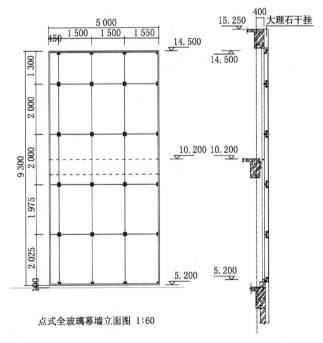

点式全玻璃幕墙立面图 1:60

点式全玻璃幕墙剖面图 1:60

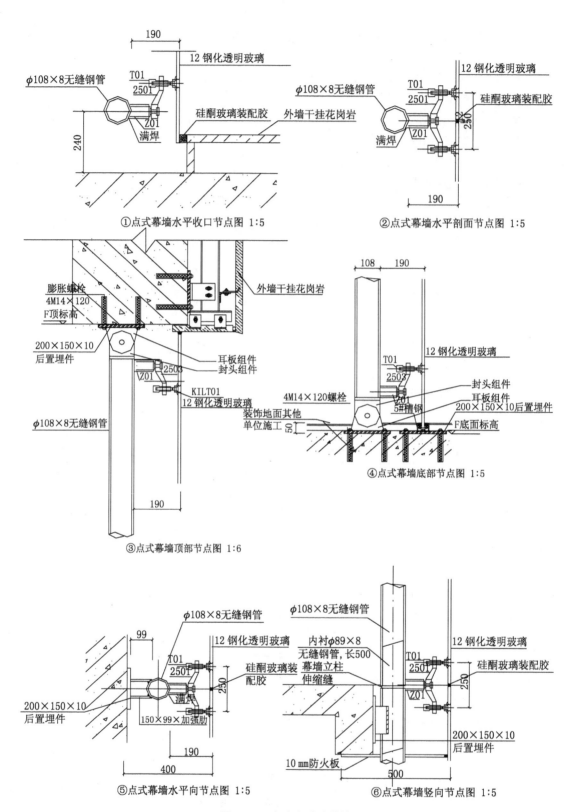

图 6.19 点式全玻璃幕墙

注：除标高单位为米（m）外，其余单位均为毫米（mm）。

【相关知识】

(1) 本题的点式全玻璃幕墙要套用两个定额子目,即幕墙、幕墙与自然楼层的连接。

(2) 点式全玻璃幕墙所用镀锌铁件爪件、支座等与定额取定不同时均应调整。

【解】

1) 按《计算规范》编制工程量清单

(1) 确定项目编码和计量单位

点式全玻璃幕墙查《计算规范》项目编码为011209002001,计量单位为平方米(m^2)。

(2) 按《计算规范》计算清单工程量

点式全玻璃幕墙 $5 \times 9.3 = 46.5(m^2)$

(3) 项目特征描述

12 mm 钢化透明玻璃,立柱为 $\phi 108$ mm $\times 8$ mm 镀锌无缝钢管,通过不锈钢驳接爪连接。

2) 按《计价定额》组价

(1) 按《计价定额》计算子目工程量

点式全玻璃幕墙 $46.5 \ m^2$

幕墙自然层连接 $5 \ m$

(2) 按《计价定额》计算各子目单价

14-159 换 点式全玻璃幕墙 $6\ 778.83$(元/$10\ m^2$)

① 计算不锈钢爪件

单爪挂件 $2 \div 46.5 \times 1.01 \approx 0.043$(套/$m^2$)

双爪挂件 $10 \div 46.5 \times 1.01 \approx 0.217$(套/$m^2$)

四爪挂件 $12 \div 46.5 \times 1.01 \approx 0.261$(套/$m^2$)

② 计算无缝钢管、封头组件、耳板组件的用量

无缝钢管 $\phi 108$ mm $\times 8$ mm $9.3 \times 4 \times 19.73 \times 1.01 \approx 741.3$(kg)

无缝钢管 $\phi 89$ mm $\times 8$ mm $0.5 \times 4 \times 15.98 \times 1.01 \approx 32.28$(kg)

耳板组件 $8 \times 1.1 \times 1.01 \approx 8.89$(kg)

封头组件 $8 \times 2.3 \times 1.01 \approx 18.58$(kg)

小计 801.05 kg

③ 计算后置埋件重量

立管顶部、底部、中部各4块,幕墙玻璃底部固定槽钢用4个,计16块。

10 mm 厚钢板 $0.15 \times 0.2 \times 16 \times 78.5 \times 1.01 \approx 38.06$(kg)

5#槽钢 $5 \times 5.44 \times 1.01 \approx 27.47$(kg)

加强肋 $0.15 \times 0.099 \times 4 \times 78.5 \times 1.01 = 4.71$(kg)

小计 70.24 kg

以上型钢合计 $801.05 + 70.24 = 871.29$(kg)

每 $10\ m^2$ 含量 $871.29 \div 4.65 \approx 187.37$(kg/$10\ m^2$)

M14 mm $\times 120$ mm 膨胀螺栓 $16 \times 4 \times 1.02 = 65.28$(套)

每 $10\ m^2$ 含量 $65.28 \div 4.65 \approx 14.04$(套/$10\ m^2$)

④ 单价换算

二爪挂件含量换算 $(2.17 - 2.336) \times 120 = -19.92$(元/$10\ m^2$)

四爪挂件含量换算　$(2.61-3.504)\times180=-160.92(元/10\ m^2)$

增单爪挂件　$0.43\times95=40.85(元/10\ m^2)$

钢化玻璃 15 mm 换为 12 mm　$(120-200)\times10.3=-824(元/10\ m^2)$

镀锌铁件换　$187.37\times6.8-282.81\times8.2\approx-1\ 044.93(元/10\ m^2)$

M14 mm×120 mm 膨胀螺栓换　$(14.04-4.672)\times2.6\approx24.36(元/10\ m^2)$

14-159 换　点式全玻璃幕墙

　　$8\ 763.39-19.92-160.92+40.85-824-1\ 044.93+24.36=6\ 778.83(元/10\ m^2)$

14-165 换　幕墙自然层连接　424.2 元/10 m

分析：扣镀锌薄钢板　-370.43 元

扣防火岩棉　-78 元

增防火板　$0.5\times10.5\times35=183.75(元)$

14-165 换　幕墙自然层连接　$688.88-370.43-78+183.75=424.2(元/10\ m)$

3) 计算清单综合单价

项目编码	项目名称	计量单位	工程量	金额（元）	
				综合单价	合价
011209002001	点式全玻璃幕墙	m²	46.50	682.44	31 733.46
14-159 换	点式全玻璃幕墙	10 m²	4.65	6 778.83	31 521.56
14-165 换	幕墙自然层连接	10 m	0.50	424.20	212.10

【例 6.20】　某公司接待室的墙面装饰如图 6.20 所示。红榉饰面踢脚线高 120 mm，下部为红榉、白榉分色凹凸墙裙并带压顶线 12 mm×25 mm，上部大部分为丝绒软包饰面，外框为红榉饰面。不计算油漆，试计算该分项工程的综合单价（不考虑材差及费率调整）。

【相关知识】

(1) 根据《计算规范》计算装饰板墙面的面积时，按设计图示墙的净长乘以净高作为面积计算，扣除门窗洞口及单个 0.3 m² 以上的孔洞所占面积。

(2) 套定额时，木龙骨断面、间距与定额不同，需换算。木龙骨材积换算时，不需要加刨光系数。

(3) 套定额时，当踢脚线被安装在木基层板上，要扣除定额中的木砖含量。

(4) 套定额时，当在夹板基层上再做一层凸面夹板时，每 10 m² 另加夹板 10.5 m²、人工 1.9 工日，工程量按设计层数及设计面积计算。

(5) 套定额时，在有凹凸基层上镶贴切片板面层时，按墙面定额人工乘以系数 1.3，切片板含量乘以系数 1.05，其他不变。

【解】

1) 按《计算规范》编制工程量清单

(1) 确定项目编码和计量单位

红榉饰面板踢脚线查《计算规范》项目编码为 011105005001，计量单位为米(m)。

红榉、白榉饰面板墙面查《计算规范》项目编码为 011207001001，计量单位为平方米(m²)。

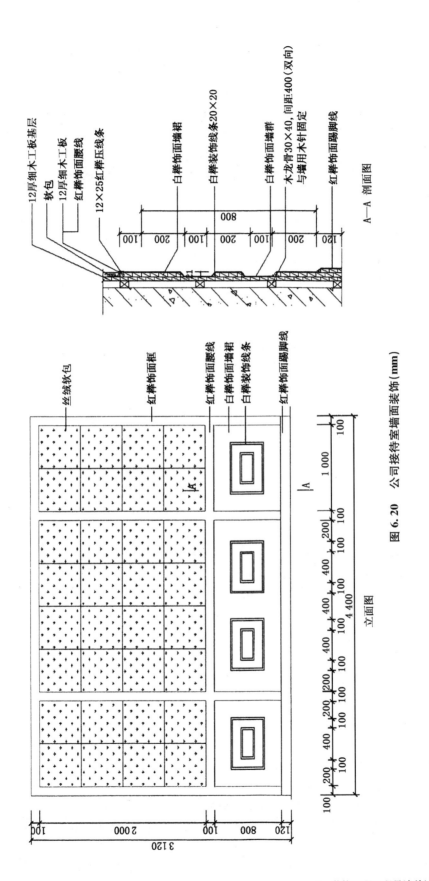

图 6.20 公司接待室墙面装饰（mm）

墙面丝绒软包饰面查《计算规范》项目编码为 011207001002,计量单位为平方米(m²)。

(2) 按《计算规范》规定计算清单工程量

红榉饰面板踢脚线　4.4 m

墙面丝绒软包饰面　$(1 \times 2 + 2) \times 2 = 8(m^2)$

红榉、白榉饰面板墙面　$4.4 \times 3 - 8 = 5.2(m^2)$

(3) 项目特征描述

① 红榉饰面板踢脚线:踢脚线高 120 mm,采用三层 12 mm 厚的细木工板基层,红榉饰面板层,红榉阴角线为 15 mm×15 mm。

② 红榉、白榉饰面板墙面:墙面木龙骨为 30 mm×40 mm,间距 400 mm(双向)与墙用木针固定,采用细木工板凹凸基层,面层为红榉、白榉切片板,木压顶线 12 mm×25 mm 墙裙,凹凸处压 20 mm×20 mm 白榉阴角线。

③ 墙面丝绒软包饰面:墙面木龙骨为 30 mm×40 mm,间距 400 mm(双向)与墙用木针固定,采用细木工板基层,20 mm 厚海绵,丝绒面料面层。

2) 按《计价定额》组价

(1) 按《计价定额》规则计算子目工程量

① 红榉饰面板踢脚线　长 4.4 m,面积为 0.53 m²

② 软包墙面

木龙骨　8 m²

基层板　8 m²

丝绒软包饰面　8 m²

③ 红榉、白榉饰面板墙面(不含踢脚线部分)

木龙骨　5.2 m²

木工板　5.2 m²

夹板基层上再做一层凸面夹板(不含踢脚线部分)

　　$4.4 \times 3 - 8 - (0.6 \times 0.4 - 0.4 \times 0.2) \times 4 = 4.56(m^2)$

红榉、白榉饰面板　5.2 m²

墙裙压顶线 12 mm×25 mm　4.4 m

墙裙白榉阴角线 20 mm×20 mm　$[(0.6+0.4) \times 2 + (0.4+0.2) \times 2] \times 4 = 12.8(m)$

(2) 按《计价定额》确定子目单价

① 红榉饰面板踢脚线

13-131 换　红榉饰面板踢脚线　169.62 元/10 m

分析:扣木砖　−14.4 元/10 m

120 mm 高细木板换算　$120 \div 150 \times 1.58 \times 32 = 40.45(元/10 m)$

120 mm 高红榉饰面板换算　$120 \div 150 \times 1.58 \times 18 \approx 22.75(元/10 m)$

13-131 换　红榉饰面板踢脚线

　　$199.82 - 14.4 - 50.56 - 28.44 + 40.45 + 22.75 = 169.62(元/10 m)$

《计价定额》第 613 页附注　增加两层基层板

增人工　$1.9 \times 0.12 \times 85 \times 2 \times (1 + 25\% + 12\%) \approx 53.1(元/10 m)$

增木工板　$10.5 \times 0.12 \times 32 \times 2 = 80.64(元/10 m)$

《计价定额》第 613 页附注　增费　$53.1 + 80.64 = 133.74$(元 /10 m)

13-131 换　红榉饰面板踢脚线　$169.62 + 133.74 = 303.36$(元 /10 m)

②红榉、白榉饰面板墙面

14-168 换　墙面墙裙木龙骨　367.87 元 /10 m²

分析:将 24 mm × 30 mm 断面木龙骨换为 30 mm × 40 mm 断面木龙骨,木龙骨与墙面用木针固定,普通材料应扣除 0.04 m³/10 m²,则

$$(30 × 40) ÷ (24 × 30) × (0.111 − 0.04) ≈ 0.118(m^3)$$

将 300 mm × 300 mm 间距换成 400 mm × 400 mm 间距,则

$$(300 × 300) ÷ (400 × 400) × 0.118 ≈ 0.066(m^3)$$

14-168 换　墙面墙裙木龙骨

$$439.87 + (0.066 − 0.111) × 1600 = 367.87(元 /10 m^2)$$

14-185 换　墙面、墙裙木工板基层　476.94 元 /10 m²

$$539.94 + (32 − 38) × 10.5 = 476.94(元 /10 m^2)$$

《计价定额》第 613 页附注　墙面、墙裙在夹板基层上再增一层凸面板

分析:木工板　$10.5 × 32 = 336(元 /10 m^2)$

人工费　$1.9 × 85 = 161.5(元 /10 m^2)$

管理费　$161.5 × 25\% ≈ 40.38(元 /10 m^2)$

利润　$161.5 × 12\% = 19.38(元 /10 m^2)$

《计价定额》第 613 附注增费　$336 + 161.5 + 40.38 + 19.38 = 557.26(元 /10 m^2)$

14-193 换　红榉、白榉饰面板　470.11 元 /10 m²

分析:饰面板增　$(10.5 × 1.05 − 10.5) × 18 = 9.45(元 /10 m^2)$

人工费增　$(1.2 × 1.3 − 1.2) × 85 = 30.6(元 /10 m^2)$

管理费增　$30.6 × 25\% = 7.65(元 /10 m^2)$

利润增　$30.6 × 12\% ≈ 3.67(元 /10 m^2)$

14-193 换　红榉、白榉饰面板

$$418.74 + 9.45 + 30.6 + 7.65 + 3.67 = 470.11(元 /10 m^2)$$

14-209 换　布艺软包墙面　1309.78 元 /10 m²

分析:定额中为纤维板,应换为木工板

$$1023.78 + (32 − 6) × 11 = 1309.78(元 /10 m^2)$$

3) 计算清单综合单价

项目编码	项目名称	计量单位	工程量	综合单价	合价
				金额(元)	
011105005001	红榉饰面板踢脚线	m	4.400	34.77	152.99
14-168 换	墙面、墙裙木龙骨	10 m²	0.053	367.87	19.50
《计价定额》第 613 页附注	增加两层基层木工板	10 m	0.440	133.74	58.85
13-131 换	红榉饰面板踢脚线	10 m	0.440	169.62	74.63

项目编码	项目名称	计量单位	工程量	金额(元)	
				综合单价	合价
011207001001	红榉、白榉饰面板墙面	m²	5.200	196.98	1 024.30
14-168 换	墙面、墙裙木龙骨	10 m²	0.520	367.87	191.29
14-185 换	墙面、墙裙木工板基层	10 m²	0.520	476.94	248.01
《计价定额》第613页附注	增加一层凸面板	10 m²	0.456	557.26	254.11
14-193 换	红榉、白榉饰面板	10 m²	0.520	470.11	244.46
18-19	墙裙白榉阴角线 20 mm×20 mm	100 m	0.128	458.84	58.73
18-22	墙裙压顶线 12 mm×25 mm	100 m	0.044	629.48	27.70
011207001002	墙面丝绒软包饰面	m²	8.000	215.46	1 423.68
14-168 换	墙面、墙裙木龙骨	10 m²	0.800	367.87	294.30
14-185 换	墙面、墙裙木工板基层	10 m²	0.800	476.94	381.55
14-209 换	布艺软包墙面	10 m²	0.800	1 309.78	1 047.82

【例 6.21】 某房间的净尺寸为 6 m×3 m,采用木龙骨夹板吊平顶(吊在混凝土板下),木吊筋为 40 mm×50 mm,高度为 350 mm,大龙骨断面为 55 mm×40 mm,中距 600 mm(沿 3 m 方向布置),小龙骨断面为 45 mm×40 mm,中距 300 mm(双向布置),求木材含量。

【解】

吊顶工程量　　$6×3=18(m²)$

大龙骨(3 m/根)　　$6÷0.6+1=11(根)$

大龙骨体积　　$11×0.055×0.04×(1+6\%)×3≈0.077(m³)$

大龙骨体积含量　　$0.077÷18×10≈0.043(m³/10 m²)$

小龙骨(6 m/根)　　$3÷0.3+1=11(根)$

小龙骨(3 m/根)　　$6÷0.3+1=21(根)$

小龙骨体积　　$11×0.045×0.04×(1+6\%)×6+21×0.045×0.04×(1+6\%)×$
　　　　　　　　$3≈0.246(m³)$

小龙骨体积含量　　$0.246÷18×10≈0.137(m³/10 m²)$

木吊筋含量　　$350÷300×0.021≈0.024 5(m³/10 m²)$

【例 6.22】 某单位一小会议室的吊顶天棚如图 6.21 所示。采用双层不上人型轻钢龙骨,龙骨间距为 400 mm×600 mm,面层为 9.5 mm 厚的纸面石膏板。刮 901 胶混合腻子三遍,刷白色乳胶漆三遍,与墙连接处用 100 mm×30 mm 石膏线条交圈,刷白色乳胶漆,窗帘盒用木工板制作,展开宽度为 450 mm,回光灯槽内外侧板用木工板制作。窗帘盒、回光灯槽处的木工板面采用清油封底,刮 901 胶混合腻子三遍,刷白色乳胶漆三遍。纸面石膏板贴自粘胶带按 1.5 m/m² 考虑,吊筋根数按 13 根/10 m² 考虑,计算天棚分部分项工程费及脚手费(不考虑材差及费率调整)。

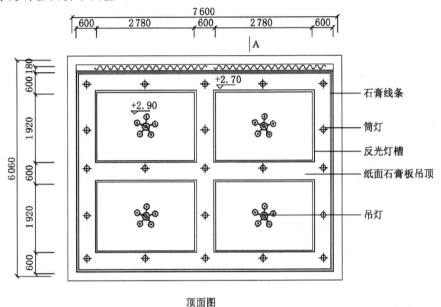

顶面图

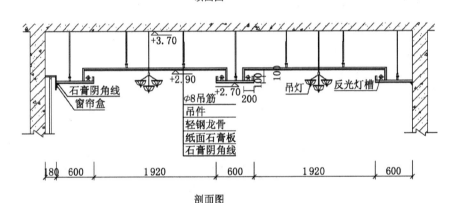

剖面图

图 6.21　小会议室吊顶天棚

注:除标高单位为米(m)外,其余单位均为毫米(mm)。

【相关知识】

(1)《计算规范》中的规则规定天棚按水平投影面积计算。天棚面中的灯槽及跌级、锯齿形、吊挂式、藻井式的天棚面积均不展开计算。不扣除间壁墙、检查口、附墙烟囱、柱垛和管道所占面积,扣除单个 0.3 m² 以外的孔洞、独立柱及与天棚相连的窗帘盒所占的面积。《计价定额》规定天棚龙骨的面积按主墙间的水平投影面积计算。天棚龙骨的吊筋按每 10 m² 的龙骨面积套用相应子目计算。天棚中的假梁、折线、叠线等圆弧形、拱形、特殊艺术形式的天棚饰面,均按展开面积计算。

(2)定额计算时,考虑该天棚高差 200 mm

$$12 \div (12 + 29.51) \times 100\% \approx 28.91\% > 15\%,$$因此该天棚为复杂型天棚。

(3)《计价定额》中规定吊筋根数据按 13 根/10 m² 取定,高度按 1 m 高取定,吊筋根数、高度不同均应按实调整。

(4) 定额计算将石膏线条刷乳胶漆的工程量并入天棚中,不另计算。

(5) 只有在胶合板是刷乳胶漆才能套用夹板面刷乳胶漆子目,石膏板面刷乳胶漆应套用抹灰面刷乳胶漆子目。

(6) 柱、梁、天棚面刮腻子、刷乳胶漆按墙面子目执行,人工乘以系数 1.1,其他不变。

(7) 建筑物室内天棚面层的净高在 3.6 m 以内,当吊筋与楼层的联结点高度超过 3.6 m 时,应按满堂脚手架相应定额综合单价乘以系数 0.6 计算。

【解】

1)按《计算规范》编制工程量清单

(1) 确定项目编码和计量单位

吊顶天棚查《计算规范》项目编码为 011302001001,计量单位为平方米(m²)。

灯槽查《计算规范》项目编码为 011304001001,计量单位为平方米(m²)。

天棚面油漆查《计算规范》项目项目编码为 011406001001,计量单位为平方米(m²)。

满堂脚手架查《计算规范》项目编码为 011701006001,计量单位为平方米(m²)。

(2) 按《计算规范》规定计算清单工程量

① 轻钢龙骨纸面石膏板吊顶　$7.36 \times (5.82 - 0.18) \approx 41.51 (m^2)$

② 灯槽　$12.56 \ m^2$

分析:内边线长　$(1.92 + 2.78) \times 2 \times 4 = 37.6 (m)$

外边线长　$(1.92 + 0.4 + 2.78 + 0.4) \times 2 \times 4 = 44 (m)$

中心线长　$(1.92 + 0.2 + 2.78 + 0.2) \times 2 \times 4 = 40.8 (m)$

灯槽侧板面积　$0.1 \times 37.6 + 0.2 \times 44 = 12.56 (m^2)$

③ 天棚面油漆　$41.51 + 0.2 \times 40.8 + 0.1 \times 37.6 + 0.2 \times 44 + 7.36 \times$
　　　　　　　$0.45 \approx 65.54 (m^2)$

④ 满堂脚手架　$7.36 \times 5.82 \approx 42.84 (m^2)$

(3) 项目特征描述

① 吊顶天棚:天棚采用 φ8 mm 吊筋,不上人型轻钢龙骨,龙骨间距为 400 mm × 600 mm,采用 9.5 mm 厚纸面石膏板面层;板缝贴自粘胶带,与墙连接处用 100 mm × 30 mm 石膏线条交圈,窗帘盒用木工板制作,展开宽度为 450 mm,天棚需开筒灯孔。

② 天棚面油漆:纸面石膏板面刮三遍 901 胶白水泥腻子、刷三遍乳胶漆。窗帘盒、回光灯槽木工板面清油封底并刮三遍 901 胶白水泥腻子、刷三遍乳胶漆。

③ 灯槽:侧板采用细木工板。

④ 满堂脚手架:板底净高为 3.7 m,搭设方式及脚手架材质按 2014 版《计价定额》执行。

2)按《计价定额》组价

(1) 按《计价定额》计算子目工程量

凹天棚吊筋(0.8 m)　$(2.78 + 0.2 \times 2) \times (1.92 + 0.2 \times 2) \times 4 \approx 29.51 (m^2)$

凸天棚吊筋(1 m)　$7.36 \times (5.82 - 0.18) - 29.51 \approx 12 (m^2)$

复杂天棚龙骨　$7.36 \times (5.82 - 0.18) \approx 41.51 (m^2)$

回光灯槽　$(2.78 + 0.2 + 1.92 + 0.2) \times 2 \times 4 = 40.8 (m)$

纸面石膏板　$41.51 + 0.2 \times 40.8 (灯槽底) = 49.67 (m^2)$

石膏阴角线 $7.36 \times 2 + (5.82 - 0.18) \times 2 = 26(m)$

窗帘盒 7.36 m

纸面石膏板刮腻子、刷乳胶漆各三遍 49.67 m²

木工板清油封底,刮腻子、刷乳胶漆各三遍

$$7.36 \times 0.45 + 0.1 \times 37.6 + 0.2 \times 44 \approx 15.87(m^2)$$

天棚贴自粘胶带 $49.67 \times 1.5 \approx 74.51(m)$

开筒灯孔 21 个

(2) 按《计价定额》计算各子目单价

15-34 换 凹天棚吊筋(0.8 m) 56.32 元/10 m²

园钢含量 $(0.8 - 0.25) \div 0.75 \times 3.93 \approx 2.88(kg)$

综合单价 $60.54 + (2.88 - 3.93) \times 4.02 \approx 56.32(元/10 m^2)$

15-34 凸天棚吊筋(1 m) 60.54 元/10 m²

15-8 不上人型轻钢龙骨复杂天棚 639.87 元/10 m²

15-46 纸面石膏板面层 306.47 元/10 m²

18-26 100 mm×30 mm 石膏阴角线 1 455.35 元/100 m

18-66 换 暗窗帘盒 3 745.78 元/100 m

分析:扣纸面石膏板 -567 元/100 m

木工板调整 $(450 \div 400 \times 47.25 - 47.25) \times 38 \approx 224.44(元/100 m)$

综合单价 $4 088.34 - 567 + 224.44 = 3 745.78(元/100 m)$

18-65 换 回光灯槽 322.61 元/10 m

分析:扣纸面石膏板 -61.44 元/10 m

木工板调整 $(300 \div 500 \times 5.12 - 5.12) \times 38 \approx -77.82 元/10 m$

综合单价 $461.87 - 61.44 - 77.82 = 322.61(元/10 m)$

18-63 开筒灯孔 28.99 元/10 个

17-179 纸面石膏板刮腻子、刷乳胶漆各三遍 296.83 元/10 m²

17-174 木工板清油封底 43.68 元/10 m²

17-182 注 木工板刮腻子、刷乳胶漆各三遍 256 元/10 m²

$$(126.65 \times 1.1) \times (1 + 25\% + 12\%) + 65.13 \approx 256(元/10 m^2)$$

17-175 天棚贴自粘胶带 77.11 元/10 m

20-20 换 满堂脚手架 96.58 元/10 m²

$$160.96 \times 0.6 \approx 96.58(元/10 m^2)$$

3) 计算清单综合单价

项目编码	项目名称	计量单位	工程量	金额(元)	
				综合单价	合价
011302001001	吊顶天棚	m²	41.51	137.30	5 699.32
15-34 换	凹天棚吊筋(0.8 m)	10 m²	2.95	56.32	166.14
15-34	凸天棚吊筋(1 m)	10 m²	1.20	60.54	72.65

项目编码	项目名称	计量单位	工程量	综合单价	合价
				金额（元）	
15-8	不上人型轻钢龙骨复杂天棚	10 m²	4.15	639.87	2 655.46
15-46	纸面石膏板面层	10 m²	4.97	306.47	1 523.16
18-26	100 mm×30 mm 石膏阴角线	100 m	0.26	1 455.35	378.39
18-66 换	暗窗帘盒	100 m	0.07	3 745.78	262.20
17-175	天棚贴自粘胶带	10 m	7.45	77.11	574.47
18-63	开筒灯孔	10 个	2.10	28.99	60.88
011304001001	灯槽	m²	12.56	104.79	1 316.16
18-65 换	回光灯槽	10 m	4.08	322.61	1 316.25
011406001001	天棚面油漆	m²	65.54	29.78	1 951.78
17-179	纸面石膏板刮腻子、刷乳胶漆各三遍	10 m²	4.97	296.83	1 475.25
17-174	木工板清油封底	10 m²	1.59	43.68	69.45
17-182 注	木工板刮腻子、刷乳胶漆各三遍	10 m²	1.59	256.00	407.04
分部分项工程费	5 699.32＋1 316.16＋1 951.78＝8 967.26(元)				
011701006001	满堂脚手架	m²	42.84	9.65	413.41
20-20 换	满堂脚手架	10 m²	4.28	96.58	413.36

【例 6.23】 某学院一过道采用装配式 T 型（不上人型）铝合金龙骨，面层采用 600 mm×600 mm 矿棉板吊顶，如图 6.22 所示。已知：主龙骨为 45 mm×15 mm×1.2 mm 轻钢龙骨，沿过道短向布置，间距 1.0 m。吊筋为 φ8 mm 钢筋，沿主龙骨方向间距 1.2 m，吊筋总高度为 1 m。四周为 L35 mm×1 mm 铝边龙骨（单价为 6 元/m），T 型铝合金龙骨布置如图 6.22 所示（T 型主龙骨为 20 mm×35 mm×0.8 mm，T 型副龙骨为 20 mm×22 mm×0.6 mm），试计算该分项工程的综合单价（不考虑材差及费率调整）。

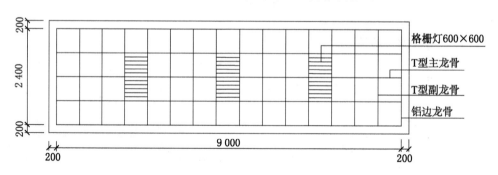

图 6.22 过道顶面图(mm)

【相关知识】

(1)《计算规范》中的计算规则规定天棚按水平投影面积计算。扣除单个 $0.3\ m^2$ 以外的孔洞所占的面积。《计价定额》规定天棚龙骨的面积按主墙间的水平投影面积计算。天棚饰面的面积按净面积计算,不扣除间壁墙、检修孔、附墙烟囱、柱垛和管道所占面积,但应扣除独立柱、$0.3\ m^2$ 以上的灯饰面积(石膏板、夹板天棚面层的灯饰面积不扣除)以及与天棚相连接的窗帘盒面积。

(2)当铝合金龙骨的设计与定额不符时,应按设计用量加 7% 的损耗来调整定额中的含量。

(3)《计价定额》中规定吊筋根数据按 $13\ 根/10\ m^2$ 取定,高度按 1 m 高取定,吊筋根数、高度不同时均应按实调整。

【解】

1)按《计算规范》编制工程量清单

(1)确定清单项目编码和计量单位

T 型铝合金龙骨矿棉板吊顶查《计算规范》项目编码为 011302001001,计量单位为平方米(m^2)。

(2)按《计算规范》计算清单工程量

T 型铝合金龙骨矿棉板吊顶　$9 \times 2.4 - 0.6 \times 0.6 \times 6 = 19.44(m^2)$

(3)项目特征描述

采用 T 型铝合金龙骨矿棉板吊顶,$\phi 8\ mm$ 钢筋高度为 1 m,主龙骨为 $45\ mm \times 15\ mm \times 1.2\ mm$ 轻钢龙骨,装配式 T 型(不上人型)铝合金龙骨的面层矿棉板规格为 $600\ mm \times 600\ mm$,上有六个 $600\ mm \times 600\ mm$ 格栅灯。

2)按《计价定额》组价

(1)按《计价定额》计算子目工程量

天棚吊筋　$9 \times 2.4 = 21.6(m^2)$

天棚装配式 T 型铝合金龙骨　$9 \times 2.4 = 21.6(m^2)$

矿棉板面层　$9 \times 2.4 - 0.6 \times 0.6 \times 6 = 19.44(m^2)$

(2)按《计价定额》计算各子目单价

① 计算龙骨含量

轻钢主龙骨　$(9 \div 1 + 1) \times 2.4 \div 21.6 \times 1.06 \times 10 \approx 11.78(m/10\ m^2)$

T 型铝合金主龙骨　$(2.4 \div 0.6 - 1) \times 9 \div 21.6 \times 1.07 \times 10 \approx 13.38(m/10\ m^2)$

T 型铝合金副龙骨　$(9 \div 0.6 - 1) \times 2.4 \div 21.6 \times 1.07 \times 10 \approx 16.64(m/10\ m^2)$

四周为铝边龙骨　$(9 + 2.4) \times 2 \div 21.6 \times 1.07 \times 10 \approx 11.29(m/10\ m^2)$

② 计算定额子目单价

子目	项目名称	单位	数量	单价(元)	合价(元)
15-34 换	天棚吊筋	$10\ m^2$	2.160	65.20	140.83
	吊筋根数　$(2.4 \div 1.2 + 1) \times (9 \div 1 + 1) \div 2.16 \approx 14(根/10\ m^2)$ 换算单价　$60.54 \div 13 \times 14 \approx 65.2(元/10\ m^2)$				
15-19 换	装配式 T 型铝合金龙骨	$10\ m^2$	2.160	534.97	1 155.54
	$553.92 + (11.78 - 13.37) \times 6.5 + (13.38 - 18.94) \times 5.5 + (16.64 - 18.2) \times 4.5 + (11.29 - 6.46) \times 6 \approx 534.97(元/10\ m^2)$				

子目	项目名称	单位	数量	单价(元)	合价(元)
15-57	矿棉板面层	10 m²	1.9440	407.55	792.28
合计	—	—	—	—	2 088.65

3)计算清单综合单价

011302001001   T型铝合金龙骨矿棉板吊顶   2 088.65÷19.44＝107.44(元/ m²)

【例6.24】 某综合楼的二楼会议室装饰天棚吊顶,现浇板板底净高4 m,钢筋混凝土柱的断面为300 mm×500 mm,采用200 mm厚的空心砖墙,天棚布置如图6.23所示,采用φ10 mm吊筋(理论重量为0.617 kg/m),双层装配式U型(不上人)轻钢龙骨,规格为400 mm×600 mm,9.5 mm厚纸面石膏板面层;天棚面刮901胶白水泥三遍腻子、刷乳胶漆三遍,回光灯槽侧板的做法为细木工板外贴9.5 mm厚的纸面石膏板。天棚与主墙相连

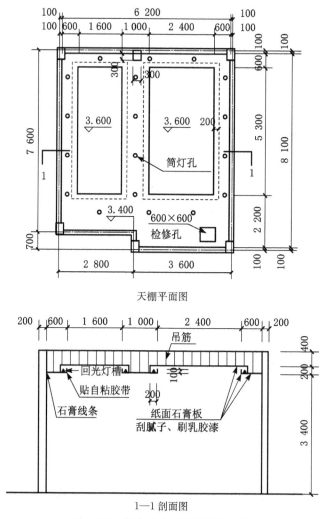

天棚平面图

1—1剖面图

图6.23 综合楼会议室的天棚布置

注:除标高单位为米(m)外,其余单位均为毫米(mm)。

处做 120 mm×60 mm 的石膏装饰线,石膏装饰线的单价为 12 元/m,回光灯槽阳角处贴自粘胶带。吊筋根数根据图示用量为 13 根/10 m²。人工工资单价按 110 元/工日计算,管理费率按 42%计算,利润率按 15%计算,乳胶漆按 20 元/kg 计算,其余按《计价定额》不调整。试编制该天棚的分部分项工程量清单并计算其综合单价。

【相关知识】

(1)《计算规范》中的工程量计算规则规定天棚吊顶按设计图示尺寸以水平投影面积计算。

(2)《计价定额》中的工程量计算规则规定天棚龙骨的面积按主墙间的水平投影面积计算。天棚饰面应按展开面积计算。

(3)《计价定额》中规定吊筋根数据按 13 根/10 m² 取定,高度按 1 m 高取定,吊筋根数、高度不同时均应按实调整。

(4)建筑物室内天棚面层的净高在 3.6 m 以内,当吊筋与楼层的联结点高度超过 3.6 m 时,应按满堂脚手架相应定额综合单价乘以系数 0.6 计算。

【解】

1) 按《计算规范》编制工程量清单

(1)确定项目编码和计量单位

吊顶天棚查《计算规范》项目编码为 011302001001,计量单位为平方米(m²)。

灯槽查《计算规范》项目编码为 011304001001,计量单位为平方米(m²)。

天棚面油漆查《计算规范》项目项目编码为 011406001001,计量单位为平方米(m²)。

满堂脚手架查《计算规范》项目编码为 011701006001,计量单位为平方米(m²)。

(2)按《计算规范》规定计算清单工程量

① 吊顶天棚　$6.2×8.1-2.8×0.7=48.26(m^2)$

② 灯槽

内边线长　$(2.4+5.3)×2+(1.6+5.3)×2=29.2(m)$

外边线长　$(2.4+0.4+5.3+0.4)×2+(1.6+0.4+5.3+0.4)×2=32.4(m)$

中心线长　$(2.4+0.2+5.3+0.2)×2+(1.6+0.2+5.3+0.2)×2=30.8(m)$

灯槽　$0.1×29.2+0.2×32.4=9.4(m^2)$

③ 天棚面油漆　$48.26+0.2×30.8+0.1×29.2+0.2×32.4=63.82(m^2)$

④ 满堂脚手架　$6.2×8.1-2.8×0.7=48.26(m^2)$

(3)项目特征描述

① 吊顶天棚:天棚采用 φ10 mm 吊筋,双层装配式 U 型(不上人)轻钢龙骨,规格为 400 mm×600 mm,9.5 mm 厚纸面石膏板面层;天棚与主墙相连处做 120 mm×60 mm 的石膏装饰线,灯槽阳角处贴自粘胶带,开筒灯孔及检修孔。

② 抹灰面油漆:纸面石膏板面刮 901 胶白水泥三遍腻子、刷乳胶漆三遍。

③ 灯槽:在细木工板外贴纸面石膏板。

④ 满堂脚手架:室内净高为 4 m,搭设方式及脚手架材质按 2014 版《计价定额》执行。

2) 按《计价定额》组价

(1)按《计价定额》规则计算子目工程量

① φ10 mm 吊筋

0.4 m 高天棚吊筋　$(1.6+0.2×2+2.4+0.2×2)×(5.3+0.2×2)=27.36(m^2)$

0.6 m 高天棚吊筋 $6.2 \times 8.1 - 2.8 \times 0.7 - 27.36 = 20.9 (\text{m}^2)$

② 复杂天棚龙骨 $6.2 \times 8.1 - 2.8 \times 0.7 = 48.26 (\text{m}^2)$

③ 回光灯槽 30.8 m

④ 纸面石膏板 $48.26 + 0.2 \times 30.8 = 54.42 (\text{m}^2)$

⑤ 阳角处贴自粘胶带 $(2.4 + 5.3) \times 2 + (1.6 + 5.3) \times 2 = 29.2 (\text{m})$

⑥ 石膏阴角线 $(6.2 + 8.1) \times 2 + 0.3 \times 2 (柱侧) = 29.2 (\text{m})$

⑦ 天棚刮腻子、乳胶漆各三遍

$48.26 + 0.2 \times 30.8 + 0.1 \times 29.2 + 0.2 \times 32.4 = 63.82 (\text{m}^2)$

⑧ 检修孔 1 个

⑨ 开筒灯孔 18 个

(2) 套用《计价定额》确定子目单价

定额编号	子目名称	单位	工程量	综合单价计算(元)	合价(元)
15-35 换	0.4 m 高天棚吊筋	10 m²	2.74	$10.52 \times (1 + 42\% + 15\%) + (90.65 - 600 \div 750 \times 24.6) \approx 87.49$	239.72
15-35 换	0.6 m 高天棚吊筋	10 m²	2.09	$10.52 \times (1 + 42\% + 15\%) + (90.65 - 400 \div 750 \times 24.6) \approx 94.05$	196.56
15-8	复杂天棚龙骨	10 m²	4.83	$(2.1 \times 110 + 3.4) \times (1 + 42\% + 15\%) + 390.66 \approx 758.67$	3 664.38
15-46	纸面石膏板	10 m²	5.44	$1.34 \times 110 \times (1 + 42\% + 15\%) + 150.42 \approx 381.84$	2 077.21
18-65	回光灯槽	10 m	3.08	$(1.58 \times 110 + 5.33) \times (1 + 42\% + 15\%) + 270.57 - 194.56 + 300 \div 500 \times 5.12 \times 38 - 61.44 + 300 \div 500 \times 5.12 \times 12 \approx 449.4$	1 384.15
17-175	阳角处贴自粘胶带	10 m	2.92	$0.21 \times 110 \times (1 + 42\% + 15\%) + 52.66 \approx 88.93$	259.68
18-26	石膏阴角线	100 m	0.29	$(3.29 \times 110 + 15) \times (1 + 42\% + 15\%) + 1\,051.68 + 110 \times (12 - 9.5) \approx 1\,918.41$	556.34
17-179	天棚刮腻子、乳胶漆各三遍	10 m²	6.38	$1.9 \times 110 \times (1 + 42\% + 15\%) + 75.57 + 4.86 \times (20 - 12) = 442.58$	2 823.66
18-60	检修孔	10 个	0.1	$4.28 \times 110 \times (1 + 42\% + 15\%) + 249.36 \approx 988.52$	98.85
18-63	开筒灯孔	10 个	1.8	$0.17 \times 110 \times (1 + 42\% + 15\%) + 9.2 \approx 38.56$	69.41
20-20×0.6	满堂脚手架	10 m²	4.83	$[(1 \times 110 + 10.88) \times (1 + 42\% + 15\%) + 29.6] \times 0.6 \approx 131.63$	635.77

3) 计算清单综合单价

项目编码	项目名称	计量单位	工程量	金额(元)	
				综合单价	合价
011302001001	吊顶天棚	m²	48.26	148.41	7 162.27
15-35 换	0.4 m 高天棚吊筋	10 m²	2.74	87.49	239.72
15-35 换	0.6 m 高天棚吊筋	10 m²	2.09	94.05	196.56

项目编码	项目名称	计量单位	工程量	金额(元)	
				综合单价	合价
15-8	复杂天棚龙骨	10 m²	4.83	758.67	3 664.38
15-46	纸面石膏板	10 m²	5.44	381.84	2 077.21
18-26	石膏阴角线	100 m	0.29	1 918.41	556.34
18-60	检修孔	10 个	0.1	988.52	98.85
17-175	阳角处贴自粘胶带	10 m	2.92	88.93	259.68
18-63	开筒灯孔	10 个	1.8	38.56	69.41
011406001001	天棚面油漆	m²	63.82	44.24	2 823.40
17-179	天棚刮腻子、刷乳胶漆各三遍	10 m²	6.38	442.58	2 823.66
011304001001	灯槽	m²	9.4	147.25	1 384.15
18-65	回光灯槽	10 m	3.08	449.4	1 384.15
011701006001	满堂脚手架	m²	48.26	13.17	635.58
20-20×0.6	满堂脚手架	10 m²	4.83	131.63	635.77

【例6.25】 某学院门厅采用不上人型轻钢龙骨(间距为400 mm×600 mm)、防火板基层(单价为35元/m²),面层为铝塑板(白色铝塑板、穿孔铝塑板、闪银铝塑板的价格分别为80元/m²、90元/m²、100元/ m²),具体做法如图6.24所示。高低处的侧面面板均为闪银铝塑板,吊筋为φ8 mm,假设吊筋根数为13根/10 m²,楼板板底标高为4.5 m,试计算该分项工程的综合单价(不考虑价差和费率调整)。

【相关知识】

(1)《计算规范》中的工程量计算规则规定天棚吊顶按设计图示尺寸以水平投影面积计算。

(2)《计价定额》中的工程量计算规则规定天棚龙骨的面积按主墙间的水平投影面积计算。天棚饰面应按展开面积计算。

(3)套用定额时,因三种铝塑板的价格不一样,应分开计算。

(4)《计价定额》中规定吊筋根数据按13根/10 m²取定,高度按1 m高取定,当吊筋根数、高度不同时均应按实调整。

【解】

1) 按《计算规范》计算工程量清单

(1)确定项目编码和计量单位

铝塑板吊顶查《计算规范》项目编码为011302001001,计量单位为平方米(m²)。

(2)按《计算规范》规定计算工程量

铝塑板吊顶 6.8×8 = 54.4(m²)

(3)项目特征描述

铝塑板吊顶:采用φ8 mm钢筋吊筋、不上人型轻钢龙骨,龙骨间距为400 mm×600 mm,

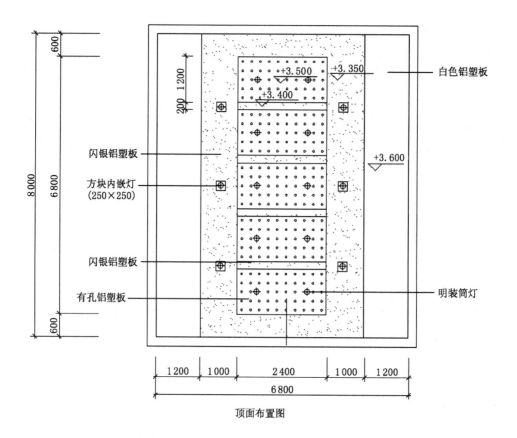

顶面布置图

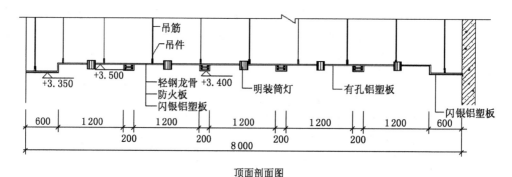

顶面剖面图

图 6.24 某学院门厅的轻钢龙骨

注:除标高单位的米(m)外,其余单位均为毫米(mm)。

面层为在防火板基层上贴铝塑板,铝塑板有白色铝塑板、穿孔铝塑板及闪银铝塑板。

2)按定额计算综合单价

(1)按定额工程量计算规则计算工程量

$\phi 8$ mm 吊筋(高度为 1.1 m) $\quad 0.2 \times 2.4 \times 4 = 1.92(\text{m}^2)$

$\phi 8$ mm 吊筋(高度为 1 m) $\quad 1.2 \times 2.4 \times 5 = 14.4(\text{m}^2)$

$\phi 8$ mm 吊筋(高度为 1.15 m) $\quad 4.4 \times 8 - 2.4 \times 6.8 = 18.88(\text{m}^2)$

$\phi 8$ mm 吊筋(高度为 0.9 m) $\quad 1.2 \times 8 \times 2 = 19.2(\text{m}^2)$

不上人型轻钢龙骨(间距为 400 mm × 600 mm) $\quad 6.8 \times 8 = 54.4(\text{m}^2)$

白色铝塑板面层　$1.2 \times 8 \times 2 = 19.2 (\mathrm{m}^2)$

穿孔铝塑板面层　$1.2 \times 2.4 \times 5 = 14.4 (\mathrm{m}^2)$

闪银铝塑板面层　$4.4 \times 8 - 1.2 \times 2.4 \times 5 + 8 \times (3.6 - 3.35) \times 2 + (2.4 + 6.8 - 0.2 \times 4) \times 2 \times (3.5 - 3.35) + 0.2 \times 8 \times (3.4 - 3.35) + 2.4 \times (3.5 - 3.4) \times 2 \times 4 = 29.32 (\mathrm{m}^2)$

防火板基层　$19.2 + 14.4 + 29.32 = 62.92 (\mathrm{m}^2)$

开筒灯孔　16 个

(2) 套用《计价定额》确定子目单价

子目	项目名称	单位	工程量	单价(元)	合价(元)
15-34	φ8 mm 吊筋(高度为 1 m)	10 m²	1.440	60.54	87.18
15-34 换	φ8 mm 吊筋(高度为 1.1 m)	10 m²	0.192	62.65	12.03
	$60.54 + [(1.1 - 0.25) \div 0.75 \times 3.93 - 3.93] \times 4.02 \approx 62.65 (元/10 \mathrm{m}^2)$				
15-34 换	φ8 mm 吊筋(高度为 1.15 m)	10 m²	1.888	63.70	120.27
	$60.54 + [(1.15 - 0.25) \div 0.75 \times 3.93 - 3.93] \times 4.02 \approx 63.7 (元/10 \mathrm{m}^2)$				
15-34 换	φ8 mm 吊筋(高度为 0.9 m)	10 m²	1.920	58.43	112.19
	$60.54 + [(0.9 - 0.25) \div 0.75 \times 3.93 - 3.93] \times 4.02 \approx 58.43 (元/10 \mathrm{m}^2)$				
15-12	不上人型轻钢龙骨(间距为 400 mm×600 mm)	10 m²	5.440	665.08	3 618.04
15-42 换	防火板基层	10 m²	6.292	490.16	3 084.09
	$248.66 + (35 - 12) \times 10.5 = 490.16 (元/10 \mathrm{m}^2)$				
15-54	穿孔铝塑板面层	10 m²	1.440	1 176.31	1 693.89
	$1 123.81 + (90 - 85) \times 10.5 = 1 176.31 (元/10 \mathrm{m}^2)$				
15-54	白色铝塑板面层	10 m²	1.920	1 071.31	2 056.92
	$1 123.81 + (80 - 85) \times 10.5 = 1 071.31 (元/10 \mathrm{m}^2)$				
15-54	闪银铝塑板面层	10 m²	2.932	1 281.31	3 756.80
	$1 123.81 + (100 - 85) \times 10.5 = 1 281.31 (元/10 \mathrm{m}^2)$				
18-63	开筒灯孔	10 个	1.600	28.99	46.38
合计	—	—	—	—	14 587.79

3) 计算分项清单综合单价

011302001001　铝塑板吊顶　$14 587.79 \div 54.4 \approx 268.16 (元/\mathrm{m}^2)$

【例 6.26】 某底层大厅装饰如图 6.25 所示：天棚将 φ10 mm 吊筋电焊在二层楼板底的预埋铁件上，吊筋的平均高度按 1.5 m 计算，计 315 根。该天棚大中龙骨均为木龙骨，经过计算，设计总用量为 4.16 m³，面层龙骨为 400 mm×400 mm 方格，中龙骨下钉胶合板(3 mm 厚)面层，地面至天棚面的高度为 3.2 m，拱高 1.3 m，接缝处不考虑粘贴自粘胶带。天棚面层用底油、色油刷清漆三遍，装饰线条用双组分混合型聚氨酯漆刷三遍。已知：装饰企业管理费率为 42%，利润率为 15%，人工工资按 110 元/工日计算，不考虑材料、机械费的调整。试计算天棚分部分项工程费及脚手架费用。

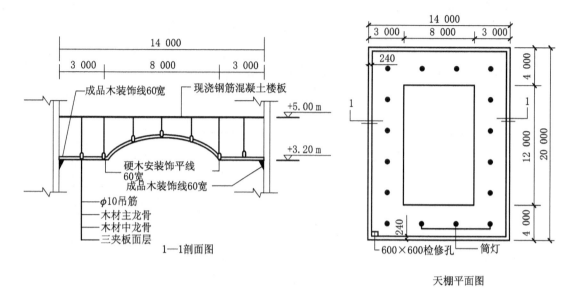

图 6.25 某底层大厅装饰

注:除标高单位为米(m)外,其余单位均为毫米(mm)。

【相关知识】

(1)《计算规范》规定天棚按水平投影面积计算。天棚面中的灯槽及跌级、锯齿形、吊挂式、藻井式的天棚面积不展开计算。不扣除间壁墙、检查口、附墙烟囱、柱垛和管道所占面积,扣除单个 $0.3 m^2$ 以外的孔洞、独立柱及与天棚相连的窗帘盒所占的面积。《计价定额》规定天棚龙骨的工程量按主墙间的水平投影面积计算。天棚饰面均按展开面积计算。

(2)圆弧形、拱形的天棚龙骨应按其弧形或拱形部分的水平投影面积套用复杂型子目计算,龙骨用量按设计进行调整,人工和机械按复杂型天棚子目乘以系数 1.8。

(3)本定额天棚每间以在同一平面上为准,当设计有圆弧形、拱形时,按其圆弧形、拱形部分的面积计算;圆弧形面层人工按其相应子目乘以系数 1.15 计算,拱形面层的人工按相应子目乘以系数 1.5 计算。

(4)《计价定额》中规定吊筋根数据按 13 根/10 m^2 取定,高度按 1 m 高取定,当吊筋根数、高度不同时均应按实调整。

(5)本定额的装饰线条安装均以安装在墙面上为准,当被设计安装在天棚面层时(但墙与顶交界处的角线除外),应按定额规定调整(钉在木龙骨基层上人工按相应定额乘系数 1.34)。

(6)建筑物室内天棚面层的净高在 3.6 m 以内,当吊筋与楼层的联结点高度超过 3.6 m 时,应按满堂脚手架相应定额综合单价乘以系数 0.6 计算。

【解】

1)按《计算规范》编制工程量清单

(1)确定项目编码和计量单位

木龙骨纸面石膏板吊顶查《计算规范》项目编码为 011302001001,计量单位为平方米(m^2)。

天棚面油漆查《计算规范》项目项目编码为011406001001,计量单位为平方米(m²)。

满堂脚手架查《计算规范》项目项目编码为011701006001,计量单位为平方米(m²)。

(2) 按《计算规范》规定计算清单工程量

木龙骨纸面石膏板吊顶　$19.76 \times 13.76 \approx 271.9$(m²)

天棚面油漆　305.5 m²

满堂脚手架　$19.76 \times 13.76 \approx 271.9$(m²)

(3) 项目特征描述

① 木龙骨纸面石膏板吊顶:采用木龙骨纸面石膏板拱形吊顶、$\phi 10$ mm 吊筋,平均高度为 1.5 m,龙骨间距为 400 mm × 400 mm,面层为 3 mm 厚的胶合板,板缝不考虑自粘胶带,天棚需开检修孔及筒灯孔;天棚与墙相连处做 60 mm 宽的成品装饰线条,拱形与平面交界处贴 60 mm 宽的平线条。

② 天棚面油漆:天棚面层用底油、色油刷清漆三遍,装饰线条用双组分混合型聚氨酯漆刷三遍。

③ 满堂脚手架:室内板底净高 5 m,搭设方式及脚手架材质按 2014 版《计价定额》执行。

2) 按《计价定额》组价

(1) 按《计价定额》计算子目工程量

① $\phi 10$ mm 吊筋　$19.76 \times 13.76 \approx 271.90$(m²)

② 复杂型龙骨　271.90(m²)

人工、机械需乘以系数 1.8 的龙骨面积　$8 \times 12 = 96$(m²)

龙骨含量调整　$4.16 \div 271.9 \times 1.06 \times 10 \approx 0.162$(m³/10 m²)

③ 面层

分析:由 $r^2 = (r-1.3)^2 + 4^2$ 得 $r = 6.8$(m)

由 $\sin \dfrac{1}{2}\alpha = 4 \div 6.8$ 得 $\alpha = 72°$

弧长 $L = \pi r \alpha / 180 = 3.14 \times 6.8 \times 72 \div 180 \approx 8.54$(m)

拱形部分面积　$8.54 \times 12 = 102.48$(m²)

拱形两端弧形面积

$$S = 2 \times \left[\frac{\pi \times r^2 \times \alpha}{360} - \frac{c}{2} \times (r-h) \right] = 2 \times \left[\frac{3.14 \times 6.8^2 \times 72}{360} - \frac{8}{2} \times (6.8-1.3) \right]$$

$$\approx 14.08 \text{(m}^2\text{)}$$

其他部分面积　$271.9 - 96 = 175.9$(m²)

④ 成品木装饰阴角线条　$(19.76 + 13.76) \times 2 = 67.04$(m)

⑤ 成品木装饰平线　$(12 + 8) \times 2 = 40$(m)

⑥ 600 mm × 600 mm 检查孔　1 个

⑦ 筒灯孔　16 个

⑧ 装饰线条刷聚氨酯漆三遍　$(67.04 + 40) \times 0.35 \approx 37.46$(m)

⑨ 天棚面层底油、色油刷清漆三遍　$175.9 + 129.6 = 305.5$(m²)

⑩ 满堂脚手架　$19.76 \times 13.76 \approx 271.9$(m²)

（2）按《计价定额》计算各子目单价

定额编号	项目名称	单位	工程量	单价（元）
15-35	φ10 mm 吊筋	10 m²	27.190	吊筋根数：315÷271.9×10≈12（根/10 m²） [90.65−24.6+(1.5−0.25)÷0.75×24.6+10.52× (1+42%+15%)]×12÷13≈114.06
15-4	拱形部分龙骨	10 m²	9.600	0.162×1 600+0.54+1.93+4.74+(1.71×1.2×1.8 ×110+1.66×1.8)×(1+42%+15%)≈908.99
15-4	其余部分龙骨	10 m²	17.590	0.162×1 600+0.54+1.93+4.74+(1.71×1.2×110 +1.66)×(1+42%+15%)≈623.4
15-44	拱形部分面层	10 m²	10.250	135.15+1.24×1.5×110×(1+42%+15%)≈ 456.37
15-44	端部弧形面层	10 m²	1.410	135.15+1.24×1.15×110×(1+42%+15%)≈ 381.42
15-44	其余部分面层	10 m²	17.590	135.15+1.24×110×(1+42%+15%)≈349.3
18-14	装饰平线安装	100 m	0.400	(2.04×1.34×110+15)×(1+42%+25%)+ 657.06≈1 152.7
18-21	装饰阴角线条安装	100 m	0.670	(2.07×110+15)×(1+42%+15%)+705.1= 1 086.14
18-60	600 mm×600 mm 检查孔	10 个	0.100	4.28×110×(1+42%+15%)+249.36≈988.52
18-63	筒灯孔	10 个	1.600	0.17×110×(1+42%+15%)+9.2≈38.56
17-24	天棚面层刷清漆	10 m²	30.550	3.2×110×(1+42%+15%)+51.33=603.97
17-35	装饰线条刷聚氨酯漆	10 m	3.746	1.47×110×(1+42%+15%)+23.23≈277.1
20-20×0.6	满堂脚手架（措施费）	10 m²	27.190	[(1×110+10.88)×(1+42%+15%)+29.6]× 0.6≈131.63

3）计算清单综合单价

定额编号	项目名称	单位	工程量	单价（元）	合价（元）
011302001001	木龙骨纸面石膏板吊顶	m²	271.900	130.57	35 501.98
15-35	φ10 mm 吊筋	10 m²	27.190	114.06	3 101.29
15-4	拱形部分龙骨	10 m²	9.600	908.99	8 726.30
15-4	其余部分龙骨	10 m²	17.590	623.40	10 965.61
15-44	拱形部分面层	10 m²	10.250	456.37	4 677.79
15-44	端部弧形面层	10 m²	1.410	381.42	537.80

定额编号	项目名称	单位	数量	单价(元)	合价(元)
15-44	其余部分面层	10 m²	17.590	349.30	6 144.19
18-14	装饰平线安装	100 m	0.400	1 152.70	461.08
18-21	装饰阴角线条安装	100 m	0.670	1 086.14	727.71
18-60	600 mm×600 mm 检查孔	10 个	0.100	988.52	98.85
18-63	筒灯孔	10 个	1.600	38.56	61.70
011406001001	天棚面油漆	m²	305.500	63.79	19 487.85
17-24	天棚面层刷清漆	10 m²	30.550	603.97	18 451.28
17-35	装饰线条刷聚氨酯漆	10 m	3.746	277.10	1 038.02
分部分项工程费	35 501.98＋19 487.85＝54 989.83(元)				
011701006001	满堂脚手架	m²	271.900	13.16	3 578.20
20-20×0.6	满堂脚手架(措施费)	10 m²	27.190	131.63	3 579.02

【例 6.27】 某装饰企业独立承建某综合楼二楼会议室的天棚吊顶装饰如图 6.26 所示。钢筋砼柱断面为 500 mm×500 mm,选用 200 mm 厚的空心砖墙,天棚的做法如图 6.26 所示。采用 φ8 mm 吊筋(0.395 kg/m)、单层装配式 U 型(上人型)轻钢龙骨,面层椭圆形部分采用 9.5 mm 厚的纸面石膏板面层,规格为 400 mm×600 mm,其余部位天棚面层为防火板底做铝塑板面层,天棚与墙面交接处采用铝合金线角,规格为 30 mm×25 mm×3 mm,单价为 5 元/m,纸面石膏板面层与铝塑板面层交接处采用自粘胶带钉成品 60 mm 宽的红松平线。纸面石膏板面层抹灰为清油封底,满刮白水泥腻子、刷乳胶漆各两遍,木装饰线条的油漆做法为润油粉、刮腻子、刷聚氨酯清漆(双组分型)两遍。其余未说明的按《计价定额》规定,措施费仅计算脚手架费。根据上述条件请计算:

1. 按照《计价定额》列出定额子目名称并计算其所对应的工程量。

2. 按照《计价定额》计算天棚分部分项工程费及脚手费。

3. 若该项目位于 12 层,请单独计算人工降效费和垂直运输费。

【相关知识】

(1)《计价定额》规定天棚龙骨的工程量按主墙间的水平投影面积计算。天棚饰面均按展开面积计算,不扣除间壁墙、检修孔、附墙烟囱、柱垛和管道所占的面积,但应扣除独立柱、0.3 m² 以上的灯饰面积(石膏板、夹板天棚面层的灯饰面积不扣除)及与天棚相连接的窗帘盒面积。

(2)圆弧形、拱形的天棚龙骨应按其弧形或拱形部分的水平投影面积套用复杂型子目计算,龙骨用量按设计进行调整,人工和机械按复杂型天棚子目乘以系数 1.8。

(3)本定额天棚每间以在同一平面上为准,当设计有圆弧形、拱形时,按其圆弧形、拱形部分的面积计算:圆弧形面层人工按其相应子目乘以系数 1.15 计算,拱形面层的人工按相应子目乘以系数 1.5 计算。

(4)《计价定额》中规定吊筋根数据按 13 根/10 m² 取定,高度按 1 m 高取定,当吊筋根

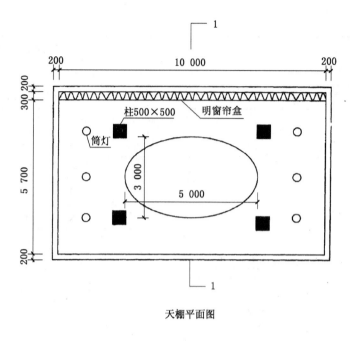

天棚平面图

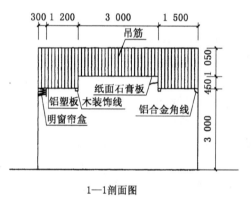

1—1剖面图

图 6.26　综合楼二楼会议室的天棚吊顶(mm)

数、高度不同时均应按实调整。

（5）本定额装饰线条的安装均以被安装在墙面上为准,当被设计安装在天棚面层时(但墙与顶交界处的角线除外),应按定额规定调整(当被钉在木龙骨基层上时,人工按相应定额乘以系数 1.34 计算)。

（6）建筑物室内天棚面层的净高在 3.6 m 以内,当吊筋与楼层的联结点高度超过 3.6 m 时,应按满堂脚手架相应定额的综合单价乘以系数 0.6 计算。

【解】

（1）按照《计价定额》列出定额子目名称并计算对应的工程量

①ϕ8 mm 吊筋(1 050 mm)　$3.14 \times 5 \times 3 \div 4 \approx 11.78 (\text{m}^2)$

②ϕ8 mm 吊筋(1 500 mm)　$10 \times 6 - 3.14 \times 5 \times 3 \div 4 \approx 48.22 (\text{m}^2)$

③单层装配式 U 型(上人型)轻钢龙骨(椭圆形)　11.78 m²

④单层装配式 U 型(上人型)轻钢龙骨(复杂型)　48.22 m²

⑤ 9.5 mm 厚纸面石膏板面层(椭圆形)

$$3.14 \times 5 \times 3 \div 4 + 3.14 \times \sqrt{\dfrac{5^2 + 3^2}{2}} \times 0.45 \approx 17.6 (\text{m}^2)$$

⑥ 铝塑板面层(防火板底另计)

$$10 \times 6 - 3.14 \times 5 \times 3 \div 4 - 0.5 \times 0.5 \times 4 - 0.3 \times 10 \approx 44.23 (\text{m}^2)$$

⑦ 纸面石膏板面层抹灰

$$3.14 \times 5 \times 3 \div 4 + 3.14 \times \sqrt{\dfrac{5^2 + 3^2}{2}} \times 0.45 \approx 17.6 (\text{m}^2)$$

⑧ 铝合金角线 $10 + 5.7 + 5.7 = 21.4 (\text{m})$

⑨ 自粘胶带 $3.14 \times \sqrt{\dfrac{5^2 + 3^2}{2}} \approx 12.95 (\text{m})$

⑩ 60 mm 宽红松平线 12.95 m

⑪ 60 mm 宽红松平线油线 12.95 m

⑫ 筒灯孔 6 个

⑬ 明窗帘盒 10 m

⑭ 满堂脚手架 $10 \times 6 = 60 (\text{m}^2)$

(2) 分部分项工程及措施项目的综合单价和计算

序号	定额编号	子目名称	单位	工程量	综合单价计算(元)	合价(元)
1	15-34 换	$\phi 8$ mm 吊筋(1 050 mm)	10 m²	1.178 0	圆钢含量:(1.05 − 0.25) ÷ 0.75 × 3.93 ≈ 4.192(kg) 单价:60.54 + (4.192 − 3.93) × 4.02 ≈ 61.59	72.55
2	15-34 换	$\phi 8$ mm 吊筋(1 500 mm)	10 m²	4.822 0	圆钢含量:(1.5 − 0.25) ÷ 0.75 × 3.93 ≈ 6.55(kg) 单价:60.54 + (6.55 − 3.93) × 4.02 ≈ 71.07	342.70
3	15-12 换	单层装配式 U 型(上人型)轻钢龙骨(椭圆形)	10 m²	1.178 0	(2.22 × 85 × 0.87 + 3.4) × 1.37 × 1.8 + 401.9 − 8.84 − 0.39 − 5.2 − 7.8 ≈ 792.9	934.04
4	15-12 换	单层装配式 U 型(上人型)轻钢龙骨椭圆形(复杂型)	10 m²	4.822 0	665.08 − 8.84 − 0.39 − 5.2 − 7.8 − 188.7 × 0.13 × 1.37 ≈ 609.24	2 937.76
5	15-46	9.5 mm 厚纸面石膏板面层(椭圆形)	10 m²	1.760 0	1.34 × 85 × 1.15 × 1.37 + 150.42 ≈ 329.87	580.57
6	15-54	铝塑板面层(防火板底另计)	10 m²	4.422 0	1.41 × 85 × 1.15 × 1.37 + 959.62 ≈ 1 148.44	5 078.4
7	15-44	防火板底	10 m²	4.422 0	1.24 × 85 × 1.15 × 1.37 + 135.15 + (35 − 12) × 11 ≈ 554.21	2 450.72
8	17-174	清油封底	10 m²	1.760 0	43.68	76.88

序号	定额编号	子目名称	单位	工程量	综合单价计算(元)	合价(元)
9	17-179 换 (17-183、17-184)	满刮白水泥腻子、刷乳胶漆各两遍	10 m²	1.760 0	$296.83-42.34-36.89-27.2 \times 0.1 \times 1.37-15.3 \times 0.1 \times 1.37 \approx 211.78$	372.73
10	18-15	金属装饰条(阴阳角线)	100 m	0.214 0	$820.56+(5-3.8) \times 105=946.56$	202.56
11	17-175	自粘胶带	10 m	1.295 0	77.11	99.86
12	18-14	木装饰条50 mm外安装	100 m	0.129 5	$(173.4 \times 1.68 \times 1.8+15) \times 1.37+657.06 \approx 1395.99$	180.78
13	17-35-17-45	木线条油漆	10 m	1.295 0	$(194.41-31.51) \times 0.35 \approx 57.02$	73.84
14	18-63	筒灯孔	10 个	0.600 0	28.99	17.39
15	18-67	明窗帘盒	100 m	0.100 0	4 656.38	465.64
16	20-20×0.6	满堂脚手架	10 m²	6.000 0	$156.86 \times 0.6 \approx 94.12$	564.72

(3) 人工降效和垂直运输费

① 人工降效计算

分析:人工降效计算基础为定额人工费,上表中各子目人工费的分析如下:

$2.22 \times 0.87 \times 1.8 \times 85 \times 1.178+2.22 \times 0.87 \times 85 \times 4.822+1.34 \times 1.15 \times 85 \times 1.76+1.41 \times 1.15 \times 85 \times 4.422+1.24 \times 1.15 \times 85 \times 4.422+0.25 \times 85 \times 1.76+(1.9-0.32 \times 1.1-0.18 \times 1.1) \times 85 \times 1.76+3.04 \times 85 \times 0.214+0.21 \times 85 \times 1.295+2.04 \times 1.68 \times 1.8 \times 85 \times 0.129 5+(1.47-0.21) \times 85 \times 1.295+0.17 \times 85 \times 0.6+12.15 \times 85 \times 0.1+1 \times 0.6 \times 82 \times 6 \approx 3 447.24 (元)$

1-20　人工降效费　$3 447.24 \times 7.5 \% \approx 258.54$(元)

② 垂直运输费计算

分析:人工降效计算基础为总的定额工日数(含单价措施项目),根据上述人工费计算可知,仅满堂脚手架子目中的人工单价为82元/工日,其他子目均为85元/工日,故总的定额工日数　$(3 447.24-0.6 \times 82 \times 6) \div 85+0.6 \times 6 \approx 40.68$(工日)

23-31　$40.68 \div 10 \times 50.57=205.72$(元)

【例6.28】 门大样如图6.27所示,采用木龙骨,三夹板基层外贴花樟和白榉木切片板,采用白木实木封边线收边,求该门扇的清单造价和综合单价(假设花樟和白榉木切片板的材料单价分别为35元/m²、20元/m²,白木实木封边线为6元/m,其他费用按《计价定额》计算。门洞尺寸为900 mm×2 100 mm,不计算木门油漆,门边梃断面同定额)。

【相关知识】

(1) 门面层采用花樟和白榉木切片拼花,有部分弧形,要按实计算花樟和白榉木切片板的用量。

(2) 设计增加双面三夹板基层,按《计价定额》第712页中附注2增加三夹板19.8 m²、万能胶4.2 kg、人工0.49×2工日。

（3）球形执手锁和不锈钢铰链的安装要另套门五金配件安装。

（4）《计算规范》中门的计量单位为樘或平方米(m²)，现取平方米(m²)，计算规则为按设计图示洞口面积计算。《计价定额》中门的计量单位为平方米(m²)。

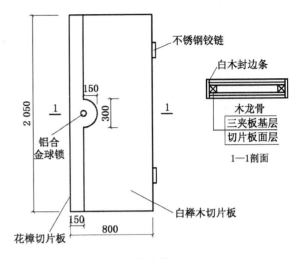

图6.27　门大样1(mm)

【解】

1) 按《计算规范》计算工程量清单

（1）确定项目编码和计量单位

夹板装饰门查《计算规范》项目编码为010801001001，计量单位为平方米(m²)。

门锁安装查《计算规范》项目编码为010801006001，计量单位为个。

门铰链安装查《计算规范》项目编码为010801006002，计量单位为个。

（2）计算工程量清单

门洞口面积　$0.9 \times 2.1 = 1.89(\text{m}^2)$

010801001001　夹板装饰门　1.89 m²

010801006001　门锁安装　1个

010801006002　门铰链安装　2个

（3）项目特征描述

门边樘断面为22.8 cm²。三夹板基层外贴花樟和白榉木切片板，采用白木实木封边线收边，有铝合金球形锁一个、不锈钢铰链两个，木门不油漆。

2) 按《计价定额》组价

（1）按《计价定额》规则计算工程量

切片板门　$0.90 \times 2.10 = 1.89(\text{m}^2)$

球形执手锁　1个

不锈钢铰链　2个

（2）套用《计价定额》计算各子目单价

16-295 换　切片板门　1 065.17 元/10 m²

分析：按设计增加三夹板基层每10 m²

增三夹板　$19.8 \times 12 = 237.6(\text{元}/10\text{ m}^2)$

增万能胶　$2.1 \times 2 \times 20 = 84(\text{元}/10\text{ m}^2)$

增人工　$0.49 \times 2 \times 85 \times (1 + 25\% + 12\%) \approx 114.12(\text{元}/10\text{ m}^2)$

小计　435.72 元/10 m²

按实计算花樟、白榉木切片板的含量

花樟切片板　$(0.15 \times 2.05 + 0.15 \times 0.3) \times 2 \times 1.1 \approx 0.78(\text{m}^2)$

白榉木切片板　$(0.8 \times 2.05 - 0.15 \times 2.05) \times 2 \times 1.1 \approx 2.93(\text{m}^2)$

每10 m² 切片板含量

花樟切片板　$0.78 \div 1.89 \times 10 \approx 4.13 (\text{m}^2/10 \text{ m}^2)$

白桦木切片板　$2.93 \div 1.89 \times 10 \approx 15.5 (\text{m}^2/10 \text{ m}^2)$

增材料费　$4.13 \times 35 + 15.5 \times 20 = 454.55 (\text{元}/10 \text{ m}^2)$

参考《计价定额》16-291 子目,增加白木封边条 29.15 m/10 m²

　　　$29.15 \times 6 = 174.9 (\text{元}/10 \text{ m}^2)$

小计　$435.72 + 454.55 + 174.9 = 1\,065.17 (\text{元}/10 \text{ m}^2)$

16-312　球形执手锁　96.34 元/个

16-314　不锈钢铰链　32.41 元/个

(3)计算清单综合单价

010801001001　夹板装饰门　106.52 元/m²

010801006001　门锁安装　96.34 元/个

010801006002　门铰链安装　32.41 元/个

【例 6.29】　门大样如图 6.28 所示,采用细木工板贴白影木切片板,将白影木切片板整片开洞内嵌 5 mm 厚的磨砂玻璃,两边成品扁铁花压边,白桦木实木封边线收边。门的油漆为润油粉、刮腻子、刷聚氨酯清漆三遍(双组分混合型)。已知:门扇边框断面 22.8 cm²,球形锁为 50 元/个,细木工板为 35 元/m²,白影木切片板为 50 元/ m²,白桦木实木收边线为 6.5 元/m,5 mm 喷砂玻璃为 55/m²,成品扁铁花油漆安装好后的综合单价为 70 元/片,其他材料不计价差,人工为 110 元/工日,施工单位为装饰工程二级资质,门洞尺寸为 1 000 mm×2 100 mm。求该门的综合单价。

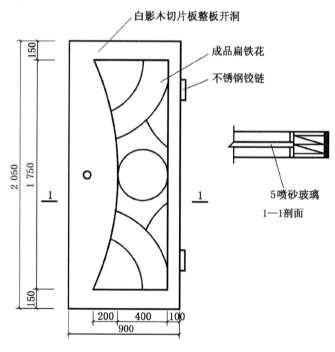

图 6.28　门大样 2(mm)

【相关知识】

（1）该门的白影木切片板是整板开洞，定额含量不调整，但木工板基层要按实调整。

（2）门油漆套用单扇木门油漆定额，因门上镶嵌磨砂玻璃，应乘以系数 0.9。

（3）门的工程量计算规则：《计算规范》为樘或平方米（m²），如按面积计算，则与《计价定额》工程量计算规则一致，即均按洞口面积计算。

【解】

1）按《计算规范》计算工程量清算

（1）确定项目编码和计量单位

实木装饰门查《计算规范》项目编码为 010801001001，计量单位为平方米（m²）。

实木装饰门油漆查《计算规范》项目编码为 011401001001，计量单位为平方米（m²）。

门锁安装查《计算规范》项目编码为 010801006001，计量单位为个。

门铰链安装查《计算规范》项目编码为 010801006002，计量单位为个。

（2）计算工程量清单

实木门扇制安　$1 \times 2.1 = 2.1$（m²）

010801001001　实木装饰门　2.1 m²

011401001001　实木装饰门油漆　2.1 m²

010801006001　门锁安装　1 个

010801006002　门铰链安装　2 个

（3）项目特征描述

采用实心木工板衬底，门洞口尺寸为 1 m×2.1 m，门扇边框断面为 22.8 cm²，白影木切片板整片开洞镶嵌 5 mm 厚的磨砂玻璃，成品扁铁花压边。有球形锁一个、不锈钢铰链两个，单层木门油漆为润油粉、刮腻子、刷聚氨酯清漆三遍（双组分混合型）。

2）按《计价定额》计算综合单价

（1）按《计价定额》规则计算工程量

实木门扇制安　$1 \times 2.1 = 2.1$（m²）

扁铁花成品　2 片

球形锁　1 个

不锈钢铰链　2 个

门油漆　$2.1 \times 0.9 = 1.89$（m²）

（2）套用定额计算各子目单价

16-291 换　细木工板上贴双面普通切片板门　5 063.97 元/10 m²

分析：按设计调整细木工板的含量

木工板　$(0.9 \times 2.05 - 0.4 \times 1.75) \times 2 = 2.29$（m²）

每 10 m² 木工板含量　$2.29 \div 2.1 \times 10 \times 19.71 \div 20 \approx 10.75$（m²/10 m²）

按设计增加 5 mm 喷砂玻璃含量　喷砂玻璃　$0.6 \times 1.75 = 1.05$（m²）

每 10 m² 5 mm 喷砂玻璃含量　$1.05 \div 2.1 \times 10 \times 1.08 = 5.4$（m²/10 m²）

每 10 m² 扁铁花成品含量　$2 \div 2.1 \times 10 \times 1.05 \approx 10$（片/10 m²）

16-291 换　细木工板上贴双面普通切片板门　综合单价换算

人工费　$1\,017.45+(110-85)\times11.97=1\,316.7(元/10\,m^2)$

材料费　$1\,573.96-748.98+10.75\times35-396+50\times22(白影木切片板)+55\times5.4(喷砂玻璃)+(6.5-4.2)\times29.15(白榉木封边条)+70\times10(扁铁花)\approx2\,969.28(元/10\,m^2)$

机械费　$17.5\,元/10\,m^2$

管理费　$(1\,316.7+17.5)\times42\%\approx560.36(元/10\,m^2)$

利润　$(1\,316.7+17.5)\times15\%=200.13(元/10\,m^2)$

小计　$5\,063.97(元/10\,m^2)$

16-312　球形锁　$80.66\,元/个$

$76.55+(50-75)\times1.01+110\times0.17\times(1+42\%+15\%)\approx80.66(元/个)$

16-314　不锈钢铰链　$38.03\,元/个$

$20.76+110\times0.1\times(1+42\%+15\%)=38.03(元/个)$

17-31　单层木门刷聚氨酯清漆三遍　$1\,108.31\,元/10\,m^2$

$256.9+110\times4.93\times(1+42\%+15\%)\approx1\,108.31(元/10\,m^2)$

3) 计算综合单价

项目编码	项目名称	计量单位	工程量	金额（元）	
				综合单价	合价
010801001001	实木装饰门	m²	2.100	506.40	1 063.44
16-291 换	细木工板上贴双面普通切片板门	10 m²	0.210	5 063.97	1 063.43
011401001001	实木装饰门油漆	m²	2.100	99.75	209.48
17-31	单层木门刷聚氨酯清漆三遍	10 m²	0.189	1 108.31	209.47
010801006001	门锁安装	个	1.000	80.66	80.66
16-312	球形锁	个	1.000	80.66	80.66
010801006002	门铰链安装	个	2.000	38.03	76.06
16-314	不锈钢铰链	个	2.000	38.03	76.06

6.2　单位工程清单计价实例

某单位二楼会议室的装饰设计如图6.29所示。

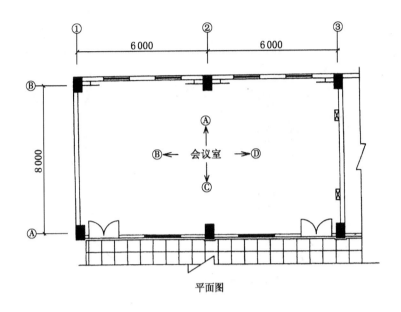

平面图

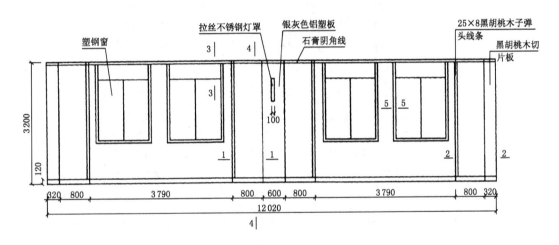

A立面

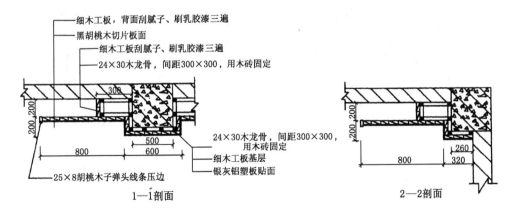

1—1剖面

2—2剖面

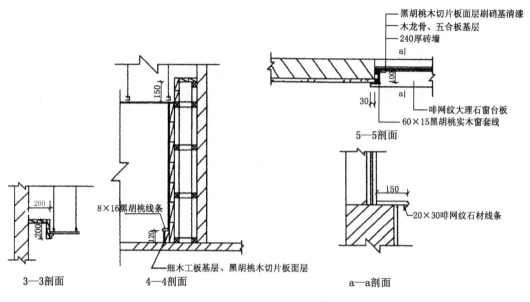

黑胡桃木切片板面层刷硝基清漆
木龙骨、五合板基层
240厚砖墙

啡网纹大理石窗台板
60×15黑胡桃实木窗套线

5—5剖面

20×30啡网纹石材线条

a—a剖面

8×16黑胡桃线条

3—3剖面

细木工板基层、黑胡桃木切片板面层

4—4剖面

黑胡桃木切片板踢脚线　　　白影木切片板斜拼纹

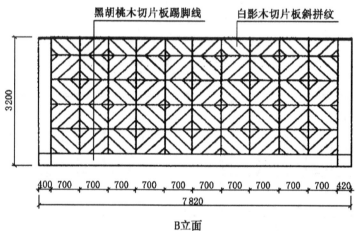

| 400 | 700 | 700 | 700 | 700 | 700 | 700 | 700 | 700 | 700 | 420 |

7 820

B立面

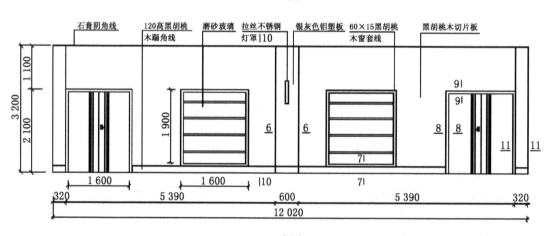

石膏阴角线　　120高黑胡桃　磨砂玻璃　拉丝不锈钢　银灰色铝塑板　60×15黑胡桃　黑胡桃木切片板
　　　　　　　木踢角线　　　　　　　灯罩|10　　　　　　　　木窗套线

| 320 | 5 390 | 600 | 5 390 | 320 |

12 020

C立面

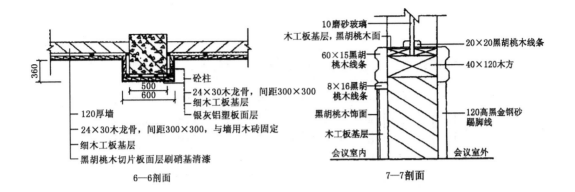

6—6剖面

7—7剖面

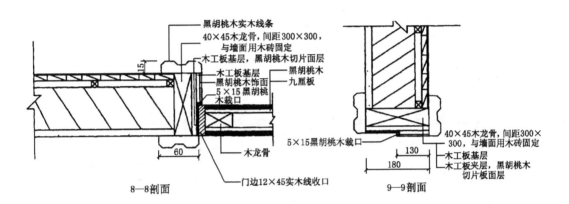

8—8剖面

9—9剖面

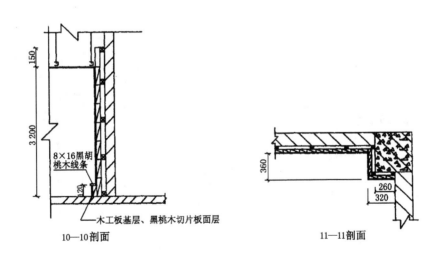

10—10剖面

11—11剖面

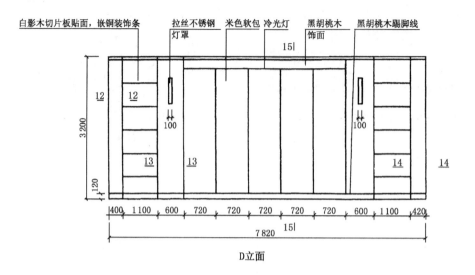

白影木切片板贴面，嵌铜装饰条　　拉丝不锈钢灯罩　　米色软包　冷光灯　　黑胡桃木饰面　　黑胡桃木踢脚线

D立面

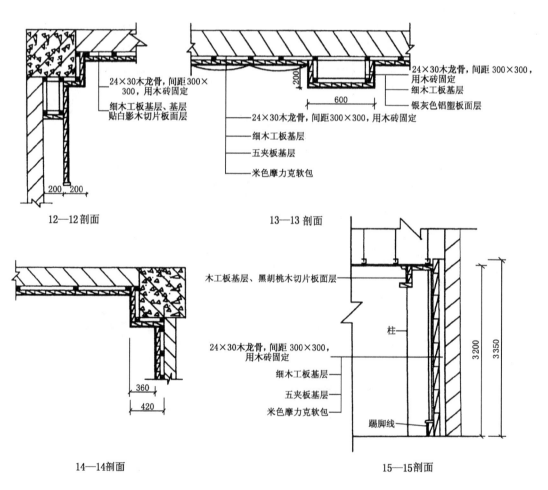

24×30木龙骨，间距300×300，用木砖固定

细木工板基层、基层贴白影木切片板面层

12—12剖面

24×30木龙骨，间距300×300，用木砖固定
细木工板基层
银灰色铝塑板面层
24×30木龙骨，间距300×300，用木砖固定
细木工板基层
五夹板基层
米色摩力克软包

13—13剖面

24×30木龙骨，间距300×300，用木砖固定
细木工板基层
五夹板基层
米色摩力克软包

14—14剖面

木工板基层、黑胡桃木切片板面层

柱

踢脚线

15—15剖面

会议室平顶图

A—A剖面图

九厘板板外钉纸面石膏板

回光灯槽

轻钢龙骨，间距400×600

木工板板外钉纸面石膏板

77.36°

R=4 000

1 700

188

1 600

1 224

150

188

1 700

8 000

6 000

6 000

+3.65

+3.20

+3.45

3 850

350

+4.00

+3.65

+3.20

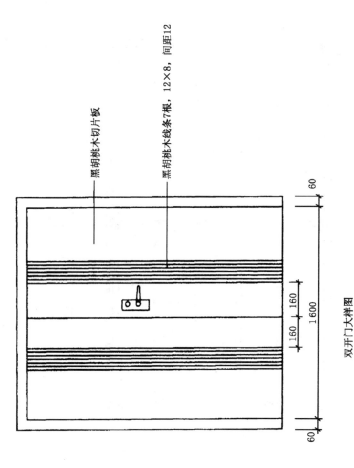

双开门大样图

图 6.29　某单位二楼会议室的装饰设计详图

设计说明如下：

(1) 本工程尺寸除标高以米（m）为单位外，其余均以毫米（mm）为单位，建筑层高为 4 m。

(2) 本工程交付装饰的楼面为现浇钢筋砼板上做 15 mm 厚 1:3 水泥砂浆找平，10 mm 厚 1:2 水泥砂浆抹面。天棚为上一层楼板，板底未粉刷。墙体砖墙，采用 15 mm 厚 1:1:6 水泥石灰砂浆打底，5 mm 厚 1:3:3 水泥石灰砂浆粉面。门、窗侧用水泥砂浆粉刷。

(3) 图中所注门、窗尺寸均为洞口尺寸。门的尺寸为 1 600 mm×2 100 mm，窗的尺寸为 1 200 mm×2 200 mm。

(4) 设计要求：

① 楼面铺设 10 mm 厚毛腈地毯，下垫 5 mm 厚橡胶绒衬垫。

② 天棚吊顶采用 φ8 mm 吊筋，轻钢龙骨的规格为 400 mm×600 mm，纸面石膏板吊顶，在石膏阴角线中间部分做拱形造型。上安筒灯，设回光灯槽。天棚面层刮 901 胶白水泥腻子三遍，刷白色亚光乳胶漆三遍（注：天棚不上人，天棚板缝贴自粘胶带，长度为 221.31 m，吊筋平均高度为 0.7 m，根数为 13 根/10 m²）。

③ A 墙面：设窗帘藏箱，做法详见大样图，墙面银灰色铝塑板。B 墙面：整个墙面为白影木切片板斜拼纹。C 墙面：墙面刮白色水泥腻子，刷白色亚光乳胶漆各三遍，柱面饰银灰色铝塑板，嵌磨砂玻璃固定隔断。D 墙面：白影木切片板面层，上嵌铜装饰条，黑色胡桃木切片板整包，面饰银灰色铝塑板。中间设计两根假柱，柱部分饰米黄色软包。宽黑色勾缝。天棚面层刮白色亚光乳胶漆三遍，刷防火漆两遍。

④ 所有木龙骨的规格为 24 mm×30 mm，间距为 300 mm×300 mm，刷防火漆两遍。木龙骨与墙、柱采用木砖固定。

⑤ 所有木结构表面均润油油粉，刮腻子，刷硝基清漆，磨退出亮。

编制说明：

（1）除下表中的材料外，其他材料及机械费均不调整。

序号	材料名称	单位	市场价格（元）	备注
1	10 mm 厚毛腈地毯	m²	70.00	——
2	细木工板	m²	28.55	——
3	九夹板	m²	20.16	——
4	五夹板	m²	16.80	——
5	黑胡桃木切片板	m²	25.19	——
6	白影木切片板	m²	80.62	——
7	黑胡桃木子弹头线条（25 mm×8 mm）	m	3.00	——
8	黑胡桃木线条（12 mm×8 mm）	m	2.00	——
9	黑胡桃木裁口线条（5 mm×15 mm）	m	2.00	——
10	黑胡桃木压边线条（20 mm×20 mm）	m	5.00	——
11	黑胡桃木门窗套线条（60 mm×15 mm）	m	12.00	——
12	黑胡桃木压顶线条（16 mm×8 mm）	m	2.50	——
13	黑胡桃木硬木封边条（12 mm×45 mm）	m	8.00	——
14	铝塑板（双面）	m²	94.06	——
15	纸面石膏板	m²	11.00	——
16	磨砂玻璃（δ=10 mm）	m²	120.00	——
17	石膏阴角线（100 mm×30 mm）	m²	6.00	——
18	啡网纹大理石	m²	700.00	——
19	啡网纹石材线条	m	50.00	——
20	铜嵌条（2 mm×15 mm）	m	3.50	——
21	米黄色摩力克软包布	m²	78.00	——
22	塑钢窗	m²	250.00	——
23	拉丝不锈钢灯罩	个	800.00	综合单价

（2）有关费用取值：人工单价为 110 元/工日，管理费费率为 42%，利润费率为 12%。现场安全文明施工措施费仅计算基本费，费率按 1.6% 计算。临时设施费率为 1%，工程排污费率为 0.1%，社会保障费率为 2.2%，公积金费率为 0.38%，税金率为 3.48%，暂列金额 5 000 元。

依据上述条件，编制工程量清单及招标控制价（注：仅计算会议室室内部分的装饰造价，包括会议室与走廊相连部分的门、窗）。

【相关知识】

（1）当计算天棚吊顶的工程量时，要扣除与天棚连接的窗帘盒的面积。

（2）中间为拱形的天棚吊顶，其龙骨工程量按水平投影面积计算，面层工程量按拱形展开面积计算。

(3) A—A 剖面中的回光灯槽应按《计价定额》第六章回光灯槽子目套用,其木工板造型不另外计算。

(4) 成品塑钢窗、门制安的工程量按门窗洞口的面积计算。

(5) 踢脚线与墙面切片板面层油漆材料相同,应合并在墙裙工程量中,不能另外计算。

(6) 木结构上的线条油漆也应包含在相应的木饰面油漆中,不能另外计算。

(7) 门套线的油漆应含在木门油漆定额中,不能另外计算。

(8) 顶部石膏阴角线刷白色乳胶漆已含在天棚吊顶中,不另外计算。

(9) 天棚高度在 3.6 m 以内,当吊筋与楼板的连接高度超过 3.6 m 时,应按满堂脚手架相应项目基价乘以 0.6 计算。

(10) 双扇门油漆按单扇门油漆定额乘以系数 0.9,当门上有装饰线条时,乘以系数 1.05。

【解】

1) 按《计价规范》计算清单工程量

(1) 楼地面工程

011104001001　楼地面铺地毯　94 m^2

　　　$(8-0.12-0.06)×(12+0.25×2-0.24×2)≈94(m^2)$

011105005001　木质踢脚线钉在砖墙面上　9.8 m

A 墙面　$12.5-0.5×3(柱)-0.3×4(藏帘箱)=9.8(m)$

011105005002　木质踢脚线钉在木龙骨上　30.3 m

A 墙面　$0.8×4+0.2×4(柱侧)+(0.32×2+0.6)(柱面)=5.24(m)$

B 墙面　$8-0.12-0.06-0.4-0.42=7(m)$

C 墙面　$12.5-0.24×2(墙)+0.36×4(柱侧)-1.6×2(门)=10.26(m)$

D 墙面　$8-0.12-0.06-0.4-0.42+0.2×4(柱侧)=7.8(m)$

小计　30.3 m

011404002001　木质踢脚线油漆　2.41 m^2

A 墙面　$9.8(墙上)+0.2×4(柱侧铝塑板面)+(0.32×2+0.6)(柱侧铝塑板面)=$
　　　　$11.84(m)$

C 墙面　$(0.36×2+0.6)(中柱铝塑板面)+(0.32+0.36)×2(边柱铝塑板面)=$
　　　　$2.68(m)$

D 墙面　$7.8-1.1×2(白影木切片板面)=5.6(m)$

小计　$(11.84+2.68+5.6)×0.12=20.12×0.12≈2.41(m^2)$

(2) 墙、柱面工程

① A 墙面

011207001001　黑胡桃木切片板藏帘箱　9.86 m^2

　　　$0.8×(3.2-0.12)×4≈9.86(m^2)$

011208001001　柱面粘贴银灰色铝塑板　6.28 m^2

1—1 剖面　$(0.2×2+0.6)×(3.2-0.12)=3.08(m^2)$

2—2 剖面　$(0.2+0.32)×(3.2-0.12)×2≈3.2(m^2)$

小计 6.28 m²

010807001001 塑钢窗 4 樘

$1.2 \times 2.2 \times 4 = 10.56 (m^2)$

010808001001 黑胡桃木切片板窗套 4.48 m²

$0.2 \times (1.2 + 2.2 \times 2) \times 4 = 4.48 (m^2)$

010810003001 木暗窗帘盒 9.8 m

$12.5 - 0.5 \times 3 (柱) - 0.3 \times 4 (藏帘箱) = 9.8 (m)$

010809004001 啡网纹大理石窗台板 4.8 m

$1.2 \times 4 = 4.8 (m)$

011404001001 夹板面刮腻子、刷亚光白色乳胶漆 13.15 m²

$(0.8 + 0.05 - 0.3) \times 3.2 \times 4 (藏帘箱背面) + 0.2 \times (3.2 + 0.15) \times 4 (内侧) +$
$(0.2 + 0.15) \times 9.8 (暗窗帘盒) = 13.15 (m^2)$

011406001001 墙面刮腻子、刷亚光白色乳胶漆 19.62 m²

$9.8 \times (3.2 - 0.12) (踢脚线高) - 1.2 \times 2.2 \times 4 (窗洞) \approx 19.62 (m^2)$

01B001 拉丝不锈钢成品灯罩 1 个

② B 墙面

011207001002 墙面白影木切片板拼花 21.56 m²

$(8 - 0.12 - 0.06 - 0.4 - 0.42) \times [3.2 - 0.12 (踢脚线)] = 21.56 (m^2)$

③ C 墙面

011207001003 墙面黑胡桃木切片板面层 20.4 m²

$[12.5 - 0.24 \times 2 (墙) - 0.32 \times 2 (柱) - 0.6 (柱)] \times (3.2 - 0.12) - 1.6 \times 1.9 \times$
$2 (固定玻璃隔断) - 1.6 \times 2.1 \times 2 (门) \approx 20.4 (m^2)$

011208001002 柱面粘贴银灰色铝塑板 8.25 m²

$(0.36 \times 2 + 0.6) \times (3.2 - 0.12) + (0.36 + 0.32) \times (3.2 - 0.12) \times 2 \approx 8.25 (m^2)$

011210003001 固定玻璃隔断 6.08 m²

$1.6 \times 1.9 \times 2 = 6.08 (m^2)$

010808001003 固定玻璃隔断窗套 1.68 m²

7—7 剖面 $0.12 \times (1.6 + 1.9) \times 2 \times 2 = 1.68 (m^2)$

010801001001 黑胡桃木切片板造型门 2 樘

$1.6 \times 2.1 \times 2 = 6.72 (m^2)$

010808001002 细木工板基层黑胡桃木切片板门套 2.09 m²

$0.18 \times (2.1 \times 2 + 1.6) \times 2 \approx 2.09 (m^2)$

01B002 拉丝不锈钢成品灯罩 1 个

④ D 墙面

011207001004 墙面白影木切片板面层 6.78 m²

$1.1 \times (3.2 - 0.12) \times 2 \approx 6.78 (m^2)$

011208001004 柱面粘贴银灰色铝塑板 6.16 m²

$(0.2 \times 2 + 0.6) \times (3.2 - 0.12) \times 2 = 6.16 (m^2)$

010810003002 冷光灯盒 3.6 m

$$0.72 \times 5 = 3.6(\text{m})$$

011408002001　墙面米黄色摩力克软包布　11.09 m²

$$0.72 \times 5 \times (3.2 - 0.12) \approx 11.09(\text{m}^2)$$

01B003　拉丝不锈钢成品灯罩　2个

（3）天棚工程

011302001001　轻钢龙骨纸面石膏板天棚　89.61 m²

$$(8 - 0.12 - 0.06 - 0.2) \times (12 - 0.24) \approx 89.61(\text{m}^2)$$

011304001001　回光灯槽　15.4 m

$$3.85 \times 4 = 15.4(\text{m})$$

011406001002　天棚乳胶漆　116.85 m²（计算同子目17-179）

2）按《计价定额》规则计算工程量

（1）楼地面工程

011104001001　楼地面铺地毯　94 m²

13-136　楼地面铺设固定双层地毯

$$(8 - 0.12 - 0.06) \times (12 + 0.25 \times 2 - 0.24 \times 2) = 94(\text{m}^2)$$

011105005001　木质踢脚线钉在砖墙面上　9.8 m

13-131　木质踢脚线钉在砖墙面上

A墙面　12.5 - 0.5 × 3（柱）- 0.3 × 4（藏帘箱）= 9.8(m)

011105005002　木质踢脚线钉在木龙骨上　30.3 m

13-131 注　木质踢脚线钉在木龙骨上

A墙面　0.8 × 4 + 0.2 × 4（柱侧）+（0.32 × 2 + 0.6）（柱面）= 5.24(m)

B墙面　8 - 0.12 - 0.06 - 0.4 - 0.42 = 7(m)

C墙面　12.5 - 0.24 × 2（墙）+ 0.36 × 4（柱侧）- 1.6 × 2（门）= 10.26(m)

D墙面　8 - 0.12 - 0.06 - 0.4 - 0.42 + 0.2 × 4（柱侧）= 7.8(m)

小计　30.3 m

011404002001　木质踢脚线油漆　2.41 m²

17-80　木质踢脚线油漆

A墙面　9.8（墙上）+ 0.2 × 4（柱侧铝塑板面）+（0.32 × 2 + 0.6）（柱侧铝塑板面）= 11.84(m)

C墙面　（0.36 × 2 + 0.6）（中柱铝塑板面）+（0.32 + 0.36）× 2（边柱铝塑板面）= 2.68(m)

D墙面　7.8 - 1.1 × 2（白影木切片板面）= 5.6(m)

小计　20.12 m

（2）墙、柱面工程

① A墙面

011207001001　黑胡桃木切片板藏帘箱　9.86 m²

14-168　墙面木龙骨

1—1 及 2—2 剖面　0.3 ×（3.2 + 0.15）× 4 = 4.02(m²)

14-185　细木工板基层

藏帘箱 $0.8 \times 3.2 \times 4 + 0.2 \times (3.2 + 0.15) \times 4 (内侧) = 12.92 (m^2)$

14-193   黑胡桃木切片板面层

$0.8 \times (3.2 - 0.12) \times 4 \approx 9.86 (m^2)$

18-12   25 mm×8 mm 黑胡桃木子弹头线条

$3.2 \times 4 = 12.8 (m)$

17-79   木材面油漆

$0.8 \times 3.2 \times 4 = 10.24 (m^2)$(藏帘箱含踢脚线)

17-97   墙面木龙骨防火漆   4.02 m²

011208001001   柱面粘贴银灰色铝塑板   6.28 m²

14-169   柱面木龙骨

1—1 剖面 $(0.4 \times 2 + 0.6) \times (3.2 + 0.15) = 4.69 (m^2)$

2—2 剖面 $(0.4 + 0.32) \times (3.2 + 0.15) \times 2 \approx 4.82 (m^2)$

小计   9.51 m²

14-176   假柱造型木龙骨

1—1 及 2—2 剖面 $(0.2 + 0.3) \times 3.2 \times 4 = 6.4 (m^2)$

14-187   细木工板基层

1—1 剖面 $(0.2 \times 2 + 0.6) \times 3.2 = 3.2 (m^2)$

2—2 剖面 $(0.2 + 0.32) \times 3.2 \times 2 \approx 3.33 (m^2)$

小计   6.53 m²

14-204   柱面粘贴银灰色铝塑板

1—1 剖面 $(0.2 \times 2 + 0.6) \times (3.2 - 0.12) = 3.08 (m^2)$

2—2 剖面 $(0.2 + 0.32) \times (3.2 - 0.12) \times 2 \approx 3.2 (m^2)$

小计   6.28 m²

17-101   柱面木龙骨防火漆   9.51 m²

17-96   假柱造型木龙骨防火漆   6.4 m²

010807001001   塑钢窗   4 樘

16-12   塑钢窗制安

$1.2 \times 2.2 \times 4 = 10.56 (m^2)$

010808001001   黑胡桃木切片板窗套   4.48 m²

18-45   黑胡桃木切片板窗套

$0.2 \times (1.2 + 2.2 \times 2) \times 4 = 4.48 (m^2)$

18-14   黑胡桃木实木窗套线

$(1.32 + 2.26 \times 2) \times 4 = 23.36 (m)$

17-79   窗套油漆   4.48 m²

17-78×0.35   窗套线油漆   23.36 m

010810003001   木暗窗帘盒   9.8 m

18-66   暗窗帘盒

$12.5 - 0.5 \times 3 (柱) - 0.3 \times 4 (藏帘箱) = 9.8 (m)$

17-78×2.04   暗窗帘盒油漆   9.8 m

010809004001　啡网纹大理石窗台板　4.8 m

14-129　啡网纹大理石窗台板

$0.15 \times 1.2 \times 4 = 0.72(m^2)$

18-28　20 mm×30 mm 啡网纹石材线条

$(1.2 + 0.03 \times 2 + 0.05 \times 2) \times 4 = 5.44(m)$

18-32　石材磨一阶半圆边　5.44 m

011404001001　夹板面刮腻子、刷亚光白色乳胶漆　13.15 m²

17-182　夹板面刮腻子、刷乳胶漆各三遍

$(0.8 + 0.05 - 0.3) \times 3.2 \times 4(藏帘箱背面) + 0.2 \times (3.2 + 0.15) \times 4(内侧) +$
$(0.2 + 0.15) \times 9.8(暗窗帘盒) = 13.15(m^2)$

17-174　夹板面清油封底　13.15 m²

011406001001　墙面刮腻子、刷亚光白色乳胶漆　19.62 m²

17-176　墙面刮腻子、刷乳胶漆各三遍

$9.8 \times (3.2 - 0.12)(踢脚线高) - 1.2 \times 2.2 \times 4(窗洞) = 19.62(m^2)$

01B001　拉丝不锈钢成品灯罩　1个

18-3换　拉丝不锈钢成品灯罩　1个

② B 墙面

011207001002　墙面白影木切片板拼花　21.56 m²

14-168　墙面木龙骨基层

$(8 - 0.12 - 0.06 - 0.4 - 0.42) \times (3.2 + 0.15) = 23.45(m^2)$

14-185　墙面细木工板基层　23.45 m²

14-193注2　墙面白影木切片板拼花

$(8 - 0.12 - 0.06 - 0.4 - 0.42) \times [3.2 - 0.12(踢脚线)] = 21.56(m^2)$

17-79　木材面油漆

$(8 - 0.12 - 0.06 - 0.4 - 0.42) \times 3.2(含踢脚线在内) = 22.4(m^2)$

17-97　墙面木龙骨防火漆　23.45 m²

③ C 墙面

011207001003　墙面黑胡桃木切片板面层　20.4 m²

14-168　墙面细木龙骨基层

$[12.5 - 0.5 \times 3(柱)] \times (3.2 + 0.15) - 1.6 \times 1.9 \times 2(固定玻璃隔断) - 1.6 \times$
$2.1 \times 2(门) = 24.05(m^2)$

14-185　墙面木工板基层　24.05 m²

14-193　墙面黑胡桃木切片板面层

$[12.5 - 0.24 \times 2(墙) - 0.32 \times 2(柱) - 0.6(柱)] \times (3.2 - 0.12) - 1.6 \times 1.9 \times$
$2(固定玻璃隔断) - 1.6 \times 2.1 \times 2(门) = 20.4(m^2)$

17-79　木材面油漆　20.4 m²

17-97　墙面木龙骨防火漆　24.05 m²

011208001002　柱面粘贴银灰色铝塑板　8.25 m²

14-169　柱面木龙骨基层

$(0.36 \times 2 + 0.6) \times (3.2 + 0.15)(中柱) + (0.36 + 0.32) \times (3.2 + 0.15) \times 2(边柱) \approx 8.98(m^2)$

14-187　柱面木工板基层　8.98 m²

14-204　柱面粘贴银灰色铝塑板

　　　$(0.36 \times 2 + 0.6) \times (3.2 - 0.12) + (0.36 + 0.32) \times (3.2 - 0.12) \times 2 \approx 8.25(m^2)$

17-101　柱面木龙骨防火漆　8.98 m²

011210003001　固定玻璃隔断　6.08 m²

18-83　固定玻璃隔断

　　　$1.6 \times 1.9 \times 2 = 6.08(m^2)$

18-12　20 mm×20 mm 黑胡桃实木线条压边

　　　$(1.6 + 1.9) \times 2 \times 4 = 28(m)$

010808001003　固定玻璃隔断窗套　1.68 m²

18-48　细木工板基层黑胡桃木切片板窗套

7—7 剖面　$0.12 \times (1.6 + 1.9) \times 2 \times 2 = 1.68(m^2)$

18-14　60 mm×15 mm 黑胡桃实木窗套线

　　　$(1.72 + 2.02) \times 2 \times 4 = 29.92(m)$

17-79　窗套油漆　1.68 m²

010801001001　黑胡桃木切片板造型门　2 樘

16-295 注1　黑胡桃木切片板造型门

　　　$1.6 \times 2.1 \times 2 = 6.72(m^2)$

18-12　门上 12 mm×8 mm 黑胡桃木线条造型

　　　$2.1 \times 7 \times 4 \times 2 = 117.6(m)$

16-312　执手锁　2 个

16-313　插销　2 只

16-314　铰链　8 个

17-76×0.945　门油漆

　　　$6.72 \times 0.9 \approx 6.05(m^2)$

010808001002　细木工板基层黑胡桃木切片板门套　2.09 m²

14-169　门侧木龙骨基层

　　　$0.18 \times (2.1 \times 2 + 1.6) \times 2 \approx 2.09(m^2)$

14-187　门侧木工板基层

　　　$0.18 \times (2.1 \times 2 + 1.60) \times 2 \approx 2.09(m^2)$

14-194　门侧粘贴黑胡桃木切片板

9—9 剖面　$0.05 \times (2.1 \times 2 + 1.6) \times 2 = 0.58(m^2)$

18-48　细木工板基层黑胡桃木切片板门套

9—9 剖面　$0.13 \times (2.1 \times 2 + 1.6) \times 2 \approx 1.51(m^2)$

18-14　60 mm×15 mm 黑胡桃实木门套线

　　　$(1.72 + 2.16 \times 2) \times 2 \times 2(双面) = 24.16(m)$

18-12　门套侧 5 mm×15 mm 黑胡桃实木裁口线

$$(1.6+2.1\times2)\times2=11.6(m)$$

17-79 门套油漆

门侧 0.58 m²

门套 1.51 m²

小计 2.09 m²

01B002 拉丝不锈钢成品灯罩 1个

18-3换 拉丝不锈钢成品灯罩 1个

④ D墙面

011207001004 墙面白影木切片板面层 6.78 m²

14-168 墙面木龙骨

$$[8-0.12-0.06-0.4-0.42-0.72\times5(软包)]\times(3.2+0.15)=11.39(m^2)$$

14-185 墙面细木工板基层

$$[8-0.12-0.06-0.4-0.42-0.6\times2-0.72\times5(软包)]\times(3.2+0.15)=$$
$$7.37(m^2)$$

14-193 白影木切片板面层

$$1.1\times(3.2-0.12)\times2\approx6.78(m^2)$$

17-79 白影木切片板面层油漆

$$6.78+1.1\times2\times0.12(踢脚线)\approx7.04(m^2)$$

17-97 墙面木龙骨防火漆 11.39 m²

18-18 白影木切片板面层上铜嵌条

$$1.1\times5\times2=11(m)$$

011208001004 柱面粘贴银灰色铝塑板 6.16 m²

14-176 假柱造型木龙骨

$$(0.2\times2+0.6)\times(3.2+0.15)\times2=6.7(m^2)$$

14-187 柱面细木工板基层 6.7 m²

14-204 柱面粘贴银灰色铝塑板

$$(0.2\times2+0.6)\times(3.2-0.12)\times2=6.16(m^2)$$

17-96 假柱造型木龙骨防火漆 6.7 m²

010810003002 冷光灯盒 3.6 m

18-67 冷光灯盒(明窗帘盒)

$$0.72\times5=3.6(m)$$

17-78×2.04 灯光灯盒油漆 3.6 m

011408002001 墙面米黄色摩力克软包布 11.09 m²

14-168 墙面木龙骨

$$0.72\times5(软包)\times(3.2+0.15)=12.06(m^2)$$

14-185 墙面细木工板基层 12.06 m²

14-189 墙面五夹板软包底层

$$0.72\times5\times3.2=11.52(m^2)$$

17-250 墙面米黄色摩力克软包布

$$0.72 \times 5 \times (3.2 - 0.12) \approx 11.09(m^2)$$

17-97　墙面木龙骨防火漆　12.06 m²

01B003　拉丝不锈钢成品灯罩　2个

18-3换　拉丝不锈钢成品灯罩　2个

（3）天棚工程

011302001001　轻钢龙骨纸面石膏板天棚　89.61 m²

15-34　天棚吊筋

$$(8 - 0.12 - 0.06 - 0.2) \times (12 - 0.24) \approx 89.61(m^2)$$

15-8注2　拱形部分天棚龙骨

$$(1.7 + 0.188) \times 3.85 \times 4 \approx 29.08(m^2)$$

15-8　其他部分天棚龙骨

$$89.61 - 29.08 = 60.53(m^2)$$

15-44　天棚木工板凹凸处木工板侧板（标高 3.45 m 处）

$$(0.35 + 1.888) \times 2 \times 0.25 \times 2 \approx 2.24(m^2)$$

15-44　拱形部分天棚九厘板造型

弧长 $= \pi r\theta/180 = 0.01745 r\theta = 0.01745 \times 4 \times 77.36 \approx 5.4(m)$

$$(5.4 - 1.224) \times 3.85 \times 2 \approx 32.16(m^2)$$

15-46　拱形部分天棚石膏板面层　32.16 m²

15-44　拱形部分两端弧形木工板侧板

扇形面积 $= \pi r^2 \theta/360 = 0.008727 r^2 \theta$

$$(0.008727 \times 4^2 \times 77.36 - 1/2 \times \sqrt{4^2 - 2.5^2} \times 5 - 0.45 \times 1.224) \times 4 \approx 9.78(m^2)$$

15-46　拱形部分两端弧形石膏板面层　9.78 m²

15-46　平面及凹凸面部分天棚石膏板面层　65.67 m²

平面　60.53 m²

凹凸处侧立面（标高 3.45 m 处）　2.24 m²

回光灯槽底　$0.188 \times 3.85 \times 4 \approx 2.9(m^2)$

小计　65.67 m²

18-63　夹板面开筒灯孔　32个

18-26　石膏阴角线

A 墙面　$12.5 - 0.24 \times 2(墙) + 0.2 \times 4(柱侧) = 12.82(m)$

B 墙面　$8 - 0.12 - 0.06 - 0.4 - 0.42 = 7(m)$

C 墙面　$12.5 - 0.24 \times 2(墙) + 0.36 \times 4(柱侧) = 13.46(m)$

D 墙面　$8 - 0.12 - 0.06 - 0.4(边柱) - 0.42(边柱) + 0.2 \times 2(柱侧) = 7.4(m)$

小计　40.7 m

17-179　天棚刮腻子、刷乳胶漆各三遍

拱形　32.16 m²

拱形端部　9.78 m²

平面及凹凸　65.67 m²

回光灯槽侧板　$15.4 \times 0.6 = 9.24(m^2)$

小计　116.85 m²

17-175　天棚贴自粘胶带　221.3 m

17-188　石膏线条刷乳胶漆三遍　40.7 m

011304001001　回光灯槽　15.4(m)

18-65　回光灯槽(侧板总高 0.6 m)　3.85×4＝15.4(m)

3) 套《计价定额》子目换算分析

序号	《计价表》子目	项目名称
一、楼地面工程		
1		011104001001　楼地面铺地毯
	13-136	楼地面铺设固定双层地毯
2		011105005001　木质踢脚线钉在砖墙面上
	13-131	木质踢脚线钉在砖墙面上
		注:高度由 150 mm 换 120 mm;细木工板含量被换为 1.264 m²;普通切片板被换为黑胡桃木切片板,含量被换为 1.264 m²;红松阴角线 15 mm×15 mm 被换为黑胡桃木压顶线 16 mm×8 mm
3		011105005002　木质踢脚线钉在木龙骨上
	13-131 注	木质踢脚线钉在木龙骨上
		注:换算同上。扣除木砖成材 0.09 m³
4		011404002001　木质踢脚线油漆
	17-80	木质踢脚线油漆
二、墙、柱面工程		
A 墙面		
5		011207001001　黑胡桃木切片板藏帘箱
	14-168	墙面木龙骨
	14-185	细木工板基层
	14-193	黑胡桃木切片板面层
		注:普通切片板被换为黑胡桃木切片板
	18-12	25 mm×8 mm 黑胡桃木子弹头线条
		注:红松平线 B＝20 mm 被换为 25 mm×8 mm 黑胡桃木子弹头线条
	17-79	木材面油漆
	17-97	墙面木龙骨防火漆
6		011208001001　柱面粘贴银灰色铝塑板
	14-169	柱面木龙骨
	14-176	假柱造型木龙骨

序号	《计价表》子目	项目名称
6		注:木龙骨断面由 40 mm×50 mm 换为 24 mm×30 mm。普通成材:(24×30)÷(40×50)×0.144≈0.052(m³)。子目中的普通成材含量由 0.144 m³ 换为 0.052 m³
	14-187	细木工板基层
	14-204	柱面粘贴银灰色铝塑板
		注:铝塑板单面被换为铝塑板双面
	17-101	柱面木龙骨防火漆
	17-96	假柱造型木龙骨防火漆
7		010807001001　塑钢窗
	16-12	塑钢窗制安
8		010808001001　黑胡桃木切片板窗套
	18-45	黑胡桃木切片板窗套
		注:普通切片板被换为黑胡桃木切片板,木工板被换为五夹板
	18-14	黑胡桃木实木窗套线
		注:红松平线 B=60 mm 被换黑胡桃木门窗套线 60 mm×15 mm
	17-79	窗套油漆
	17-78×0.35	窗套线油漆
9		010810003001　木暗窗帘盒
	18-66	暗窗帘盒
		纸面石膏板被换为黑胡桃木切片板
	17-78×2.04	暗窗帘盒油漆
10		010809004001　啡网纹大理石窗台板
	14-129	啡网纹大理石窗台板
		注:大理石综合被换为啡网纹大理石
	18-28	20 mm×30 mm 啡网纹石材线条
		注:石材倒角线 100 mm×25 mm 被换为啡网纹石材线条 20 mm×30 mm
	18-32	石材磨一阶半圆边
11		011404001001　夹板面刮腻子、刷亚光白色乳胶漆
	17-174	夹板面清油封底
	17-182	夹板面刮腻子、刷乳胶漆各三遍
12		011406001001　墙面刮腻子、刷亚光白色乳胶漆
	17-176	墙面刮腻子、刷乳胶漆各三遍

序号	《计价表》子目	项目名称
13		01B001　拉丝不锈钢成品灯罩
	18-3 换	拉丝不锈钢成品灯罩
B墙面		
14		011207001002　墙面白影木切片板拼花
	14-168	墙面木龙骨基层
	14-185	墙面细木工板基层
	14-193 注	墙面白影木切片板拼花
		注:普通切片板斜拼纹者,人工乘以系数1.30,切片板含量乘以系数1.1,其他不变。普通切片板被换为白影木切片板
	17-79	木材面油漆
	17-97	墙面木龙骨防火漆
C墙面		
15		011207001003　墙面黑胡桃木切片板面层
	14-168	墙面细木龙骨基层
	14-185	墙面木工板基层
	14-193	墙面黑胡桃木切片板面层
	17-79	木材面油漆
	17-97	墙面木龙骨防火漆
16		011208001002　柱面粘贴银灰色铝塑板
	14-169	柱面木龙骨基层
	14-187	柱面木工板基层
	14-204	柱面粘贴银灰色铝塑板
	17-101	柱面木龙骨防火漆
17		011210003001　固定玻璃隔断
	18-83	固定玻璃隔断
		注:断面由 125 mm×75 mm 换为 40 mm×120 mm 普通成材:(40×120)÷(75×125)×0.132≈0.068(m³) 普通成材含量由 0.132 m³ 换为 0.079 m³。钢化玻璃被换为 10 mm 厚磨砂玻璃
	18-12	20 mm×20 mm 黑胡桃实木线条压边
		注:红松平线 B=20 mm 被换为 20 mm×20 mm 黑胡桃木线条
18		010808001003　固定玻璃隔断窗套
	18-48	细木工板基层黑胡桃木切片板窗套

序号	《计价表》子目	项目名称
18		注:扣除普通成材及九夹板,普通切片板被换为黑胡桃木切片板
	18-14	60 mm×15 mm 黑胡桃实木窗套线
	17-79	窗套油漆
19		010801001001　黑胡桃木切片板造型门
	16-295 注1	黑胡桃木切片板造型门
		注:按附注增加九厘板 9.90 m²×2,万能胶 4.20 kg×2,人工 0.98 工日×2,12 mm×15 mm 黑胡桃硬木封边条 29.15 m。普通切片板被换为黑胡桃木切片板
	18-12	门上 12 mm×8 mm 黑胡桃木线条造型
		注:红松平线 B=20 mm 被换为 12 mm×8 mm 黑胡桃木线条
	16-312	执手锁
	16-313	插销
	16-314	铰链
	17-76×0.945	门油漆
		注:双扇门油漆按单扇门油漆定额乘以系数 0.9,当门上有装饰线条时,乘以系数 1.05。0.9×1.05=0.945
20		010808001002　细木工板基层黑胡桃木切片板门套
	14-169	门侧木龙骨基层
		注:木龙骨由 24 mm×30 mm 换为 40 mm×45 mm。普通成材:(40×45)÷(24×30)×0.109≈0.273(m³)。普通成材含量由 0.109 m³ 换为 0.273 m³
	14-187	门侧木工板基层
	14-194	门侧粘贴黑胡桃木切片板
	18-48	细木工板基层黑胡桃木切片板门套
		注:扣除普通成材及九夹板,普通切片板被换为黑胡桃木切片板
	18-14	60 mm×15 mm 黑胡桃实木门套线
	18-12	门套侧 5 mm×15 mm 黑胡桃实木裁口线
		注:红松平线 B=20 mm 被换为 5 mm×15 mm 黑胡桃木裁口线
	17-79	门套油漆
21		01B002　拉丝不锈钢成品灯罩
	18-3 换	拉丝不锈钢成品灯罩
D墙面		
22		011207001004　墙面白影木切片板面层
	14-168	墙面木龙骨

序号	《计价表》子目	项目名称
22	14-185	墙面细木工板基层
	14-193	白影木切片板面层
		注:普通切片板被换为白影木切片板
	17-79	白影木切片板面层面油漆
	17-97	墙面木龙骨防火漆
	18-18	白影木切片板面层上铜嵌条
23		011208001004　柱面粘贴银灰色铝塑板
	14-176	假柱造型木龙骨
	14-187	柱面细木工板基层
	14-204	柱面粘贴银灰色铝塑板
	17-96	假柱造型木龙骨防火漆
24		010810003002　冷光灯盒
	18-67	冷光灯盒(明窗帘盆)
		注:扣纸面石膏板,普通切片板被换为黑胡桃木切片板
	17-78×2.04	灯光灯盒油漆
25		011408002001　墙面米黄色摩力克软包布
	14-168	墙面木龙骨
	14-185	墙面细木工板基层
	14-189	墙面五夹板软包底层
		注:三夹板被换为五夹板
	17-250	墙面米黄色摩力克软包布
		注:墙布被换为米黄色摩力克软包布
	17-97	墙面木龙骨防火漆
26		01B003　拉丝不锈钢成品灯罩
	18-3换	拉丝不锈钢成品灯罩

三、天棚工程

序号	《计价表》子目	项目名称
27		011302001001　轻钢龙骨纸面石膏板天棚
	15-34	天棚吊筋
		注:$\phi 8$ mm天棚吊筋圆钢数量调整:$(0.7-0.25) \div 0.75 \times 3.93 = 2.358$(kg)
	15-8注2	拱形部分天棚龙骨
		注:此处假设龙骨含量同定额,不需调整。但拱形部分需按《计价定额》规定:人工、机械费乘以系数1.8

序号	《计价表》子目	项目名称
27	15-8	其他部位天棚龙骨
	15-44	天棚木工板凹凸处木工板侧板(标高3.45 m处)
		注:三夹板被换为木工板
	15-44	拱形部分天棚九厘板造型
		注:三夹板被换为木工板,拱形部分人工乘以系数1.5
	15-46	拱形部分天棚石膏板面层
		注:拱形部分人工乘以系数1.5
	15-44	拱形部分两端弧形木工板侧板
		注:三夹板被换为木工板,弧形部分人工乘以系数1.15
	15-46	拱形部分两端弧形石膏板面层
		注:弧形部分人工乘系数1.15
	15-46	平面及凹凸面部分天棚石膏板面层
	18-63	夹板面开筒灯孔
	18-26	石膏阴角线
28		011304001001　回光灯槽
	18-65	回光灯槽600 mm高 细木工板、纸面石膏板含量换算　　0.6÷0.5×5.12=6.144(m²/10 m)
29		011406001002 天棚乳胶漆
	17-175	天棚贴自粘胶带
	17-179	天棚刮腻子、刷乳胶漆各三遍

4) 利用软件进行计算报价

报价清单详见附录1、附录2。

二楼会议室室内装饰工程

招标工程量清单

招 标 人：＿＿＿（略）＿＿＿

（单位盖章）

招标咨询人：＿＿＿（略）＿＿＿

（单位盖章）

2014 年 12 月 20 日

填表须知

1. 工程量清单及其计价格式中所有要求签字、盖章的地方,必须由规定的单位和人员签字、盖章。

2. 工程量清单及其计价格式中的任何内容不得随意删除或涂改。

3. 工程量清单计价格式中列明的所有需要填报的单价和合价,投标人均应填报,未填报的单价和合价,视为此项费用已包含在工程量清单的其他单价和合价中。

4. 金额(价格)均应以人民币表示。

总说明

工程名称:二楼会议室室内装饰工程   第＿＿页 共＿＿页

1. 工程概况:二楼会议室建筑层高 4 m。土建、安装工程已结束。详细情况见设计说明。

2. 招标范围:二楼会议室室内装饰工程。

3. 清单编制依据:《建设工程工程量清单计价规范》、施工设计图文件、施工组织设计等。

4. 工程质量应达到合格标准。

5. 考虑施工中可能发生的设计变更或清单有误,暂列金额 5 000 元。

6. 投标人在投标时应按《建设工程工程量清单计价规范》规定的统一格式及组成内容,提供完整的投标报价书。

工程名称:二楼会议室室内装饰工程　　　　　标段:　　　　　第1页　共7页

序号	项目编码	项目名称	项目特征描述	计量单位	工程量	金额(元)		
						综合单价	合价	其中 暂估价
			一、楼地面工程					
1	011104001001	楼地面铺地毯	1. 面层材料品种、规格、颜色:10 mm厚毛腈地毯 2. 防护材料种类:5 mm厚橡胶海绵衬垫 3. 压线条种类:铝合金收口条	m²	94.000			
2	011105005001	木质踢脚线钉在砖墙面上	1. 踢脚线高度:120 mm 2. 基层材料种类、规格:细木板钉在砖墙上 3. 面层材料品种、规格、颜色:黑胡桃木切片板 4. 线条材质、规格:黑胡桃木压顶线16 mm×8 mm	m	9.800			
3	011105005002	木质踢脚线钉在木龙骨上	1. 踢脚线高度:120 mm 2. 基层材料种类、规格:细木板钉在墙面木龙骨上 3. 面层材料品种、规格、颜色:黑胡桃木切片板	m	30.300			
4	011404002001	木质踢脚线油漆	1. 腻子种类:润油粉、刮腻子 2. 油漆品种、刷漆遍数:硝基清漆、磨退出亮	m²	2.410			
			分部小计					
			二、墙、柱面工程					
			A墙面					
5	011207001001	黑胡桃木切片板藏帘箱	1. 龙骨材料种类、规格、中距:木龙骨24 mm×30 mm,间距300 mm×300 mm,钉在木砖上 2. 隔离层材料种类、规格:木龙骨刷防火漆两遍 3. 基层材料种类、规格:细木工板 4. 面层材料品种、规格、颜色:黑胡桃木切片板 5. 压条材料种类、规格:黑胡桃木子弹头线条25 mm×8 mm 6. 面板油漆种类:硝基清漆、磨退出亮	m²	9.860			
			本页小计					

工程名称：二楼会议室室内装饰工程　　　　标段：　　　　　　　第 2 页　共 7 页

序号	项目编码	项目名称	项目特征描述	计量单位	工程量	金额（元）		
						综合单价	合价	其中
								暂估价
6	011208001001	柱面粘贴银灰色铝塑板	1. 龙骨材料种类、规格、中距：木龙骨 24 mm×30 mm，间距 300 mm×300 mm，钉在木砖上 2. 隔离层材料种类：木龙骨刷防火漆两遍 3. 基层材料种类、规格：细木工板 4. 面层材料品种、规格、颜色：银灰色铝塑板	m²	6.280			
7	010807001001	塑钢窗	1. 窗代号及洞口尺寸：C1 200 mm×2 200 mm 2. 框、扇材质：塑钢 3. 玻璃品种、厚度：5 mm 厚白玻	樘	4.000			
8	010808001001	黑胡桃木切片板窗套	1. 基层材料种类：五夹板基层 2. 面层材料品种、规格：黑胡桃木切片板 3. 线条品种、规格：黑胡桃木门窗套线条 60 mm×15 mm 4. 面板油漆种类：硝基清漆、磨退出亮	m²	4.480			
9	010810003001	木暗窗帘盒	1. 窗帘盒材质、规格：木暗窗帘盒，细木工板基层、黑胡桃木切片板面 2. 防护材料种类：硝基清漆、磨退出亮	m	9.800			
10	010809004001	啡网纹大理石窗台板	1. 粘结层厚度、砂浆配合比：15 mm 厚 1：3 水泥砂浆找平层，5 mm 厚 1：2.5 水泥砂浆面层 2. 窗台板材质、规格、颜色：150 mm 宽啡网纹大理石板，磨一阶半圆 3. 线条种类：啡网纹大理石线条 20 mm×30 mm	m	4.800			
11	011404001001	夹板面刮腻子、刷亚光白色乳胶漆	1. 腻子种类：混合腻子 2. 刮腻子遍数：满刮三遍 3. 防护材料种类：刷清油一遍 4. 油漆品种、刷漆遍数：乳胶漆三遍	m²	13.150			
			本页小计					

分部分项工程和单价措施项目清单

工程名称：二楼会议室室内装饰工程　　　　　标段：　　　　　第3页　共7页

序号	项目编码	项目名称	项目特征描述	计量单位	工程量	综合单价	合价	其中暂估价
12	011406001001	墙面刮腻子、刷亚光白色乳胶滕	1. 基层类型：砖内墙 2. 腻子种类：901胶混合腻子 3. 刮腻子遍数：三遍 4. 油漆品种、刷漆遍数：乳胶漆三遍	m²	19.620			
13	01B001	拉丝不锈钢成品灯罩	材质、规格：拉丝不锈钢成品装饰件	个	1.000			
			B墙面					
14	011207001002	墙面白影木切片板拼花	1. 龙骨材料种类、规格、中距：木龙骨24 mm×30 mm，间距300 mm×300 mm，钉在木砖上 2. 隔离层材料种类、规格：木龙骨刷防火漆两遍 3. 基层材料种类、规格：细木工板基层 4. 面层材料品种、规格、颜色：白影木木切片板斜拼纹 5. 油漆种类：硝基清漆、磨退出亮	m²	21.560			
			C墙面					
15	011207001003	墙面黑胡桃木切片板面层	1. 龙骨材料种类、规格、中距：木龙骨24 mm×30 mm，间距300 mm×300 mm，钉在木砖上 2. 隔离层材料种类、规格：木龙骨刷防火漆两遍 3. 基层材料种类、规格：细木工板 4. 面层材料品种、规格、颜色：黑胡桃木切片板 5. 油漆种类：硝基清漆、磨退出亮	m²	20.400			
			本页小计					

分部分项工程和单价措施项目清单

工程名称：二楼会议室室内装饰工程　　　　　标段：

序号	项目编码	项目名称	项目特征描述	计量单位	工程量	金额（元）		
						综合单价	合价	其中暂估价
16	011208001002	柱面粘贴银灰色铝塑板	1. 龙骨材料种类、规格、中距：木龙骨 24 mm×30 mm，间距 300 mm×300 mm，钉在木砖上 2. 隔离层材料种类：木龙骨刷防火漆两遍 3. 基层材料种类、规格：细木工板 4. 面层材料品种、规格、颜色：银灰色铝塑板（双面）	m²	8.250			
17	011210003001	固定玻璃隔断	1. 边框材料种类、规格：40 mm×120 mm 木方，细木工板基层，黑胡桃木切片板面层，刷硝基清漆、磨退出亮 2. 玻璃品种、规格、颜色：10 mm 厚磨砂玻璃 3. 压条材质、规格：黑胡桃实木线条压边 20 mm×20 mm	m²	6.080			
18	010808001003	固定玻璃隔断窗套	1. 基层材料种类：细木工板一层 2. 面层材料品种、规格：黑胡桃木切片板 3. 线条品种、规格：黑胡桃木门窗套线条 60 mm×15 mm 4. 油漆种类、遍数：硝基清漆、磨退出亮	m²	1.680			
19	010801001001	黑胡桃木切片板造型门	1. 门代号及洞口尺寸：M1 600 mm×2 100 mm 2. 门芯材质、厚度：木龙骨外侧双蒙九厘板，黑胡桃硬木门封边条 12 mm×45 mm 3. 门扇面层：黑胡桃木切片板（双面） 4. 线条：黑胡桃木线条 12 mm×8 mm 5. 油漆种类：硝基清漆、磨退出亮	樘	2.000			
		本页小计						

工程名称:二楼会议室室内装饰工程　　　　标段:　　　　　　　　第5页　共7页

序号	项目编码	项目名称	项目特征描述	计量单位	工程量	金额(元)		
						综合单价	合价	其中暂估价
20	010808001002	细木工板基层黑胡桃木切片板门套	1. 门代号及洞口尺寸:M1 600 mm×2 100 mm 2. 基层材料种类:木龙骨 40 mm×45 mm,间距300 mm×300 mm,细木工板一层 3. 面层材料品种、规格:黑胡桃木切片板 4. 线条品种、规格:黑胡桃木门窗套线条60 mm×15 mm,黑胡桃木裁口线条5 mm×15 mm 5. 油漆种类、遍数:硝基清漆、磨退出亮	m²	2.090			
21	01B002	拉丝不锈钢成品灯罩	材质、规格:拉丝不锈钢成品装饰件	个	1.000			
			D 墙面					
22	011207001004	墙面白影木切片板面层	1. 龙骨材料种类、规格、中距:木龙骨24 mm×30 mm,间距300 mm×300 mm,钉在木砖上 2. 隔离层材料种类、规格:木龙骨刷防火漆两遍 3. 基层材料种类、规格:细木工板 4. 面层材料品种、规格、颜色:白影木切片板 5. 压条材料种类、规格:嵌铜装饰条 6. 油漆种类、遍数:硝基清漆、磨退出亮	m²	6.780			
23	011208001004	柱面粘贴银灰色铝塑板	1. 龙骨材料种类、规格、中距:木龙骨24 mm×30 mm,间距300 mm×300 mm,钉在木砖上 2. 隔离层材料种类:木龙骨刷防火漆两遍 3. 基层材料种类、规格:细木工板 4. 面层材料品种、规格、颜色:银灰色铝塑板	m²	6.160			
			本页小计					

分部分项工程和单价措施项目清单

工程名称:二楼会议室室内装饰工程　　　　标段:

序号	项目编码	项目名称	项目特征描述	计量单位	工程量	金额(元)		
						综合单价	合价	其中 暂估价
24	010810003002	冷光灯盒	1. 窗帘盒材质、规格:木明窗帘盒、细木工板基层、黑胡桃木切片板面层 2. 油漆种类、遍数:硝基清漆、磨退出亮	m	3.600			
25	011408002001	墙面米黄色摩力克软包布	1. 基层类型:木龙骨 24 mm × 30 mm,间距 300 mm×300 mm 2. 基层板:细木工板及五夹板 3. 防护材料种类:木龙骨刷防火漆两遍 4. 面层材料品种、规格、颜色:米黄色摩力克软包布	m²	11.090			
26	01B003	拉丝不锈钢成品灯罩	材质、规格:拉丝不锈钢成品装饰件	个	2.000			
		分部小计						
		三、天棚工程						
27	011302001001	轻钢龙骨纸面石膏板天棚	1. 吊顶形式、吊杆规格、高度:凹凸型天棚,ф8 mm 钢筋吊筋,均高 0.7 m 2. 龙骨材料种类、规格、中距:轻钢龙骨 400 mm × 600 mm 3. 基层材料种类、规格:部分细木工板及九厘板造型 4. 面层材料品种、规格:纸面石膏板 5. 压条材料种类、规格:石膏阴角线条	m²	89.610			
28	011406001002	天棚乳胶漆	1. 基层类型:纸面石膏板 2. 腻子种类:901 胶白水泥腻子 3. 刮腻子遍数:三遍 4. 防护材料种类:板缝自粘胶带 5. 油漆品种、刷漆遍数:白色乳胶漆三遍 6. 部位:天棚	m²	116.85			
29	011304001001	回光灯槽	1. 灯带形式、尺寸:600 mm 高回光灯槽 2. 基层板:细木工板 3. 面板:纸面石膏板	m	15.400			
		分部小计						
		本页小计						

　装饰工程工程量清单计价

分部分项工程和单价措施项目清单

工程名称:二楼会议室室内装饰工程　　　　　标段:　　　　　　　　　第7页　共7页

序号	项目编码	项目名称	项目特征描述	计量单位	工程量	综合单价	合价	其中暂估价
			分部分项合计					
1	011701006001	满堂脚手架		m²	89.610			
2	011703001001	垂直运输		工日	270.000			
			单价措施合计					
			本页小计					
			合计					

总价措施项目清单与计价表

工程名称:二楼会议室室内装饰工程　　　　　　标段:　　　　　　　　

序号	项目编码	项目名称	计算基础	费率(%)	金额(元)	调整费率(%)	调整后金额(元)	备注
1	011707001001	安全文明施工费						
1.1		基本费	分部分项合计＋单价措施项目合计－设备费	1.600				
1.2		增加费	分部分项合计＋单价措施项目合计－设备费					
2	011707002001	夜间施工	分部分项合计＋单价措施项目合计－设备费					
3	011707003001	非夜间施工照明	分部分项合计＋单价措施项目合计－设备费					
4	011707004001	二次搬运	分部分项合计＋单价措施项目合计－设备费					
5	011707005001	冬雨季施工	分部分项合计＋单价措施项目合计－设备费					
6	011707006001	地上、地下设施、建筑物的临时保护设施	分部分项合计＋单价措施项目合计－设备费					
7	011707007001	已完工程及设备保护	分部分项合计＋单价措施项目合计－设备费					
8	011707008001	临时设施	分部分项合计＋单价措施项目合计－设备费	1.000				
9	011707009001	赶工措施	分部分项合计＋单价措施项目合计－设备费					
10	011707010001	工程按质论价	分部分项合计＋单价措施项目合计－设备费					
11	011707011001	住宅分户验收	分部分项合计＋单价措施项目合计－设备费					
12	011707012001	特殊条件下施工增加费	分部分项合计＋单价措施项目合计－设备费					

其他项目清单与计价汇总表

工程名称：二楼会议室室内装饰工程　　　　标段：　　　　　　　第 1 页　共 1 页

序号	项目名称	金额(元)	结算金额(元)	备注
1	暂列金额	5 000.00		
2	暂估价			
2.1	材料暂估价			
2.2	专业工程暂估价			
3	计日工			
4	总承包服务费			
	合计	5 000.00		

规费、税金项目计价表

工程名称:二楼会议室室内装饰工程　　　　标段:　　　　　　　第1页　共1页

序号	项目名称	计算基础	计算基数（元）	计算费率（%）	金额（元）
1	规费	工程排污费＋社会保险费＋住房公积金		100.000	
1.1	工程排污费	分部分项工程费＋措施项目费＋其他项目费－工程设备费		0.100	
1.2	社会保险费	分部分项工程费＋措施项目费＋其他项目费－工程设备费		2.200	
1.3	住房公积金	分部分项工程费＋措施项目费＋其他项目费－工程设备费		0.380	
2	税金	分部分项工程费＋措施项目费＋其他项目费＋规费－按规定不计税的工程设备金额		3.480	
	合计				

装饰工程工程量清单计价

附录 2　招标控制价

<u>二楼会议室室内装饰</u>工程

招标控制价

招　标　人：<u>　　（略）　　</u>

（单位盖章）

招标咨询人：<u>　　（略）　　</u>

（单位盖章）

2014 年 12 月 20 日

单位工程招标控制价表

工程名称:二楼会议室室内装饰工程　　　　　标段:　　　　　　　第1页　共1页

序号	汇总内容	金额(元)	其中:暂估价(元)
1	分部分项工程费	91 647.09	
1.1	人工费	27 430.42	
1.2	材料费	44 875.53	
1.3	施工机具使用费	360.38	
1.4	企业管理费	12 512.14	
1.5	利润	4 468.62	
2	措施项目费	4 941.84	
2.1	单价措施项目费	2 494.17	
2.2	总价措施项目费	2 447.67	
	其中:安全文明施工措施费	1 506.26	
3	其他项目费	5 000.00	
3.1	暂列金额	5 000.00	
3.2	专业工程暂估	—	
3.3	计日工	—	
3.4	总承包服务费	—	
4	规费	2 722.59	
4.1	工程排污费	101.59	
4.2	社会保险费	2 234.96	
4.3	住房公积金	386.04	
5	税金	3 630.04	
	招标控制价合计＝1＋2＋3＋4＋5	107 941.56	

装饰工程工程量清单计价

分部分项工程和单价措施项目清单与计价表

工程名称:二楼会议室室内装饰工程　　　　　标段:　　　　　

序号	项目编码	项目名称	项目特征描述	计量单位	工程量	综合单价	合价	其中 暂估价
							金额(元)	
			一、楼地面工程					
1	011104001001	楼地面铺地毯	1. 面层材料品种、规格、颜色:10 mm 厚毛腈地毯 2. 防护材料种类:5 mm 厚橡胶海绵衬垫 3. 压线条种类:铝合金收口条	m²	94.000	139.36	13 099.84	
2	011105005001	木质踢脚线钉在砖墙面上	1. 踢脚线高度:120 mm 2. 基层材料种类、规格:细木板钉在砖墙上 3. 面层材料品种、规格、颜色:黑胡桃木切片板 4. 线条材质、规格:黑胡桃木压顶线 16 mm×8 mm	m	9.800	23.83	233.53	
3	011105005002	木质踢脚线钉在木龙骨上	1. 踢脚线高度:120 mm 2. 基层材料种类、规格:细木板钉在墙面木龙骨上 3. 面层材料品种、规格、颜色:黑胡桃木切片板	m	30.300	22.39	678.42	
4	011404002001	木质踢脚线油漆	1. 腻子种类:润油粉、刮腻子 2. 油漆品种、刷漆遍数:硝基清漆、磨退出亮	m²	2.410	222.30	535.74	
			分部小计				14 547.53	
			二、墙、柱面工程					
			A 墙面					
5	011207001001	黑胡桃木切片板藏帘箱	1. 龙骨材料种类、规格、中距:木龙骨 24 mm×30 mm,间距 300 mm×300 mm,钉在木砖上 2. 隔离层材料种类、规格:木龙骨刷防火漆两遍 3. 基层材料种类、规格:细木工板 4. 面层材料品种、规格、颜色:黑胡桃木切片板 5. 压条材料种类、规格:黑胡桃木子弹头线条 25 mm×8 mm 6. 面板油漆种类:硝基清漆、磨退出亮	m²	9.860	319.23	3 147.61	

工程名称:二楼会议室室内装饰工程　　　标段:　　　　　第2页　共7页

序号	项目编码	项目名称	项目特征描述	计量单位	工程量	金额(元)		
						综合单价	合价	其中暂估价
6	011208001001	柱面粘贴银灰色铝塑板	1. 龙骨材料种类、规格、中距:木龙骨 24 mm×30 mm,间距 300 mm×300 mm,钉在木砖上 2. 隔离层材料种类:木龙骨刷防火漆两遍 3. 基层材料种类、规格:细木工板 4. 面层材料品种、规格、颜色:银灰色铝塑板	m²	6.280	373.28	2 344.20	
7	010807001001	塑钢窗	1. 窗代号及洞口尺寸:C1 200 mm×2 200 mm 2. 框、扇材质:塑钢 3. 玻璃品种、厚度:5 mm 厚白玻	樘	4.000	938.71	3 754.84	
8	010808001001	黑胡桃木切片板窗套	1. 基层材料种类:五夹板基层 2. 面层材料品种、规格:黑胡桃木切片板 3. 线条品种、规格:黑胡桃木门窗套线条 60 mm×15 mm 4. 面板油漆种类:硝基清漆、磨退出亮	m²	4.480	499.82	2 239.19	
9	010810003001	木暗窗帘盒	1. 窗帘盒材质、规格:木暗窗帘盒、细木工板基层、黑胡桃木切片板面 2. 防护材料种类:硝基清漆、磨退出亮	m	9.800	150.56	1 475.49	
10	010809004001	啡网纹大理石窗台板	1. 粘结层厚度、砂浆配合比:15 mm厚1:3 水泥砂浆找平层,5 mm厚1:2.5 水泥砂浆面层 2. 窗台板材质、规格、颜色:150 mm宽啡网纹大理石板,磨一阶半圆 3. 线条种类:啡网纹大理石线条 20 mm×30 mm	m	4.800	234.77	1 126.90	
11	011404001001	夹板面刮腻子、刷亚光白色乳胶漆	1. 腻子种类:混合腻子 2. 刮腻子遍数:满刮三遍 3. 防护材料种类:刷清油一遍 4. 油漆品种、刷漆遍数:乳胶漆三遍	m²	13.150	38.02	499.96	

工程名称:二楼会议室室内装饰工程　　　　标段:　　　　　　　　第3页　共7页

序号	项目编码	项目名称	项目特征描述	计量单位	工程量	金额(元)		
						综合单价	合价	其中暂估价
12	011406001001	墙面刮腻子、刷亚光白色乳胶漆	1. 基层类型:砖内墙 2. 腻子种类:901胶混合腻子 3. 刮腻子遍数:三遍 4. 油漆品种、刷漆遍数:乳胶漆三遍	m²	19.620	24.90	488.54	
13	01B001	拉丝不锈钢成品灯罩	材质、规格:拉丝不锈钢成品装饰件	个	1.000	800.00	800.00	
		分部小计					15 876.73	
		B 墙面						
14	011207001002	墙面白影木切片板拼花	1. 龙骨材料种类、规格、中距:木龙骨24 mm×30 mm,间距300 mm×300 mm,钉在木砖上 2. 隔离层材料种类、规格:木龙骨刷防火漆两遍 3. 基层材料种类、规格:细木工板基层 4. 面层材料品种、规格、颜色:白影木木切片板斜拼纹 5. 油漆种类:硝基清漆、磨退出亮	m²	21.560	416.49	8 979.52	
		分部小计					8 979.52	
		C 墙面						
15	011207001003	墙面黑胡桃木切片板面层	1. 龙骨材料种类、规格、中距:木龙骨24 mm×30 mm,间距300 mm×300 mm,钉在木砖上 2. 隔离层材料种类、规格:木龙骨刷防火漆两遍 3. 基层材料种类、规格:细木工板 4. 面层材料品种、规格、颜色:黑胡桃木切片板 5. 油漆种类:硝基清漆、磨退出亮	m²	20.400	348.24	7 104.10	

分部分项工程和单价措施项目清单与计价表

工程名称：二楼会议室室内装饰工程　　　　　标段：　　　　　

序号	项目编码	项目名称	项目特征描述	计量单位	工程量	金额（元）		其中
						综合单价	合价	暂估价
16	011208001002	柱面粘贴银灰色铝塑板	1. 龙骨材料种类、规格、中距：木龙骨 24 mm×30 mm,间距 300 mm×300 mm,钉在木砖上 2. 隔离层材料种类：木龙骨刷防火漆两遍 3. 基层材料种类、规格：细木工板 4. 面层材料品种、规格、颜色：银灰色铝塑板(双面)	m²	8.250	288.65	2 381.36	
17	011210003001	固定玻璃隔断	1. 边框材料种类、规格：40 mm×120 mm 木方,细木工板基层,黑胡桃木切片板面层,刷硝基清漆、磨退出亮 2. 玻璃品种、规格、颜色：10 mm 厚磨砂玻璃 3. 压条材质、规格：黑胡桃实木线条压边 20 mm×20 mm	m²	6.080	265.37	1 613.45	
18	010808001003	固定玻璃隔断窗套	1. 基层材料种类：细木工板一层 2. 面层材料品种、规格：黑胡桃木切片板 3. 线条品种、规格：黑胡桃木门窗套线条 60 mm×15 mm 4. 油漆种类、遍数：硝基清漆、磨退出亮	m²	1.680	656.60	1 103.09	
19	010801001001	黑胡桃木切片板造型门	1. 门代号及洞口尺寸：M1 600 mm×2 100 mm 2. 门芯材质、厚度：木龙骨外侧双蒙九厘板,黑胡桃硬木门封边条 12 mm×45 mm 3. 门扇面层：黑胡桃木切片板(双面) 4. 线条：黑胡桃木线条 12 mm×8 mm 5. 油漆种类：硝基清漆、磨退出亮	樘	2.000	2 353.11	4 706.22	

装饰工程工程量清单计价

工程名称:二楼会议室室内装饰工程　　　　标段:　　　　　　　　

序号	项目编码	项目名称	项目特征描述	计量单位	工程量	金额(元)		
						综合单价	合价	其中 暂估价
20	010808001002	细木工板基层黑胡桃木切片板门套	1. 门代号及洞口尺寸:M1 600 mm×2 100 mm 2. 基层材料种类:木龙骨40 mm×45 mm,间距300 mm×300 mm,细木工板一层 3. 面层材料品种、规格:黑胡桃木切片板 4. 线条品种、规格:黑胡桃木门窗套线条60 mm×15 mm,黑胡桃木裁口线条5 mm×15 mm 5. 油漆种类、遍数:硝基清漆、磨退出亮	m²	2.090	690.28	1 442.69	
21	01B002	拉丝不锈钢成品灯罩	材质、规格:拉丝不锈钢成品装饰件	个	1.000	800.00	800.00	
			分部小计				19 150.91	
			D 墙面					
22	011207001004	墙面白影木切片板面层	1. 龙骨材料种类、规格、中距:木龙骨24 mm×30 mm,间距300 mm×300 mm,钉在木砖上 2. 隔离层材料种类、规格:木龙骨刷防火漆两遍 3. 基层材料种类、规格:细木工板 4. 面层材料品种、规格、颜色:白影木切片板 5. 压条材料种类、规格:嵌铜装饰条 6. 油漆种类、遍数:硝基清漆、磨退出亮	m²	6.780	465.34	3 155.00	
23	011208001004	柱面粘贴银灰色铝塑板	1. 龙骨材料种类、规格、中距:木龙骨24 mm×30 mm,间距300 mm×300 mm,钉在木砖上 2. 隔离层材料种类:木龙骨刷防火漆两遍 3. 基层材料种类、规格:细木工板 4. 面层材料品种、规格、颜色:银灰色铝塑板	m²	6.160	250.10	1 540.62	

分部分项工程和单价措施项目清单与计价表

工程名称:二楼会议室室内装饰工程　　　标段:

序号	项目编码	项目名称	项目特征描述	计量单位	工程量	综合单价	合价	其中 暂估价
24	010810003002	冷光灯盒	1. 窗帘盒材质、规格:木明窗帘盒、细木工板基层、黑胡桃木切片板面层 2. 油漆种类、遍数:硝基清漆、磨退出亮	m	3.600	149.76	539.14	
25	011408002001	墙面米黄色摩力克软包布	1. 基层类型:木龙骨 24 mm×30 mm,间距 300 mm×300 mm 2. 基层板:细木工板及五夹板 3. 防护材料种类:木龙骨刷防火漆两遍 4. 面层材料品种、规格、颜色:米黄色摩力克软包布	m²	11.090	282.25	3 130.15	
26	01B003	拉丝不锈钢成品灯罩	材质、规格:拉丝不锈钢成品装饰件	个	2.000	800.00	1 600.00	
		分部小计					9 964.91	
		三、天棚工程						
27	011302001001	轻钢龙骨纸面石膏板天棚	1. 吊顶形式、吊杆规格、高度:凹凸型天棚,φ8 mm 钢筋吊筋,均高 0.7 m 2. 龙骨材料种类、规格、中距:轻钢龙骨 400 mm×600 mm 3. 基层材料种类、规格:部分细木工板及九厘板造型 4. 面层材料品种、规格:纸面石膏板 5. 压条材料种类、规格:石膏阴角线条	m²	89.610	174.23	15 612.75	
28	011406001002	天棚乳胶漆	1. 基层类型:纸面石膏板 2. 腻子种类:901 胶白水泥腻子 3. 刮腻子遍数:三遍 4. 防护材料种类:板缝自粘胶带 5. 油漆品种、刷漆遍数:白色乳胶漆三遍 6. 部位:天棚	m²	116.85	57.21	6 684.99	
29	011304001001	回光灯槽	1. 灯带形式、尺寸:600 mm高回光灯槽 2. 基层板:细木工板 3. 面板:纸面石膏板	m	15.400	53.88	829.75	
		分部小计					23 127.49	

分部分项工程和单价措施项目清单与计价表

工程名称:二楼会议室室内装饰工程　　　　　标段:　　　　　　　　第7页　共7页

序号	项目编码	项目名称	项目特征描述	计量单位	工程量	金额(元)		
						综合单价	合价	其中 暂估价
		分部分项合计					91 647.09	
1	011701006001	满堂脚手架		m²	89.610	13.16	1 179.27	
2	011703001001	垂直运输		工日	270.000	4.87	1 314.90	
		单价措施合计					2 494.17	
		合计					94 141.26	

总价措施项目清单与计价表

工程名称：二楼会议室室内装饰工程　　　　　标段：　　　　　　　　

序号	项目编码	项目名称	计算基础	费率（％）	金额（元）	调整费率（％）	调整后金额（元）	备注
1	011707001001	安全文明施工费		100.000	1 506.26			
1.1		基本费	分部分项合计＋单价措施项目合计－设备费	1.600	1 506.26			
1.2		增加费	分部分项合计＋单价措施项目合计－设备费					
2	011707002001	夜间施工	分部分项合计＋单价措施项目合计－设备费					
3	011707003001	非夜间施工照明	分部分项合计＋单价措施项目合计－设备费					
4	011707004001	二次搬运	分部分项合计＋单价措施项目合计－设备费					
5	011707005001	冬雨季施工	分部分项合计＋单价措施项目合计－设备费					
6	011707006001	地上、地下设施、建筑物的临时保护设施	分部分项合计＋单价措施项目合计－设备费					
7	011707007001	已完工程及设备保护	分部分项合计＋单价措施项目合计－设备费					
8	011707008001	临时设施	分部分项合计＋单价措施项目合计－设备费	1.000	941.41			
9	011707009001	赶工措施	分部分项合计＋单价措施项目合计－设备费					
10	011707010001	工程按质论价	分部分项合计＋单价措施项目合计－设备费					
合计					2 447.67			

其他项目清单与计价汇总表

工程名称：二楼会议室室内装饰工程　　　　标段：　　　　　　　　第1页　共1页

序号	项目名称	金额（元）	结算金额（元）	备注
1	暂列金额	5 000.00		
2	暂估价			
2.1	材料暂估价			
2.2	专业工程暂估价			
3	计日工			
4	总承包服务费			
	合计	5 000.00		

规费、税金项目计价表

工程名称：二楼会议室室内装饰工程　　　　　　标段：　　　　　　　　

序号	项目名称	计算基础	计算基数(元)	计算费率(%)	金额(元)
1	规费	工程排污费＋社会保险费＋住房公积金	2 722.59	100.000	2 722.59
1.1	工程排污费	分部分项工程费＋措施项目费＋其他项目费－工程设备费	101 588.93	0.100	101.59
1.2	社会保险费	分部分项工程费＋措施项目费＋其他项目费－工程设备费	101 588.93	2.200	2 234.96
1.3	住房公积金	分部分项工程费＋措施项目费＋其他项目费－工程设备费	101 588.93	0.380	386.04
2	税金	分部分项工程费＋措施项目费＋其他项目费＋规费－按规定不计税的工程设备金额	104 311.52	3.480	3 630.04
	合计				6 352.63

装饰工程工程量清单计价

分部分项工程费综合单价

工程名称:二楼会议室室内装饰工程　　　　标段:　　　　　　　　　　第1页　共9页

序号	定额编号	换	定额名称	单位	工程量	综合单价	合价
1	011		一、楼地面装饰工程		1.000	14 547.53	14 547.53
2	0111		楼地面装饰工程		1.000	14 547.53	14 547.53
3	011104001001		楼地面铺地毯 【项目特征】 1. 面层材料品种、规格、颜色:10 mm厚毛腈地毯 2. 防护材料种类:5 mm厚橡胶海绵衬垫 3. 压线条种类:铝合金收口条	m²	94.000	139.36	13 099.84
4	13-136	换	地毯 楼地面 固定 双层	10 m²	9.400	1 393.60	13 099.84
5	011105005001		木质踢脚线钉在砖墙面上 【项目特征】 1. 踢脚线高度:120 mm 2. 基层材料种类、规格:细木板钉在砖墙上 3. 面层材料品种、规格、颜色:黑胡桃木切片板 4. 线条材质、规格:黑胡桃木压顶线16 mm×8 mm	m	9.800	23.83	233.53
6	13-131	换	衬板上贴切片板 踢脚线 制作安装	10 m	0.980	238.29	233.52
7	011105005002		木质踢脚线钉在木龙骨上 【项目特征】 1. 踢脚线高度:120 mm 2. 基层材料种类、规格:细木板钉在墙面木龙骨上 3. 面层材料品种、规格、颜色:黑胡桃木切片板	m	30.300	22.39	678.42
8	13-131 备注2	换	衬板上贴切片板 踢脚线 制作安装	10 m	3.030	223.89	678.39
9	011404002001		木质踢脚线油漆 【项目特征】 1. 腻子种类:润油粉、刮腻子 2. 油漆品种、刷漆遍数:硝基清漆、磨退出亮	m²	2.410	222.30	535.74
10	17-80		润油粉、刮腻子、刷硝基清漆、磨退出亮 踢脚线	10 m	2.012	266.27	535.74
11	0112		二、墙、柱面装饰与隔断、幕墙工程		1.000	15 876.89	15 876.89
12	0112		A墙面		1.000	15 876.89	15 876.89

附录2　招标控制价　249

分部分项工程费综合单价

序号	定额编号	换	定额名称	单位	工程量	金额(元)	
						综合单价	合价
13	011207001001		黑胡桃木切片板藏帘箱 【项目特征】 1. 龙骨材料种类、规格、中距:木龙骨24 mm×30 mm,间距300 mm×300 mm,钉在木砖上 2. 隔离层材料种类、规格:木龙骨刷防火漆两遍 3. 基层材料种类、规格:细木工板 4. 面层材料品种、规格、颜色:黑胡桃木切片板 5. 压条材料种类、规格:黑胡桃木子弹头线条25 mm×8 mm 6. 面板油漆种类:硝基清漆、磨退出亮	m²	9.860	319.23	3 147.61
14	14-168		木龙骨基层 墙面	10 m²	0.402	561.66	225.79
15	14-185		墙面细木工板基层 钉在龙骨上	10 m²	1.292	507.70	655.95
16	14-193	换	木质切片板粘贴在夹板基层墙面上	10 m²	0.986	561.74	553.88
17	18-12	换	黑胡桃木子弹头线条25 mm×8 mm	100 m	0.128	706.04	90.37
18	17-79		润油粉、刮腻子、刷硝基清漆、磨退出亮 其他木材面	10 m²	1.024	1 545.56	1 582.65
19	17-97		刷防火涂料两遍 隔墙、隔断(间壁)、护壁木龙骨 单向	10 m²	0.402	96.97	38.98
20	011208001001		柱面粘贴银灰色铝塑板 【项目特征】 1. 龙骨材料种类、规格、中距:木龙骨24 mm×30 mm,间距300 mm×300 mm,钉在木砖上 2. 隔离层材料种类、规格:木龙骨刷防火漆两遍 3. 基层材料种类、规格:细木工板 4. 面层材料品种、规格、颜色:银灰色铝塑板	m²	6.280	373.28	2 344.20
21	14-169		柱面木龙骨基层24 mm×30 mm	10 m²	0.951	650.20	618.34
22	14-176	换	假柱造型木龙骨24 mm×30 mm	10 m²	0.640	310.35	198.62
23	14-187		柱、梁面细木工板基层 钉在龙骨上	10 m²	0.653	528.76	345.28
24	14-204	换	粘贴在夹板基层上 铝塑板	10 m²	0.628	1 382.74	868.36
25	17-101		柱面木龙骨防火涂料	10 m²	0.951	202.56	192.63
26	17-96		假柱造型木龙骨防火涂料	10 m²	0.640	189.03	120.98
27	010807001001		塑钢窗 【项目特征】 1. 窗代号及洞口尺寸:C1 200 mm×2 200 mm 2. 框、扇材质:塑钢 3. 玻璃品种、厚度:5 mm厚白玻	樘	4.000	938.71	3 754.84
28	16-12		塑钢窗	10 m²	1.056	3 555.70	3 754.82

工程名称:二楼会议室室内装饰工程　　　　　标段:　　　　　　　第3页　共9页

序号	定额编号	换	定额名称	单位	工程量	金额(元)	
						综合单价	合价
29	010808001001		黑胡桃木切片板窗套 【项目特征】 1. 基层材料种类:五夹板基层 2. 面层材料品种、规格:黑胡桃木切片板 3. 线条品种、规格:黑胡桃木门窗套线条 60 mm×15 mm 4. 面板油漆种类:硝基清漆、磨退出亮	m²	4.480	499.82	2 239.19
30	18-45	换	窗套 普通切片板面	10 m²	0.448	1 666.01	746.37
31	18-14	换	黑胡桃木门窗套线条 60 mm×15 mm	100 m	0.234	1 680.92	393.34
32	17-79		窗套刷硝基清漆、磨退出亮	10 m²	0.448	1 545.56	692.41
33	17-78×0.35	换	窗套线条刷硝基清漆、磨退出亮	10 m	2.336	174.27	407.09
34	010810003001		木暗窗帘盒 【项目特征】 1. 窗帘盒材质、规格:木暗窗帘盒,细木工板基层,黑胡桃木切片板面 2. 防护材料种类:硝基清漆、磨退出亮	m	9.800	150.56	1 475.49
35	18-66	换	暗窗帘盒 细木工板、纸面石膏板	100 m	0.098	4 898.75	480.08
36	17-78×2.04	换	润油粉、刮腻子、刷硝基清漆、磨退出亮 木扶手	10 m	0.980	1 015.73	995.41
37	010809004001		啡网纹大理石窗台板 【项目特征】 1. 粘结层厚度、砂浆配合比:15 mm 厚 1:3 水泥砂浆找平层,5 mm 厚 1:2.5 水泥砂浆面层 2. 窗台板材质、规格、颜色:150 mm 宽啡网纹大理石板,磨一阶半圆 3. 线条种类:啡网纹大理石线条 20 mm×30 mm	m	4.800	234.77	1 126.90
38	14-129	换	粘贴石材块料面板 零星项目 水泥砂浆	10 m²	0.072	8 467.43	609.65
39	18-28	换	石材线条安装 倒角边	100 m	0.054	5 816.17	314.07
40	18-32		石材磨边加工 一阶半圆	10 m	0.544	373.48	203.17
41	011404001001		夹板面刮腻子刷亚光白色乳胶漆 【项目特征】 1. 腻子种类:混合腻子 2. 刮腻子遍数:满刮三遍 3. 防护材料种类:刷清油一遍 4. 油漆品种、刷漆遍数:乳胶漆三遍	m²	13.150	38.02	499.96
42	17-174		清油封底	10 m²	1.315	57.75	75.94
43	17-182		夹板面 刮腻子、刷乳胶漆各三遍	10 m²	1.315	322.46	424.03

分部分项工程费综合单价

序号	定额编号	换	定额名称	单位	工程量	金额(元)	
						综合单价	合价
44	011406001001		墙面刮腻子、刷亚光白色乳胶漆 【项目特征】 1. 基层类型:砖内墙 2. 腻子种类:901胶混合腻子 3. 刮腻子遍数:三遍 4. 油漆品种、刷漆遍数:乳胶漆三遍	m²	19.620	24.90	488.54
45	17-176		内墙面 在抹灰面上 刮901胶混合腻子、刷乳胶漆各三遍	10 m²	1.962	248.96	488.46
46	01B001		拉丝不锈钢成品灯罩 【项目特征】 材质、规格:拉丝不锈钢成品装饰件	个	1.000	800.00	800.00
47	18-3	换	拉丝不锈钢成品灯罩	个	1.000	800.00	800.00
48	0112		二、墙、柱面装饰与隔断、幕墙工程		1.000	8 979.52	8 979.52
49	0112		B墙面		1.000	8 979.52	8 979.52
50	011207001002		墙面白影木切片板拼花 【项目特征】 1. 龙骨材料种类、规格、中距:木龙骨24 mm×30 mm,间距300 mm×300 mm,钉在木砖上 2. 隔离层材料种类、规格:木龙骨刷防火漆两遍 3. 基层材料种类、规格:细木工板基层 4. 面层材料品种、规格、颜色:白影木木切片板斜拼纹 5. 油漆种类:硝基清漆、磨退出亮	m²	21.560	416.49	8 979.52
51	14-168		木龙骨基层 24 mm×30 mm	10 m²	2.345	561.66	1 317.09
52	14-185		墙面细木工板基层 钉在龙骨上	10 m²	2.345	507.70	1 190.56
53	14-193 备注2	换	白影木切片板粘贴在夹板基层上 墙面	10 m²	2.156	1 290.57	2 782.47
54	17-79		面板刷硝基清漆、磨退出亮	10 m²	2.240	1 545.56	3 462.05
55	17-97		木龙骨刷防火涂料两遍	10 m²	2.345	96.97	227.39
56	0112		二、墙、柱面装饰与隔断、幕墙工程		1.000	19 150.81	19 150.81
57	0112		C墙面		1.000	19 150.81	19 150.81

装饰工程工程量清单计价

分部分项工程费综合单价

序号	定额编号	换	定额名称	单位	工程量	金额(元)	
						综合单价	合价
58	011207001003		墙面黑胡桃木切片板面层 【项目特征】 1. 龙骨材料种类、规格、中距:木龙骨 24 mm×30 mm,间距 300 mm×300 mm,钉在木砖上 2. 隔离层材料种类、规格:木龙骨刷防火漆两遍 3. 基层材料种类、规格:细木工板 4. 面层材料品种、规格、颜色:黑胡桃木切片板 5. 油漆种类:硝基清漆、磨退出亮	m²	20.400	348.24	7 104.10
59	14-168		木龙骨基层 墙面	10 m²	2.405	561.66	1 350.79
60	14-185		墙面细木工板基层 钉在龙骨上	10 m²	2.405	507.70	1 221.02
61	14-193	换	黑胡桃木切片板粘贴在夹板基层 墙面上	10 m²	2.040	561.74	1 145.95
62	17-79		润油粉、刮腻子、刷硝基清漆、磨退出亮 其他木材面	10 m²	2.040	1 545.56	3 152.94
63	17-97		刷防火涂料两遍 隔墙、隔断(间壁)、护壁木龙骨 单向	10 m²	2.405	96.97	233.21
64	011208001002		柱面粘贴银灰色铝塑板 【项目特征】 1. 龙骨材料种类、规格、中距:木龙骨 24 mm×30 mm,间距 300 mm×300 mm,钉在木砖上 2. 隔离层材料种类:木龙骨刷防火漆两遍 3. 基层材料种类、规格:细木工板 4. 面层材料品种、规格、颜色:银灰色铝塑板(双面)	m²	8.250	288.65	2 381.36
65	14-169		木龙骨基层 方形柱面 24 mm×30 mm	10 m²	0.898	650.20	583.88
66	14-187		柱、梁面细木工板基层 钉在龙骨上	10 m²	0.898	528.76	474.83
67	14-204	换	粘贴在夹板基层上 铝塑板	10 m²	0.825	1 382.74	1 140.76
68	17-101		刷防火涂料两遍 木方柱	10 m²	0.898	202.56	181.90
69	011210003001		固定玻璃隔断 【项目特征】 1. 边框材料种类、规格:40 mm×120 mm 木方,细木工板基层,黑胡桃木切片板面层,刷硝基清漆、磨退出亮 2. 玻璃品种、规格、颜色:10 mm 厚磨砂玻璃 3. 压条材质、规格:黑胡桃实木线条压边 20 mm×20 mm	m²	6.080	265.37	1 613.45
70	18-83	换	不锈钢包边框全玻璃隔断 钢化玻璃 δ12 mm	10 m²	0.608	2 229.08	1 355.28
71	18-12	换	木装饰条安装 条宽在 25 mm 以内	100 m	0.280	922.04	258.17

工程名称:二楼会议室室内装饰工程　　　　标段:　　　　　　　第6页　共9页

序号	定额编号	换	定额名称	单位	工程量	金额(元)	
						综合单价	合价
72	010808001003		固定玻璃隔断窗套 【项目特征】 1. 基层材料种类:细木工板一层 2. 面层材料品种、规格:黑胡桃木切片板 3. 线条品种、规格:黑胡桃木门窗套线条60 mm×15 mm 4. 油漆种类、遍数:硝基清漆、磨退出亮	m²	1.680	656.60	1 103.09
73	18-48	换	窗套(单层细木工板、黑胡桃切片板)	10 m²	0.168	2 028.81	340.84
74	18-14	换	黑胡桃木门窗线条60 mm×15 mm	100 m	0.299	1 680.92	502.60
75	17-79		润油粉、刮腻子、刷硝基清漆、磨退出亮 其他木材面	10 m²	0.168	1 545.56	259.65
76	010801001001		黑胡桃木切片板造型门 【项目特征】 1. 门代号及洞口尺寸:M1 600 mm×2 100 mm 2. 门芯材质、厚度:木龙骨外侧双蒙九厘板,黑胡桃硬木门封边条12 mm×45 mm 3. 门扇面层:黑胡桃木切片板(双面) 4. 线条:黑胡桃木线条12 mm×8 mm 5. 油漆种类:硝基清漆、磨退出亮	樘	2.000	2 353.11	4 706.22
77	16-295 备注1	换	黑胡桃木切片板门	10 m²	0.672	3 459.81	2 324.99
78	18-12	换	黑胡桃木线条12 mm×8 mm	100 m	1.176	598.04	703.30
79	16-312		门窗特殊五金 执手锁	个	2.000	105.91	211.82
80	16-313		门窗特殊五金 插销	只	2.000	32.99	65.98
81	16-314		门窗特殊五金 铰链	个	8.000	38.03	304.23
82	17-76×0.945	换	润油粉、刮腻子、刷硝基清漆、磨退出亮 单层木门	10 m²	0.605	1 811.40	1 095.90
83	010808001002		细木工板基层黑胡桃木切板门套 【项目特征】 1. 门代号及洞口尺寸:M1 600 mm×2 100 mm 2. 基层材料种类:木龙骨40 mm×45 mm,间距300 mm×300 mm,细木工板一层 3. 面层材料品种、规格:黑胡桃木切片板 4. 线条品种、规格:黑胡桃木门窗套线条60 mm×15 mm,黑胡桃木裁口线条5 mm×15 mm 5. 油漆种类、遍数:硝基清漆、磨退出亮	m²	2.090	690.28	1 442.69
84	14-169	换	门侧木龙骨40 mm×45 mm	10 m²	0.209	912.60	190.73
85	14-187	换	门侧18 mm厚细木工板基层 钉在龙骨上	10 m²	0.209	528.76	110.51
86	14-194	换	门侧粘贴黑胡桃木切片板面层	10 m²	0.058	619.23	35.92
87	18-48	换	门套 木龙骨、单层细木工板 九厘板、普通切片板	10 m²	0.151	2 028.81	306.35

分部分项工程费综合单价

工程名称:二楼会议室室内装饰工程　　　　标段:　　　　　　　　　第7页　共9页

序号	定额编号	换	定额名称	单位	工程量	金额(元)	
						综合单价	合价
88	18-14	换	黑胡桃木门窗套线条 60 mm×15 mm	100 m	0.242	1 680.92	406.78
89	18-12	换	黑胡桃木裁口线条 5 mm×15 mm	100 m	0.116	598.04	69.37
90	17-79		润油粉、刮腻子、刷硝基清漆、磨退出亮 其他木材面	10 m²	0.209	1 545.56	323.02
91	01B002		拉丝不锈钢成品灯罩 【项目特征】 材质、规格:拉丝不锈钢成品装饰件	个	1.000	800.00	800.00
92	18-3	换	拉丝不锈钢成品灯罩	个	1.000	800.00	800.00
93	0112		二、墙、柱面装饰与隔断、幕墙工程		1.000	9 965.13	9 965.13
94	0112		D 墙面		1.000	9 965.13	9 965.13
95	011207001004		墙面白影木切片板面层 【项目特征】 1. 龙骨材料种类、规格、中距:木龙骨 24 mm×30 mm,间距 300 mm×300 mm,钉在木砖上 2. 隔离层材料种类、规格:木龙骨刷防火漆两遍 3. 基层材料种类、规格:细木工板 4. 面层材料品种、规格、颜色:白影木切片板 5. 压条材料种类、规格:嵌铜装饰条 6. 油漆种类、遍数:硝基清漆、磨退出亮	m²	6.780	465.34	3 155.00
96	14-168		木龙骨基层 墙 24 mm×30 mm	10 m²	1.139	561.66	639.73
97	14-185		墙面细木工板基层 钉在龙骨上	10 m²	0.737	507.70	374.17
98	14-193	换	白影木切片板粘贴在夹板基层上	10 m²	0.678	1 143.75	775.46
99	17-79		润油粉、刮腻子、刷硝基清漆、磨退出亮 其他木材面	10 m²	0.704	1 545.56	1 088.07
100	17-97		刷防火涂料两遍木龙骨 单向	10 m²	1.139	96.97	110.45
101	18-18	换	金属装饰条安装 墙面嵌金属装饰条	100 m	0.110	1 519.49	167.14
102	011208001004		柱面粘贴银灰色铝塑板 【项目特征】 1. 龙骨材料种类、规格、中距:木龙骨 24 mm×30 mm,间距 300 mm×300 mm,钉在木砖上 2. 隔离层材料种类:木龙骨刷防火漆两遍 3. 基层材料种类、规格:细木工板 4. 面层材料品种、规格、颜色:银灰色铝塑板	m²	6.160	250.10	1 540.62
103	14-176	换	假柱造型木龙骨 24 mm×30 mm	10 m²	0.670	310.35	207.93
104	14-187		柱、梁面细木工板基层 钉在龙骨上	10 m²	0.670	528.76	354.27
105	14-204	换	粘贴在夹板基层上 铝塑板	10 m²	0.616	1 382.74	851.77

分部分项工程费综合单价

工程名称:二楼会议室室内装饰工程　　　　　标段:

序号	定额编号	换	定额名称	单位	工程量	综合单价	合价
106	17-96		假柱造型木龙骨刷防火涂料	10 m²	0.670	189.03	126.65
107	010810003002		冷光灯盒 【项目特征】 1. 窗帘盒材质、规格:木明窗帘盒,细木工板基层、黑胡桃木切片板面层 2. 油漆种类、遍数:硝基清漆、磨退出亮	m	3.600	149.76	539.14
108	18-67	换	明窗帘盒 细木工板、纸面石膏板、普通切片板	100 m	0.036	4 819.06	173.49
109	17-78×2.04	换	润油粉、刮腻子、刷硝基清漆、磨退出亮 木扶手	10 m	0.360	1 015.73	365.66
110	011408002001		墙面米黄色摩力克软包布 【项目特征】 1. 基层类型:木龙骨 24 mm×30 mm,间距 300 mm×300 mm 2. 基层板:细木工板及五夹板 3. 防护材料种类:木龙骨刷防火漆两遍 4. 面层材料品种、规格、颜色:米黄色摩力克软包布	m²	11.090	282.25	3 130.15
111	14-168		木龙骨基层 24 mm×30 mm,间距 300 mm×300 mm	10 m²	1.206	561.66	677.36
112	14-185		墙面细木工板基层 钉在龙骨上	10 m²	1.206	507.70	612.29
113	14-189	换	五夹板面钉在细木工板上	10 m²	1.152	327.35	377.11
114	17-250	换	米黄色摩力克软包布墙面	10 m²	1.109	1 214.10	1 346.44
115	17-97		刷防火涂料两遍 隔墙、隔断(间壁)、护壁木龙骨 单向	10 m²	1.206	96.97	116.95
116	01B003		拉丝不锈钢成品灯罩 【项目特征】 材质、规格:拉丝不锈钢成品装饰件	个	2.000	800.00	1 600.00
117	18-3	换	拉丝不锈钢成品灯罩	个	2.000	800.00	1 600.00
118	0113		三、天棚工程		1.000	22 339.39	22 339.39
119	0113		天棚工程		1.000	22 339.39	22 339.39
120	011302001001		轻钢龙骨纸面石膏板天棚 【项目特征】 1. 吊顶形式、吊杆规格、高度:凹凸型天棚,φ8 mm 钢筋吊筋,均高 0.7 m 2. 龙骨材料种类、规格、中距:轻钢龙骨 400 mm×600 mm 3. 基层材料种类、规格:部分细木工板及九厘板造型 4. 面层材料品种、规格:纸面石膏板 5. 压条材料种类、规格:石膏阴角线条	m²	89.610	174.23	15 612.75
121	15-34	换	天棚吊筋 吊筋规格 φ8 mm H＝750 mm	10 m²	8.961	56.33	504.77

装饰工程工程量清单计价

分部分项工程费综合单价

工程名称:二楼会议室室内装饰工程　　　　标段:　　　　　　　　

序号	定额编号	换	定额名称	单位	工程量	综合单价	合价
122	15-8 备注 2	换	拱形部分装配式 U 型(不上人型)轻钢龙骨 面层规格 400 mm×600 mm 复杂	10 m²	2.908	1 053.08	3 062.36
123	15-8		平面部分装配式 U 型(不上人型)轻钢龙骨 面层规格 400 mm×600 mm 复杂	10 m²	6.053	758.67	4 592.23
124	15-44	换	木工板基层侧立板(标高 3.45 m 处)	10 m²	0.224	531.35	119.02
125	15-44	换	九厘板基层拱形顶基层板	10 m²	3.216	546.13	1 756.35
126	15-46	换	纸面石膏板天棚面层 拱形顶面板	10 m²	3.216	486.05	1 563.14
127	15-44	换	细木工板基层拱形端部扇形基层板	10 m²	0.978	563.47	551.07
128	15-46	换	纸面石膏板天棚面层拱形端部扇形	10 m²	0.978	405.05	396.14
129	15-46	换	纸面石膏板天棚面层	10 m²	6.567	370.34	2 432.02
130	18-63		天棚面零星项目 筒灯孔	10 个	3.200	38.56	123.39
131	18-26		石膏装饰线 安装	100 m	0.407	1 258.42	512.18
132	011406001002		天棚乳胶漆 【项目特征】 1. 基层类型:纸面石膏板 2. 腻子种类:901 胶白水泥腻子 3. 刮腻子遍数:三遍 4. 防护材料种类:板缝自粘胶带 5. 油漆品种、刷漆遍数:白色乳胶漆三遍 6. 部位:天棚	m²	116.85	57.21	6 684.99
133	17-175		天棚墙面板缝贴自粘胶带	10 m	22.130	88.93	1 968.02
134	17-179		天棚复杂面 在抹灰面上刮 901 胶白水泥腻子、刷乳胶漆各三遍	10 m²	11.685	403.70	4 717.23
135	011304001001		回光灯槽 【项目特征】 1. 灯带形式、尺寸:600 mm 高回光灯槽 2. 基层板:细木工板 3. 面板:纸面石膏板	m	15.400	53.88	829.75
136	18-65	换	回光灯槽 600 mm 高	10 m	1.540	538.79	829.74
合计							91 647.09

措施项目费综合单价

工程名称：二楼会议室室内装饰工程　　　　标段：　　　　　　第1页　共1页

序号	项目编号	换	项目名称	单位	工程量	金额（元） 单价	金额（元） 合价
1	011707001001		安全文明施工费	项	1.000	1 493.67	1 493.67
1.1			基本费	项	1.000	1 493.67	1 493.67
1.2			增加费	项	1.000		
2	011707002001		夜间施工	项	1.000		
3	011707003001		非夜间施工照明	项	1.000		
4	011707004001		二次搬运	项	1.000		
5	011707005001		冬雨季施工	项	1.000		
6	011707006001		地上、地下设施、建筑物的临时保护设施	项	1.000		
7	011707007001		已完工程及设备保护	项	1.000		
8	011707008001		临时设施	项	1.000	933.54	933.54
9	011707009001		赶工措施	项	1.000		
10	011707010001		工程按质论价	项	1.000		
11	011707011001		住宅分户验收	项	1.000		
12	011707012001		特殊条件下施工增加费	项	1.000		
1	011701006001		满堂脚手架	m²	89.610	13.16	1 179.27
	20-20 备注1	换	满堂脚手架 基本层 高5 m以内	10 m²	8.961	131.62	1 179.45
2	011703001001		垂直运输	工日	270.000	4.87	1 314.90
	23-30		单独装饰工程垂直运输 卷扬机垂直运输高度20 m以内（6层）	10 工日	27.000	48.71	1 315.17

装饰工程工程量清单计价

主要材料一览表

工程名称：二楼会议室室内装饰工程　　　　　标段：　　　　　

序号	材料编码	材料名称、规格、型号	单位	数量	单价（元）	合价（元）	交货方式	送达地点	备注
1	05050109	胶合板 2 440 mm×1 220 mm×5 mm	m²	16.800	16.80	282.24			
2	05050113	胶合板 2 440 mm×1 220 mm×9 mm	m²	48.682	20.16	981.43			
3	05092103	细木工板 δ18 mm	m²	146.98	28.55	4 196.28			
4	05150102—1	黑胡桃木切片板	m²	66.465	25.19	1 674.25			
5	05150102—2	白影木切片板	m²	32.021	80.62	2 581.53			
6	06250103—1	磨砂玻璃 10 mm	m²	6.384	120.00	766.08			
7	07112130—1	啡网纹大理石	m²	0.734	700.00	513.80			
8	08010200	纸面石膏板	m²	133.213	11.00	1 465.34			
9	08120503	铝塑板（双面）	m²	22.759	94.60	2 153.00			
10	09113508	塑钢窗（推拉/平开/悬窗）	m²	10.138	250.00	2 534.50			
11	10011706—1	黑胡桃木子弹头线条 25 mm×8 mm	m	13.824	3.00	41.47			
12	10011706—2	黑胡桃木线条 12 mm×8 mm	m	127.008	2.00	254.02			
13	10011706—3	黑胡桃木裁口线条 5 mm×15 mm	m	12.528	2.00	25.06			
14	10011706—4	黑胡桃实木线条 20 mm×20 mm	m	30.240	5.00	151.20			
15	10011706—5	黑胡桃硬木门封边条 12 mm×45 mm	m	19.589	8.00	156.71			
16	10011711—2	黑胡桃木门窗套线条 60 mm×15 mm	m	83.700	12.00	1 004.40			
17	10013105—3	黑胡桃木压顶线 16 mm×8 mm	m	44.110	2.50	110.28			
18	10031501—1	铜装饰条 2 mm×15 mm	m	11.550	3.50	40.43			
19	10050507—1	啡网纹石材线条 20 mm×30 mm	m	5.670	50.00	283.50			
20	10070307	石膏装饰线 100 mm×30 mm	m	44.770	6.00	268.62			
21	10430303—1	10 mm 厚毛腈地毯	m²	103.400	70.00	7 238.00			
22	10330103—1	米黄色摩力克软包布	m²	12.842	78.00	1 001.68			
23	01290417—1	拉丝不锈钢成品灯罩	个	4.000	800.00	3 200.00			
		合计				30 923.82			

附录3 建筑工程施工发包与承包计价管理办法

第一条 为了规范建筑工程施工发包与承包计价行为,维护建筑工程发包与承包双方的合法权益,促进建筑市场的健康发展,根据有关法律、法规,制定本办法。

第二条 在中华人民共和国境内的建筑工程施工发包与承包计价(以下简称工程发承包计价)管理,适用本办法。

本办法所称建筑工程是指房屋建筑和市政基础设施工程。

本办法所称工程发承包计价包括编制工程量清单、最高投标限价、招标标底、投标报价,进行工程结算,以及签订和调整合同价款等活动。

第三条 建筑工程施工发包与承包价在政府宏观调控下,由市场竞争形成。

工程发承包计价应当遵循公平、合法和诚实信用的原则。

第四条 国务院住房城乡建设主管部门负责全国工程发承包计价工作的管理。

县级以上地方人民政府住房城乡建设主管部门负责本行政区域内工程发承包计价工作的管理。其具体工作可以委托工程造价管理机构负责。

第五条 国家推广工程造价咨询制度,对建筑工程项目实行全过程造价管理。

第六条 全部使用国有资金投资或者以国有资金投资为主的建筑工程(以下简称国有资金投资的建筑工程),应当采用工程量清单计价;非国有资金投资的建筑工程,鼓励采用工程量清单计价。

国有资金投资的建筑工程招标的,应当设有最高投标限价;非国有资金投资的建筑工程招标的,可以设有最高投标限价或者招标标底。

最高投标限价及其成果文件,应当由招标人报工程所在地县级以上地方人民政府住房城乡建设主管部门备案。

第七条 工程量清单应当依据国家制定的工程量清单计价规范、工程量计算规范等编制。工程量清单应当作为招标文件的组成部分。

第八条 最高投标限价应当依据工程量清单、工程计价有关规定和市场价格信息等编制。招标人设有最高投标限价的,应当在招标时公布最高投标限价的总价,以及各单位工程的分部分项工程费、措施项目费、其他项目费、规费和税金。

第九条 招标标底应当依据工程计价有关规定和市场价格信息等编制。

第十条 投标报价不得低于工程成本,不得高于最高投标限价。

投标报价应当依据工程量清单、工程计价有关规定、企业定额和市场价格信息等编制。

第十一条 投标报价低于工程成本或者高于最高投标限价总价的,评标委员会应当否决投标人的投标。

对是否低于工程成本报价的异议,评标委员会可以参照国务院住房城乡建设主管部门和省、自治区、直辖市人民政府住房城乡建设主管部门发布的有关规定进行评审。

第十二条 招标人与中标人应当根据中标价订立合同。不实行招标投标的工程由发承包双方协商订立合同。

合同价款的有关事项由发承包双方约定,一般包括合同价款约定方式,预付工程款、工程进度款、工程竣工价款的支付和结算方式,以及合同价款的调整情形等。

第十三条　发承包双方在确定合同价款时,应当考虑市场环境和生产要素价格变化对合同价款的影响。

实行工程量清单计价的建筑工程,鼓励发承包双方采用单价方式确定合同价款。

建设规模较小、技术难度较低、工期较短的建筑工程,发承包双方可以采用总价方式确定合同价款。

紧急抢险、救灾以及施工技术特别复杂的建筑工程,发承包双方可以采用成本加酬金方式确定合同价款。

第十四条　发承包双方应当在合同中约定,发生下列情形时合同价款的调整方法:

(一)法律、法规、规章或者国家有关政策变化影响合同价款的;

(二)工程造价管理机构发布价格调整信息的;

(三)经批准变更设计的;

(四)发包方更改经审定批准的施工组织设计造成费用增加的;

(五)双方约定的其他因素。

第十五条　发承包双方应当根据国务院住房城乡建设主管部门和省、自治区、直辖市人民政府住房城乡建设主管部门的规定,结合工程款、建设工期等情况在合同中约定预付工程款的具体事宜。

预付工程款按照合同价款或者年度工程计划额度的一定比例确定和支付,并在工程进度款中予以抵扣。

第十六条　承包方应当按照合同约定向发包方提交已完成工程量报告。发包方收到工程量报告后,应当按照合同约定及时核对并确认。

第十七条　发承包双方应当按照合同约定,定期或者按照工程进度分段进行工程款结算和支付。

第十八条　工程完工后,应当按照下列规定进行竣工结算:

(一)承包方应当在工程完工后的约定期限内提交竣工结算文件。

(二)国有资金投资建筑工程的发包方,应当委托具有相应资质的工程造价咨询企业对竣工结算文件进行审核,并在收到竣工结算文件后的约定期限内向承包方提出由工程造价咨询企业出具竣工结算文件审核意见;逾期未答复的,按照合同约定处理,合同没有约定的,竣工结算文件视为已被认可。

非国有资金投资的建筑工程发包方,应当在收到竣工结算文件后的约定期限内予以答复,逾期未答复的,按照合同约定处理,合同没有约定的,竣工结算文件视为已被认可;发包方对竣工结算文件有异议的,应当在答复期内向承包方提出,并可以在提出异议之日起的约定期限内与承包方协商;发包方在协商期内未与承包方协商或者经协商未能与承包方达成协议的,应当委托工程造价咨询企业进行竣工结算审核,并在协商期满后的约定期限内向承包方提出由工程造价咨询企业出具竣工结算文件审核意见。

(三)承包方对发包方提出的工程造价咨询企业竣工结算审核意见有异议的,在接到该审核意见后一个月内,可以向有关工程造价管理机构或者有关行业组织申请调解,调解不成的,可以依法申请仲裁或者向人民法院提起诉讼。

发承包双方在合同中对本条第(一)项、第(二)项的期限没有明确约定的,应当按照国家有关规定执行；国家没有规定的，可认为其约定期限均为 28 日。

第十九条 工程竣工结算文件经发承包双方签字确认的，应当作为工程决算的依据，未经对方同意，另一方不得就已生效的竣工结算文件委托工程造价咨询企业重复审核。发包方应当按照竣工结算文件及时支付竣工结算款。

竣工结算文件应当由发包方报工程所在地县级以上地方人民政府住房城乡建设主管部门备案。

第二十条 造价工程师编制工程量清单、最高投标限价、招标标底、投标报价、工程结算审核和工程造价鉴定文件，应当签字并加盖造价工程师执业专用章。

第二十一条 县级以上地方人民政府住房城乡建设主管部门应当依照有关法律、法规和本办法规定，加强对建筑工程发承包计价活动的监督检查和投诉举报的核查，并有权采取下列措施：

（一）要求被检查单位提供有关文件和资料；

（二）就有关问题询问签署文件的人员；

（三）要求改正违反有关法律、法规、本办法或者工程建设强制性标准的行为。

县级以上地方人民政府住房城乡建设主管部门应当将监督检查的处理结果向社会公开。

第二十二条 造价工程师在最高投标限价、招标标底或者投标报价编制、工程结算审核和工程造价鉴定中，签署有虚假记载、误导性陈述的工程造价成果文件的，记入造价工程师信用档案，依照《注册造价工程师管理办法》进行查处；构成犯罪的，依法追究刑事责任。

第二十三条 工程造价咨询企业在建筑工程计价活动中，出具有虚假记载、误导性陈述的工程造价成果文件的，记入工程造价咨询企业信用档案，由县级以上地方人民政府住房城乡建设主管部门责令改正，处 1 万元以上 3 万元以下的罚款，并予以通报。

第二十四条 国家机关工作人员在建筑工程计价监督管理工作中玩忽职守、徇私舞弊、滥用职权的，由有关机关给予行政处分；构成犯罪的，依法追究刑事责任。

第二十五条 建筑工程以外的工程施工发包与承包计价管理可以参照本办法执行。

第二十六条 省、自治区、直辖市人民政府住房城乡建设主管部门可以根据本办法制定实施细则。

第二十七条 本办法自 2014 年 2 月 1 日起施行。原建设部 2001 年 11 月 5 日发布的《建筑工程施工发包与承包计价管理办法》（建设部令第 107 号）同时废止。

附录4 装饰装修工程工程量清单项目及计算规则

4.1 楼地面装饰工程

4.1.1 整体面层及找平层(编码:011101)

(1)项目编码及项目名称

011101001 水泥砂浆楼地面;011101002 现浇水磨石楼地面;011101003 细石混凝土楼地面;011101004 菱苦土楼地面;011101005 自流坪楼地面;011101006 平面砂浆找平层。

(2)计算规则

按设计图示尺寸以面积计算。扣除凸出地面构筑物、设备基础、室内铁道、地沟等所占面积,不扣除间壁墙及≤0.3 m² 柱、垛、附墙烟囱及孔洞所占面积。门洞、空圈、暖气包槽、壁龛的开口部分不增加面积。计量单位为平方米(m²)。

(3)项目特征

① 水泥砂浆楼地面

a. 找平层厚度、砂浆配合比;b. 素水浆遍数;c. 面层厚度、砂浆配合比;d. 面层做法要求。

② 现浇水磨石楼地面

a. 找平层厚度、砂浆配合比;b. 面层厚度、水泥石子浆配合比;c. 嵌条材料种类、规格;d. 石子种类、规格、颜色;e. 颜料种类、颜色;f. 图案要求;g. 磨光、酸洗、打蜡要求。

③ 细石混凝土楼地面

a. 找平层厚度、砂浆配合比;b. 面层厚度、混凝土强度等级。

④ 菱苦土楼地面

a. 找平层厚度、砂浆配合比;b. 面层厚度;c. 打蜡要求。

⑤ 自流坪楼地面

a. 找平层厚度、砂浆配合比;b. 界面剂材料种类;c. 中层漆材料种类、厚度;d. 面漆材料种类、厚度;e. 面层材料种类。

⑥ 平面砂浆找平层

找平层厚度、砂浆配合比。

(4)工程内容

① 水泥砂浆楼地面

a. 基层清理;b. 抹找平层;c. 抹面层;d. 材料运输。

② 现浇水磨石楼地面

a. 基层清理;b. 抹找平层;c. 面层铺设;d. 嵌缝条安装;e. 磨光、酸洗、打蜡;f. 材料运输。

③ 细石混凝土楼地面

a. 基层清理;b. 抹找平层;c. 面层铺设;d. 材料运输。

④ 菱苦土楼地面

a. 基层清理;b. 抹找平层;c. 面层铺设;d. 打蜡;e. 材料运输。

⑤ 自流坪楼地面

a. 基层清理;b. 抹找平层;c. 涂界面剂;d. 涂刷中层漆;e. 打磨、吸尘;f. 镘自流平面漆（浆）;g. 拌和自流平浆料;h. 铺面层。

⑥ 平面砂浆找平层

a. 基层清理;b. 抹找平层;c. 材料运输。

（5）附注

① 水泥砂浆面层处理是拉毛还是提浆压光应在面层做法要求中描述。

② 平面砂浆找平层只适用于仅做找平层的平面抹灰。

③ 间壁墙指墙厚≤120 mm 的墙。

④ 楼地面砼垫层另按《计算规范》附录 E.1 垫层项目编码列项,除砼外的其他材料垫层按《计算规范》表 d.4 垫层项目编码列项。

4.1.2　块料面层（编码:011102）

（1）项目编码及项目名称:

011102001 石材楼地面;011102002 碎石材楼地面;011102003 块料楼地面。

（2）计算规则

均按设计图示尺寸以面积计算。门洞、空圈、暖气包槽、壁龛的开口部分并入相应的工程量内。计量单位为平方米（m²）。

（3）项目特征

a. 找平层厚度、砂浆配合比;b. 结合层厚度、砂浆配合比;c. 面层材料品种、规格、颜色;d. 嵌缝材料种类;e. 防护层材料种类;f. 酸洗、打蜡要求。

（4）工程内容

a. 基层清理;b. 抹找平层;c. 面层铺设、磨边;d. 嵌缝;e. 刷防护材料;f. 酸洗、打蜡;g. 材料运输。

（5）附注

① 在描述碎石材项目的面层材料特征时可不用描述规格、颜色。

② 石材、块料与粘接材料的结合面刷防渗材料的种类在防护层材料种类中描述。

③ 以上工作内容中的磨边指施工现场磨边,后面章节工作内容中所涉及的磨边含义同此条。

4.1.3　橡塑面层（编码:011103）

（1）项目编码及项目名称

011103001 橡胶板楼地面;011103002 橡胶卷材楼地面;011103003 塑料板楼地面;011103004 塑料卷材楼地面。

（2）计算规则

按设计图示尺寸以面积计算。门洞、空圈、暖气包槽、壁龛的开口部分并入相应的工程量内。计量单位为平方米（m²）。

（3）项目特征

a. 粘结层厚度、材料种类;b. 面层材料品种、规格、颜色;c. 压线条种类。

（4）工程内容

a. 基层清理;b. 面层铺贴;c. 压缝条装钉;d. 材料运输。

（5）附注

项目中涉及找平层，另按《计算规范》附录 L.1 找平层项目编码列项。

4.1.4 其他材料面层（编码：011104）

（1）项目编码及项目名称

011104001 楼地面地毯；011104002 竹木（复合）地板；011104003 金属复合地板；011104004 防静电活动地板。

（2）计算规则

按设计图示尺寸以面积计算。门洞、空圈、暖气包槽、壁龛的开口部分并入相应的工程量内。计量单位为平方米（m²）。

（3）项目特征

① 楼地面地毯

a. 面层材料品种、规格、颜色；b. 防护材料种类；c. 粘结材料种类；d. 压线条种类。

② 竹木（复合）地板、金属复合地板

a. 龙骨材料种类、规格、铺设间距；b. 基层材料种类、规格；c. 面层材料品种、规格、颜色；d. 防护材料种类。

③ 防静电活动地板

a. 支架高度、材料种类；b. 面层材料品种、规格、颜色；c. 防护材料种类。

（4）工程内容

① 楼地面地毯

a. 基层清理；b. 铺贴面层；c. 刷防护材料；d. 装订压条；e. 材料运输。

② 竹木（复合）地板、金属复合地板

a. 基层清理；b. 龙骨铺设；c. 基层铺设；d. 面层铺贴；e. 刷防护材料；f. 材料运输。

③ 防静电活动地板

a. 清理基层；b. 固定支架安装；c. 活动面层安装；d. 刷防护材料；e. 材料运输。

4.1.5 踢脚线（编码：011105）

（1）项目编码及项目名称

011105001 水泥砂浆踢脚线；011105002 石材踢脚线；011105003 块料踢脚线；011105004 塑料板踢脚线；011105005 木质踢脚线；011105006 金属踢脚线；011105007 防静电踢脚线。

（2）计算规则

① 以平方米计量，按设计图示长度乘以高度以面积计算。计量单位为平方米（m²）。

② 按米计量。按延长米计算。计量单位为米（m）。

（3）项目特征

① 水泥砂浆踢脚线

a. 踢脚线高度；b. 底层厚度、砂浆配合比；c. 面层厚度、砂浆配合比。

② 石材踢脚线、块料踢脚线

a. 踢脚线高度；b. 粘贴层厚度、材料种类；c. 面层材料品种、规格、颜色；d. 防护材料种类。

③ 塑料板踢脚线

a. 踢脚线高度；b. 粘贴层厚度、材料种类；c. 面层材料品种、规格、颜色。

④ 木质踢脚线、金属踢脚线、防静电踢脚线

a. 踢脚线高度；b. 基层材料种类、规格；c. 面层材料品种、规格、颜色。

（4）工程内容

① 水泥砂浆踢脚线

a. 基层清理；b. 底层和面层抹灰；c. 材料运输。

② 石材踢脚线、块料踢脚线

a. 基层清理；b. 底层抹灰；c. 面层铺贴、磨边；d. 擦缝；e. 磨光、酸洗、打蜡；f. 刷防护材料；g. 材料运输。

③ 塑料板踢脚线、木质踢脚线、金属踢脚线、防静电踢脚线

a. 基层清理；b. 基层铺贴；c. 面层铺贴；d. 材料运输。

（5）附注

石材、块料与粘接材料的结合面刷防渗材料的种类在防护层材料种类中描述。

4.1.6 楼梯装饰（编码：011106）

（1）项目编码及项目名称

011106001 石材楼梯面层；011106002 块料楼梯面层；011106003 拼碎块料面层；011106004 水泥砂浆楼梯面层；011106005 现浇水磨石楼梯面层；011106006 地毯楼梯面层；011106007 木板楼梯面层；011106008 橡胶板楼梯面层；011106009 塑料板楼梯面层。

（2）计算规则

均按设计图示尺寸以楼梯（包括踏步、休息平台及≤500 mm 的楼梯井）水平投影面积计算。楼梯与楼地面相连时，算至梯口梁内侧边沿；无梯口梁者，算至最上一层踏步边沿加300 mm。计量单位为平方米（m²）。

（3）项目特征

① 石材楼梯面层、块料楼梯面层、拼碎块料面层

a. 找平层厚度、砂浆配合比；b. 贴结层厚度、材料种类；c. 面层材料品种、规格、颜色；d. 防滑条材料种类、规格；e. 勾缝材料种类；f. 防护层材料种类；g. 酸洗、打蜡要求。

② 水泥砂浆楼梯面层

a. 找平层厚度、砂浆配合比；b. 面层厚度、砂浆配合比；c. 防滑条材料种类、规格。

③ 现浇水磨石楼梯面层

a. 找平层厚度、砂浆配合比；b. 面层厚度、水泥石子浆配合比；c. 防滑条材料种类、规格；d. 石子种类、规格、颜色；e. 颜料种类、颜色；f. 磨光、酸洗、打蜡要求。

④ 地毯楼梯面层

a. 基层种类；b. 面层材料品种、规格、颜色；c. 防护材料种类；d. 粘结材料种类；e. 固定配件材料种类、规格。

⑤ 木板楼梯面层

a. 基层材料种类、规格；b. 面层材料品种、规格、颜色；c. 粘结材料种类；d. 防护材料种类。

⑥ 橡胶板楼梯面层、塑料板楼梯面层

a. 粘结层厚度、材料种类；b. 面层材料品种、规格、颜色；c. 压线条种类。

（4）工程内容

① 石材楼梯面层、块料楼梯面层、拼碎块料面层

a. 基层清理；b. 抹找平层；c. 面层铺贴、磨边；d. 贴嵌防滑条；e. 勾缝；f. 刷防护材料；g. 酸洗、打蜡；h. 材料运输。

② 水泥砂浆楼梯面层

a. 基层清理；b. 抹找平层；c. 抹面层；d. 抹防滑条；e. 材料运输。

③ 现浇水磨石楼梯面层

a. 基层清理；b. 抹找平层；c. 抹面层；d. 贴嵌防滑条；e. 磨光、酸洗、打蜡；f. 材料运输。

④ 地毯楼梯面层

a. 基层清理；b. 铺贴面层；c. 固定配件安装；d. 刷防护材料；e. 材料运输。

⑤ 木板楼梯面层

a. 基层清理；b. 基层铺贴；c. 面层铺贴；d. 刷防护材料、油漆；e. 材料运输。

⑥ 橡胶板楼梯面层、塑料板楼梯面层

a. 基层清理；b. 面层铺贴；c. 压缝条装钉；d. 材料运输。

（5）附注

① 在描述碎石材项目的面层材料特征时可不用描述规格、品牌、颜色。

② 石材、块料与粘接材料的结合面刷防渗材料的种类在防护层材料种类中描述。

4.1.7 台阶装饰（编码：011107）

（1）项目编码及项目名称

011107001 石材台阶面；011107002 块料台阶面；011107003 拼碎块料台阶面；011107004 水泥砂浆台阶面；011107005 现浇水磨石台阶面；011107006 剁假石台阶面

（2）计算规则

均按设计图示尺寸以台阶（包括最上层踏步边沿加 300 mm）水平投影面积计算。计量单位为平方米（m²）。

（3）项目特征

① 石材台阶面、块料台阶面、拼碎块料台阶面

a. 找平层厚度、砂浆配合比；b. 粘结层材料种类；c. 面层材料品种、规格、颜色；d. 勾缝材料种类；e. 防滑条材料种类、规格；f. 防护材料种类。

② 水泥砂浆台阶面

a. 找平层厚度、砂浆配合比；b. 面层厚度、砂浆配合比；c. 防滑条材料种类。

③ 现浇水磨石台阶面

a. 找平层厚度、砂浆配合比；b. 面层厚度、水泥石子浆配合比；c. 防滑条材料种类、规格；d. 石子种类、规格、颜色；e. 颜料种类、颜色；f. 磨光、酸洗、打蜡要求。

④ 剁假石台阶面

a. 找平层厚度、砂浆配合比；b. 面层厚度、砂浆配合比；c. 剁假石要求。

（4）工程内容

① 石材台阶面、块料台阶面、拼碎块料台阶面

a. 基层清理；b. 抹找平层；c. 面层铺贴；d. 贴嵌防滑条；e. 勾缝；f. 刷防护材料；g. 材料运输。

② 水泥砂浆台阶面

a. 基层清理；b. 抹找平层；c. 抹面层；d. 抹防滑条；e. 材料运输。

③ 现浇水磨石台阶面

a. 基层清理；b. 抹找平层；c. 抹面层；d. 贴嵌防滑条；e. 打磨、酸洗、打蜡；f. 材料运输。

④ 剁假石台阶面

a. 清理基层；b. 抹找平层；c. 抹面层；d. 剁假石；e. 材料运输。

（5）附注

① 在描述碎石材项目的面层材料特征时可不用描述规格、品牌、颜色。

② 石材、块料与粘接材料的结合面刷防渗材料的种类在防护层材料种类中描述。

4.1.8　零星装饰项目（编码：011108）

（1）项目编码及项目名称

011108001 石材零星项目；011108002 碎拼石材零星项目；011108003 块料零星项目；011108004 水泥砂浆零星项目。

（2）计算规则

按设计图示尺寸以面积计算。计量单位为平方米（m²）。

（3）项目特征

① 石材零星项目、碎拼石材零星项目、块料零星项目

a. 工程部位；b. 找平层厚度、砂浆配合比；c. 贴给合层厚度、材料种类；d. 面层材料品种、规格、颜色；e. 勾缝材料种类；f. 防护材料种类；g. 酸洗、打蜡要求。

② 水泥砂浆零星项目

a. 工程部位；b. 找平层厚度、砂浆配合比；c. 面层厚度、砂浆厚度。

（4）工程内容

① 石材零星项目、碎拼石材零星项目、块料零星项目

a. 清理基层；b. 抹找平层；c. 面层铺贴、磨边；d. 勾缝；e. 刷防护材料；f. 酸洗、打蜡；g. 材料运输。

② 水泥砂浆零星项目

a. 清理基层；b. 抹找平层；c. 抹面层；d. 材料运输。

（5）附注

① 楼梯、台阶牵边和侧面镶贴块料面层，不大于 0.5 m² 的少量分散的楼地面镶贴块料面层，应按零星装饰项目执行。

② 石材、块料与粘接材料的结合面刷防渗材料的种类在防护层材料种类中描述。

4.2　墙、柱面装饰与隔断、幕墙工程

4.2.1　墙面抹灰（编码：011201）

（1）项目编码及项目名称

011201001 墙面一般抹灰；011201002 墙面装饰抹灰；011201003 墙面勾缝；011201004 立面砂浆找平层。

（2）计算规则

按设计图示尺寸以面积计算。扣除墙裙、门窗洞口及单个＞0.3 m² 以外的孔洞面积，

不扣除踢脚线、挂镜线和墙与构件交接处的面积,门窗洞口和孔洞的侧壁及顶面不增加面积。附墙柱、梁、垛、烟囱侧壁并入相应的墙面面积内。计量单位为平方米(m²)。

① 外墙抹灰面积按外墙垂直投影面积计算。

② 外墙裙抹灰面积按其长度乘以高度计算。

③ 内墙抹灰面积按主墙间的净长乘以高度计算:a. 无墙裙的,高度按室内楼地面至天棚底面计算;b. 有墙裙的,高度按墙裙顶至天棚底面计算;c. 有吊顶天棚抹灰的,高度算至天棚底。

④ 内墙裙抹灰面按内墙净长乘以高度计算。

(3) 项目特征

① 墙面一般抹灰、墙面装饰抹灰

a. 墙体类型;b. 底层厚度、砂浆配合比;c. 面层厚度、砂浆配合比;d. 装饰面材料种类;e. 分格缝宽度、材料种类。

② 墙面勾缝

a. 勾缝类型;b. 勾缝材料种类。

③ 立面砂浆找平层

a. 基层类型;b. 找平层砂浆厚度、配合比。

(4) 工程内容

① 墙面一般抹灰、墙面装饰抹灰

a. 基层清理;b. 砂浆制作、运输;c. 底层抹灰;d. 抹面层;e. 抹装饰面;f. 勾分格缝。

② 墙面勾缝

a. 基层清理;b. 砂浆制作、运输;c. 勾缝。

③ 立面砂浆找平层

a. 基层清理;b. 砂浆制作、运输;c. 抹灰找平。

(5) 附注

① 立面砂浆找平项目适用于仅做找平层的立面抹灰。

② 墙面抹石灰砂浆、水泥砂浆、混合砂浆、聚合物水泥砂浆、麻刀石灰浆、石膏灰浆等按墙面一般抹灰列项,墙面水刷石、斩假石、干粘石、假面砖等按墙面装饰抹灰列项。

③ 飘窗凸出外墙面增加的抹灰并入外墙工程量内。

④ 有天棚吊顶的内墙抹灰,抹至吊顶以上的部分在综合单价中考虑。

4.2.2 柱(梁)面抹灰(编码:011202)

(1) 项目编码及项目名称

011202001 柱(梁)面一般抹灰;011202002 柱(梁)装饰抹灰;011202003 柱(梁)面砂浆找平;011202004 柱面勾缝。

(2) 计算规则

① 柱面抹灰:按设计图示柱断面周长乘以高度以面积计算。②梁面抹灰:按设计图示梁断面周长乘以长度以面积计算。③柱面勾缝:按设计图示柱断面周长乘以高度以面积计算。计量单位为平方米(m²)。

(3) 项目特征

① 柱(梁)面一般抹灰、柱(梁)面装饰抹灰

a. 柱(梁)体类型;b. 底层厚度、砂浆配合比;c. 面层厚度、砂浆配合比;d. 装饰面材料种

类;e. 分格缝宽度、材料种类。

② 柱(梁)面砂浆找平

a. 柱(梁)体类型;b. 找平的砂浆厚度、配合比。

③ 柱面勾缝

a. 勾缝类型;b. 勾缝材料种类。

(4) 工程内容

① 柱(梁)面一般抹灰、柱(梁)面装饰抹灰

a. 基层清理;b. 砂浆制作、运输;c. 底层抹灰;d. 抹面层;e. 勾分格缝。

② 柱(梁)面砂浆找平

a. 基层清理;b. 砂浆制作、运输;c. 抹灰找平。

③ 柱面勾缝

a. 基层清理;b. 砂浆制作、运输;c. 勾缝。

(5) 附注

① 砂浆找平项目适用于仅做找平层的柱(梁)面抹灰。

② 柱(梁)面抹石灰砂浆、水泥砂浆、混合砂浆、聚合物水泥砂浆、麻刀石灰浆、石膏灰浆等按中柱(梁)面一般抹灰编码列项;柱(梁)面水刷石、斩假石、干粘石、假面砖等按柱(梁)面装饰抹灰项目编码列项。

4.2.3 零星抹灰(编码:011203)

(1) 项目编码及项目名称

011203001 零星项目一般抹灰;011203002 零星项目装饰抹灰;011203003 零星项目砂浆找平。

(2) 计算规则

按设计图示尺寸以面积计算。计量单位为平方米(m^2)。

(3) 项目特征

① 零星项目一般抹灰、零星项目装饰抹灰

a. 基层类型、部位;b. 底层厚度、砂浆配合比;c. 面层厚度、砂浆配合比;d. 装饰面材料种类;e. 分格缝宽度、材料种类。

② 零星项目砂浆找平

a. 基层类型、部位;b. 找平的砂浆厚度、配合比。

(4) 工程内容

① 零星项目一般抹灰、零星项目装饰抹灰

a. 基层清理;b. 砂浆制作、运输;c. 底层抹灰;d. 抹面层;e. 抹装饰面;f. 勾分格缝。

② 零星项目砂浆找平

a. 基层清理;b. 砂浆制作、运输;c. 抹灰找平。

(5) 附注

① 零星项目抹石灰砂浆、水泥砂浆、混合砂浆、聚合物水泥砂浆、麻刀石灰浆、石膏灰浆等按零星项目一般抹灰编码列项,水刷石、斩假石、干粘石、假面砖等按零星项目装饰抹灰编码列项。

② 墙、柱(梁)面≤0.5 m^2 的少量分散的抹灰按零星抹灰项目编码列项。

4.2.4 墙面块料面层(编码:011204)

(1)项目编码及项目名称

011204001 石材墙面;011204002 碎拼石材墙面;011204003 块料墙面;011204004 干挂石材钢骨架。

(2)计算规则

① 石材墙面、碎拼石材墙面、块料墙面

均按镶贴表面积计算。计量单位为平方米(m^2)。

② 干挂石材钢骨架

按设计图示以质量计算。计量单位为吨(t)。

(3)项目特征

① 石材墙面、碎拼石材墙面、块料墙面

a.墙体类型;b.安装方式;c.面层材料品种、规格、颜色;d.缝宽、嵌缝材料种类;e.防护材料种类;f.磨光、酸洗、打蜡要求。

② 干挂石材钢骨架

a.骨架种类、规格;b.防锈漆品种遍数。

(4)工程内容

① 石材墙面、碎拼石材墙面、块料墙面

a.基层清理;b.砂浆制作、运输;c.粘结层铺贴;d.面层安装;e.嵌缝;f.刷防护材料;g.磨光、酸洗、打蜡。

② 干挂石材钢骨架

a.骨架制作、运输、安装;b.刷漆。

(5)附注

① 在描述碎块项目的面层材料特征时可不用描述规格、颜色。

② 石材、块料与粘接材料的结合面刷防渗材料的种类在防护层材料种类中描述。

③ 安装方式可描述为砂浆或粘结剂粘贴、挂贴、干挂等,不论哪种安装方式,都要详细描述与组价相关的内容。

4.2.5 柱(梁)面镶贴块料(编码:011205)

(1)项目编码及项目名称

011205001 石材柱面;011205002 块料柱面;011205003 拼碎石材柱面;011205004 石材梁面;011205005 块料梁面。

(2)计算规则

均按镶贴表面积计算。计量单位为平方米(m^2)。

(3)项目特征

① 石材柱面、块料柱面、拼碎石材柱面

a.柱截面类型、尺寸;b.安装方式;c.面层材料品种、规格、颜色;d.缝宽、嵌缝材料种类;e.防护材料种类;f.磨光、酸洗、打蜡要求。

② 石材梁面、块料梁面

a.安装方式;b.面层材料品种、规格、颜色;c.缝宽、嵌缝材料种类;d.防护材料种类;e.磨光、酸洗、打蜡要求。

（4）工程内容

a. 基层清理；b. 砂浆制作、运输；c. 粘结层铺贴；d. 面层安装；e. 嵌缝；f. 刷防护材料；g. 磨光、酸洗、打蜡。

（5）附注

① 在描述碎块项目的面层材料特征时可不用描述规格、颜色。

② 石材、块料与粘接材料的结合面刷防渗材料的种类在防护层材料种类中描述。

③ 柱（梁）面干挂石材的钢骨架按《计算规范》表 M.4 相应项目编码列项。

4.2.6　镶贴零星块料（编码：011206）

（1）项目编码及项目名称

011206001 石材零星项目；011206002 块料零星项目；011206003 拼碎块零星项目。

（2）计算规则

均按镶贴表面积计算。计量单位为平方米（m²）。

（3）项目特征

a. 基层类型、部位；b. 安装方式；c. 面层材料品种、规格、颜色；d. 缝宽、嵌缝材料种类；e. 防护材料种类；f. 磨光、酸洗、打蜡要求。

（4）工程内容

a. 基层清理；b. 砂浆制作、运输；c. 面层安装；d. 嵌缝；e. 刷防护材料；f. 磨光、酸洗、打蜡。

（5）附注

① 在描述碎块项目的面层材料特征时可不用描述规格、颜色。

② 石材、块料与粘接材料的结合面刷防渗材料的种类在防护层材料种类中描述。

③ 零星项目干挂石材的钢骨架按《计算规范》附录表 M.4 相应项目编码列项。

④ 墙柱面≤0.5 m² 的少量分散的镶贴块料面层应按零星项目执行。

4.2.7　墙饰面（编码：011207）

（1）项目编码及项目名称

011207001 装饰板墙面；011207001 墙面装饰浮雕。

（2）计算规则

① 装饰板墙面

按设计图示墙净长乘以净高以面积计算。扣除门窗洞口及单个＞0.3 m² 的孔洞所占面积。计量单位为平方米（m²）。

② 墙面装饰浮雕

按设计图示尺寸以面积计算。计量单位为平方米（m²）。

（3）项目特征

① 装饰板墙面

a. 龙骨材料种类、规格、中距；b. 隔离层材料种类、规格；c. 基层材料种类、规格；d. 面层材料品种、规格、颜色；e. 压条材料种类、规格。

② 墙面装饰浮雕

a. 基层类型；b. 浮雕材料种类；c. 浮雕样式。

（4）工作内容

① 装饰板墙面

a. 基层清理;b. 龙骨制作、运输、安装;c. 钉隔离层;d. 基层铺钉;e. 面层铺贴。

② 墙面装饰浮雕

a. 基层清理;b. 材料制作、运输;c. 安装成型。

4.2.8 柱(梁)饰面(编码:011208)

(1) 项目编码及项目名称

011208001 柱(梁)面装饰;011208002 成品装饰柱。

(2) 计算规则

① 柱(梁)面装饰

按设计图示饰面外围尺寸以面积计算。柱帽、柱墩并入相应柱饰面工程量内。计量单位为平方米(m²)。

② 成品装饰柱

以根计量,按设计数量计算;以米计量,按设计长度计算。

(3) 项目特征

① 柱(梁)面装饰

a. 龙骨材料种类、规格、中距;b. 隔离层材料种类;c. 基层材料种类、规格;d. 面层材料品种、规格、颜色;e. 压条材料种类、规格。

② 成品装饰柱

a. 柱截面、高度尺寸;b. 柱材质。

(4) 工作内容

① 柱(梁)面装饰

a. 清理基层;b. 龙骨制作、运输、安装;c. 钉隔离层;d. 基层铺钉;e. 面层铺贴。

② 成品装饰柱

柱运输、固定、安装。

4.2.9 幕墙工程(编码:011209)

(1) 项目编码及项目名称

011209001 带骨架幕墙;011209002 全玻(无框玻璃)幕墙。

(2) 计算规则

① 带骨架幕墙

按设计图示框外围尺寸以面积计算。与幕墙同种材质的窗所占面积不扣除。计量单位为平方米(m²)。

② 全玻(无框玻璃)幕墙

按设计图示尺寸以面积计算。带肋全玻幕墙按展开面积计算。计量单位为平方米(m²)。

(3) 项目特征

① 带骨架幕墙

a. 骨架材料种类、规格、中距;b. 面层材料品种、规格、颜色;c. 面层固定方式;d. 隔离带、框边封闭材料品种、规格;e. 嵌缝、塞口材料种类。

② 全玻(无框玻璃)幕墙

a. 玻璃品种、规格、品牌、颜色;b. 粘结塞口材料种类;c. 固定方式。

（4）工程内容

① 带骨架幕墙

a. 骨架制作、运输、安装；b. 面层安装；c. 隔离带、框边封闭；d. 嵌缝、塞口；e. 清洗。

② 全玻（无框玻璃）幕墙

a. 幕墙安装；b. 嵌缝、塞口；c. 清洗。

（5）附注

幕墙钢骨架按《计算规范》附录表 M. 4 干挂石材钢骨架编码列项。

4.2.10 隔断（编码：011210）

（1）项目编码及项目名称

011210001 木隔断；011210002 金属隔断；011210003 玻璃隔断；011210004 塑料隔断；011210005 成品隔断；011210006 其他隔断。

（2）计算规则

① 木隔断

按设计图示框外围尺寸以面积计算。不扣除单个≤0. 3 m² 的孔洞所占面积；浴厕门的材质与隔断相同时，门的面积并入隔断面积内。计量单位为平方米（m²）。

② 金属隔断

按设计图示框外围尺寸以面积计算。不扣除单个≤0. 3 m² 的孔洞所占面积；浴厕门的材质与隔断相同时，门的面积并入隔断面积内。

③ 玻璃隔断、塑料隔断

按设计图示框外围尺寸以面积计算。不扣除单个≤0. 3 m² 的孔洞所占面积。

④ 成品隔断

a. 按设计图示框外围尺寸以面积计算；b. 按设计间的数量以间计算。

⑤ 其他隔断

按设计图示框外围尺寸以面积计算。不扣除单个≤0. 3 m² 的孔洞所占面积。

（3）项目特征

① 木隔断

a. 骨架、边框材料种类、规格；b. 隔板材料品种、规格、颜色；c. 嵌缝、塞口材料品种；d. 压条材料种类。

② 金属隔断

a. 骨架、边框材料种类、规格；b. 隔板材料品种、规格、颜色；c. 嵌缝、塞口材料品种。

③ 玻璃隔断

a. 边框材料种类、规格；b. 玻璃品种、规格、颜色；c. 嵌缝、塞口材料品种。

④ 塑料隔断

a. 边框材料种类、规格；b. 隔板材料品种、规格、颜色；c. 嵌缝、塞口材料品种。

⑤ 成品隔断

a. 隔断材料品种、规格、颜色；b. 配件品种、规格。

⑥ 其他隔断

a. 骨架、边框材料种类、规格；b. 隔板材料品种、规格、颜色；c. 嵌缝、塞口材料品种。

（4）工程内容

① 木隔断

a. 骨架及边框制作、运输、安装；b. 隔板制作、运输、安装；c. 嵌缝、塞口；d. 装钉压条。

② 金属隔断

a. 骨架及边框制作、运输、安装；b. 隔板制作、运输、安装；c. 嵌缝、塞口。

③ 玻璃隔断

a. 边框制作、运输、安装；b. 玻璃制作、运输、安装；c. 嵌缝、塞口。

④ 塑料隔断

a. 骨架及边框制作、运输、安装；b. 隔板制作、运输、安装；c. 嵌缝、塞口。

⑤ 成品隔断

a. 隔断运输、安装；b. 嵌缝、塞口。

⑥ 其他隔断

a. 骨架及边框安装；b. 隔板安装；c. 嵌缝、塞口。

4.3 天棚工程

4.3.1 天棚抹灰（编码：011301）

（1）项目编码及项目名称

011301001 天棚抹灰。

（2）计算规则

按设计图示尺寸以水平投影面积计算。不扣除间壁墙、垛、柱、附墙烟囱、检查口和管道所占的面积，带梁天棚的梁两侧抹灰面积并入天棚面积内，板式楼梯底面抹灰按斜面积计算，锯齿形楼梯底板抹灰按展开面积计算。计量单位为平方米（m^2）。

（3）项目特征

a. 基层类型；b. 抹灰厚度、材料种类；c. 砂浆配合比。

（4）工作内容

a. 基层清理；b. 底层抹灰；c. 抹面层。

4.3.2 天棚吊顶（编码：011302）

（1）项目编码及项目名称

011302001 吊顶天棚；011302002 格栅吊顶；011302003 吊筒吊顶；011302004 藤条造型悬挂吊顶；011302005 织物软雕吊顶；011302006 装饰网架吊顶。

（2）计算规则

① 吊顶天棚

按设计图示尺寸以水平投影面积计算。天棚面中的灯槽及跌级、锯齿形、吊挂式、藻井式天棚面积不展开计算。不扣除间壁墙、检查口、附墙烟囱、柱垛和管道所占面积，扣除单个＞0.3 m^2 的孔洞、独立柱及与天棚相连的窗帘盒所占的面积。计量单位为平方米（m^2）。

② 其他天棚

按设计图示尺寸以水平投影面积计算。计量单位为平方米（m^2）。

（3）项目特征

① 吊顶天棚

a. 吊顶形式、吊杆规格、高度;b. 龙骨材料种类、规格、中距;c. 基层材料种类、规格;d. 面层材料品种、规格;e. 压条材料种类、规格;f. 嵌缝材料种类;g. 防护材料种类。

② 格栅吊顶

a. 龙骨材料种类、规格、中距;b. 基层材料种类、规格;c. 面层材料品种、规格;d. 防护材料种类。

③ 吊筒吊顶

a. 吊筒形状、规格;b. 吊筒材料种类;c. 防护材料种类。

④ 藤条造型悬挂吊顶、织物软雕吊顶

a. 骨架材料种类、规格;b. 面层材料品种、规格。

⑤ 装饰网架吊顶

网架材料品种、规格。

(4) 工程内容

① 吊顶天棚

a. 基层清理、吊杆安装;b. 龙骨安装;c. 基层板铺贴;d. 面层铺贴;e. 嵌缝;f. 刷防护材料。

② 格栅吊顶

a. 基层清理;b. 安装龙骨;c. 基层板铺贴;d. 面层铺贴;e. 刷防护材料。

③ 吊筒吊顶

a. 基层清理;b. 吊筒制作安装;c. 刷防护材料。

④ 藤条造型悬挂吊顶、织物软雕吊顶

a. 基层清理;b. 龙骨安装;c. 铺贴面层。

⑤ 装饰网架吊顶

a. 基层清理;b. 网架制作安装。

4.3.3 采光天棚(编码:011303)

(1) 项目编码及项目名称

011303001 采光天棚。

(2) 计算规则

按框外围展开面积计算。计量单位为平方米(m²)。

(3) 项目特征

a. 骨架类型;b. 固定类型、固定材料品种、规格;c. 面层材料品种、规格;d. 嵌缝、塞口材料种类。

(4) 工程内容

a. 清理基层;b. 面层制安;c. 嵌缝、塞口;d. 清洗。

4.3.4 天棚其他装饰(编码:011304)

(1) 项目编码及项目名称

011304001 灯带(槽);011304002 送风口、回风口。

(2) 计算规则

灯带按设计图示尺寸以框外围面积计算,计量单位为平方米(m²);送风口、回风口按设计图示数量计算,计量单位为个。

（3）项目特征

① 灯带（槽）

a. 灯带形式、尺寸；b. 格栅片材料品种、规格；c. 安装固定方式。

② 送风口、回风口

a. 风口材料品种、规格；b. 安装固定方式；c. 防护材料种类。

（4）工程内容

① 灯带（槽）

安装、固定。

② 送风口、回风口

a. 安装、固定；b. 刷防护材料。

4.4 门窗工程

4.4.1 木门（编码：010801）

（1）项目编码及项目名称

010801001 木质门；010801002 木质门带套；010801003 木质连窗门；010801004 木质防火门；010801005 木门框；010801006 门锁安装。

（2）计算规则

① 木质门、木质门带套、木质连窗门、木质防火门

a. 按设计图示数量计算，计量单位为樘；b. 按设计图示洞口尺寸以面积计算，计量单位为平方米（m²）。

② 木门框

a. 按设计图示数量计算，计量单位为樘；b. 按设计图示框的中心线以延长米计算，计量单位为米（m）。

③ 门锁安装

按设计图示数量计算，计量单位为个（或套）。

（3）项目特征

① 木质门、木质门带套、木质连窗门、木质防火门

a. 门代号及洞口尺寸；b. 镶嵌玻璃品种、厚度。

② 木门框

a. 门代号及洞口尺寸；b. 框截面尺寸；c. 防护材料种类。

③ 门锁安装

a. 锁品种；b. 锁规格。

（4）工程内容

① 木质门、木质门带套、木质连窗门、木质防火门

a. 门安装；b. 玻璃安装；c. 五金安装。

② 木门框

a. 木门框制作、安装；b. 运输；c. 刷防护材料。

③ 门锁安装

安装。

(5) 附注

① 木质门应区分镶板木门、企口木板门、实木装饰门、胶合板门、夹板装饰门、木纱门、全玻门(带木质扇框)、木质半玻门(带木质扇框)等项目,分别编码列项。

② 木门五金应包括折页、插销、门碰珠、弓背拉手、搭扣、木螺丝、弹簧折页(自动门)、管子拉手(自由门、地弹门)、地弹簧(地弹门)、角铁、门轧头(地弹门、自由门)等。

③ 木质门带套计量按洞口尺寸以面积计算,不包括门套的面积。

④ 以樘计量,项目特征必须描述洞口尺寸,以平方米计量,项目特征可不描述洞口尺寸。

⑤ 单独制作安装木门框按木门框项目编码列项。

4.4.2 金属门(编码:010802)

(1) 项目编码及项目名称

010802001 金属(塑钢)门;010802002 彩板门;010802003 钢质防火门;010802004 防盗门。

(2) 计算规则

按设计图示数量或设计图示洞口尺寸以面积计算。计量单位为樘或平方米(m^2)。

(3) 项目特征

① 金属(塑钢)门

a. 门代号及洞口尺寸;b. 门框或扇外围尺寸;c. 门框、扇材质;d. 玻璃品种、厚度。

② 彩板门

a. 门代号及洞口尺寸;b. 门框或扇外围尺寸。

③ 钢质防火门、防盗门

a. 门代号及洞口尺寸;b. 门框或扇外围尺寸;c. 门框、扇材质。

(4) 工程内容

① 金属(塑钢)门、彩板门、钢质防火门

a. 门安装;b. 五金安装;c. 下班安装。

② 防盗门

a. 门安装;b. 五金安装。

(5) 附注

① 金属门应区分金属平开门、金属推拉门、金属地弹门、全玻门(带金属扇框)、金属半玻门(带扇框)等项目,分别编码列项。

② 铝合金门五金包括地弹簧、门锁、拉手、门插、门铰、螺丝等。

③ 其他金属门五金包括 L 型执手插锁(双舌)、执手锁(单舌)、门轧头、地锁、防盗门机、门眼(猫眼)、门碰珠、电子锁(磁卡锁)、闭门器、装饰拉手等。

④ 以樘计量,项目特征必须描述洞口尺寸,没有洞口尺寸必须描述门框或扇外围尺寸,以平方米计量,项目特征可不描述洞口尺寸及框、扇的外围尺寸。

⑤ 以平方米计量,无设计图示洞口尺寸,按门框、扇外围以面积计算。

4.4.3 金属卷帘(闸)门(编码:010803)

(1) 项目编码及项目名称

010803001 金属卷帘(闸)门;010803002 防火卷帘(闸)门。

(2) 计算规则

按设计图示数量或设计图示洞口尺寸以面积计算。计量单位为樘或平方米(m^2)。

（3）项目特征

a. 门代号及洞口尺寸;b. 门材质;c. 启动装置品种、规格。

（4）工程内容

a. 门运输、安装;b. 启动装置、活动小门、五金安装。

4.4.4 厂库房大门、特种门(编码:010804)

（1）项目编码及项目名称

010804001 木板大门;010804002 钢木大门;010804003 全钢板大门;010804004 防护铁丝门;010804005 金属格栅门;010804006 钢质花饰大门;010804007 特种门。

（2）计算规则

按设计图示数量或设计图示洞口尺寸以面积计算。计量单位为樘或平方米(m^2)。

（3）项目特征

① 木板大门、钢木大门、全钢板大门、防护铁丝门

a. 门代号及洞口尺寸;b. 门框或扇外围尺寸;c. 门框、扇材质;d. 五金种类规格;e. 防护材料种类。

② 金属格栅门

a. 门代号及洞口尺寸;b. 门框或扇外围尺寸;c. 门框、扇材质;d. 启动装置的品种、规格。

③ 钢质花饰大门、特种门

a. 门代号及洞口尺寸;b. 门框或扇外围尺寸;c. 门框、扇材质。

（4）工作内容

① 木板大门、钢木大门、全钢板大门、防护铁丝门

a. 门(骨架)制作、运输;b. 门、五金配件安装;c. 刷防护材料。

② 金属格栅门

a. 门安装;b. 启动装置、五金配件安装。

③ 钢质花饰大门、特种门

a. 门安装;b. 五金配件安装。

（5）附注

① 特种门应区分冷藏门、冷冻间门、保温门、变电室门、隔音门、防射电门、人防门、金库门等项目,分别编码列项。

② 以樘计量,项目特征必须描述洞口尺寸,没有洞口尺寸必须描述门框或扇外围尺寸,以平方米计量,项目特征可不描述洞口尺寸及框、扇的外围尺寸。

③ 以平方米计量,无设计图示洞口尺寸,按门框、扇外围以面积计。

4.4.5 其他门(编码:010805)

（1）项目编码及项目名称

010805001 电子感应门;010805002 旋转门;010805003 电子对讲门;0805004 电动伸缩门;010805005 全玻自由门;010805006 镜面不锈钢饰面门;010805007 复合材料门。

（2）计算规则

按设计图示数量或设计图示洞口尺寸以面积计算。计量单位为樘或平方米(m^2)。

（3）项目特征

① 电子感应门、旋转门

a. 门代号及洞口尺寸；b. 门框或扇外围尺寸；c. 门框、扇材质；d. 玻璃品种、厚度；e. 启动装置的品种、规格；f. 电子配件品种、规格。

② 电子对讲门、电动伸缩门

a. 门代号及洞口尺寸；b. 门框或扇外围尺寸；c. 门材质；d. 玻璃品种、厚度；e. 启动装置的品种、规格；f. 电子配件品种、规格。

③ 全玻自由门

a. 门代号及洞口尺寸；b. 门框或扇外围尺寸；c. 框材质；d. 玻璃品种、厚度。

④ 镜面不锈钢饰面门、复合材料门

a. 门代号及洞口尺寸；b. 门框或扇外围尺寸；c. 门框、扇材质；d. 玻璃品种、厚度。

（4）工程内容

① 电子感应门、旋转门、电子对讲门、电动伸缩门

a. 门安装；b. 启动装置、五金、电子配件安装。

② 全玻自由门、镜面不锈钢饰面门、复合材料门

a. 门安装；b. 五金安装。

（5）附注

① 以樘计量，项目特征必须描述洞口尺寸，没有洞口尺寸必须描述门框或扇外围尺寸，以平方米计量，项目特征可不描述洞口尺寸及框、扇的外围尺寸。

② 以平方米计量，无设计图示洞口尺寸，按门框、扇外围以面积计算。

4.4.6 木窗（编码：010806）

（1）项目编码及项目名称

010806001 木质窗；010806002 木飘（凸）窗；010806003 木橱窗；010806004 木纱窗。

（2）计算规则

① 木质窗、木飘（凸）窗

按设计图示数量或设计图示洞口尺寸以面积计算。计量单位为樘或平方米（m²）。

② 木橱窗

按设计图示数量或设计图示尺寸以框外围展开面积计算。计量单位为樘或平方米（m²）。

③ 木纱窗

按设计图示数量或按框的外围尺寸以面积计算。计量单位为樘或平方米（m²）。

（3）项目特征

① 木质窗、木飘（凸）窗

a. 窗代号及洞口尺寸；b. 玻璃品种、厚度。

② 木橱窗

a. 窗代号；b. 框截面及外围展开面积；c. 玻璃品种、厚度；d. 防护材料种类。

③ 木纱窗

a. 窗代号及框的外围尺寸；b. 窗纱材料品种、规格。

（4）工程内容

① 木质窗、木飘(凸)窗

a.窗安装;b.五金、玻璃安装。

② 木橱窗

a.窗制作、运输、安装;b.五金、玻璃安装;c.刷防护材料。

③ 木纱窗

a.窗安装;b.五金安装。

(5) 附注

① 木质窗应区分木百叶窗、木组合窗、木天窗、木固定窗、木装饰空花窗等项目,分别编码列项。

② 以樘计量,项目特征必须描述洞口尺寸,没有洞口尺寸必须描述窗框外围尺寸,以平方米计量,项目特征可不描述洞口尺寸及框的外围尺寸。

③ 以平方米计量,无设计图示洞口尺寸,按窗框外围以面积计算。

④ 木橱窗、木飘(凸)窗以樘计量,项目特征必须描述框截面及外围展开面积。

⑤ 木窗五金包括折页、插销、风钩、木螺丝、滑轮滑轨(推拉窗)等。

4.4.7 金属窗(编码:010807)

(1) 项目编码及项目名称

010807001 金属(塑钢、断桥)窗;010807002 金属防火窗;010807003 金属百叶窗;010807004 金属纱窗;010807005 金属格栅窗;010807006 金属(塑钢、断桥)橱窗;010807007 金属(塑钢、断桥)飘(凸)窗;010807008 彩板窗;010807009 复合材料窗。

(2) 计算规则

① 金属(塑钢、断桥)窗、金属防火窗、金属百叶窗、金属格栅窗

按设计图示数量或设计图示洞口尺寸以面积计算。计量单位为樘或平方米(m²)。

② 金属纱窗

按设计图示数量或按框的外围尺寸以面积计算。计量单位为樘或平方米(m²)。

③ 金属(塑钢、断桥)橱窗、金属(塑钢、断桥)飘(凸)窗

按设计图示数量或按设计图示尺寸以框外围展开面积计算。计量单位为樘或平方米(m²)。

④ 彩板窗、复合材料窗

按设计图示数量或按设计图示洞口尺寸或框外围以面积计算。计量单位为樘或平方米(m²)。

(3) 项目特征

① 金属(塑钢、断桥)窗、金属防火窗、金属百叶窗

a.窗代号及洞口尺寸;b.框、扇材质;c.玻璃品种、厚度。

② 金属纱窗

a.窗代号及框外围尺寸;b.框材质;c.纱窗材料品种、规格。

③ 金属格栅窗

a.窗代号及洞口尺寸;b.框外围尺寸;c.框、扇材质。

④ 金属(塑钢、断桥)橱窗

a.窗代号;b.框外围展开面积;c.框、扇材质;d.玻璃品种、厚度;e.防护材料种类。

⑤ 金属(塑钢、断桥)飘(凸)窗

a. 窗代号;b. 框外围展开面积;c. 框、扇材质;d. 玻璃品种、厚度。

⑥ 彩板窗、复合材料窗

a. 窗代号及洞口尺寸;b. 框外围尺寸;c. 框、扇材质;d. 玻璃品种、厚度。

(4) 工程内容

① 金属(塑钢、断桥)窗、金属防火窗

a. 窗安装;b. 五金、玻璃安装。

② 金属百叶窗、金属纱窗、金属格栅窗

a. 窗安装;b. 五金安装。

③ 金属(塑钢、断桥)橱窗

a. 窗制作、运输、安装;b. 五金、玻璃安装;c. 刷防护材料。

④ 金属(塑钢、断桥)飘(凸)窗、彩板窗、复合材料窗

a. 窗安装;b. 五金、玻璃安装。

(5) 附注

① 金属窗应区分金属组合窗、防盗窗等项目,分别编码列项。

② 以樘计量,项目特征必须描述洞口尺寸,没有洞口尺寸必须描述窗框外围尺寸,以平方米计量,项目特征可不描述洞口尺寸及框的外围尺寸。

③ 以平方米计量,无设计图示洞口尺寸,按窗框外围以面积计算。

④ 金属橱窗、飘(凸)窗以樘计量,项目特征必须描述框外围展开面积。

⑤ 金属窗中的铝合金窗五金应包括卡锁、滑轮、铰拉、执手、拉把、拉手、风撑、角码、牛角制等。

⑥ 其他金属窗五金包括折页、螺丝、执手、卡锁、风撑、滑轮滑轨(推拉窗)等。

4.4.8 门窗套(编码:010808)

(1) 项目编码及项目名称

010808001 木门窗套;010808002 木筒子板;010808003 饰面夹板筒子板;010808004 金属门窗套;010808005 石材门窗套;010808006 门窗木贴脸;010808007 成品木门窗套。

(2) 计算规则

① 木门窗套、木筒子板、饰面夹板筒子板、金属门窗套、石材门窗套、成品木门窗套

a. 以樘计量,按设计图示数量计算;b. 以平方米计量,按设计图示尺寸以展开面积计算;c. 以米计量,按设计图示中心以延长米计算。

② 门窗木贴脸

a. 以樘计量,按设计图示数量计算;b. 以米计量,按设计图示尺寸以延长米计算。

(3) 项目特征

① 木门窗套

a. 窗代号及洞口尺寸;b. 门窗套展开宽度;c. 基层材料种类;d. 面层材料品种、规格;e. 线条品种、规格;f. 防护材料种类。

② 木筒子板、饰面夹板筒子板

a. 筒子板宽度;b. 基层材料种类;c. 面层材料品种、规格;d. 线条品种、规格;e. 防护材料种类。

③ 金属门窗套

a. 窗代号及洞口尺寸；b. 门窗套展开宽度；c. 基层材料种类；d. 面层材料品种、规格；e. 防护材料种类。

④ 石材门窗套

a. 窗代号及洞口尺寸；b. 门窗套展开宽度；c. 底层厚度、砂浆配合比；d. 面层材料品种、规格；e. 线条品种、规格。

⑤ 门窗木贴脸

a. 门窗代号及洞口尺寸；b. 贴脸板宽度；c. 防护材料种类。

⑥ 成品木门窗套

a. 窗代号及洞口尺寸；b. 门窗套展开宽度；c. 门窗套材料品种、规格。

（4）工程内容

① 木门窗套、木筒子板、饰面夹板筒子板

a. 清理基层；b. 立筋制作、安装；c. 基层板安装；d. 面层铺贴；e. 线条安装；f. 刷防护材料。

② 金属门窗套

a. 清理基层；b. 立筋制作、安装；c. 基层板安装；d. 面层铺贴；e. 刷防护材料。

③ 石材门窗套

a. 清理基层；b. 立筋制作、安装；c. 基层抹灰；d. 面层铺贴；e. 线条安装。

④ 门窗木贴脸

安装。

⑤ 成品木门窗套

a. 清理基层；b. 立筋制作、安装；c. 板安装。

4.4.9　门窗套（编码：010809）

（1）项目编码及项目名称

010809001 木窗台板；010809002 铝塑窗台板；010809003 金属窗台板；010809004 石材窗台板。

（2）计算规则

按设计图示以展开面积计算。计量单位为平方米（m²）。

（3）项目特征

a. 基层材料种类；b. 窗台面板材质、规格、颜色；c. 防护材料种类。

（4）工程内容

① 木窗台板、铝塑窗台板、金属窗台板

a. 基层清理；b. 基层制作、安装；c. 窗台板制作、安装；d. 刷防护材料。

② 石材窗台板

a. 基层清理；b. 抹找平层；c. 窗台板制作、安装。

4.4.10　门窗套（编码：010810）

（1）项目编码及项目名称

010810001 窗帘；010810002 木窗帘盒；010810003 饰面夹板及塑料窗帘盒；010810004 铝合金窗帘盒；010810005 窗帘轨。

（2）计算规则

按设计图示尺寸以长度计算。计量单位为米(m)。

（3）项目特征

① 窗帘、木窗帘盒、饰面夹板及塑料窗帘盒

a. 窗帘盒材质、规格；b. 防护材料种类。

② 窗帘轨

a. 窗帘轨材质、规格；b. 轨的数量；c. 防护材料种类。

（4）工程内容

a. 制作、运输、安装；b. 刷防护材料。

（5）附注

① 窗帘若是双层,项目特征必须描述每层材质。

② 窗帘以米计量,项目特征必须描述窗帘的高度和宽。

4.5 油漆、涂料、裱糊工程

4.5.1 门油漆(编码:011401)

（1）项目编码及项目名称

011401001 木门油漆；011401002 金属门油漆。

（2）计算规则

按设计图示数量或按设计图示洞口尺寸以面积计算。计量单位为樘或平方米(m^2)。

（3）项目特征

a. 门类型；b. 门代号及洞口尺寸；c. 腻子种类；d. 刮腻子遍数；e. 防护材料种类；f. 油漆品种、刷漆遍数。

（4）工程内容

① 木门油漆

a. 基层清理；b. 刮腻子；c. 刷防护材料、油漆。

② 金属门油漆

a. 除锈、基层清理；b. 刮腻子；c. 刷防护材料、油漆。

（5）附注

① 木门油漆应区分木大门、单层木门、双层(一玻一纱)木门、双层(单裁口)木门、全玻自由门、半玻自由门、装饰门及有框门或无框门等项目,分别编码列项。

② 金属门油漆应区分平开门、推拉门、钢制防火门等项目,分别编码列项。

③ 以平方米计量,项目特征可不必描述洞口尺寸。

4.5.2 窗油漆(编码:011402)

（1）项目编码及项目名称

011402001 木窗油漆；011402002 金属窗油漆。

（2）计算规则

按设计图示数量或按设计图示洞口尺寸以面积计算。计量单位为樘或平方米(m^2)。

（3）项目特征

a. 窗类型；b. 窗代号及洞口尺寸；c. 腻子种类；d. 刮腻子遍数；e. 防护材料种类；f. 油漆

品种、刷漆遍数。

（4）工程内容

① 木窗油漆

a. 基层清理；b. 刮腻子；c. 刷防护材料、油漆。

② 金属窗油漆

a. 除锈、基层清理；b. 刮腻子；c. 刷防护材料、油漆。

（5）附注

① 木窗油漆应区分单层木窗、双层（一玻一纱）木窗、双层框扇（单裁口）木窗、双层框三层（二玻一纱）木窗、单层组合窗、双层组合窗、木百叶窗、木推拉窗等项目，分别编码列项。

② 金属窗油漆应区分平开窗、推拉窗、固定窗、组合窗、金属隔栅窗等项目，分别编码列项。

③ 以平方米计量，项目特征可不必描述洞口尺寸。

4.5.3　木扶手及其他板条、线条油漆（编码：011403）

（1）项目编码及项目名称

011403001 木扶手油漆；011403002 窗帘盒油漆；011403003 封檐板、顺水板油漆；011403004 挂衣板、黑板框油漆；011403005 挂镜线、窗帘棍、单独木线油漆。

（2）计算规则

按设计图示以长度计算。计量单位为米（m）。

（3）项目特征

a. 断面尺寸；b. 腻子种类；c. 刮腻子遍数；d. 防护材料种类；e. 油漆品种、刷漆遍数。

（4）工程内容

a. 基层清理；b. 刮腻子；c. 刷防护材料、油漆。

4.5.4　木材料面油漆（编码：011404）

（1）项目编码及项目名称

011404001 木护墙、木墙裙油漆；011404002 窗台板、筒子板、盖板、门窗套、踢脚线油漆；011404003 清水板条天棚、檐口油漆；011404004 木方格吊顶天棚油漆；011404005 吸音板墙面、天棚面油漆；011404006 暖气罩油漆；011404007 其他木材油漆；011404008 木间壁、木隔断油漆；011404009 玻璃间壁露明墙筋油漆；011404010 木栅栏、木栏杆（带扶手）油漆；011404011 衣柜、壁柜油漆；011404012 梁柱饰面油漆；011404013 零星木装修油漆；011404014 木地板油漆；011404015 木地板烫硬蜡面。

（2）计算规则

① 木护墙、木墙裙油漆，窗台板、筒子板、盖板、门窗套、踢脚线油漆，清水板条天棚、檐口油漆，木方格吊顶天棚油漆，吸音板墙面、天棚面油漆，暖气罩油漆，其他木材油漆

均按设计图示尺寸以面积计算。

② 木间壁、木隔断油漆，玻璃间壁露明墙筋油漆，木栅栏、木栏杆（带扶手）油漆，衣柜、壁柜油漆，梁柱饰面油漆，零星木装修油漆，木地板油漆

按设计图示尺寸以单面外围面积计算。

③ 木地板烫硬蜡面

按设计图示尺寸以面积计算。空洞、空圈、暖气包槽、壁龛的开口部分并入相应的工程

量内。

（3）项目特征

① 木材料面油漆

a. 腻子种类；b. 刮腻子遍数；c. 防护材料种类；d. 油漆品种、刷漆遍数。

② 木地板烫硬蜡面

a. 硬蜡品种；b. 面层处理要求。

（4）工程内容

① 木材料面油漆

a. 基层清理；b. 刮腻子；c. 刷防护材料、油漆。

② 木地板烫硬蜡面

a. 基层清理；b. 烫蜡。

4.5.5 金属面油漆（编码：011405）

（1）项目编码及项目名称

011405001 金属面油漆

（2）计算规则

a. 以吨（t）计量，按设计图示尺寸以质量计算；b. 以平方米（m²）计量，按设计展开面积计算。

（3）项目特征

a. 构件名称；b. 腻子种类；c. 刮腻子要求；d. 防护材料种类；e. 油漆品种、刷漆遍数。

（4）工程内容

a. 基层清理；b. 刮腻子；c. 刷防护材料、油漆。

4.5.6 抹灰面油漆

（1）项目编码及项目名称

011406001 抹灰面油漆；011406002 抹灰线条油漆；011406003 满刮腻子。

（2）计算规则

① 抹灰面油漆、满刮腻子

按设计图示尺寸以面积计算。计量单位为平方米（m²）。

② 抹灰线条油漆

按设计图示尺寸以长度计算。计量单位为米（m）。

（3）项目特征

① 抹灰面油漆

a. 基层类型；b. 腻子种类；c. 刮腻子遍数；d. 防护材料种类；e. 油漆品种、刷漆遍数；f. 部位。

② 抹灰线条油漆

a. 线条宽度、道数；b. 腻子种类；c. 刮腻子遍数；d. 防护材料种类；e. 油漆品种、刷漆遍数。

③ 满刮腻子

a. 基层类型；b. 腻子种类；c. 刮腻子遍数。

（4）工程内容

① 抹灰面油漆、抹灰线条油漆

a. 基层清理；b. 刮腻子；c. 刷防护材料、油漆。

② 满刮腻子

a. 基层清理；b. 刮腻子。

4.5.7 喷刷涂料(编码:011407)

(1) 项目编码及项目名称

011407001 墙面喷刷涂料；011407002 天棚喷刷涂料；011407003 空花格、栏杆刷涂料；011407004 线条刷涂料；011407005 金属构件刷防火涂料；011407006 木材构件喷刷防火涂料。

(2) 计算规则

① 墙面喷刷涂料、天棚喷刷涂料、木材构件喷刷防火涂料

按设计图示尺寸以面积计算。计量单位为平方米(m^2)。

② 空花格、栏杆刷涂料

按设计图示尺寸以单面外围面积计算。计量单位为平方米(m^2)。

③ 线条刷涂料

按设计图示尺寸以长度计算。计量单位为米(m)。

④ 金属构件刷防火涂料

a. 按设计图示尺寸以质量计算,计量单位为吨(t)；b. 按设计展开面积计算,计量单位为平方米(m^2)。

(3) 项目特征

① 墙面喷刷涂料、天棚喷刷涂料

a. 基层类型；b. 喷刷涂料部位；c. 腻子种类；d. 刮腻子要求；e. 涂料品种、喷刷遍数。

② 空花格、栏杆刷涂料

a. 腻子种类；b. 刮腻子要求；c. 涂料品种、刷喷遍数。

③ 线条刷涂料

a. 基层清理；b. 线条宽度；c. 刮腻子遍数；d. 刷防护材料、油漆。

④ 金属构件刷防火涂料、木材构件喷刷防火涂料

a. 喷刷防火涂料构件名称；b. 防火等级要求；c. 涂料品种、喷刷遍数。

(4) 附注

喷刷墙面涂料部位要注明内墙或外墙。

4.5.8 裱糊(编码:011408)

(1) 项目编码及项目名称

011408001 墙纸裱糊；011408002 织锦缎裱糊。

(2) 计算规则

按设计图示尺寸以面积计算。计量单位为平方米(m^2)。

(3) 项目特征

a. 基层类型；b. 裱糊部位；c. 腻子种类；d. 刮腻子遍数；e. 粘结材料种类；f. 防护材料种类；g. 面层材料品种、规格、颜色。

(4) 工程内容

a. 基层清理；b. 刮腻子；c. 面层铺贴；d. 刷防护材料。

4.6 其他装饰工程

4.6.1 柜类、货架(编码:011501)

(1)项目编码及项目名称

011501001 柜台;011501002 酒柜;011501003 衣柜;011501004 存包柜;011501005 鞋柜;011501006 书柜;011501007 厨房壁柜;011501008 木壁柜;011501009 厨房低柜;011501010 厨房吊柜;011501011 矮柜;011501012 吧台背柜;011501013 酒吧吊柜;011501014 酒吧柜;011501015 展台;011501016 收银台;011501017 试衣柜;011501018 货架;011501019 书架;011501020 服务台。

(2)计算规则

① 按设计图示数量计算。计量单位为个。

② 按设计图示尺寸以延长米计算。计量单位为米(m)。

③ 按设计图示尺寸以体积计算。计量单位为立方米(m^3)。

(3)项目特征

a. 台柜规格;b. 材料种类、规格;c. 五金种类、规格;d. 防护材料种类;e. 油漆品种、刷漆遍数。

(4)工程内容

a. 台柜制作、运输、安装(安放);b. 刷防护材料、油漆;c. 五金件安装。

4.6.2 压条、装饰线(编码:011502)

(1)项目编码及项目名称:

011502001 金属装饰线;011502002 木质装饰线;011502003 石材装饰线;011502004 石膏装饰线;011502005 镜面玻璃线;011502006 铝塑装饰线;011502007 塑料装饰线;011502008 GRC 装饰线条。

(2)计算规则

按设计图示以长度计算。计量单位为米(m)。

(3)项目特征

① 金属装饰线、木质装饰线、石材装饰线、石膏装饰线、镜面玻璃线、铝塑装饰线、塑料装饰线

a. 基层类型;b. 线条材料品种、规格、颜色;c. 防护材料种类。

② GRC 装饰线条

a. 基层类型;b. 线条规格;c. 线条安装部位;d. 填充材料种类。

(4)工程内容

① 金属装饰线、木质装饰线、石材装饰线、石膏装饰线、镜面玻璃线、铝塑装饰线、塑料装饰线

a. 线条制作、安装;b. 刷防护材料。

② GRC 装饰线条

线条制作、安装。

4.6.3 扶手、栏杆、栏板装饰(编码:011503)

(1)项目编码及项目名称

011503001 金属扶手、栏杆、栏板；011503002 硬木扶手、栏杆、栏板；011503003 塑料扶手、栏杆、栏板；011503004 GRC 栏杆、扶手；011503005 金属靠墙扶手；011503006 硬木靠墙扶手；011503007 塑料靠墙扶手；011503008 玻璃栏板。

（2）计算规则

按设计图示尺寸以扶手中心线长度（包括弯头长度）计算。计量单位为米（m）。

（3）项目特征

① 金属扶手、栏杆、栏板，硬木扶手、栏杆、栏板，塑料扶手、栏杆、栏板

a. 扶手材料种类、规格；b. 栏杆材料种类、规格；c. 栏板材料种类、规格、颜色；d. 固定配件种类；e. 防护材料种类。

② GRC 栏杆、扶手

a. 栏杆的规格；b. 安装间距；c. 扶手类型规格；d. 填充材料种类。

③ 金属靠墙扶手，硬木靠墙扶手，塑料靠墙扶手

a. 扶手材料种类、规格；b. 固定配件种类；c. 防护材料种类。

④ 玻璃栏板

a. 栏杆玻璃的种类、规格、颜色、品牌；b. 固定方式；c. 固定配件种类。

（4）工程内容

a. 制作；b. 运输；c. 安装；d. 刷防护材料。

4.6.4 暖气罩（编码：011504）

（1）项目编码及项目名称

011504001 饰面板暖气罩；011504002 塑料板暖气罩；011504003 金属暖气罩。

（2）计算规则

按设计图示尺寸以垂直投影面积（不展开）计算。计量单位为平方米（m²）。

（3）项目特征

a. 暖气罩材质；b. 防护材料种类。

（4）工程内容

a. 暖气罩制作、运输、安装；b. 刷防护材料。

4.6.5 浴厕配件（编码：011505）

（1）项目编码及项目名称

011505001 洗漱台；011505002 晒衣架；011505003 帘子杆；011505004 浴缸拉手；011505005 卫生间扶手；011505006 毛巾杆（架）；011505007 毛巾环；011505008 卫生纸盒；011505009 肥皂盒；011505010 镜面玻璃；011505011 镜箱。

（2）计算规则

① 洗漱台

a. 按设计图示尺寸以台面外接矩形面积计算。不扣除孔洞、挖弯、削角所占面积，挡板、吊沿板面积并入台面面积内。计量单位为平方米（m²）。b. 按设计图示数量计算。计量单位为个。

② 晒衣架、帘子杆、浴缸拉手、卫生间扶手、毛巾杆（架）、毛巾环、卫生纸盒、肥皂盒、镜箱

均按设计图示数量计算。计量单位为个（根、套或副）。

③ 镜面玻璃

按设计图示尺寸以边框外围面积计算。计量单位为平方米(m²)。

(3) 项目特征

① 洗漱台、晒衣架、帘子杆、浴缸拉手、卫生间扶手、毛巾杆(架)、毛巾环、卫生纸盒、肥皂盒

a. 材料品种、规格、颜色;b. 支架、配件品种、规格。

② 镜面玻璃

a. 镜面玻璃品种、规格;b. 框材质、断面尺寸;c. 基层材料种类;d. 防护材料种类。

③ 镜箱

a. 箱体材质、规格;b. 玻璃品种、规格;c. 基层材料种类;d. 防护材料种类;e. 油漆品种、刷漆遍数。

(4) 工程内容

① 洗漱台、晒衣架、帘子杆、浴缸拉手、卫生间扶手、毛巾杆(架)、毛巾环、卫生纸盒、肥皂盒

a. 台面及支架运输、安装;b. 杆、环、盒、配件安装;c. 刷油漆。

② 镜面玻璃

a. 基层安装;b. 玻璃及框制作、运输、安装。

③ 镜箱

a. 基层安装;b. 箱体制作、运输、安装;c. 玻璃安装;d. 刷防护材料、油漆。

4.6.6 雨篷、旗杆(编码:011506)

(1) 项目编码及项目名称

011506001 雨篷吊挂饰面;011506002 金属旗杆;011506003 玻璃雨篷。

(2) 计算规则

① 雨篷吊挂饰面、玻璃雨篷

按设计图示尺寸以水平投影面积计算。计量单位为平方米(m²)。

② 金属旗杆

按设计图示数量计算。计量单位为根。

(3) 项目特征

① 雨篷吊挂饰面

a. 基层类型;b. 龙骨材料种类、规格、中距;c. 面层材料品种、规格;d. 吊顶(天棚)材料品种、规格;e. 嵌缝材料种类;f. 防护材料种类。

② 金属旗杆

a. 旗杆材类、种类、规格;b. 旗杆高度;c. 基础材料种类;d. 基座材料种类;e. 基座面层材料、种类、规格。

③ 玻璃雨篷

a. 玻璃雨篷固定方式;b. 龙骨材料种类、规格、中距;c. 玻璃材料品种、规格、品牌;d. 嵌缝材料种类;e. 防护材料种类。

(4) 工程内容

① 雨篷吊挂饰面

a. 底层抹灰;b. 龙骨基层安装;c. 面层安装;d. 刷防护材料、油漆。

② 金属旗杆

a. 土石挖、填、运;b. 基础混凝土浇筑;c. 旗杆制作、安装;d. 旗杆台座制作、饰面。

③ 玻璃雨篷

a. 龙骨基层安装;b. 面层安装;c. 刷防护材料、油漆。

4.6.7 招牌、灯箱(编码:011507)

(1)项目编码及项目名称

011507001 平面、箱式招牌;011507002 竖式标箱;011507003 灯箱;011507004 信报箱。

(2)计算规则

① 平面、箱式招牌

按设计图示尺寸以正立面边框外围面积计算,复杂形的凹凸造型部分不增加面积。计量单位为平方米(m^2)。

② 竖式标箱、灯箱、信报箱

按设计图示数量计算。计量单位为个。

(3)项目特征

① 平面、箱式招牌,竖式标箱,灯箱

a. 箱体规格;b. 基层材料种类;c. 面层材料种类;d. 防护材料种类。

② 信报箱

a. 箱体规格;b. 基层材料种类;c. 面层材料种类;d. 保护材料种类;e. 户数。

(4)工程内容

a. 基层安装;b. 箱体及支架制作、运输、安装;c. 面层制作、安装;d. 刷防护材料、油漆。

4.6.8 美术字(编码:011508)

(1)项目编码及项目名称

011508001 泡沫塑料字;011508002 有机玻璃字;011508003 木质字;011508004 金属字;011508005 吸塑字。

(2)计算规则

按设计图示数量计算。计量单位为个。

(3)项目特征

a. 基层类型;b. 镌字材料品种、颜色;c. 字体规格;d. 固定方式;e. 油漆品种、刷漆遍数。

(4)工程内容

a. 字制作、运输、安装;b. 刷油漆。

4.7 措施项目

4.7.1 脚手架工程(编码:011701)

(1)项目编码及项目名称

011701001 综合脚手架;011701002 外脚手架;011701003 里脚手架;011701004 悬空脚手架;011701005 挑脚手架;011701006 满堂脚手架;011701007 整体提升脚手架;011701008 外装饰吊篮;011701009 电梯井脚手架。

(2)计算规则

① 综合脚手架

按建筑面积计算。

② 外脚手架、里脚手架

按所服务对象的垂直投影面积计算。

③ 悬空脚手架

按搭设的水平投影面积计算。

④ 挑脚手架

按搭设长度乘以搭设层数以延长米计算。

⑤ 满堂脚手架

按搭设的水平投影面积计算。

⑥ 整体提升脚手架、外装饰吊篮

按所服务对象的垂直投影面积计算。

⑦ 电梯井脚手架

按设计图示数量计算。

（3）项目特征

① 综合脚手架

a. 建筑结构形式；b. 檐口高度。

② 外脚手架、里脚手架

a. 搭设方式；b. 搭设高度；c. 脚手架材质。

③ 悬空脚手架、挑脚手架

a. 搭设方式；b. 悬挑宽度；c. 脚手架材质。

④ 满堂脚手架

a. 搭设方式；b. 搭设高度；c. 脚手架材质。

⑤ 整体提升脚手架

a. 搭设方式及启动装置；b. 搭设高度。

⑥ 外装饰吊篮

a. 升降方式及启动装置；b. 搭设高度及吊篮型号。

⑦ 电梯井脚手架

电梯井高度。

（4）工程内容

① 综合脚手架

a. 场内、场外材料搬运 b. 搭、拆脚手架、斜道、上料平台；c. 安全网的铺设；d. 选择附墙点与主体连接；e. 测试电动装置、安全锁等；f. 拆除脚手架后材料的堆放。

② 外脚手架、里脚手架、悬空脚手架、挑脚手架、满堂脚手架

a. 场内、场外材料搬运；b. 搭、拆脚手架、斜道、上料平台；c. 安全网的铺设；d. 拆除脚手架后材料的堆放。

③ 整体提升脚手架

a. 场内、场外材料搬运；b. 选择附墙点与主体连接；c. 搭、拆脚手架、斜道、上料平台；d. 安全网的铺设；e. 测试电动装置、安全锁等；f. 拆除脚手架后材料的堆放。

④ 外装饰吊篮

a. 场内、场外材料搬运;b. 吊篮的安装;c. 测试电动装置、安全锁、平衡控制器等;d. 吊篮的拆卸。

⑤ 电梯井脚手架

a. 搭设拆除脚手架、安全网;b. 铺、翻脚手板。

(5) 附注

① 使用综合脚手架时,不再使用外脚手架、里脚手架等单项脚手架;综合脚手架适用于能够按《建筑工程建筑面积计算规则》计算建筑面积的建筑工程脚手架;不适用于房屋加层、构筑物及附属工程脚手架。

② 同一建筑物有不同檐高时,按建筑物竖向切面分别按不同檐高编列清单项目。

③ 整体提升脚手架已包括 2 m 高的防护架体设施。

④ 建筑面积计算按《建筑工程建筑面积计算规范》(GB/T 50353—2013)执行。

⑤ 脚手架材质可以不描述,但应注明由投标人根据工程实际情况按照《建筑施工扣件式钢管脚手架安全技术规范》《建筑施工附着升降脚手架管理暂行规定》等规范自行确定。

4.7.2 垂直运输(编码:011703)

(1) 项目编码及项目名称

011703001 垂直运输

(2) 计算规则

按建筑面积计算规范;按施工工期日历天数(定额工期)计算。

(3) 项目特征

a. 建筑物建筑类型及结构形式;b. 地下室建筑面积;c. 建筑物檐口高度、层数。

(4) 工程内容

a. 垂直运输机械的固定装置、基础制作、安装;b. 行走式垂直运输机械轨道的铺设、拆除、摊销。

(5) 附注

① 建筑物的檐口高度是指设计室外地坪至檐口滴水的高度(平屋顶系指屋面板底高度),突出主体建筑物屋顶的电梯机房、楼梯出口间、水箱间、瞭望塔、排烟机房等不计入檐口高度。

② 垂直运输机械指施工工程在合理工期内所需的垂直运输机械。

③ 同一建筑物有不同檐高时,按建筑物的不同檐高做纵向分割,分别计算建筑面积,以不同檐高分别编码列项。

4.7.3 超高施工增加(编码:011704)

(1) 项目编码及项目名称

011704001 超高施工增加。

(2) 计算规则

按建筑物超高部分的建筑面积计算。

(3) 项目特征

a. 建筑物建筑类型及结构形式;b. 建筑物檐口高度、层数;c. 单层建筑物檐口高度超过 20 m,多层建筑物超过 6 层部分的建筑面积。

（4）工程内容

a. 建筑物超高引起的人工工效降低以及由于人工工效降低引起的机械降效；b. 高层施工用水加压水泵的安装、拆除及工作台班；c. 通讯联络设备的使用及摊销。

（5）附注

① 超高施工增加适用于建筑物檐口高度超过 20 m 或层数超过 6 层时。工程量按超过 20 m 与超过 6 层的部分建筑面积中的较大值计算。地下室不计算层数。

② 同一建筑物有不同檐高时，可按不同高度的建筑面积分别计算建筑面积，以不同檐高分别编码列项。

4.7.4 安全文明施工及其他措施项目（编码：011707）

（1）项目编码及项目名称

011707001 安全文明施工；011707002 夜间施工；011707003 非夜间施工照明；011707004 二次搬运；011707005 冬雨季施工；011707006 地上、地下设施，建筑物的临时保护设施；011707007 已完工程及设备保护；011707008 临时设施；011707009 赶工措施；011707010 工程按质论价；011707011 住宅分户验收。

（2）工程内容及包含范围

① 安全文明施工

a. 环境保护：现场施工机械设备降低噪音、防扰民措施费用；水泥和其他易飞扬细颗粒建筑材料密闭存放或采取覆盖措施等费用；工程防扬尘洒水费用；土石方、建渣外运车辆的冲洗、防洒漏等费用；现场污染源的控制、生活垃圾清理外运、场地排水排污措施的费用；其他环境保护措施费用。b. 文明施工："五牌一图"的费用；现场围挡的墙面美化（包括内外粉刷、刷白、标语等）、压顶装饰费用；现场厕所便槽刷白、贴面砖费用，水泥砂浆地面或地砖费用，建筑物内临时便溺设施费用；其他施工现场临时设施的装饰装修、美化措施费用；现场生活卫生设施费用；符合卫生要求的饮水设备、淋浴、消毒等设施费用；生活用洁净燃料费用；防煤气中毒、防蚊虫叮咬等措施费用；施工现场操作场地的硬化费用；现场绿化费用、治安综合治理费用、现场电子监控设备费用；现场配备医药保健器材、物品费用和急救人员培训费用；用于现场工人的防暑降温费，电风扇、空调等设备费用及用电费用；其他文明施工措施费用。c. 安全施工：安全资料、特殊作业专项方案的编制，安全施工标志的购置及安全宣传的费用；"三宝"（安全帽、安全带、安全网）、"四口"（楼梯口、电梯井口、通道口、预留洞口）、"五临边"（阳台围边、楼板围边、屋面围边、槽坑围边、卸料平台两侧）的费用；水平防护架、垂直防护架、外架封闭等防护的费用；施工安全用电的费用，包括配电箱三级配电、两级保护装置要求、外电防护措施；起重机、塔吊等起重设备（含井架、门架）及外用电梯的安全防护措施（含警示标志）费用及卸料平台的临边防护、层间安全门、防护棚等设施费用；建筑工地起重机械的检验检测费用；施工机具防护棚及其围栏的安全保护设施费用；施工安全防护通道的费用；工人安全防护用品、用具的购置费用；消防设施与消防器材的配置费用；电气保护、安全照明设施费；其他安全防护措施费用。d. 绿色施工：建筑垃圾分类收集及回收利用费用；夜间焊接作业及大型照明灯具的挡光措施费用；施工现场办公区、生活区使用节水器具及节能灯具增加费用；施工现场基坑降水储存使用、雨水收集系统、冲洗设备用水回收利用设施增加费用；施工现场生活区厕所化粪池、厨房隔油池的设置及清理费用；从事有毒、有害、有刺激性气味和强光、噪音施工人员的防护器具；现场危险设备、地段、有毒物品存放地的安全标志和防护措施费用;厕所、卫生设施、排水沟、阴暗潮湿地带定期消毒费用;保障现场施工人员劳动强度和工作时间符合国家标准《体力劳动强度分级》(GB 3869—1997)的增加费用等。

② 夜间施工

a. 夜间固定照明灯具和临时可移动照明灯具的设置、拆除费用;

b. 夜间施工时,施工现场交通标志、安全标牌、警示灯等的设置、移动、拆除费用;

c. 夜间照明设备及照明用电、施工人员夜班补助、夜间施工坐劳动效率降低等费用。

③ 非夜间施工照明

为保证工程施工正常进行,在地下室等特殊施工部位施工时所采用的照明设备的安拆、维护、摊销及照明用电等费用。

④ 二次搬运

由于施工场地条件限制而发生的材料、成品、半成品等一次运输不能到达堆放地点,必须进行二次或多次搬运的费用。

⑤ 冬雨季施工

a. 冬雨(风)季施工时增加的临时设施(防寒保温、防雨、防风设施)的搭设、拆除费用;

b. 冬雨(风)季施工时,对砌体、混凝土等采用的特殊加温、保温和养护措施费用;

c. 冬雨(风)季施工时,施工现场的防滑处理、对影响施工的雨雪的清除费用;

d. 冬雨(风)季施工时,增加的临时设施、施工人员的劳动保护用品、冬雨(风)季施工劳动效率降低等费用。

⑥ 地上、地下设施,建筑物的临时保护设施

在工程施工过程中,对已建成的地上、地下设施和建筑物进行的遮盖、封闭、隔离等必要保护措施费用。

⑦ 已完工程及设备保护

对已完工程及设备采取的覆盖、包裹、封闭、隔离等必要保护措施所发生的费用。

⑧ 临时设施

临时设施的费用包括施工所必须搭设的生活和生产用的临时建筑物、构筑物和其他临时设施的费用等。包括施工现场临时宿舍、文化福利及公用事业房屋与构筑物、仓库、办公室、加工厂、工地实验室以及规定范围内的道路、水、电、管线等临时设施和小型临时设施等的搭设、维修、拆除、周转或摊销等费用。

装饰工程规定范围内是指建筑物沿边起 50 m 以内,多幢建筑两幢间隔 50 m 内。

⑨ 赶工措施

施工合同约定工期比江苏省现行工期定额提前,施工企业为缩短工期所发生的费用。

⑩ 工程按质论价

施工合同约定质量标准超过国家规定,施工企业完成工程质量达到经有权部门鉴定或评定为优质工程(包括优质结构工程)所必须增加的施工成本费。

⑪ 住宅分户验收

按《住宅工程质量分户验收规程》(DGJ 32/TJ 103—2010)的要求对住宅工程进行专门验收(包括蓄水、门窗淋水等)发生的费用。不包含室内空气污染测试费用。

附录5 江苏省装饰工程计价定额说明及计算规则

5.1 楼地面工程

5.1.1 说明

一、本章中各种砼、砂浆强度等级、抹灰厚度,设计与定额规定不同时,可以换算。

二、本章整体面层子目中均包括基层与装饰面层。找平层砂浆设计厚度不同时,按每增、减 5 mm 找平层调整。粘结层砂浆厚度与定额不符时,按设计厚度调整。地面防潮层按相应子目执行。

三、整体面层、块料面层中的楼地面项目,均不包括踢脚线工料;水泥砂浆、水磨石楼梯包括踏步、踢脚板、踢脚线、平台、堵头,不包括楼梯底抹灰(楼梯底抹灰另按相应子目执行)。

四、踢脚线高度是按 150 mm 编制的,如设计高度与定额高度不同时,材料按比例调整,其他不变。

五、水磨石面层定额项目已包括酸洗打蜡工料,设计不做酸洗打蜡,应扣除定额中的酸洗打蜡材料费及人工 0.51 工日/10 m²,其余项目均不包括酸洗打蜡,应另列项目计算。

六、大理石、花岗岩面层镶贴不分品种、拼色均执行相应子目。包括镶贴一道墙四周的镶边线(阴阳角处含 45°角),设计有两条或两条以上镶边者,按相应定额子目人工乘以系数 1.1(工程量按镶边的工程量计算),矩形分色镶贴的小方块,仍按定额执行。

七、石材块料面板局部切除并分色镶贴成折线图案者称"简单图案镶贴"。切除分色镶贴成弧线形图案者称"复杂图案镶贴",该两种图案镶贴应分别套用定额。

八、石材块料面板镶贴及切割费用已包括在定额内,但石材磨边未包括在内。设计磨边者,按相应子目执行。

九、对石材块料面板地面或特殊地面要求需成品保护者,不论采用何种材料进行保护,均按相应子目执行,但必须是实际发生时才能计算。

十、扶手、栏杆、栏板适用于楼梯、走廊及其他装饰性栏杆、栏板、扶手,栏杆定额项目中包括了弯头的制作、安装。设计栏杆、栏板的材料、规格、用量与定额不同,可以调整。定额中栏杆、栏板与楼梯踏步的连接是按预埋件焊接考虑的,设计用膨胀螺栓连接时,每 10 m 另增人工 0.35 工日,M10 mm×100 mm 膨胀螺栓 10 只,铁件 1.25 kg,合金钢钻头 0.13 只,电锤 0.13 台班。

十一、楼梯、台阶不包括防滑条,设计用防滑条者,按相应子目执行。螺旋形、圆弧形楼梯贴块料面层按相应子目的人工乘以系数 1.2,块料面层材料乘以系数 1.1,其他不变。现场锯割石材块料面板粘贴在螺旋形、圆弧形楼梯面,按实际情况另行处理。

十二、斜坡、散水、明沟按《室外工程》(苏 J08—2006)编制,均包括挖(填)土、垫层、砌筑、抹面。采用其他图集时,材料含量可以调整,其他不变。

十三、通往地下室车道的土方、垫层、砼、钢筋砼按相应子目执行。

十四、本章不包含铁件,如发生另行计算,按相应子目执行。

5.1.2 工程量计算规则

一、地面垫层按室内主墙间净面积乘以设计厚度以立方米计算,应扣除凸出地面的构筑物、设备基础、室内铁道、地沟等所占体积,不扣除柱、垛、间壁墙、附墙烟囱及面积在 0.3 m² 以内孔洞所占体积,但门洞、空圈、暖气包槽、壁龛的开口部分亦不增加。

二、整体面层、找平层均按主墙间净空面积以平方米计算,应扣除凸出地面建筑物、设备基础、地沟等所占面积,不扣除柱、垛、间壁墙、附墙烟囱及面积在 0.3 m² 以内的孔洞所占面积,但门洞、空圈、暖气包槽、壁龛的开口部分亦不增加。看台台阶、阶梯教室地面整体面层按展开后的净面积计算。

三、地板及块料面层,按图示尺寸实铺面积以平方米计算,应扣除凸出地面的构筑物、设备基础、柱、间壁墙等不做面层的部分,0.3 m² 以内的孔洞面积不扣除。门洞、空圈、暖气包槽、壁龛开口部分的工程量另增并入相应的面层内计算。

四、楼梯整体面层按楼梯的水平投影面积以平方米计算,包括踏步、踢脚板、中间休息平台、踢脚线、梯板侧面及堵头。楼梯井宽在 200 mm 以内者不扣除,超过 200 mm 者,应扣除其面积,楼梯间与走廊连接的,应算至楼梯梁的外侧。

五、楼梯块料面层、按展开实铺面积以平方米计算,踏步板、踢脚板、休息平台、踢脚线、堵头工程量应合并计算。

六、台阶(包括踏步及最上一步踏步口外延 300 mm)整体面层按水平投影面积以平方米计算;块料面层,按展开(包括两侧)实铺面积以平方米计算。

七、水泥砂浆、水磨石踢脚线按延长米计算。其洞口、门口长度不予扣除,但洞口、门口、垛、附墙烟囱等侧壁也不增加;块料面层踢脚线,按图示尺寸以实贴延长米计算,门洞扣除,侧壁另加。

八、多色简单、复杂图案镶贴石材块料面板,按镶贴图案的矩形面积计算。成品拼花石材铺贴按设计图案的面积计算。计算简单、复杂图案之外的面积,扣除简单、复杂图案面积时,也按矩形面积扣除。

九、楼地面铺设木地板、地毯以实铺面积计算。楼梯地毯压棍安装以套计算。

十、其他:

1. 栏杆、扶手、扶手下托板均按扶手的延长米计算,楼梯踏步部分的栏杆与扶手应按水平投影长度乘以系数 1.18。

2. 斜坡、散水、搓牙均按水平投影面积以平方米计算,明沟与散水连在一起,明沟按宽 300 mm 计算,其余为散水,散水、明沟应分开计算。散水、明沟应扣除踏步、斜坡、花台等的长度。

3. 明沟按图示尺寸以延长米计算。

4. 地面、石材面嵌金属和楼梯防滑条均按延长米计算。

5.2 墙柱面工程

5.2.1 说明

一、一般规定

1. 本章按中级抹灰考虑,设计砂浆品种、饰面材料规格如与定额取定不同时,应按设计调整,但人工数量不变。

2. 外墙保温材料品种不同,可根据相应子目进行换算调整。地下室外墙粘贴保温板,可参照相应子目,材料换算,其他不变。柱梁面粘贴复合保温板可参照墙面执行。

3. 本章均不包括抹灰脚手架费用,脚手架费用按相应子目执行。

二、柱墙面装饰

1. 墙、柱的抹灰及镶贴块料面层所取定的砂浆品种、厚度详见《计价定额》附录七。设计砂浆品种、厚度与定额不同均应调整。砂浆用量按比例调整。外墙面砖基层刮糙处理,如基层处理采用保温砂浆时,此部分砂浆进行相应换算,其他不变。

2. 在圆弧形墙面、梁面抹灰或镶贴块料面层(包括挂贴、干挂石材块料面板),按相应定额子目人工乘以系数1.18(工程量按其弧形面积计算)。块料面层中带有弧边的石材损耗,应按实调整,每10 m弧形部分,切贴人工增加0.6工日,合金钢切割片0.14片,石料切割机0.6台班。

3. 石材块料面板均不包括磨边,设计要求磨边或墙、柱面贴石材装饰线条者,按相应子目执行。设计线条重叠数次,套用相应"装饰线条"数次。

4. 外墙面窗间墙、窗下墙同时抹灰,按外墙抹灰相应子目执行,单独圈梁抹灰(包括门、窗洞口顶部)按腰线子目执行,附着在砼梁上的砼线条抹灰按砼装饰线条抹灰子目执行。但窗间墙单独抹灰或镶贴块料面层,按相应人工乘以系数1.15。

5. 门窗洞口侧边、附墙垛等小面粘贴块料面层时,门窗洞口侧边、附墙垛等小面排版规格小于块料原规格并需要裁剪的块料面层项目,可套用柱、梁、零星项目。

6. 内外墙贴面砖的规格与定额取定规格不符,数量应按下式确定:

$$实际数量 = \frac{10 \text{ m}^2 \times (1 + 相应损耗率)}{(砖长 + 灰缝宽) \times (砖宽 + 灰缝厚)}$$

7. 高在3.6 m以内的围墙抹灰均按内墙面相应子目执行。

8. 石材块料面板上钻孔成槽由供应商完成的,扣除基价中人工的10%和其他机械费。本章斩假石已包括底、面抹灰。

9. 本章砼墙、柱、梁面的抹灰底层已包括刷一道素水泥浆在内。设计刷两道,每增一道按相应子目执行。设计采用专用粘结剂时,可套用相应干粉型粘结剂粘贴子目,换算干粉型粘结剂材料为相应专用粘结剂。设计采用聚合物砂浆粉刷时,可套用相应子目,材料换算,其他不变。

10. 外墙内表面的抹灰按内墙面抹灰子目执行;砌块墙面的抹灰按砼墙面相应抹灰子目执行。

11. 干挂石材及大规格面砖所用干挂胶(AB胶)每组的用量组成为:A组1.33 kg,B组0.67 kg。

三、内墙、柱面木装饰及柱面包钢板

1. 设计木墙裙的龙骨与定额间距、规格不同时,应按比例换算木龙骨含量。本定额仅编制了一般项目中常用的骨架与面层,骨架、衬板、基层、面层均应分开计算。

2. 木饰面子目的木基层均未含防火材料,设计要求刷防火涂料,按相应子目执行。

3. 装饰面层中均未包括墙裙压顶线、压条、踢脚线、门窗贴脸等装饰线,设计有要求时,应按相应章节子目执行。

4. 幕墙材料品种、含量,设计要求与定额不同时应调整,但人工、机械不变。所有干挂石材、面砖、玻璃幕墙、金属板幕墙子目中不含钢骨架、预埋(后置)铁件的制作安装费,另按相应子目执行。

5. 不锈钢、铝单板等装饰板块折边加工费及成品铝单板折边面积应计入材料单价中,不另计算。

6. 网塑夹芯板之间设置加固方钢立柱、横梁应根据设计要求按相应子目执行。

7. 本定额未包括玻璃、石材的车边、磨边费用。石材车边、磨边按相应子目执行;玻璃车边费用按市场加工费另行计算。

8. 成品装饰面板现场安装,需做龙骨、基层板时,套用墙面相应子目。

5.2.2 工程量计算规则

一、内墙面抹灰

1. 内墙面抹灰面积应扣除门窗洞口和空圈所占的面积,不扣除踢脚线、挂镜线、0.3 m² 以内的孔洞和墙与构件交接处的面积;但其洞口侧壁和顶面抹灰亦不增加。垛的侧面抹灰面积应并入内墙面工程量内计算。

内墙面抹灰长度,以主墙间的图示净长计算,其高度按实际抹灰高度确定,不扣除间壁所占的面积。

2. 石灰砂浆、混合砂浆粉刷中已包括水泥护角线,不另行计算。

3. 柱与单梁的抹灰按结构展开面积计算,柱与梁或梁与梁接头的面积不予扣除。砖墙中平墙的砼柱、梁等的抹灰(包括侧壁)应并入墙面抹灰工程量内计算。凸出墙面的砼柱、梁面(包括侧壁)抹灰工程量应单独计算,按相应子目执行。

4. 厕所、浴室隔断抹灰工程量,按单面垂直投影面积乘以系数 2.3 计算。

二、外墙抹灰

1. 外墙面抹灰面积按外墙面的垂直投影面积计算,应扣除门窗洞口和空圈所占的面积,不扣除 0.3 m² 以内的孔洞面积。但门窗洞口、空圈的侧壁、顶面及垛等抹灰,应按结构展开面积并入墙面抹灰中计算。外墙面不同品种砂浆抹灰,应分别计算按相应子目执行。

2. 外墙窗间墙与窗下墙均抹灰,以展开面积计算。

3. 挑沿、天沟、腰线、扶手、单独门窗套、窗台线、压顶等,均以结构尺寸展开面积计算。窗台线与腰线连接时,并入腰线内计算。

4. 外窗台抹灰长度,如设计图纸无规定时,可按窗洞口宽度两边共加 20 cm 计算。窗台展开宽度一砖墙按 36 cm 计算,每增加半砖宽则另增 12 cm。

单独圈梁抹灰(包括门、窗洞口顶部)、附着在砼梁上的砼装饰线条抹灰均以展开面积以平方米计算。

5. 阳台、雨篷抹灰按水平投影面积计算。定额中已包括顶面、底面、侧面及牛腿的全部抹灰面积。阳台栏杆、栏板、垂直遮阳板抹灰另列项目计算。栏板以单面垂直投影面积乘以系数 2.1。

6. 水平遮阳板顶面、侧面抹灰按其水平投影面积乘以系数 1.5,板底面积并入天棚抹灰内计算。

7. 勾缝按墙面垂直投影面积计算,应扣除墙裙、腰线和挑沿的抹灰面积,不扣除门、窗套、零星抹灰和门、窗洞口等面积,但垛的侧面、门窗洞侧壁和顶面的面积亦不增加。

三、挂、贴块料面层

1. 内外墙面、柱梁面、零星项目镶贴块料面层均按块料面层的建筑尺寸(各块料面层＋粘贴砂浆厚度＝25 mm)面积计算。门窗洞口面积扣除,侧壁、附垛贴面应并入墙面工程量中。内墙面腰线花砖按延长米计算。

2. 窗台、腰线、门窗套、天沟、挑檐、盥洗槽、池脚等块料面层镶贴,均以建筑尺寸的展开面积(包括砂浆及块料面层厚度)按零星项目计算。

3. 石材块料面板挂、贴均按面层的建筑尺寸(包括干挂空间、砂浆、板厚度)展开面积计算。

4. 石材圆柱面按石材面外围周长乘以柱高(应扣除柱墩、帽高度)以平方米计算。石材柱墩、柱帽按石材圆面外围周长乘以其高度以平方米计算。圆柱腰线按石材圆柱面周长计算。

四、内墙、柱木装饰及柱包不锈钢镜面

1. 墙、墙裙、柱(梁)面

木装饰龙骨、衬板、面层及粘贴切片板按净面积计算,并扣除门、窗洞口及 0.3 m² 以上的孔洞所占的面积,附墙垛及门、窗侧壁并入墙面工程量内计算。单独门、窗套按相应子目计算。柱、梁按展开宽度乘以净长计算。

2. 不锈钢镜面、各种装饰板面均按展开面积计算。若地面天棚面有柱帽、柱脚,则高度应从柱脚上表面至柱帽下表面计算。柱帽、柱脚按面层的展开面积以平方米计算,套柱帽、柱脚子目。

3. 幕墙以框外围面积计算。幕墙与建筑顶端、两端的封边按图示尺寸以平方米计算,自然层的水平隔离与建筑物的连接按延长米计算(连接层包括上下镀锌钢板在内)。幕墙上下设计有窗者,计算幕墙面积时,窗面积不扣除,但每 10 m² 窗面积另增人工 5 工日,增加的窗料及五金按实计算(幕墙上铝合金窗不再另外计算)。其中,全玻璃幕墙以结构外边按玻璃(带肋)展开面积计算,支座处隐蔽部分玻璃合并计算。

5.3 天棚工程

5.3.1 说明

一、本定额中的木龙骨、金属龙骨是按面层龙骨的方格尺寸取定的,其龙骨、断面的取定如下:

1. 木龙骨断面搁在墙上大龙骨 50 mm×70 mm,中龙骨 50 mm×50 mm,吊在砼板下,大、中龙骨 50 mm×40 mm。

2. U 型轻钢龙骨上人型:

大龙骨　60 mm×27 mm×1.5 mm(高×宽×厚)

中龙骨　50 mm×20 mm×0.5 mm(高×宽×厚)

小龙骨　25 mm×20 mm×0.5 mm(高×宽×厚)

不上人型:

大龙骨　50 mm×15 mm×1.2 mm(高×宽×厚)

中龙骨　50 mm×20 mm×0.5 mm(高×宽×厚)

小龙骨　25 mm×20 mm×0.5 mm(高×宽×厚)

3．T 型铝合金龙骨上人型：

轻钢大龙骨　　　　60 mm×27 mm×1.5 mm(高×宽×厚)

铝合金 T 型主龙骨　20 mm×35 mm×0.8 mm(高×宽×厚)

铝合金 T 型副龙骨　20 mm×22 mm×0.6 mm(高×宽×厚)

不上人型：

轻钢大龙骨　　　　45 mm×15 mm×1.2 mm(高×宽×厚)

铝合金 T 型主龙骨　20 mm×35 mm×0.8 mm(高×宽×厚)

铝合金 T 型副龙骨　20 mm×22 mm×0.6 mm(高×宽×厚)

设计与定额不符时,应按设计的长度用量加下列损耗调整定额中的含量:木龙骨 6%;轻钢龙骨 6%;铝合金龙骨 7%。

二、天棚的骨架基层分为简单、复杂型两种：

简单型,是指每间面层在同一标高的平面上。

复杂型,是指每一间面层不在同一标高平面上,其高差在 100 mm 以上(含 100 mm),但必须满足不同标高的少数面积占该间面积的 15% 以上。

三、天棚吊筋、龙骨与面层应分开计算,按设计套用相应定额。

本定额金属吊筋是按膨胀螺栓连接在楼板上考虑的,每副吊筋的规格、长度、配件及调整办法详见天棚吊筋子目,设计吊筋与楼板底面预埋铁件焊接时也执行本定额。吊筋子目适用于钢、木龙骨的天棚基层。

设计小房间(厨房、厕所)内不用吊筋时,不能计算吊筋项目,并扣除相应定额中人工含量 0.67 工日/10 m²。

四、本定额轻钢、铝合金龙骨是按双层编制的,设计为单层龙骨(大中龙骨均在同一平面上)在套用时,应扣除定额中的小(副)龙骨及配件,人工乘以系数 0.87,其他不变,设计小(副)龙骨用中龙骨代替,其单价应调整。

五、胶合板面层在现场钻吸音孔时,按钻孔板部分的面积,每 10 m² 增加人工 0.64 工日计算。

六、木质骨架及面层的上表面,未包括刷防火漆,设计要求刷防火漆时,应按相应子目计算。

七、上人型天棚吊顶检修道分为固定、活动两种,应按设计分别套用定额。

八、天棚面层中的回光槽按相应子目执行。

九、天棚面的抹灰按中级抹灰考虑,所取定的砂浆品种、厚度详见《计价定额》附录七。设计砂浆品种(纸筋石灰浆除外)厚度与定额不同均应按比例调整,但人工数量不变。

5.3.2　工程量计算规则

一、本定额中天棚饰面的面积按净面积计算,不扣除间壁墙、检修孔、附墙烟囱、柱垛和管道所占面积,但应扣除独立柱、0.3 m² 以上的灯饰面积(石膏板、夹板天棚面层的灯饰面积不扣除)与天棚相连接的窗帘盒面积,整体金属板中间开孔的灯饰面积不扣除。

二、天棚中假梁、折线、叠线等圆弧形、拱形、特殊艺术形式的天棚饰面,均按展开面积计算。

三、天棚龙骨的面积按主墙间的水平投影面积计算。天棚龙骨的吊筋按每 10 m² 龙骨面积套用相应子目计算;全丝杆的天棚吊筋按主墙间的水平投影面积计算。

四、圆弧形、拱形的天棚龙骨应按其弧形或拱形部分的水平投影面积计算套用复杂型子目,龙骨用量按设计进行调整,人工和机械按复杂型天棚子目乘以系数 1.8。

五、本定额中天棚每间以在同一平面上为准,设计有圆弧形、拱形时,按其圆弧形、拱形部分的面积:圆弧形面层人工按其相应子目乘以系数 1.15 计算,拱形面层的人工按相应子目乘以系数 1.5 计算。

六、铝合金扣板雨篷、钢化夹胶玻璃雨篷均按水平投影面积计算。

七、天棚面抹灰:

1. 天棚面抹灰按主墙间天棚水平面积计算,不扣除间壁墙、垛、柱、附墙烟囱、检查洞、通风洞、管道等所占的面积。

2. 密肋梁、井字梁、带梁天棚抹灰面积,按展开面积计算,并入天棚抹灰工程量内。斜天棚抹灰按斜面积计算。

3. 天棚抹面如抹小圆角者,人工已包括在定额中,材料、机械按附注增加。如带装饰线者,其线分别按三道线以内或五道线以内,以延长米计算(线角的道数以每一个突出的阳角为一道线)。

4. 楼梯底面、水平遮阳板底面和檐口天棚,并入相应的天棚抹灰工程量内计算。砼楼梯、螺旋楼梯的底板为斜板时,按其水平投影面积(包括休息平台)乘以系数 1.18 计算;底板为锯齿形时(包括预制踏步板),按其水平投影面积乘以系数 1.5 计算。

5.4 门窗工程

5.4.1 说明

一、门窗工程分为购入构件成品安装,铝合金门窗制作安装,木门窗框、扇制作安装,装饰木门扇及门窗五金配件安装五部分。

二、在购入构件成品安装门窗单价中,除地弹簧、门夹、管子拉手等特殊五金外,玻璃及一般五金已包括在相应的成品单价中,一般五金的安装人工已包括在定额内,特殊五金和安装人工应按"门、窗配件安装"的相应子目执行。

三、铝合金门窗制作安装:

1. 铝合金门窗制作安装是按在构件厂制作、现场安装编制的,但构件厂至现场的运输费用应按当地交通部门的规定运费执行(运费不进入取费基价)。

2. 铝合金门窗制作型材颜色分为普通铝合金和断桥隔热铝合金型材两种,应按设计分别套用子目。各种铝合金型材含量的取定定额仅为暂定。设计型材的含量与定额不符时,应按设计用量加 6% 的制作损耗调整。

3. 铝合金门窗的五金应按"门窗五金配件安装"另列项目计算。

4. 门窗框与墙或柱的连接是按镀锌铁脚、尼龙膨胀螺栓连接考虑的,设计不同,定额中的铁脚、螺栓应扣除,其他连接件另外增加。

四、木门窗框、扇制作安装:

1. 本章编制了一般木门窗框、扇制作、安装及成品木门框扇的安装,制作是按机械和手工操作综合编制的。

2. 本章均以一类、二类木种为准,如采用三类、四类木种,分别乘以以下系数:木门、窗制作人工和机械费乘以系数 1.3,木门、窗安装人工乘以系数 1.15。

3. 本章木材木种划分如下:

木材木种划分表

一类	红松、水桐木、樟子松
二类	白松、杉木(方杉、冷杉)、杨木、铁杉、柳木、花旗松、椴木
三类	青松、黄花松、秋子松、马尾松、东北榆木、柏木、苦楝木、梓木、黄菠萝、椿木、楠木(桢楠、润楠)、柚木、樟木、山猫局、栓木、白木、云香木、枫木
四类	栎木(柞木)、檀木、色木、槐木、荔木、麻栗木(麻栎、青刚)、桦木、荷木、水曲柳、柳桉、华北榆木、核桃楸、克隆木、门格里斯

4. 木材规格是按已成型的两个切断面规格料编制的,两个切断面以前的锯缝损耗按总说明规定应另外计算。

5. 本章中注明的木材断面或厚度均以毛料为准,如设计图纸注明的断面或厚度为净料时,应增加断面刨光损耗:一面刨光加 3 mm,两面刨光加 5 mm,圆木按直径增加 5 mm。

6. 本章中的木材是以自然干燥条件下的木材编制的,需要烘干时,其烘干费用及损耗由各市确定。

7. 本章中门窗框、扇断面除注明者外均是按《木门窗图集》(苏 J 73—2)常用项目的Ⅲ级断面编制的,其具体取定尺见下表:

木门窗断面尺寸表

门窗	门窗类型	边框断面(含刨光损耗)		扇立梃断面(含刨光损耗)	
		定额取定断面(mm)	截面积(cm²)	定额取定断面(mm)	截面积(cm²)
门	半截玻璃门	55×100	55	50×100	50.00
	冒头板门	55×100	55	45×100	45.00
	双面胶合板门	55×100	55	38×60	22.80
	纱门	—	—	35×100	35.00
	全玻自由门	—	—	50×120	60.00
	拼板门	70×140(Ⅰ级)	98	50×100	50.00
	平开、推拉木门	55×100	55	60×120	72.00
窗	平开窗	55×100	55	45×65	29.25
	纱窗	—	—	35×65	22.75
	工业木窗	55×120(Ⅱ级)	66	—	—

设计框、扇断面与定额不同时,应按比例换算。框料以边立框断面为准(框裁口处如为钉条者,应加贴条断面),扇料以立梃断面为准。换算公式如下:

$$\frac{\text{设计断面积(净料加刨光损耗)}}{\text{定额断面积}} \times \text{相应子目材积}$$

或

(设计断面积 — 定额断面积) × 相应子目框、扇每增减 10 cm² 的材积

8. 胶合板门的基价是按四八尺(1.22 m×2.44 m)编制的,剩余的边角料残值已考虑回收,如建设单位供应胶合板,按两倍门扇数量张数供应,每张裁下的边角料全部退还给建设单位(但残值回收取消)。若采用三七尺(0.91 m×2.13 m)胶合板,定额基价应按括号内的含量换算,并相应扣除定额中的胶合板边角料残值回收值。

9. 门窗制作安装的五金、铁件配件按"门窗五金配件安装"相应子目执行,安装人工已包括在相应定额内。设计门窗玻璃品种、厚度与定额不符时,单价应调整,数量不变。

10. 木质送风口、回风口的制作安装按百叶窗定额执行。

11. 设计门窗有艺术造型等特殊要求时,因设计差异变化较大,其制作安装应按实际情况另做处理。

12. 本章节子目如涉及钢骨架或者铁件的制作安装,另行套用相应子目。

13. 在"门窗五金配件安装"的子目中,五金规格、品种与设计不符时应调整。

5.4.2　工程量计算规则

一、购入成品的各种铝合金门窗安装,按门窗洞口面积以平方米计算,购入成品的木门扇安装,按购入门扇的净面积计算。

二、现场铝合金门窗扇的制作安装按门窗洞口面积以平方米计算。

三、各种卷帘门按实际制作面积计算,卷帘门上有小门时,其卷帘门工程量应扣除小门面积。卷帘门上的小门按扇计算,卷帘门上的电动提升装置以套计算,手动装置的材料、安装人工已包括在定额内,不另增加。

四、无框玻璃门按其洞口面积计算。无框玻璃门中,部分为固定门扇、部分为开启门扇时,工程量应分开计算。无框门上带亮子时,其亮子与固定门扇合并计算。

五、门窗框上包不锈钢板均按不锈钢板的展开面积以平方米计算,木门扇上包金属面或软包面均以门扇净面积计算。无框玻璃门上亮子与门扇之间的钢骨架横撑(外包不锈钢板),按横撑包不锈钢板的展开面积计算。

六、门窗扇包镀锌铁皮,按门窗洞口面积以平方米计算;门窗框包镀锌铁皮、钉橡皮条、钉毛毡按图示门窗洞口尺寸以延长米计算。

七、木门窗框、扇的制作安装工程量按以下规定计算:

1. 各类木门窗(包括纱、纱窗)的制作安装工程量均按门窗洞口面积以平方米计算。

2. 连门窗的工程量应分别计算,套用相应门窗定额,窗的宽度算至门框外侧。

3. 普通窗上部带有半圆窗的工程量应按普通窗和半圆窗分别计算,其分界线以普通窗和半圆窗之间的横框上边线为分界线。

4. 无框窗扇按扇的外围面积计算。

5.5　油漆、涂料、裱糊工程

5.5.1　说明

一、本定额中涂料、油漆工程均采用手工操作,喷塑、喷涂、喷油采用机械喷枪操作,实际施工操作方法不同时,均按本定额执行。

二、在油漆项目中,已包括钉眼刷防锈漆的人工、材料并综合了各种油漆的颜色,设计油漆颜色与定额不符时,人工、材料均不调整。

三、本定额已综合考虑分色及门窗内外分色的因素,如果需做美术图案者,可按实计算。

四、定额中规定的喷、涂刷的遍数,如与设计不同时,可按每增减一遍相应定额子目执行。石膏板面套用抹灰面定额。

五、本定额对硝基清漆、磨退出亮定额子目未具体要求刷理遍数,但应达到漆膜面上的白雾光消除、磨退出亮。

六、色聚氨酯漆已经综合考虑不同色彩的因素,均按本定额执行。

七、本定额中的抹灰面乳胶漆、裱糊墙纸饰面是根据现行工艺,将墙面封油刮腻子、清油封底、乳胶漆涂刷及墙纸裱糊分列子目,本定额中的乳胶漆、裱糊墙纸子目已包括再次找补腻子在内。

八、浮雕喷涂料小点、大点规格如下:小点指点面积在 1.2 cm² 以下;大点指点面积在 1.2 cm² 以上(含 1.2 cm²)。

九、涂料定额是按常规品种编制的,设计用的品种与定额不符时,单价换算,可以根据不同的涂料调整定额含量计算,其余不变。

十、木材面油漆设计有漂白处理时,由甲、乙双方另行协商。

十一、涂刷金属面防火涂料厚度应达到国家防火规范的要求。

5.5.2 工程量计算规则

一、天棚、墙、柱、梁面的喷(刷)涂料和抹灰面乳胶漆,工程量按实喷(刷)面积计算,但不扣除 0.3 m² 以内的孔洞面积。

二、木材面油漆:

各种木材面的油漆工程量按构件的工程量乘以相应系数计算,其具体系数如下:

1. 套用单层木门定额的项目工程量乘以下列系数:

套用单层木门定额工程量系数表

项目名称	系数	工程量计算方法
单层木门	1.00	按洞口面积计算
带上亮木门	0.96	
双层(一玻一纱)木门	1.36	
单层全玻门	0.83	
单层半玻门	0.90	
不包括门套的单层门扇	0.81	
凹凸线条几何图案造型单层木门	1.05	
木百叶门	1.50	
半木百叶门	1.25	
厂库房木大门、钢木大门	1.30	
双层(单裁口)木门	2.00	

注:(1)门窗贴脸、披水条、盖口条的油漆已包括在相应定额内,不予调整。(2)双扇木门按相应单扇木门项目乘以系数0.9。(3)厂库房木大门、钢木大门上的钢骨架、零星铁件油漆已包含在系数内,不另计算。

2. 套用单层木窗定额的项目工程量乘以下列系数:

项目名称	系数	工程量计算方法
单层玻璃窗	1.00	
双层(一玻一纱)窗	1.36	
双层(单裁口)窗	2.00	
三层(二玻一纱)窗	2.60	
单层组合窗	0.83	按洞口面积计算
双层组合窗	1.13	
木百叶窗	1.50	
不包括窗套的单层木窗扇	0.81	

3. 套用木扶手定额的项目工程量乘下列系数:

套用木扶手定额工程量系数表

项目名称	系数	工程量计算方法
木扶手(不带托板)	1.00	
木扶手(带托板)	2.60	
窗帘盒(箱)	2.04	
窗帘棍	0.35	按延长米计算
装饰线缝宽在 150 mm 内	0.35	
装饰线缝宽在 150 mm 外	0.52	
封檐板、顺水板	1.74	

4. 套用其他木材面定额的项目工程量乘下列系数:

套用其他木材面定额工程量系数表

项目名称	系数	工程量计算方法
纤维板、木板、胶合板天棚	1.00	
木方格吊顶天棚	1.20	长×宽
鱼鳞板墙	2.48	
暖气罩	1.28	
木间壁木隔断	1.90	外围面积 长(斜长)×高
玻璃间壁露明墙筋	1.65	
木栅栏、木栏杆(带扶手)	1.82	
零星木装修	1.10	展开面积

5. 套用木墙裙定额的项目工程量乘下列系数:

项目名称	系数	工程量计算方法
木墙裙	1.00	净长×高
有凹凸、线条几何图案的木墙裙	1.05	

6. 踢脚线按延长米计算,如踢脚线与墙裙油漆材料相同,应合并在墙裙工程量中。

7. 橱、台、柜工程量按展开面积计算。零星木装修、梁、柱饰面按展开面积计算。

8. 窗台板、筒子板(门、窗套),不论有无拼花图案和线条均按展开面积计算。

9. 套用木地板定额的项目工程量乘下列系数:

套用木地板定额工程量系数表

项目名称	系数	工程量计算方法
木地板	1.00	长×宽
木楼梯(不包括底面)	2.35	水平投影面积

三、抹灰面、构件面油漆、涂料、刷浆:

1. 抹灰面的油漆、涂料、刷浆工程量等于抹灰的工程量。

2. 砼板底、预制砼构件仅油漆、涂料、刷浆工程量按下列方法计算套用抹灰面定额相应项目:

套用抹灰面定额工程量系数表

项目名称		系数	工程量计算方法
槽形板、砼折板底面		1.3	长×宽
有梁板底(含梁底、侧面)		1.3	
砼板式楼梯底(斜板)		1.18	水平投影面积
砼板式楼梯底(锯齿形)		1.50	
砼花格窗、栏杆		2.00	长×宽
遮阳板、栏板		2.10	长×宽(高)
砼预制构件	屋架、天窗架	40 m²	每立方米(m³)构件
	柱、梁、支撑	12 m²	
	其他	20 m²	

四、金属面油漆:

1. 套用单层钢门窗定额的项目工程量乘以下列系数:

套用单层钢门窗定额工程量系数表

项目名称	系数	工程量计算方法
单层钢门窗	1.00	按洞口面积计算
双层钢门窗	1.50	
单层钢门窗带纱门、窗扇	1.10	
钢百叶门窗	2.74	
半截百叶钢门	2.22	
满钢门或包铁皮门	1.63	
钢折叠门	2.30	框(扇)外围面积
射线防护门	3.00	
厂库房平开门、推拉门	1.70	
间壁	1.90	斜长×宽
平板屋面	0.74	
瓦垄板屋面	0.89	
镀锌铁皮排水、伸缩缝盖板	0.78	展开面积
吸气罩	1.63	水平投影面积

2. 其他金属面油漆,按构件油漆部分表面积计算。

3. 套用金属面定额的项目:原材料每米重量 5 kg 以内为小型构件,防火涂料用量乘以系数 1.02;人工乘以系数 1.1;网架上刷防火涂料时,人工乘以系数 1.4。

五、刷防火涂料计算规则如下:

(1)隔壁、护壁木龙骨按其面层正立面投影面积计算。

(2)柱木龙骨按其面层外围面积计算。

(3)天棚龙骨按其水平投影面积计算。

(4)木地板中的木龙骨及木龙骨带毛地板按木地板面积计算。

(5)隔壁、护壁、柱、天棚面层及木地板刷防火涂料,执行其他木材面刷防火涂料相应子目。

5.6 其他零星工程

5.6.1 说明

一、本定额中除铁件、钢骨架已包括刷防锈漆一遍外,其余均未包括油漆、防火漆的工料,如设计涂刷油漆、防火漆按油漆相应定额子目套用。

二、本定额中招牌不区分平面型、箱体型、简单、复杂型。各类招牌、灯箱的钢骨架基层的制作安装套用相应子目,按吨计算。

三、招牌、灯箱内的灯具未包括在内。

四、字体安装均以成品安装为准,不分字体均执行本定额。

五、本定额中的装饰线条安装为线条成品安装,定额均以安装在墙面上为准。设计安装在天棚面层时,按以下规定执行(但墙与顶交界处的角线除外):钉在木龙骨基层上,人工按相应定额乘以系数1.34;钉在钢龙骨基层上,人工按相应定额乘以系数1.68;钉木装饰线条图案,人工乘以系数1.5(钉在木龙骨基层上)及1.8(钉在钢龙骨基层上)。设计装饰线条成品规格与定额不同应换算,但含量不变。

六、石材装饰线条均以成品安装考虑。石材装饰线条的磨边、异形加工等均包含在成品线条的单价中,不再另计。

七、本定额中的石材磨边是按在工厂无法加工而必须在现场制作加工考虑的,实际由外单位加工的应另行计算。

八、成品保护是指在已做好的项目面层上覆盖保护层,保护层的材料不同不得换算,实际施工中未覆盖的不得计算成品保护。

九、货柜、柜类定额中未考虑面板拼花及饰面板上贴其他材料的花饰、造型艺术品、货架、框类图见定额附件上。该部分定额子目仅供参考使用。

十、石材的镜面处理另行计算。

十一、石材面刷防护剂是指通过刷、喷、涂、滚等方法,使石材防护均匀分布在石材表面或渗透到石材内部形成一种保护,使石材具有防水、防污、耐酸碱、抗老化、抗冻融、抗生物侵蚀等功能,从而达到提高石材寿命和装饰性能的效果。

5.6.2 工程量计算规则

一、灯箱面层按按展开面积以平方米计算。

二、招牌字按每个字面积在 0.2 m² 内、0.5 m² 内、0.5 m² 外三个子目划分,字不论安装在何种墙面或其他部位均按字的个数计算。

三、单线木压条、木花式线条、木曲线条、金属装饰条及多线木装饰条、石材线等安装均按外围延长米计算。

四、石材及块料磨边、胶合刨边、打硅酮密封胶,均按延长米计算。

五、门窗套、筒子板按面层展开面积计算。窗台板按平方米计算。如图纸未注明窗台板长度时,可按窗框外围两边共加 100 mm 计算;窗口凸出墙面的宽度按抹灰面另加 30 cm 计算。

六、暖气罩按外框投影面积计算。

七、窗帘盒及窗帘轨按延长米计算,如设计图纸未注明尺寸可按洞口尺寸加 30 cm计算。

八、窗帘装饰布:

1. 窗帘布、窗纱布、垂直窗帘的工程量按展开面积计算。

2. 窗水波幔帘按延长米计算。

九、石膏浮雕灯盘、角花按个数计算,检修孔、灯孔、开洞按个数计算,灯带按延长米计算,灯槽按中心线延长米计算。

十、石材防护剂按实际涂刷面积计算。成品保护层按相应子目工程量计算。台阶、楼梯按水平投影面积计算。

十一、卫生间配件:

1. 大理石洗漱台板工程量按展开面积计算。

2. 浴帘杆按数量以每 10 支计算、浴缸拉手及毛巾架按数量以每 10 副计算。

3. 无基层成品镜面玻璃、有基层成品镜面玻璃,均按玻璃外围面积计算。镜框线条另计。

十二、隔断的计算：

1. 半玻璃隔断是指上部为玻璃隔断，下部为其他墙体，其工程量按半玻璃设计边框外边线以平方米计算。

2. 全玻璃隔断是指其高度自下横档底算至上横档顶面，宽度按两边立框外边以平方米计算。

3. 玻璃砖隔断按玻璃砖格式框外围面积计算。

4. 浴厕木隔断，其高度自下横档底算至上横档顶面以平方米计算。门扇面积并入隔断面积内计算。

5. 塑钢隔断按框外围面积计算。

十三、货架、柜橱类均以正立面的高（包括脚的高度在内）乘以宽以平方米计算。收银台以个计算，其他以延长米为单位计算。

主要参考文献

［1］住房和城乡建设部.建设工程工程量清单计价规范［M］.北京:中国计划出版社,2013

［2］住房和城乡建设部.房屋建筑与装饰工程工程量计算规范［M］.北京:中国计划出版社,2013

［3］江苏省住建厅.江苏省建筑与装饰工程计价定额［M］.南京:江苏风凰科学技术出版社,2014

［4］江苏省住建厅.江苏省建设工程费用定额［M］.南京:江苏风凰科学技术出版社,2014

［5］江苏省造价总站.建筑与装饰工程技术与计价［M］.南京:江苏风凰科学技术出版社,2014